中国城市科学研究系列报告
Serial Reports of China Urban Studies

中国绿色建筑2017

China Green Building

中国城市科学研究会　主编
China Society for Urban Studies（Ed.）

中国建筑工业出版社
China Architecture & Building Press

图书在版编目（CIP）数据

中国绿色建筑 2017/中国城市科学研究会主编.
北京：中国建筑工业出版社，2017.3
（中国城市科学研究系列报告）
ISBN 978-7-112-20501-1

Ⅰ.①中… Ⅱ.①中… Ⅲ.①生态建筑-研究报告-中国-2017 Ⅳ.①TU18

中国版本图书馆 CIP 数据核字(2017)第 037941 号

本书是中国绿色建筑委员会组织编撰的第十本绿色建筑年度发展报告，旨在全面系统总结我国绿色建筑的研究成果与实践经验，指导我国绿色建筑的规划、设计、建设、评价、实用及维护，在更大范围内推动绿色建筑发展与实践。本书包括综合篇、标准篇、科研篇、交流篇、实践篇和附录篇，力求全面系统地展现我国绿色建筑在 2016 年度的发展全景。

本书可供从事绿色建筑领域技术研究、规划、设计、施工、运营管理等专业技术人员、政府管理部门、大专院校师生参考。

责任编辑：刘婷婷　王　梅
责任校对：王宇枢　刘梦然

中国城市科学研究系列报告
中国绿色建筑2017
中国城市科学研究会　主编
*
中国建筑工业出版社出版、发行（北京海淀三里河路 9 号）
各地新华书店、建筑书店经销
北京红光制版公司制版
北京建筑工业印刷厂印刷
*
开本：787×1092 毫米　1/16　印张：29½　字数：592 千字
2017 年 3 月第一版　　2017 年 3 月第一次印刷
定价：**68.00** 元
ISBN 978-7-112-20501-1
（29987）

《中国绿色建筑2017》编委会

代　序

城市老旧小区绿色化改造
——增加我国有效投资的新途径

仇保兴　国务院参事　中国城市科学研究会理事长　博士

Preface

Green retrofitting for urban old communities
——A new approach to the increase of China's effective investment

我国的绿色建筑经过了逾十年的发展，即将迎来一个加速普及的时期，这个时期的特征可以概括为：不仅大量新建绿色建筑，而且同步推行老建筑、老旧小区的绿色化改造；不仅着重于单个建筑的绿色化设计、建造和运营，而且转向小区、社区，甚至整个城镇的绿色建筑集群的设计、建设和管理；不仅追求建筑的节能、耐用、适用，而且追求绿色建筑的低室内污染、超低能耗和生态景观，即要从建筑的居住功能，转向建筑的健康、美观、更人性化。

这几个方面的转型就意味着我国绿色建筑即将迎来快速并提质发展的新天地，这是每个行业人士都要把握的新机遇。为什么要强调老旧小区改造呢？中央城市工作会议提出了要进行“城市修补和生态修复”，并以此为手段解决老城区环境品质下降、空间秩序混乱等问题。因为在前三十年快速发展的过程中，我国的城市规划、建设、管理基本是粗放的，遗留了许许多多缺陷。但与传统做法相区别的新思路是不必要再进行大拆大建，而是采取“城市修补”的办法来消除隐患、改善人居环境，这符合绿色发展的大趋势。

据不完全估算，我国城市有近四百亿平方米的既有建筑，大约有二分之一必须进行各种各样的修补改造。除了不少缺陷需要修补之外，还必须使这些建筑适合老龄化时代的需求、符合绿色发展的要求。据粗略估算，上述改造能够产生十多万亿的新投资需求，能迅速带动众多相关行业的消费和供给，形成新经济增长点、缓解经济下行压力。而这些新投资需求在发改委传统投资单子上是没有的，完全是新的供给式的投资需求。

以绿色化改造和宜居为目标，以城市修补来替代传统的大拆大建，对城市老旧小区推行有机更新，能够大幅度节能减排。绿色化改造能够使百姓的生活更美好，使城市更美丽、更宜居、发展更可持续，这是我们最终的出发点。

可把老旧小区绿色改造项目分成两类，第一类是必须要进行改造的项目，称之为：必备项目。第二类就是居民可以选择进行改造的项目，称之为：拓展项目。

一、老旧小区改造必备项目

第一项必备选项：旧建筑的性能检测和抗震。我国在改革开放前三十年为满足市民急剧增长的居住需求，以政府直接包办的模式大量建造住宅。由于种种原因，这批二三十年前建造的住宅规范标准、质量监控和产业化的水平都是比较低的，甚至住宅设计施工质量没有任何一个责任者来负责。不像现在谁设计、谁开发、谁施工、谁监管都有责任人可追溯，不仅是法人，企业负责人的名字都被永久地刻在建筑物上。虽然许多建筑的寿命还不到三十年，但“快餐化”设计、建造倾向严重、工程质量不佳，常常发生配套不全、管网漏气、漏水、阳台塌落，甚至整幢建筑倒塌，使居民的生命财产受到威胁（图 1）。

图 1　坍塌的老旧建筑

由此可见，我国城市半数既有建筑都应该进行性能、结构的检测，尤其应对那些承重墙、梁经过私自改造的老旧建筑进行详细的检查，根据检测结果进行必要的修复加固，使其达到外加三十年寿命和基本的抗震性能。

第二项必备选项：外墙保温改造。我国城市大多数旧住宅原来的设计只是为了满足居住功能，往往忽视了“四节一环保”。在建筑能耗逐步上升、又必须应对城市空气污染的今天，必须对北方地区一些节能性差的旧楼宇加装保温板和更换节能玻璃窗。而长江流域以南可选择保温涂料或者其他更加便于施工、低成本的保温模式。南方地区建筑节能应推行外墙的绿化，种上爬墙虎类攀援植物就可以收到很好的节能效果（图2），因为这些地区极端季节室内外温差一般不超过15℃，完全可以通过简单、低成本的办法来解决节能问题。以上这些改造都可以享受国家的补贴。

图2　节能改造

第三项必备选项：老旧小区统一加装太阳能屋顶。众所周知，太阳能热水器在我国的普及率已达到60%，全球75%的太阳能热水器安装在我国。从技术和既有产品成熟度来看，太阳能热水器和太阳能光伏混合安装、一体化设计替代传统的坡屋顶改造，是完全可行的。传统的坡屋顶改造不适应节能的要求，造成了太阳能热水器没有地方安装的矛盾，完全可以通过一体化整体设计和安装来解决。

太阳能光电、光热一体化改造计划，也可以引入能源合同模式，来减轻用户初期的投资。以城市为单位作为一个范例已取得成功，我们对辽宁锦州市50万人口的主城区既有建筑屋顶的一部分装上了太阳能光伏板，总装机容量第一步可以达到10兆瓦，每年发电量超过了1175万千瓦，节约的标准煤达到四千吨，减排相应的空气污染物。通过精心设计，这一中等规模城市屋顶全部太阳能可安装面积可再翻一番（图3）。经初步测算全国城市屋顶的太阳能改造会产生约两个三峡电站的发电量和巨额的污染减排量。与远离城市的集中式太阳能发电站明显区别的是，这类城市中的“分布式太阳能”电站完全可以做到发电量的全部消纳，而前者“放空”的电量则高达60%。

第四项必备选项：建筑的雨水收集。我国城市绝大多数属建筑高密度城市，

图 3　太阳能光伏、光热一体化屋顶

如通过老旧小区雨水收集改造，在建筑屋顶、地下停车场、地面都安装雨水的收集装置，可减少地表径流量 60%以上。住宅每条下水管末端装一个可收集一吨水的水桶，这些储存的雨水可以用来消防、绿化、洗车、冲厕，收集一吨雨水成本大概是五角钱（图 4）。我国有那么多城市用水要从外面远途调运过来，而建筑雨水收集可以节约大量的水资源、并能减少城市的内涝威胁。从防火灾的角度来说，一旦某小区有这么多雨水收集装置，就会变得比较安全。

图 4　建筑雨水收集

第五项必备选项：加装电梯。我国原有的住宅标准是七层以下住宅不提倡安装电梯。但是现在由于人口老龄化加速，大城市里 65 岁以上的老人比重迅速提高，群众对老旧小区宜老化改造的需求很大。对无电梯的多层住宅就必然要加装电梯。这方面资金可以利用住户集资。对底层住户因装电梯被遮阳的窗可以安装光导窗或其他方式补偿。但旧住宅加装电梯难度大的一个重要原因是，加装传统电梯要挖坑 1.5～2m 深，对于老旧小区而言，这往往会触碰到地下管网，意味着地下各类管网都需改造，不仅费用高昂，而且工期长，被改户还面临停水、停气、停电等方面困扰。而且电梯电机装在底下很容易被水淹或者其他的人为破坏。但新型电梯的电动机装在电梯顶部。这种电梯最好采用可再生能源电梯，成本只增加 5%，但可以额外产生和节约 50%的电量（图 5）。

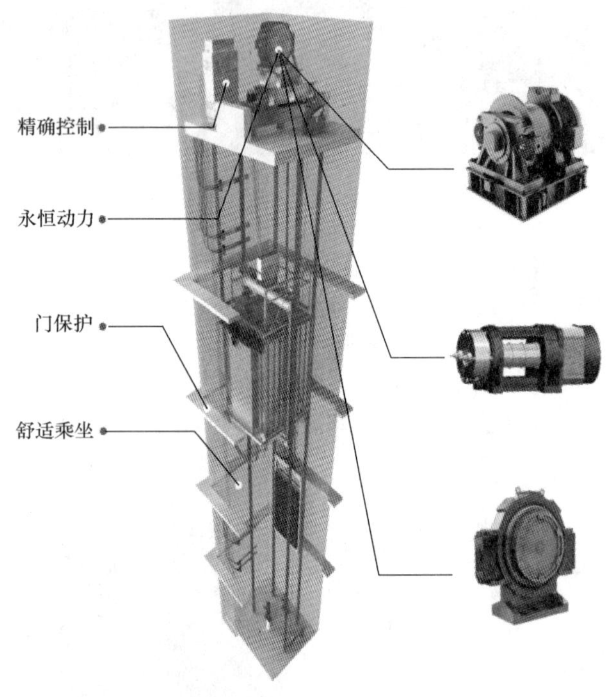

图 5　可再生能源电梯

我们对多种老旧小区提供了多种方案，把加装的电梯紧凑地贴近建筑，所有既有建筑都可以找到最节约、最契合实际的加装电梯的模式。实践证明，只要精心设计和施工，电梯不仅使老年人出行便利，还可以增加原有住宅的美观，也能使楼宇增值、深受百姓喜爱（图 6）。

近日浙江省建设厅、发改委、公安厅等 9 部门联合下发《关于开展既有住宅加装电梯试点工作的指导意见》于 2016 年 5 月 1 日起执行。据统计，该省选择居家养老的老龄人占 88.7%，《意见》认为，只要是符合“具有合法房屋权属证明、满足建筑物结构安全、消防安全等有关规范要求，且未列入房屋征收范围和计划”的可以住宅小区、幢或单元为单位提出申请加装电梯。同时，《意见》规定由规划部门召集建设、国土、消防、质监、环保、园林、城管执行等部门和图审机构进行联合审查。这一审批工作机制既注重了系统设计，又简化了办事程序。

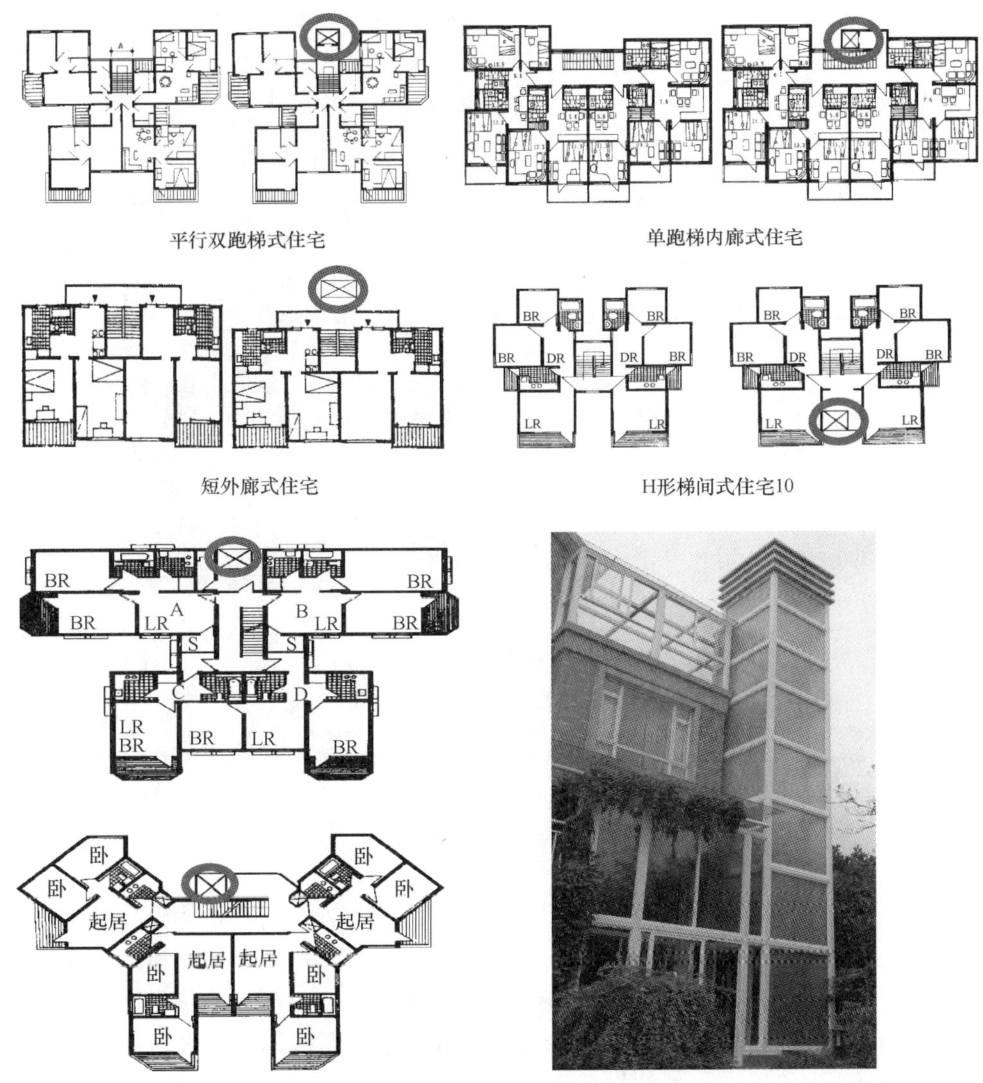

图6 加装电梯

第六项必备选项：中水回用改造。各地已经有许多老旧住宅卫生间整体化改造的成功范例，这种改造使得住户洗衣机的出水、洗澡的废水、洗脸盆的废水自动收集到一个储水箱，箱体结构可以是立式、卧式、挂式，储满了水就会自动投入一片消毒药片，这一简单装置就可以使住宅节水达到30%以上。经初步测算，如北京市大部分住宅和建筑都安装此系统的话，每年可以节省约十亿吨水，相当于南水北调的水量。这一套装置的成本仅两千多元钱，在北京推广约五年时间就可收回投资成本，而运行的寿命可以长达三十年，甚至更长（图7）。

再结合卫生间一体化中水利用设施进行旧楼宇改造，还可以避免居民对“大

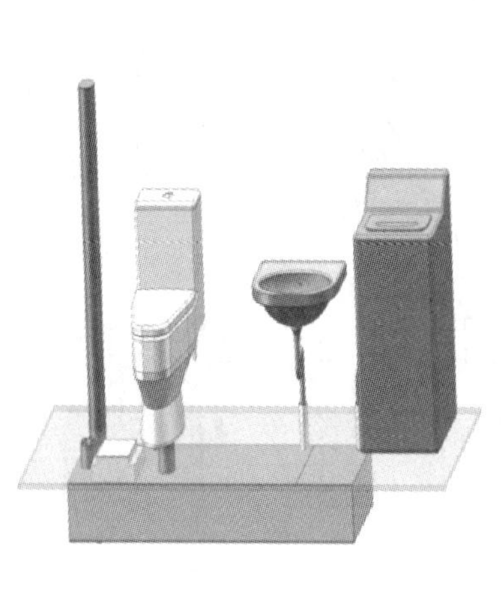

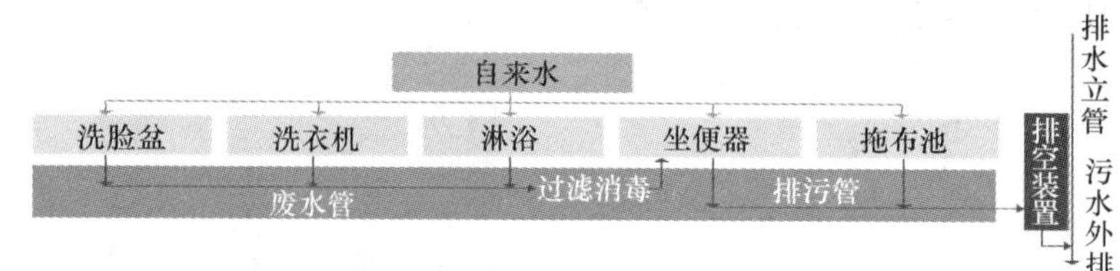

图 7　中水回用改造

中水”所引发的疾病交叉感染的担忧。原来没有卫生间的老旧筒子楼，可以在楼宇外面贴上一块整体厨卫间。同时，还可采用多种形式的中水循环利用模式，进一步提高中水循环利用率。也可以加装半集中式或者集中式中水回用设备，甚至可以把空调的冷凝水收集起来，这些水是非常干净可直接作为中水回用的。如果配合阶梯水价，行为节水的效果会更好（图 8）。

第七项必备选项：供热计量改造与老旧管网普查更新。现在小型供热计量产品成熟、品种繁多、价格便宜，而且不需要对原来的管网进行改造就可以实施分户热计量，其节能效率一般可达 30%。热计量改造可以享受国家和地区的节能补贴。而且对一个小区来说，更可以采取能源合同的模式来整体推进。如果再加上墙体门窗的保温改造，供热计量改造可以取得加倍的节能效果。同时，“用多少热、付多少费”的新模式可以激励老百姓对自己住宅的门窗和外墙进行保温改造。如果没有计量供热，老百姓得不到外墙、窗节能改造后节能节费的直接经济利益，而现在“获得感”因供热计量而明显增强（图 9）。

除此之外，大多数城市老旧小区管网因铺设时间长、用材与施工质量欠佳、

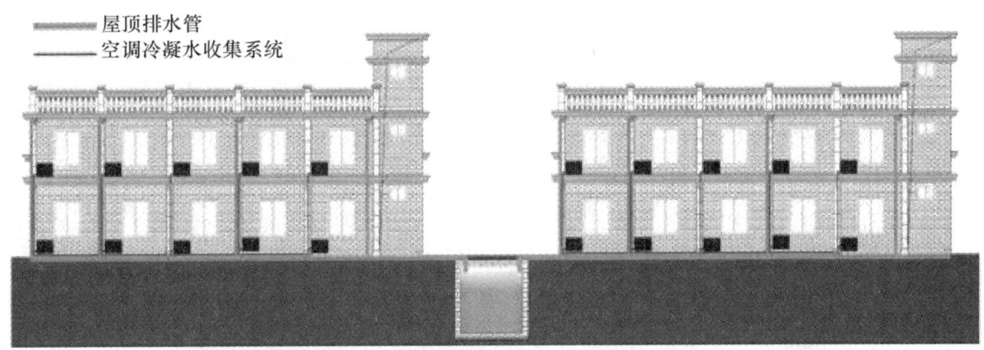

图 8　雨水、空调冷却水收集系统

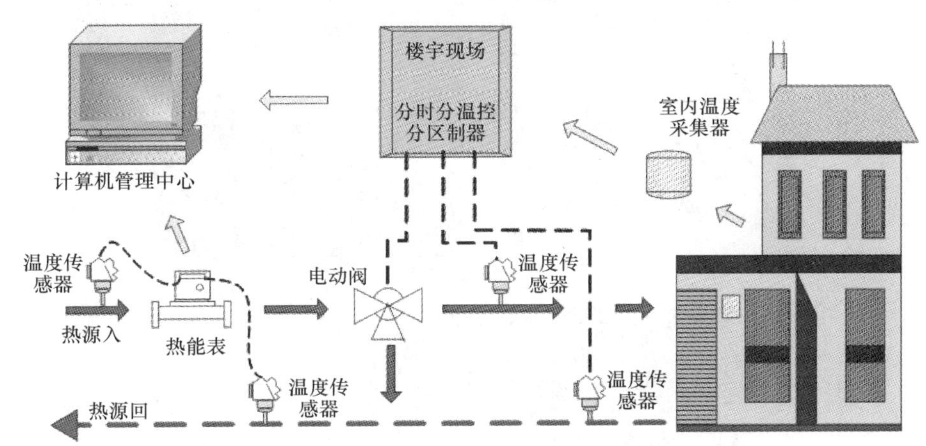

图 9　供热计量改造

档案记录丢失、保养缺失、老化腐蚀严重等原因，所致的事故与水电气漏损的情况也越来越严重。应统一进行小区管网普查、登记、重新编制档案、产权委托或转让给专业公司，以利进行日常更新养护。

第八项必备选项：建立小区立体停车库。由于汽车进入家庭数量剧增，老旧小区原先并没有考虑停车位置，大量无序停车造成居住环境和防灾能力急剧下降。2016 年 4 月 10 日，北京海淀区红联南村发生燃气管道爆燃事件，引发附近居民楼火灾，造成 1 人死亡、2 人受伤就是众多案例中较典型的事件。该小区为 1983 年建的老旧小区，事故发生后，虽然消防部门能及时到达小区，但因为私家车乱停放造成道路狭窄，消防车被堵在距离事故地点百米之外。经疏导无效，消防队员最后只能骑三轮车运送水带和工具，严重影响了灭火效果。由此可见，在老旧小区改造中，统一设计、合理安装立体停车库，将原有的道路、绿地重新开放出来，是小区安全防灾的必由之路。立体停车库高度可以超过 15 层，也有三四层小型的，通过精心设计可达到与原有建筑珠联璧合，好像是建筑延伸出去一样，视觉上感觉不到是一个停车库。建议采用多种形式、小型、分散化、适用于老旧小区的多点立体停车模式。图 10 显示的是一种立体停车库，占地仅两辆车的面积，可以停十五辆车，可以电动，一旦断电也可通过手摇把车子开出来。还可以在立体停车库上加装太阳能，使每一个停车位变成充电桩，方便电动车充电。

图 10　立体停车库

第九项必备选项：小区垃圾分类和 LED 照明改造。垃圾分类收集中最难分类的是会发臭的垃圾，只要把这些会发臭的厨余垃圾通过图 11 所显示的两种途径：第一种是利用细菌（利用好氧菌分解有机物可避免产生恶臭的硫化氢等代谢物）的无臭分解箱；第二种是用安装在洗碗槽下水处的粉碎机粉碎后冲进下水道。这两种模式都可解决厨余垃圾收集处理的难题。在没有解决之前，推广垃圾分类可采用垃圾箱标明发臭和不发臭、可回收垃圾。传统的分类垃圾箱往往写上可循环、有机的、无机的，那是化工大学的学生才能这样分辨的，理应通俗化和直观化，方便市民将废弃物直接“对号入座”投入相应的垃圾箱（图 12）。

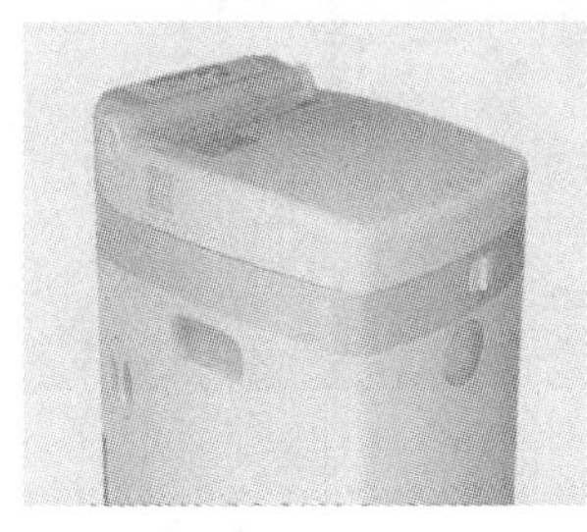

图 11　厨余垃圾处理

图 12　垃圾分类

将传统小区的住宅照明、小区道路夜间照明灯具全部换成 LED 灯具，可以产生照明节能 40％的绩效，而且灯具的使用寿命也大幅度得到提高。应在老旧小区改造中一并加以设计更新。

二、老旧小区改造的拓展项目

第一项拓展项目：社区绿化和建筑外墙的绿化。如图 13 所示，对比同一个地点拍的这两张照片，一张是红外照，一张是普通照，在绿树较为密集的地点，红外图上红色斑块明显少些，说明此处环境温度较低。绿树比较稀疏的地方，相应的地表温度就较高，可相差 8℃左右甚至更高。可以想象一下，8℃的地表温差对空调使用的影响有多大？简单的小区绿化对节能减排效果影响巨大，这说明完全可以通过花草乔木合理搭配、以乔为主进行小区绿化，最低成本地消除热岛效应。

图 13 绿化消除热岛效应

我国许多城市里居民都喜欢栽种高大的乔木，按照我国文化传统，住宅附近的乔木最好是落叶的，能产生四季变化的景观和冬暖夏凉的效果，而且可以产生碳中和效应。除此以外，每棵大树每年吸附灰尘达到一百公斤左右，有利于减少雾霾和增加生物多样性（图 14）。

图 14 水区绿化

第二项拓展项目：增加社区对外的通道。前段时间网络媒体对“推倒封闭小区围墙”炒得很热，但很多老旧小区是由楼宇围合而成，其实是无墙可推。比如说属典型老旧小区的住建部大院，每一边长约六百米，只有一个出入口。对于住建部大院没有围墙可推怎么办？合理化建议是通过整体合理设计，再增加三个步行、自行车或车辆出入口。通过对老旧小区增加出入口的改造，对方便居民出行、避灾和增加消防车通道等都可以带来明显好处，使得小区周边的交通毛细管更加通畅。以住建部大院来说，增加三个出入口就可以达成对外通道的增加和方便群众出行，以及避灾功能的改善（图 15）。

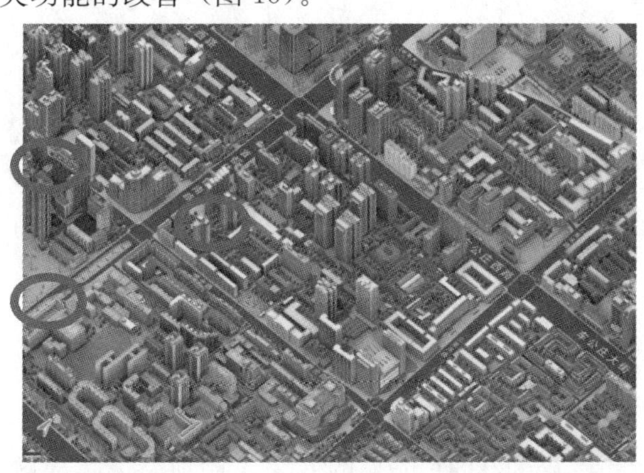

图 15　增加社区对外通道

第三项拓展项目：海绵社区整体设计改造。这方面涉及的项目较多，如屋顶绿化加太阳能、对原有绿地通过不移栽树木的情况改建成下凹式的渗水绿地、对原有小区道路改造成透水路面和停车场加装渗水池收集雨水等，从而使地下水与地表水很好地沟通，起到既节约用水、下渗雨水、减少污染，又能美化社区环境的多重作用（图 16）。

第四项拓展项目：统一加装遮阳窗。实践证明，对住宅外墙窗户的外遮阳改造节能效果非常好。我国大多数城市夏天都非常热，不管是南方还是北方，夏天

图 16　海绵社区

都有朝南、朝西向窗户遮阳问题。从图 17 所提供的数据来看，通过建筑外遮阳比用 Low-E 玻璃改造具有好得多的节能效果和性价比。一般来说，通过外遮阳的改造可达到节约空调能耗 50%的效果。特别是炎热地区加装外遮阳，节能的同时也增强了住宅防盗性能和建筑的美感。在北方地区特殊设计的外遮阳还可以起到保温作用（图 18）。

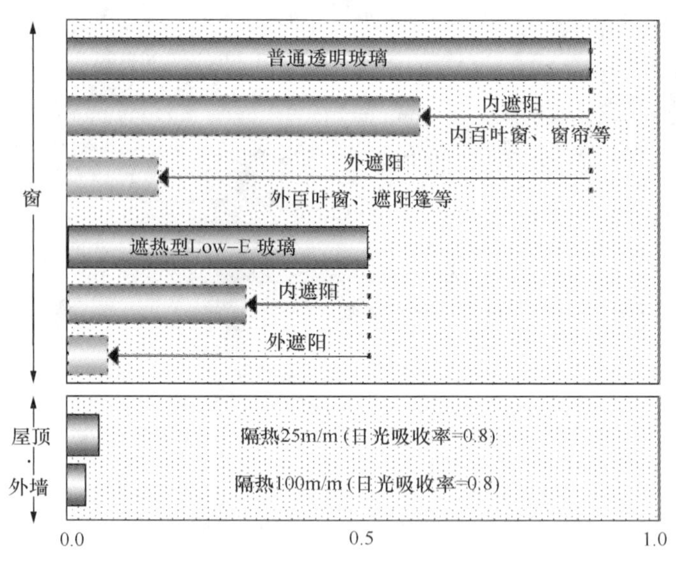

图 17　建筑外遮阳节能效果和性价比

第五项拓展项目：厨房油烟集中过滤。随着我国对化工、发电、交通项目空气污染的有效控制，十年以后或者不到十年的时间内，居民厨房油烟对 PM2.5

图 18　建筑外遮阳

的贡献将日益突出，而且这种污染是就近排放的，对居民的健康影响不小。当前城市 PM2.5 污染主要的贡献是燃煤和交通，但如果当燃煤和交通空气污染得到有效控制以后，减少居民厨房油烟的紧迫性就会相应提高。

几十年前蒋介石的夫人宋美龄曾经居住在美国纽约，她的家族有三十多人，每天都因中国方式炒菜，经常被邻居投诉厨房油烟排放污染太大。国人的烹调方式带来了对周边以及相邻地区 PM2.5 的贡献，这是现实就近的空气污染。对每幢住宅或食堂厨房的油烟机进行集中过滤处理，或统一安装带有滤芯的抽排油烟机，有利于我们攻克 PM2.5 最后一个“堡垒”（图 19）。

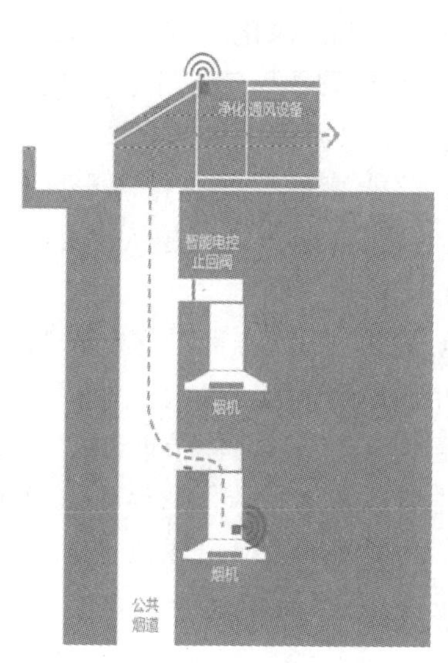

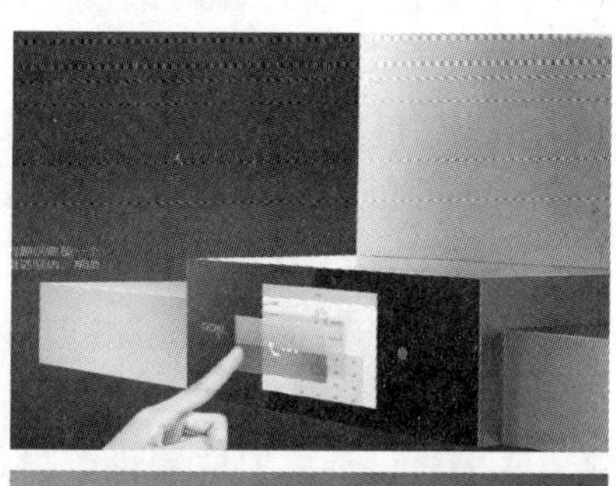

图 19　厨房油烟集中过滤

第六项拓展项目：老旧楼宇空旷场地的综合利用。城市许多20世纪七、八十年代的老旧小区比较空旷，空间利用率比较低，可以采取逐步改造的模式，适当增加建筑容积率（图20）。可以利用增加的容积率补偿其他用户损失，比如说消除装电梯对底层居民的影响，或者用停车库为装了电梯的底层用户损失进行补偿。也可以利用新增加的楼宇面积来设置小区养生、养老和文体活动场所等。使得小区居民生活更绿色、环保、健康。

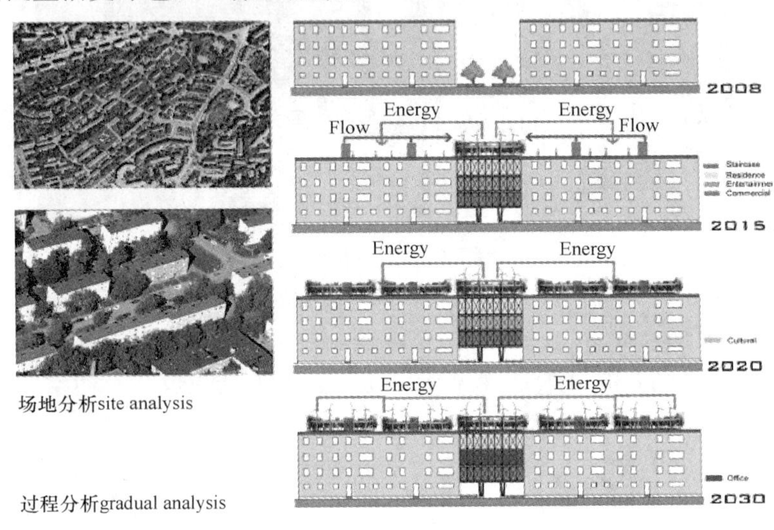

图20　空旷场地逐步综合利用

第七项拓展项目：美化社区。社区不仅是一个居住的地方，当人们退出工作岗位的时候，24h都生活在社区，社区应当成为一个人们肉体和灵魂都向往的地方，应该是诗意居住的场所。通过老旧小区美化、绿化，或历史、文化的传承或改造，增强社区居民的认同感、自豪感，使社区居民有一种家园般的归属感，塑造一种安定、舒适和赏心悦目的居住环境。如果城市小区的每一条小道都能够绿草茵茵，每处都有繁华、多样化的景观，都能感受历史文化的熏陶（图21），社区——这一基层的社会细胞就更加的稳固、更有凝聚力、更有魅力。美丽中国建设，难点在城市。美丽城市建设，关键在社区。

第八项拓展项目：基于节能减排的绿色物业管理和智慧社区。通过推广无线抄表、在线交费和每单元节水节能可视化和奖励、建立社区内专业技术人才志愿者服务网等网络化服务措施，既可以人尽其才，又可以促使节能减排、便利民众生活。将来养老、老年的护理和医疗都通过网络来进行（图22）。由此可见，绿色物业管理是一个新兴的巨大产业，中国城科会开发了绿色建筑标识在线评审系统，可以在线评审和申报，使社区绿色化改造变得简单、经济、方便民众参与（图23）。

图 21　社区美化

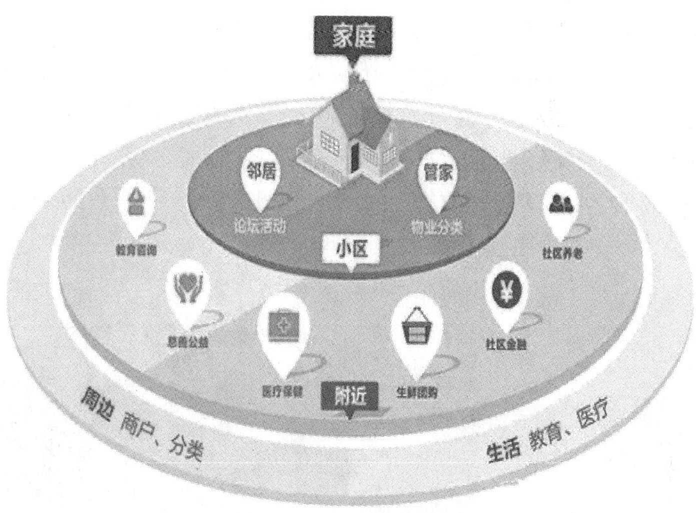

图 22　绿色物业管理和智慧社区

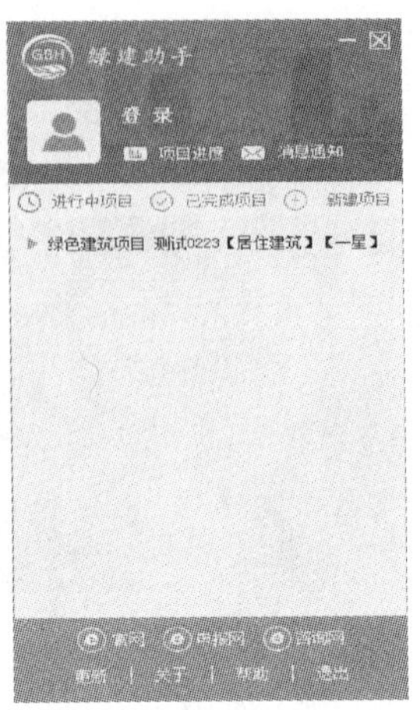

图 23　绿色建筑标识在线评审系统

绿色建筑的普及通过可视化感知的手段，让每幢绿色建筑每个居民单元的节能、节水效果和环境质量都可视化、数据化，这样就可以激励用户节能节水的积极性而达到节约 15％的效果。每个改造后的住户都可成为网络的一个节点，通过绿色建筑管理诊断网络，可有效整合技术专家资源随时对每个绿色建筑进行网上会诊，使老旧小区绿色化改造发挥出节能减排最大的潜能，进一步促进小区"四节一环保"的实效。通过大数据、物联网、BIM 及云平台等新技术，可使得小区更加绿色，居民生活更适宜、便利（图 24）。

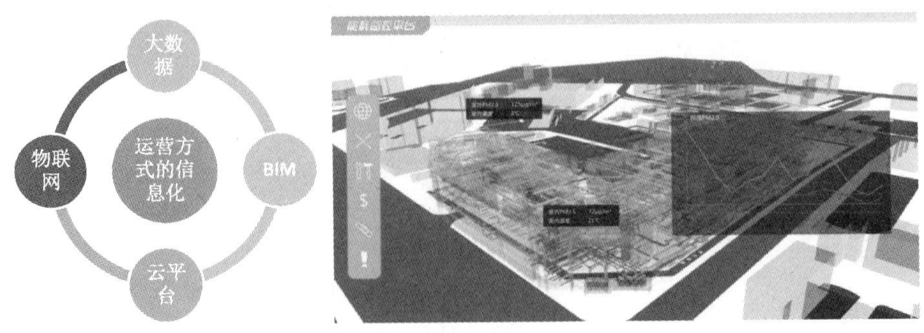

图 24　绿色建筑性能可视化

三、小结

值得指出的是，城市老旧小区属公共空间和公共品与私有空间和个人产权复杂交融的区域，无论是上述近十项“必要改造项目”，还是“拓展项目”的推行都会遭遇“众口难调”而受阻。例如，无电梯的老旧住宅加装电梯是件好事，但也是难事。不同楼层的住户对加装电梯的需求不同，统一认识往往比较困难。同时，老旧住宅小区楼宇间距一般比较小，增设附加电梯也会多少影响周边楼宇住户的日照、通风、视线、停车、通行等诸多方面，容易产生邻里纠纷。目前，国内出台加装电梯政策的城市主要有三种共同决策类型：一是单元业主“全体签字同意”制。但从实际实施情况来看，由于底层业主反对而导致“举步艰难”。二是单元业主“三分之二签字同意＋公示”。厦门、福州、广州采取了这种做法，这三个城市正是此项工作推进较好的城市。三是按幢的“三分之二业主签字同意”制，目前，只有上海这样规定，但实施进度也不理想。

浙江省新出台的《意见》指出“加装电梯的服务范围内产权所有人应当自主或委托社区组织主持，依照《物权法》第七十六条规定就加装电梯方案和电梯维护管理等有关问题进行充分协商，经专有部分占建筑物总面积三分之二以上的业主且占总人数三分之二以上的业主同意并签订协议，同时妥善处理好住宅周边相邻关系”。

事实上不仅附加电梯安装，而且增设立体停车库、统一改装外凸“防盗窗”、外墙粉刷、保温改造、屋顶加装太阳能光电光热一体化设施、供热计量和地下老旧管网改造等都涉及多数人利益与少数人利益失调和冲突的问题，都需要“政府主导”加“群众多数主体”加“利益补偿”来协同推进。既不可草率一刀切政府说了算，也不可事事都得“全体业主签字赞同方可实施”使绿色化改造难以启动。

由此可见，在实施老旧小区绿色化改造全过程中要注重把握以下几点：

（一）对老旧小区的改造，可采用编制菜单式的整体项目规划，规划的编制过程应动员全体小区居民踊跃参与献计献策。自己的家园自己参与设计改造。国人历来崇尚“眼见为实”，通过发挥老旧小区改造的示范效应，让其他没有改造的小区老百姓参观学习，让他们看到改造好了的小区能让居民生活环境产生实际变化。这样就能极大地调动民众支持和参与老旧小区绿色化改造的积极性。

（二）老旧小区的绿色化改造意味着许多技术创新和体制改革，不少旧住宅和建筑的标准一般都不是针对小区的，这些标准不可能满足于老旧小区的绿色化改造，要及时编制新的标准、符合新的需求，不应拘泥于某些不合时宜的旧标准或受其约束。

（三）要集成绿色技术的叠加效应，产生一加一等于二的整体效应，需要通过互联网和物联网进行绿色单元各方面调控，使各种分布式绿色设施协同工作，最大限度发挥综合性节能减排效应。智能小区设计首先要满足小区节能减排的要求，再叠加其他便民利民的信息化功能。

（四）改造后的小区要及时建立、健全长效管理机制。小区改造前期就可采取 PPP 模式、物业管理创新模式。因为传统小区物业管理只是负责清洁、绿化、保安，现在涉及绿色、健康、节能减排许多新的技术和设施的营运，这些新科技、新设施都要进行精心的保养、维护和使用。这需要绿色物业管理模式的创新，也意味着会形成一个巨大的绿色新产业。当地政府应按照属地管理的原则，加强这方面的指导帮助，以期同步推进。

（五）集中各级政府的节能减排各类补贴，加快推动老旧小区绿色化改造。我国约有住宅大维修基金五千多亿躺在各地银行账上没发挥作用。对受益面较小的改造项目如附加电梯、小型立体停车库、户用节水中水、节能器具等都可单独采用集资采购或公积金支出补偿等方式。老旧小区绿色化改造需要各方面合力推进。老旧小区改造中政府推动力最为重要，此项改造可以产生巨大的二氧化碳减排的整体效应，也可以通过碳市场来部分补偿。

（六）通过评定绿色旧宅和旧小区改造星级标准，使得居民对改造后的小区有更大的认同感、获得感。十五万亿新投资领域也意味着绿色建筑供给侧改革大有作为，使科技人员的创新、创业精神有利于百姓生活质量的优化，以及与节能减排工作的有效推进有机结合。通过老旧小区改造的途径来加快发展绿色建筑不仅是为了当代人们生活得更好，也为了下一代人在地球上用有限的资源过上更加绿色、更加富足、更加幸福的生活。

前　言

近年来，我国将绿色生态发展作为推动转型发展的重要举措，相继提出一系列绿色发展战略。国家“十三五”发展规划纲要将生态文明建设作为发展战略的重要内容，提出创新、协调、绿色、开放、共享的发展理念；党中央国务院发布的《关于进一步加强城市规划建设管理工作的若干意见》提出建筑八字方针“适用、经济、绿色、美观”，首次将绿色的概念纳入到建筑设计、施工和营运的全过程；中央城市工作会议强调城市发展要坚持集约发展，立足国情，改善城市生态环境，在统筹上下功夫，在重点上求突破，着力提高城市发展持续性、宜居性。在国家政策的大力支持下，我国绿色建筑事业迎来难得的历史发展机遇。

我国在《巴黎协定》“国家自主贡献”中提出，将于 2030 年左右使二氧化碳排放达到峰值并争取尽早实现，2030 年单位国内生产总值二氧化碳排放比 2005 年下降 60%～65%，非化石能源占一次能源消费比重达到 20%左右（该协议于 2016 年 11 月 4 日正式生效）。大力发展绿色建筑已成为我国生态文明建设和节能减排的重要途径。

为了进一步推进我国绿色建筑的快速健康发展，提升科技对绿色建筑发展的支撑作用，国家将“绿色建筑及建筑工业化”重点专项列入“十三五”国家重点研发计划，对基础研究、技术开发和应用示范进行全链条一体化设计，着力突破绿色建筑关键技术瓶颈，提升我国绿色建筑核心竞争力。

本书共分为 6 篇，包括综合篇、标准篇、科研篇、交流篇、实践篇和附录篇，力求全面系统地展现我国绿色建筑在 2016 年度的发展全景。

本书以国务院参事、中国城市科学研究会理事长仇保兴博士的文章“城市老旧小区绿色化改造——增加我国有效投资的新途径”作为代序。文章创新性地将老旧小区绿色改造内容划分成 9 个必备项目和 8 个拓展项目，在此基础上深入分析推进城市老旧小区改造的难点，并提出 6 点老旧小区绿色化改造实施建议，包括编制菜单式的整体项目规划、技术创新和体制改革、集成绿色技术的叠加效应、及时建立健全长效管理机制、集中各级政府的节能减排各类补贴，以及评定绿色旧宅和旧小区改造星级标准，使得居民对改造后的小区有更大的认同感、获得感。

第一篇是综合篇，主要从宏观层面探讨了我国绿色建筑设计、既有公共建筑综合改造、健康建筑、海绵城市建设、绿色建材等当前热点问题；探索了适应气候变化的场地规划及建筑设计韧性策略；分析了装配式混凝土住宅经济性；阐述了建筑师在绿色建筑发展中的责任。

第二篇是标准篇，主要介绍了我国工程建设标准化改革及绿色建筑标准发展思路，以及已经发布的国家标准《既有建筑绿色改造评价标准》、《绿色博览建筑评价标准》、《绿色饭店建筑评价标准》、行业标准《绿色建筑运行维护技术规范》、中国建筑学会标准《健康建筑评价标准》、地方标准《黑龙江省村镇绿色建筑评价标准》简介。

第三篇是科研篇，主要介绍了“十三五”国家重点研发计划“绿色建筑及建筑工业化”重点专项 2016 年度立项情况。本篇分别从正式立项的 21 个项目的研究背景、研究目标、研究内容、预期效益等方面进行简要介绍。

第四篇是交流篇，主要介绍了北京市、上海市、山东省等 7 个地方省市绿色建筑发展情况、4 个地区绿色建筑基地工作开展情况、绿建委国际科技交流情况，以及深圳市开展绿色建筑工程师职称评定情况。

第五篇是实践篇，本篇选取了 9 个获得绿色建筑标识的项目（包括设计标识与运行标识），涉及办公建筑、博览建筑、居住建筑、工业建筑等建筑类型，分别从项目背景、主要技术措施、实施效果、经济效益等方面进行介绍；此外还选取了 2 个生态城区项目案例进行介绍。

附录篇介绍了中国绿色建筑委员会、中国城市科学研究会绿色建筑研究中心、绿色建筑联盟和绿色建筑先锋奖获奖企业，收录了 2016 年住房和城乡建设部装配式建筑科技示范项目，并对 2016 年度中国绿色建筑的研究、实践和重要活动进行总结，以大事记的方式进行了展示。

本书是第 10 本绿色建筑年度报告，系列报告全面系统地记录了我国近十年绿色建筑发展的历程，已成为我国绿色建筑的重要信息库。十年磨一剑，绿色建筑年度报告至今已基本形成固定的框架结构和风格，可供读者更加方便地阅读和查询信息。十年来，本书得到广大读者的热心支持，这种支持是我们最大的动力。希望我们不断积累经验，不负众望，把这部书出版得更好。

本书编委会

2017 年 2 月 24 日

Foreword

In the past few years, China has regarded green ecological development as an important measure to push forward the transformation development and put forward in succession a series of strategies for green development. The outlines of the national 13thFive-year Development Plan regards the construction of ecological civilization as an important content of the development strategy and proposes a development concept of innovation, coordination, green, open and share. *Several Opinions on Further Strengthening the Management of Urban Planning and Construction* issued by the CPC Central Committee and the State Council puts forward the policies of "suitable, economical, green and elegant" for buildings and for the first time apply the concept of green in the whole process of building design, construction and operation. The Urban Work Meeting of the Central Committee of CPC emphasized that urban development should be intensive and based on the national conditions to improve urban ecological environment and should attach great importance to overall plans and breakthroughs in key fields so as to make urban development sustainable and livable. With the strong support of the national policies, China's green building is now embracing hard-won historical opportunities.

In "Nationally Determined Contribution" of *Paris Agreement*, China indicated that the carbon dioxide emission would reach its peak around 2030, which was hoped to be earlier. Carbon dioxide emissions per unit of GDP in 2030 would be cut by 60%～65% than that in 2005, and non-fossil energy would take up about 20% among primary energy consumption (the agreement took effect on Nov. 4 2016). The rapid development of green building has become an important measure to realize China's ecological civilization construction and energy-saving and emission reduction.

To further promote the fast and healthy development of China green building and elevate the supportive role of science and technology in green building development, China has listed the key special project of "green building and building industrialization" in the national key R & D plan of the 13th five-year plan period and carried out the whole-chain integrated design for basic research, technical development and application demonstration to overcome the key technical bottlenecks of green building for the strengthening of China's core competiveness in green building.

This book covers 6 parts including a general overview, standards, scientific research, experiences, engineering practice and an appendix, with the hope to display the development overview of China green building in 2016 in an all-around and systematic way.

The book uses the article of Dr. Qiu Baoxing, counselor of the State Council and Chairman of Chinese Society for Urban Studies, as its preface, which is titled "Green retrofitting for urban old communities—A new approach to the increase of China's effective investment." The article for the first time divides the green retrofitting contents for urban old communities into 9 essential projects and 8 additional projects. Accordingly, it further analyzes the difficulties in the promotion of retrofitting for urban old communities and puts forward 6 implementation suggestions, including the development of menu-like overall project planning, technical innovation and system reform, the superposition effect of integrated green technologies, timely establishment of sound and long-term management mechanism, putting together all kinds of energy-saving subsidies from governments of all levels, and assessment standards for green retrofitting for old residential buildings and communities, which will make the residents feel a sense of acceptance and acquisition towards the retrofitted communities.

The first part is a general overview. It discusses the current hotspot issues concerning green building design, comprehensive retrofitting for existing public building, healthy building, sponge cities construction and green building materials from a macro-level. It explores site planning adaptable to climate change and tenacity strategy for building design, analyzes the economical efficiency of prefabricated concrete residential buildings, and elaborates the responsibilities of architects in green building development.

The second part is about standards, introducing development ideas on engineering construction standardization reform and green building standards, and the already published national standards of *Assessment Standard for Green Retrofitting of Existing Building*, *Assessment Standard for Green Museum and Exhibition Building*, *Assessment Standard for Green Restaurant Building*, industrial standard of *Technical Specification for Operation and Maintenance of Green Building*, the standard of Architectural Society of China *Assessment Standard for Healthy Building*, and the local standard of *Assessment Standard for Green Building of Rural Areas in Heilongjiang Province*.

The third part is about scientific research and introduces the 21 key special projects approved by the national key R & D Plan of the 13th Five-year period " "green building and building industrialization", from such aspects as project aspects, research goals, research contents, expected benefits.

The fourth part introduces experiences, covering green building development in 7 provinces and cities like Beijing, Shanghai and Shandong, development of green building bases in 4 areas, international science and technology exchanges of China Green Building Council, and the review of green building engineers of Shenzhen.

The fifth part introduces 9 green building label projects (including design label and operation label) covering such building types as office building, museum and exhibition building, residential building and industrial building. It introduces these projects from aspects like project background, main technical measures, implementation effects and economic benefits. Beside, this part also introduces 2 ecological urban districts projects.

The appendix introduces China Green Building Council, CSUS Green Building Research Center, Green Building Alliance, Enterprises of 2015 Green Building Pioneer Award, provides a list of science and technology demonstration projects of prefabricated buildings approved by MOHURD. It also summarizes research, practice and important activities of green building in China in a chronicle way.

This book is the 10th annual development report of green building. This series of reports comprehensively and systematically summarize the development of green building in China in the past ten years, and have become an important database of China green building. It takes ten years to sharpen a sword. By now, the green building annual reports have established their own fixed frame structures and styles and have become more convenient for readers to read and search for information. During the past ten years, these books have gained great support from readers, which is the largest impetus for us. We hope that by continuous accumulation of experiences we can provide readers with better publications.

Editorial Committee

Feb. 24th, 2017

目 录

Contents

第一篇　综合篇

随着生态文明和新型城镇化建设工作的不断推进，我国绿色建筑得到快速发展，并逐渐呈现新建建筑、既有建筑和生态城区协同推进的新局面，以适宜技术为手段，以绿色建筑实际效果为导向，带动绿色建筑高品质、规模化和区域化发展。

在新的绿色建筑发展形势下，我国绿色建筑内涵和外延得到不断拓展。本篇针对绿色建筑当前发展热点，分别从健康建筑、建筑工业化、既有建筑改造、绿色建筑设计、装配式建筑和海绵城市等方面进行探讨。主要包括：总结国内外绿色建筑设计理论与方法领域的基础研究与实践，对我国未来发展方向和学科重点进行思考和展望；梳理既有公共建筑综合改造的政策机制、标准规范和典型案例，探讨我国既有公共建筑改造发展趋势；从建筑师的角度阐述了绿色建筑观以及建筑师在绿色建筑发展中的责任；剖析我国健康建筑的发展需求并介绍评价标准编制情况；探索适应气候变化的场地规划及建筑设计韧性策略；提出大力发展绿色建材助推绿色建筑发展；分析装配式混凝土住宅经济性；阐述对海绵城市建设的理解并介绍相关技术实践。

希望读者通过本篇内容，能够对中国绿色建筑发展状况有一个概括性的了解。

Part Ⅰ General Overview

Along with the continuous advancement of ecological civilization and new urbanization construction, China's green building develops in a fast speed with a synchronous promotion in new buildings, existing buildings and ecological urban districts. Based on suitable technologies and oriented by actual effects, green building has been developed in a high-quality, large-scale and regionalized way.

With the new development trend, the connotation and extension of China's green building are continuously expanded. To address the current hot spots concerning green building development, this part makes analysis on such aspects as healthy building, building industrialization, retrofitting for existing building, green building design, prefabricated building and sponge cities covering the following topics: summaries about basic research and practices of design theories and methods for green building home and abroad; thinking and prospect of the future development trend and key subject topics; sorting out policy mechanisms, codes and standards and typical cases of the comprehensive retrofitting for existing public building, and exploration for the development trend of the retrofitting for existing public building in China; elaboration about concepts on green building and responsibilities of architects in the development of green building from the architect's point of view; analysis on the development demand of China's healthy building and introduction to the development of assessment standard; exploration for site planning adaptable to climate change and tenacity strategy for building design; advocating the development of green building materials to promote the development of green building; analysis on the economical efficiency of prefabricated concrete residential buildings; demonstration of understandings about sponge city construction and introduction to relevant technical practices.

Through this part, readers will have a general overview of the green building development in China.

1　中国绿色建筑设计理论与方法研究思考和展望

1　Thinking and prospect of the design philosophy and methodology research on China green building

1.1　科学意义和国家战略需求

新型城镇化是我国全面实现现代化的重要进程。与此同时，节约建筑中的能源与资源使用、减少污染物排放成为我国工程建设领域的严峻挑战：目前我国城镇化率已经超过55%，建筑能耗已达8亿吨标煤，CO_2等污染物排放超过全国总量的四分之一。大力发展绿色建筑，已经得到国家和社会各界的共识。研究适宜于我国不同地域社会经济发展水平和自然环境的绿色建筑，是解决节能、节地、节水、节材和减少污染物排放的根本手段，需要城乡规划学、建筑学、建筑物理学、结构工程学和土木工程材料等学科的协同努力。

绿色建筑的核心是：强调资源的节约、环境的保护，强调与气候特征、地域条件、人文环境、社会发展等的适宜性，强调全寿命周期性能最优，强调多领域、多专业的集成优化。如何有效地节约建筑运行能耗、同时显著提升建筑环境品质，是绿色建筑研究的核心部分；因地制宜，被动优先、主动优化，是绿色建筑技术体系选择和优化的重要原则。为此需要探索在地域气候和辐射热作用下建筑室内外低密度小流量动态热湿传递过程和规律，研究建筑热湿环境营造过程的机理，寻求建筑形体、空间构成和平面组织与建筑环境控制系统和建筑能耗的相互影响规律，发展建立满足绿色建筑要求的不同地域建筑设计、建造和运营模式，以及与之相匹配的新型建筑环境控制策略和系统形式。

本文通过调研国内外专家学者在绿色建筑设计理论与方法领域基础研究和关键技术的研究进展，结合国内绿色建筑发展和需求现状进行总结和展望，期望能为推进我国绿色建筑科学健康发展提供参考。

1.2 国际发展态势与我国发展优势

围绕绿色建筑的设计理论和营造方法，国内外主要从典型气候带建筑室内热湿环境营造机理、地域性绿色建筑设计方法及营造模式、建筑热湿环境营造热力学原理、乡土绿色建筑与人居环境设计理论及方法等方面开展了研究，现将国际发展态势和我国发展优势总结介绍如下。

1.2.1 典型气候带建筑室内热湿环境营造方法

室内热湿环境营造的第一项任务就是要明确适宜的室内温湿度参数，以保障人员热舒适。随着社会经济的发展，国内外对保障人员热舒适所需参数指标的研究日益深入。P. O. Fanger 教授基于静态热舒适方程提出了预测平均热感觉指标 PMV，被国际热舒适标准广泛采用。近年国际学者建立了考虑各地区气候、地理、文化等差异的热适应模型（Kwonget al.，2014；Yanget al.，2014）。虽然我国室内舒适参数的研究起步较晚，但近年来在动态热舒适研究和不同地区、不同建筑的热适应性研究，取得一批世界级水平的成果，已成为世界热舒适研究领域的主力军（杨柳，2009；朱颖心，2012）。与国外相比，我国幅员辽阔，覆盖更多气候区，且在生活习惯、饮食结构、生理指标、经济发展水平、能源结构等方面存在诸多差异，因此，国外已有的研究结论，难以简单用作我国热湿环境需求参数选择的依据，需要进一步开展适合中国不同气候区特征、文化习惯和经济水平的舒适环境参数的研究。

室内热湿环境的营造涉及室内的参数需求、室外气候条件、建筑围护结构、室内的热源和湿源以及进行热湿处理的设备系统，如何合理设计围护结构并构建一个节能高效的热湿营造系统是广大科技工作者追求的目标。传统的热湿环境营造是待围护结构和室内的热湿源与室内空气混合后，再对混合后的空气进行处理，并多采用集中的冷热水制备和集中的送回风系统，从而导致冷热源效率低、系统输配能耗大、高质低用及冷热抵消等问题。这在以美国为代表的 VAV 系统中表现得尤为突出。同时，建筑能源系统对自然冷源及热回收利用不足，导致了很多不必要的能源消耗，也无法满足不同区域个性化需求。近年来国内外学者提出了置换通风、个性化送风等通风方式可在某些条件下高效地满足室内热湿环境需要（Hakon，1994；Fanger，2001），冷辐射吊顶、冷梁和分层空调等方式则能较好地处理显热负荷和局部区域负荷（康宁等，2009；刘晓华等，2011），温湿度独立控制系统、多联机和水环热泵系统（马最良等，2005）则能够一定程度上针对建筑不同区域的热湿负荷特征和使用习惯，实现热湿环境的高效营造，并在此基础上提出针对更多种不同源和汇特征的能源综合利用的新理念，如能源总线系统和能源互联网系统概念（龙惟定等，2009；李先庭等，2011）。在上述研究中，我国科研工作者已由以前的跟进到逐步引领的位置，如温湿度独立控制系统、能源总线系统等。

人行为对建筑室内热环境与能耗是一个不可忽视的敏感因素。由于建筑中人行为的随机性、多样性和复杂性，无法采用固定作息（Schedule）的方式进行简化处理。从标准规范与能耗预测的角度，急需从这种差异中提炼出若干种典型的行为模式，用于分析和评估中国的整体能耗情况和节能技术发展方向。在国际建筑模拟领域，很多研究成果都揭示了人行为对建筑能耗和室内环境的影响。例如，Clevenger C. M. 等提供不同人员作息和环境偏好，研究了建筑能耗模拟中人行为的不确定性，通过模拟发现即便是典型人行为中，全部设定为最高值和最低值，两者之间的能耗差别可超过 1.5 倍。

此外，根据工业建筑自身的热湿散发特性和需求参数特点，国内外开展了一系列与之相适应的主被动技术研究，以实现工业建筑的绿色与节能。在被动技术方面，国内外对自然通风、天然采光、围护结构保温等进行了大量研究与实践，取得了不错的效果（Susanti et al.，2011；徐伟，2014），但由于工业建筑室内热湿负荷特性与民用建筑有很大差异，目前还缺乏针对不同气候特点、不同功能工业建筑的被动技术研究。在主动技术方面，污染物和通风、太阳能热水系统、可再生能源发电技术、工业余热回收技术、污水源热泵、红外线辐射供暖、空调冷凝水回收和蒸发冷却技术等都在不断研究与发展（王怡，2012；郑亚东，2011；Fang et al.，2013；Ma et al.，2009）。此外，为了更好地推进绿色工业建筑的发展，我国也根据自身国情在 2014 年制定了《绿色工业建筑评价标准》。虽然我国在工业建筑节能与绿色设计方面已开展了很多工作，但由于我国工业建筑种类多样，气候条件各不相同，因此结合我国特点开展工业建筑热湿散发特性、室内需求参数、适宜的被动技术和高效的冷热设备系统研究，对于绿色工业建筑设计具有重要意义（钟田力，2012）。

1.2.2 地域性绿色建筑设计方法及营造模式

可持续性理念和方法策略的基本前提是对包括自然环境和人工环境整体融合的关注，在不同外部条件下的地区建筑实践中均有体现和运用。美国建筑师弗兰克·劳埃德·赖特（Frank Lloyd Wright）倡导“有机建筑”理论，强调建筑应与当地环境融为一体的设计原则；印度建筑师查尔斯·柯里亚（Charles Correa）提出的“形式追随气候”的设计方法论；埃及建筑师哈桑·法赛（Hassan Fathy）研究了传统建筑形式随不同气候地域产生的变化；北欧建筑师阿尔瓦·阿尔托（Alva Alto）、澳大利亚建筑师格伦·马库特（Glenn Murcutt）、瑞士建筑师马里奥·博塔（Mario Botta）、墨西哥建筑师路易斯·巴拉干（Luis

Barragán)，以及提出“热带城市地区主义”的马来西亚建筑师杨经文（Ken Yeang）等，均在当代地区建筑实践中贯彻环境可持续性理念。

绿色建筑节能环保效果很大程度取决于规划设计阶段。根据国内外的调研和大量实际工程表明，40%以上的节能潜力来自于建筑方案初期的规划设计阶段(IEA ANNEX-30 Bring Simulation to Application)。而通过对欧洲 67 座建筑调研，发现所应用的 303 项绿色建筑技术中，57%的技术措施需要在规划设计和方案设计阶段中落实（Pieter de Wilde，2004）。为此国内外学者开展针对建筑方案设计阶段的性能模拟优化软件研究（Christophe Reinhart，2007；林波荣，2009)。近 5 年来国内外的探索，集中于从建筑表皮到体型以及室内空间平面组织关系与能耗、自然通风和天然采光效果的研究。此外，在建筑设计领域，不少学者还在探讨应用参数化设计和遗传算法生成建筑体型、结构体系和几何形态的设计新方法。

被动技术对于降低建筑负荷，提供可再生能源、降低常规能源消耗具有至关重要的作用。国外很多发达国家注重公共建筑和居住建筑用被动技术的研究与推广，如日本在改善建筑围护结构保温性能和公共建筑空调制冷技术节能方面，德国注重发展被动房技术等。国内对不同气候条件下的被动式技术如墙体保温隔热、遮阳技术、天然采光及建筑热环境也开展长期的调查、实测和理论分析研究(刘加平，2004；孟庆林，2006；杨柳，2006；等)。

相比于发达国家，我国幅员辽阔，各建筑气候分区的气候差异巨大，无法套用国外单一被动技术体系。需要研究适合我国特点的被动式建筑节能技术，并且逐步建立相应的不同气候区的指标体系。

1.2.3 建筑热湿环境营造热力学基础

营造适宜的建筑热湿环境实际上就是营造温度在 20～30℃，相对湿度在 30%～80%间的室内环境。除了北方冬季外，这样的室内环境要求与当时的室外气候条件并无非常大的差别。已有研究按照所设计的在室内外环境下理想循环的控制系统得到可逆过程下营造室内热湿环境的最小能耗，与目前的常规系统比较，目前系统的实际效率不到理论效率的 20%（江亿，2006）。因此，目前的室内环境控制系统存在巨大的节能空间。目前国内外此领域的基础研究热点是，利用热力学方法，分析从各类热源进入室内的过程，建筑围护结构的传热过程，各种消除和吸收室内发热量的过程，冷量与热量的传输过程，以及发生在冷热源的能量转换过程，重新审视评价目前的各类室内环境控制系统。

在节能设备方面，美国、日本和欧洲根据各自的气候条件提出优先发展适用的热泵技术，并积极研究提高热泵能效和拓宽热泵使用范围的手段，包括提高热泵低温性能、热泵机组新循环及优化、末端装置等。王如竹、张小松等近10年来研究了适合夏热冬冷地区的太阳能系统与新型热泵形式。此外，可实现高温冷水供冷的温湿度独立控制技术、能够实现行为节能的多联机技术我国发展迅速（江亿，2009；石文星，2010）。

虽然我国在高效的冷热设备系统研究方面已取得显著进步，且在一些方向已处于世界领先地位，但总体而言，如何研制适应我国不同气候区特点的热湿设备系统，开发以性能目标为导向、与建筑设计全过程相结合的绿色建筑性能提升和优化设计新方法，研发适应我国使用人群的文化和消费习惯，同时可进一步提高设备系统能效的系统形式，尚需开展更多的研究。

1.2.4 乡土绿色建筑和人居环境设计方法

国内外乡土建筑研究极力倡导生态学意义上的社会持续建造、生长的方法及其模式。《关于乡土建筑遗产的宪章》、《设计结合自然》、《我们共同的未来》等，以及“生物气候地方主义”“乡土主义”“中间技术”“整体设计”等，都为乡土建筑研究及其在当代的保护与可持续发展做出了重要贡献。同时，许多建筑师在研究实践中，从传统工艺、构造方式、建筑材料、建造范式及与环境的应答等多方面，运用多视角、多学科融贯的方式，积极探索乡土建筑的绿色设计理念与适用的技术策略，涌现了一批经典的著作及设计项目。

国内关于中国乡土建筑研究的梳理和审视，已有大量国家自然基金项目、专著、论文及科学实践项目运用复杂系统理论和学科交叉方法，以绿色设计视角求得乡土建筑研究更全面、深入的设计理论与评价体系，如结合适宜技术提升传统民居性能指标的设计研究，结合绿色技术开展传统乡土建筑及聚落保护与更新的研究，运用技术科学逻辑对乡土建筑建造技术及范式的研究等。如西安建筑科技大学一直重视民居建筑演变和发展模式的理论探索和工程实践，主持了国家创新研究群体科学基金“西部建筑环境与能耗控制理论研究”等重大研究课题。重庆大学的黄光宇等学者长期致力于西南山地人居环境科学的研究，通过巴蜀、闽浙、湘鄂等地的案例研究与空间实践，极大地推动了山地人居环境科学的发展。清华大学的单军对不同地域民居人文属性、建筑形式等进行了广泛调研和总结测试；王竹、李保峰等通过对夏热冬冷地区有代表性的传统民居和新建农宅的夏季室内外环境的测试和对比研究，指出传统民居应对夏季炎热潮湿气候的主要手段是风压通风和夜间散热等。宋德萱（2011）等针对浙东南传统民居的选址环境、形体布局、材料利用等方面体现的生态适应性开展了研究。

1.3 重点鼓励研究领域与方向

1.3.1 建筑热湿环境营造机理分析新方法

从被动式和主动式营造过程的驱动力角度出发认识热湿环境营造体系，选取适宜的热学参数来关注量和品位的影响，奠定该热学分析方法的理论基础。利用热学参数分析关键环节，如室内采集、热量传递、热湿处理过程等，刻画其传递特性，量化分析掺混、传递损失等的影响规律。

系统分析该营造过程，明确需遵循的热学分析原则，厘清系统各部分投入对内部损失的作用机理，并侧重全工况下的系统综合性能分析，得到分析和评价的有效热学指标。针对不同功能建筑、不同营造需求，如数据中心、高大空间建筑、办公建筑等，分析其室内热湿环境特点，利用热学分析方法优化其营造过程，从末端出发构建出新的高效热湿环境营造方案，大幅降低其营造能耗。

突破传统传热传质学、热力学和建筑环境学理论和方法的局限，借鉴分析力学的方法，建立和发展建筑环境分析热力学是一条值得探索的新途径，可望发展出在保证人们健康、热舒适可接受的前提下尽可能节能的可持续室内环境的分级、综合控制新途径。

1.3.2 典型气候带建筑室内热湿环境营造机理

建筑室内环境营造适宜参数研究。研究不同气候区，人员适宜的温湿度参数以及不同气候特征对人体舒适健康的影响机理；研究不同功能建筑类型中，人员适宜的温湿度参数；研究空调供暖建筑与自然通风建筑中的温湿度参数需求的差异；研究生活习惯、经济水平、文化因素、能源政策等对温湿度参数需求的影响；研究人员主动调节行为对温湿度参数需求的影响；研究需求参数改变与能耗的关系；研究适合于不同气候区、不同建筑类型的节能需求参数新标准。

建筑热适应模型与数据库研究。通过大量实际建筑现场调查，广泛收集整理我国人体热反应现场调研数据，建立我国国民的人体热反应数据库，结合人工气候实验室深化研究热适应的内在作用。在此基础上，研究不同气候条件、建筑类型、生活习惯等因素对人体热适应的差异性影响，提炼造成这种差异的关键因素，深入分析人体热适应的形成机理。基于热适应模型，正确认识我国国民的热适应规律，研究室内热环境标准与建筑能耗的关系，给出不同气候区、不同建筑类型、不同人群类型的全年室内舒适性环境参数范围。

适合不同气候和建筑类型的室内热湿环境营造设备与系统研究。包括空气源热泵、地源热泵系统在严寒与寒冷地区的能效提高方式；研究太阳能热泵技术在不同气候区的适应性，以及太阳能与热泵双能源技术的融合；研究提升热泵系统能效和适用范围的新循环和新方法；研究典型气候带绿色复合能源的优化适配理论与方法；研究温湿度独立控制技术在不同气候区的适应性；研究高效节能的蒸发冷却技术、热源塔技术和各类无霜热泵；研究基于低品位能量总线的设备与系统等。

1.3.3 绿色建筑环境设计方法与模式

地域性绿色建筑的被动技术策略研究。研究围护结构动态多维热湿耦合传递机理；研究可变性能的围护结构形式；研究不同气候区围护结构物性参数的优化；研究不同气候区太阳能的节能潜力与运行控制；研究不同气候区自然通风的节能潜力与优化设计；研究不同气候区利用热管技术进行冬季免费供冷的性能；研究针对不同建筑功能的被动技术应用匹配特性；研究多种被动技术联合保障时的设计原理和运行控制；研究被动技术与主动技术结合时的配置方法。建立具有不同地域人居环境特色的被动式技术策略数据库，研究定量化分析被动技术策略的理论方法。

性能导向的绿色建筑设计方法研究。探求基于建筑地区性的环境适应性设计理论和科学方法，提出以环境性能为导向的不同地域适应性设计模式，构建基于地区环境适应性的绿色建筑设计方法。研究嵌入到 Skectchup、BIM、Grasshopper 等绘图软件之中的绿色建筑性能提升的创新设计方法和流程。研究以符合绿色建筑性能目标（如整体能耗最低、自然通风、天然采光效果最佳）的建筑参数化设计控制法则，建立自动或半自动寻优的绿色建筑性能参数化设计方法。发展基于逆向求解原理的反向设计优化方法，研究多尺度室外热环境和日照环境正向优化和反向寻优的耦合策略与机理，建立室外公共空间控制污染物传播的反算理论基础和求解原理，探讨创新的室外声光热物理环境的设计方法。

建筑中人行为对建筑能耗和环境性能影响的基础性研究。研究建筑中人行为传感器网络和数据采集方法，结合热舒适理论、社会学、心理学等学术领域的相关研究成果，建立科学的人行为机制描述体系，通过大规模的案例测试，验证人行为模型的可应用性及有效性，开发通用的模拟软件；结合问卷调研，构建我国建筑中人行为模式的分布参数及基于行为模式的典型人群模型，用于指导建筑能耗模拟、技术评估和绿色节能技术方案的比较和优化。

工业建筑绿色设计理论与方法研究。研究不同气候条件、不同类型工业建筑下的负荷特性、热湿散发特性、污染物散发特性；研究工业建筑内非均匀参数需求与能耗的关系，以及人员的热舒适性；研究基于健康保障的工业建筑室内环境评价及检测体系，高温高湿作业环境分级评价指标，室内污染物影响及噪声污染分级评价指标，室内污染物控制检测方法与评价体系等。研究多种通风方式的有效组合，以最高效的方式满足工业建筑内变化的非均匀需求，包括工业建筑典型室内颗粒物传播、迁移规律与高效通风控制机理；复合除尘技术，湿式除尘废水处理净化机理和技术，耐高温过滤技术等。研究工业建筑中可再生能源利用、高效保温隔热和环保型可再生循环利用材料等，包括低品位工业废气与废水的热量回收系统，空气污染及水污染控制机理及关键技术等；研究多种不同功能热湿营造系统的组合控制策略，以更高效的方式适应不同工业建筑特殊的工艺特征和负荷特性。

1.3.4 乡土建筑绿色设计理论和方法

传统乡村绿色建筑和人居环境经验凝练与传承。运用科学技术手段对我国优秀传统乡村建筑进行解析和研究，对不同地域特点传统民居的生态建筑经验进行归类与总结，从形态和空间表达出发，归纳出其绿色生态模式语言。并对典型乡村建筑和村落开展实态调查，对不同地域特点类型建立资源普查标准及系统数据库。对典型村落开展保护和利用技术研究，综合分析其环境影响评估技术和地域历史文化资源开发模式。

环境适应性乡村绿色建筑和人居环境设计理论及策略。研究乡土建筑与环境的契合关系，建立具有不同地域人居环境特色的传统乡村建筑形制与环境影响的因子数据库，测试、总结我国不同地域自然气候条件下乡村建筑热工性能和建造规律，寻求建筑空间系统与建筑能耗的相互影响规律，探求基于建筑地区性的环境适应性设计理论和科学方法，构建乡土建筑地域性环境适应性设计模式，发展基于地区环境适应性的绿色乡土建筑设计理论与方法。

乡村建筑绿色建造技术及范式研究。在挖掘传统乡村建筑中节能构造技艺及建筑选材经验的基础上，结合我国技术发展水平对具有地区特色的新型建筑围护结构构造技术和新型多功能建筑节能材料进行研究，建立村镇建设绿色建造设计标准和指南，在满足安全、合理、经济、适用等要求下，发展低成本、特色明显、易建造、高性能的乡土建造技术及范式。

乡村建筑节能评价与控制指标体系研究。建立以衡量我国乡村绿色建筑体系的可持续发展水平和变化趋势为目的的评价指标体系，研究包括资源与能源的有效利用、材料与建造方法的循环经济性、弹性可变的空间体系以及对地域历史文化的尊重等的评价方法，研究从建筑全生命周期实现对乡村建筑和整体人居环境生态系统的保护和控制方法。

1.4 总结与展望

绿色建筑是人类社会进入后工业文明时代的必然产物。全面推广绿色建筑已成为我国业界共识，研发、设计和建造绿色建筑的产学研体系已经形成，总体上正逐步迈向更高的质量和水平。

欲求木之长者，必固其根；欲求流之远者，必浚其源。未来五到十年间，我国绿色建筑面临发展大机遇，相应的基础研究和关键技术突破也急需跟进。本文通过总结国内外绿色建筑设计理论与方法领域的基础研究与实践，并对未来发展方向和学科重点进行思考和展望，目的是抛砖引玉，呼吁各位同行撸起袖子加油干，共同夯实绿色建筑设计理论与方法科学基础，服务新型城镇化建设。衷心期望业内同仁齐心协力，共同以科技创新为核心，全方位推进绿色建筑相关研究和产业的技术创新和产品创新，整合绿色建筑上下游产业链，形成一批具有重大突破的基础理论和创新关键技术，推动我国绿色建筑事业健康科学发展，为建设生态文明社会做出贡献。

作者：刘加平[1]　林波荣[2]（1. 西安建筑科技大学建筑学院；2. 清华大学建筑学院）

参考文献

[1] 江亿，刘晓华，谢晓云. 室内热湿环境营造系统的热学分析框架[J]. 暖通空调，2011，41(3)：1-12

[2] 刘加平，高瑞，成辉. 绿色建筑的评价与设计[J]. 南方建筑，2015(2)：04-08

[3] Zhang L, Liu XH, Jiang Y. Application of entransy in the analysis of HVAC systems in buildings. Energy，2013，53：332-342

[4] Zhang YP, Mo JH, Wescher CJ, Reducing health risks from indoor exposures in today's rapidly developing urban China, Environmental Health Perspectives，2013，121：751-755

[5] 张寅平. 室内空气质量控制：暖通空调人新世纪的挑战和责任[J]. 暖通空调，2013，12(43)：1-7

[6] 李先庭，郜义军，韩宗伟，石文星，王宝龙. 一种基于低品位能量总线的集中空调系统[J]. 暖通空调，2010，41：1-8

[7] 张小松，殷勇高，曹毅然. 蓄能型液体除湿冷却空调系统的建立与实验研究[J]. 工程热物理学报，2004，25(4)：546-549

[8] Dai Y J, Wang R Z, Zhang H F, Yu J D. Use of liquid desiccant cooling to improve the performance of vapor compression air conditioning. Applied Thermal Engineering，2001，21(12)：1185-1202

[9] Lowenstein A, Slayzak S, Kozubal E. A zero carryover liquid-desiccant air conditioner for solar applications. ASME International Solar Energy Conference, July 8-13，2006

[10] Khan A Y. Cooling and dehumidification performance analysis of internally -cooled liquid desiccant absorbers. Applied Thermal Engineering，1998，18(5)：265-281

[11] Gandhidasan P. A simplified model for air dehumidification with liquid desiccant. Solar Energy，2004，76(4)：409-416

[12] 杨柳，刘加平. 利用被动式太阳能改善窑居建筑室内热环境[J]. 太阳能学报，2003. 05：64-71

[13] 李先庭，蔡浩. 我国通风领域面临的挑战[J]. 暖通空调，2011，41：88-92

[14] Lombera JTS, Rojo JC. Industrial building design stage based on a system approach to their environmental sustainability[J], Construction and building materials, 2010, 24: 438-447

[15] Wijewardane, S.; Jayasinghe, M. T. R. Thermal comfort temperature range for factory workers in warm humid tropical climate [J]. Renewable energy. 2008, 33: 2057-2063

[16] Burge, PS; Finnegan, M; Horsfield, N. Occupational asthma in a factory with a contaminated humidifier[J]. Thorax. 1985, 40: 248-254

[17] Uitti, J; Nordman, H; Huuskonen, MS. Respiratory health of cigar factory workers. Occupational and environmental medicine[J]. 1998, 55: 834-839

[18] Susanti, L.; Homma, H.; Matsumoto, H. A naturally ventilated cavity roof as potential benefits for improving thermal environment and cooling load of a factory building[J]. Energy and buildings. 2011, 43: 211-218

[19] 钟田力. 国内外绿色工业建筑评价权重体系对比分析[J]. 土木建筑与环境工程，2012，34：1-3

2 我的绿色建筑观

2 My ideas on green building

当一片片雾霾压在城市的上空，当一条条河流在变黑发臭，当一堆堆高楼空置在街道旁，我们无法再为GDP经济数字的上扬而兴奋，无法再为精心打造的虚假景观而自豪，也无法再为奢侈的生活消费而满足，因为我们面对的是每一个人无法逃避的最基本的生存条件的危机！

作为改善人民生活的建设领域，也是国家经济发展的支柱产业，更是开发商和投资者快速致富的高效益淘金桶，是近三十年来发展最快的行业，它不仅占据了大片的城乡土地，也耗费了大量的资源，更将消耗大量的能源来使之运转。而由此赚取大笔地价收益的各地政府，也把城市公共、市政、交通设施越做越大，越做越铺张，越任性，产生了不少华而不实的所谓城市标志。这种经营城市的“双赢”战略，使许多城市快速扩张甚至畸形发展，早已是我国大中城市的通病，在广大中小城市中也在不断地被复制、仿效。导致持续地扩散、蔓延。许多中西部后进地区一旦得到国家政策和投资的扶持机会，也没有认真汲取东部地区发展的教训，往往重蹈覆辙。

在这种城市迅速扩张的大背景下，建筑行业被带动发展，顺势而上。城市规划及策划建筑设计及相关设计咨询、建筑施工及监理、建筑材料等等行业迅速崛起，跟进服务，相互竞争，追逐效益。在一派欣欣向荣的盛景之中，那些具有环境忧患意识的专家学者们的警示和预见由于位卑言微，得不到应有的重视。至多也是报告中写写、讲访上说说，并不能真正左右大局，甚至在专业界内部都很难得到广泛的响应和认真的反思，长期以来许多理念和技术路线还基本停留在学术圈子中，许多研究成果也仅以报奖评优而告终，难以转化和推广。

应该说在这些年的大发展中，我国绿色建筑还是在艰难中前行，一批有社会责任感和职业精神的学者专家一直在坚守、在探索。许多节能技术已经日渐成熟，许多节能产业已经得到发展，甚至不少节能产品在国际市场上也已占据了不少的份额。国家的节能政策和专业规范也在不断加大力度。但令人困惑的是建筑节能的效果并不明显，环境污染还在加剧，更令人尴尬的是不少采用了先进节能技术和产品的绿色建筑虽然可以频频获奖，但却拿不出运行中的节能数据，一些政府强令推行的节能设施花了不少钱，但实际往往空置，近年来一些相关研究的报告令人触目惊心，很不乐观。

问题究竟出在哪？节能环保是技术问题还是理念问题？节能环保的大账到底怎么算？实在应该值得每一个人反思！

本人是建筑师，以往关注较多的是建筑文化传承方面的问题，这几年也开始参与到绿色建筑领域的研究和实践中来，从许多专家学者身上学到了许多知识和理念，对这个领域也有了一点儿初步的了解。如前所述，在当前生态环境的危机下，本人认为相对于需要渐进式的一代代人不断努力的文化传承长远议题来说。生态环境问题已经成为当下刻不容缓的急病、重病！节能环保不再是为了表演而练的一套花拳绣腿，而是挽救我们生存环境的基本伦理观，是道德底线！应该让我们对这个问题的思考上升到价值观的高度来认识！

在此，本人愿意谈一点粗浅的认识，抛砖引玉，与大家探讨。

首先，要真正发展绿色节能建筑，关键是节俭的理念，是如何将建设节约型社会的目标作为社会发展的核心价值观。反过来说，一个以片面追求经济效益和炫富铺张的社会价值观是与节能环保的绿色建筑理念根本对立的。所以，以回归自然、绿色生态、节能环保的理念来看，今天还有许多大事情没有办好，甚至还没有意识去办。比如是否应该在城市发展规划之前先有一个生态环境规划，目的是以环境资源的承载力和生态可持续发展的视角来规划控制城市生存的生态安全底线不能突破，这个规划的级别应该大大高于城市规划，一经批准必须立法，不容更改，不容侵犯，百年不变！比如是否应该重新审视城市规划思路，以节约土地为导向来调整用地指标体系；以健康出行、公交和步行优先为导向来调整交通路网体系；以生态修补和节水防灾为导向来调整城市园林景观体系；以利于提升居民日常生活品质为导向来调整公共服务设施体系。彻底转变以土地经营为目的的急功近利的消费主义规划倾向。

在建筑领域存在的问题就更值得商榷。比如是否应该提倡俭朴的建筑美，杜绝那些纯粹为了造型而牺牲功能，更增加结构和材料成本的形式主义追风，杜绝那些不合理的超大空间、超高层、超高标准的配置的装修，从建筑设计入手去节材、节能、节约空间，让建筑设计回归理性，也使节能技术的应用有一个合理的基础。比如是否应该提倡和鼓励健康地生活和工作，在建筑中营造更利于交流的半户外空间和屋顶平台，设计更开放的楼梯间引导人们步行活动和锻炼，栽植更丰富的室内外绿化来美化人们的环境。比如应该对现有的建筑资源更充分地利用，延长寿命、提升品质，转换功能，而不是因为它的结构不符合规范、它的空间不适合使用、甚至建筑造型过时等所谓理由就将其拆除，应该最大限度地减少建筑垃圾排放。在政策上应该大幅提高建筑的拆解排放成本，鼓励循环利用，同时在技术上降低旧建筑结构升级加固的成本，让旧建筑的利用在经济上能平衡甚至合算，抑或有利可图。比如应该重新认识建筑的经济性，以全寿命周期来考量经济的合理性，尽早杜绝最低价中标的自欺欺人的愚蠢政策，更应改变建设工程中层层压价转包的普遍现象，让技术质量和成本控制达成最佳的耦合度，以为子孙后代负责的态度看待今天的建筑质量，从文化传承载体的视角来看待今天的建筑价值。还有普遍存在的建筑室内空气污染的问题，是否应该从生产建材的起始端去严格控制污染源，而不是从末端去告诉使用者本不该费心的防范技巧。还应该修订一些会造成浪费的施工验收标准，让土建验收和内部装修工程有序衔接，尽量避免装修时的拆改所造成的本可以避免的建筑垃圾。比如在建筑工程招标中应该鼓励技术创新，有利于节能环保的新技术应该优先采用，而不是以无法比价为由进行排斥。比如应该实行对绿色建筑运行管理的监测工作，各种数据应该定期统计，年度公布。让绿色建筑处于社会的监督下，提高社会的节能环保的参与度，才能真正达到全社会共建的最终目标。

本人近几年提出了“本土设计”的主张，强调设计要以自然和人文环境资源之土为本，它不仅是一种文化价值观，更是一种尊重自然、敬畏自然、回归生态的基本态度。需要指出的是，设计的创新应该来自对特定气候条件的响应，对特定地质条件的适应，对特定城市环境或自然环境的协调和尊重。长久以来，建筑的发展是以征服自然、创造人工环境为目标的，它的所有美学也基本建立在炫耀力量、炫耀技术、炫耀财富的人类“征服欲望”的心理反应上。而今环境和能源问题已经成为人类共同关注的大问题；创新绿色建筑已经成为国际专业界共同的努力方向。但从目前看，大部分定义为绿色建筑的普遍特点还是用当下的建筑语言去和绿色材料和设施整合，许多整合不好或不到位的建筑就很不协调，很难看，或很牵强。这可以说明以“征服自然”的建筑美学语汇与绿色技术设施有着天然的矛盾性。因此我认为建筑美学应该有一个根本的转变，从绿色、节能、环保的理念中，发展面向未来的建筑新美学。这将是一个绿色建筑创新的大方向，值得我们共同努力！

总结自己关于绿色建筑的粗浅思考，也结合了同行专家学者们的共识，本人提出了以下观点：

（1）少扩张多省地，节省土地资源是最长久的节能环保；

（2）少拆除多利用，延长建筑的使用寿命是最有效的节能环保；

（3）少人工多自然，适宜技术的应用是最应推广的节能环保；

（4）少装修多生态，引导健康的行为方式是最人性化的节能环保。

显而易见，这些观点并非建立在复杂的技术研究的基础上，而是一种常识，是一种态度。而这种态度可以说是我们的祖先所提倡的。“人法地，地法天，天法道，道法自然”这句老子的名言是我们至今应该记取的。因此也可以说回归自然、绿色发展就是对东方哲学的回归，是中华文化的传承。

近几年来我们以这样的态度和理念创造了一批建筑作品，尽管不一定能达到绿色建筑的那些评星标准，或者说还不够“绿”，但从现实出发，从现在出发！

主动地把绿色建筑的理念贯彻到设计中去，并积极开展和相关专业工程师的合作，我们的建筑就会越来越“绿”，我们的善意终会营造出更加友好的自然环境，我们的价值观也终将完善我们的内心。正所谓回归道德，不忘初心。这就是我的绿色建筑观。

作者：崔愷（中国建筑设计研究院）

3 既有公共建筑综合改造的政策机制、标准规范、典型案例和发展趋势

3 Policy mechanism, standards and codes, typical cases and development trend of the comprehensive retrofitting for existing public buildings

3.1 引　言

目前，我国既有建筑总面积已达约 600 亿 m^2，其中既有公共建筑总量约为 100 亿 m^2。受建筑建设时期技术水平与经济条件等因素制约，以及城市发展提档升级的需要，一定数量的既有公共建筑已进入功能或形象退化期，由此引发一系列受社会高度关注的既有公共建筑不合理拆除问题，造成社会资源的极大浪费，也对既有建筑改造提出了更高的改造要求——从节能改造、绿色改造逐步上升至基于更高目标的“能效、环境、防灾”综合性能提升为导向的综合改造。

相比于既有居住建筑，虽然既有公共建筑由于建筑形式、结构体系，以及能源利用系统的多样性和复杂性，导致其改造工作存在多方面的技术和政策问题，然而由于其建造成本高、社会关注度高等原因，针对既有公共建筑的改造将显现出较高的社会效益和经济效益。

3.2 既有公共建筑综合改造政策机制

3.2.1 国外针对既有公共建筑改造相关政策

国外发达国家由于其城市化进程完成较早，新建建筑数量较少，多年来城市建设的重点主要集中在既有建筑的维护改造方面，通过制定强制性约束政策和激励政策相结合的政策法规体系，构建既有公共建筑改造约束机制，同时发挥政策杠杆作用，激发市场活力，引领既有建筑改造有序进行。

美国高度重视既有建筑改造工作，于 1976 年颁布了《既有建筑节能法》，目

前仍为现行美国法典（United States Code，U. S. C.）的一部分内容。随后，美国针对既有建筑制订了一系列法律法规来规范既有建筑改造工作，包括 1978 年的《节能政策法》和《能源税法》、1988 年的《国家能源管理改进法》、1991 年的《总统行政命令 12759 号》等，实现了建筑节能从规范性要求到强制性要求的转变。2005 年对《能源政策》进行了修订并成为美国实施建筑节能和既有建筑节能改造的主要法律依据，2007 年颁布的《能源独立安全草案》对电器照明、空调设备、热泵等提出了更高的能效标准要求。结合国家要求，地方层面也依据各州的实际情况发布了适合当地的既有建筑改造相关法规政策，如纽约实施的“更绿色更美好的建筑方案”，包括“基准化分析”“纽约市节能法规”“能源审计与再调试”及“照明与分项计量”等地方法。

英国建筑寿命普遍较长，大部分建筑建成年代久远且仍在继续使用，既有建筑维护改造需求巨大。除需要遵守《联合国气候变化框架公约的京都议定书》《节能指令》《建筑节能性能指令》《建筑产品指令》等国际公约和欧盟指令外，针对既有建筑改造建立了一套较为完善的法律体系，影响较大的《可持续和安全建筑法》规定了提高建设项目的可持续性和安全性，减少建筑对环境的负面影响，《建筑法规》对建筑节能、可再生能源利用和碳减排等方面规定了最低性能标准。

德国的建筑节能工作成效显著，在欧盟乃至世界范围都处于领先地位。德国在 1976 年到 2014 年间，先后 9 次修订建筑节能法规——《节约能源法》(EnEV)。这项法规作为德国建筑节能立法的大成，明确规定对既有建筑进行节能改造是业主的义务，并详细规定了既有建筑节能改造的实施细则。EnEV2014 对既有建筑节能改造中围护结构改造、围护结构传热系数限值作出了详细规定，提出 2016 年以后建筑围护结构性能提升 20%，同时对建筑实施能源消耗量控制，并将其作为强制性节能标准加以实施，对不满足标准要求的不被认定为改造达标。

日本既有公共建筑约 80 亿 m^2，其中 25 亿 m^2 是 1979 年《新抗震标准》和《节能能源法》实施前竣工的建筑，提升既有建筑能效和抗震性能是日本既有建筑改造的两个重要内容。2013 年最新版《节能法》包括工业、交通运输、建筑、设备四个部分，其中在建筑和设备章节对建筑所有者的节能责任、建筑保温材料性能、建造商责任等都进行了说明。此外，为促进既有建筑改造工作并提升建筑的整体性能，日本提出了综合改造的概念，并针对既有建筑增改建过程中的节能改造工程、无障碍改造工程、抗震改造工程等都可以获得国家给予的改造工程补助费用。

3.2.2 我国既有公共建筑改造相关政策机制

我国既有建筑改造总体呈现由单项改造、到绿色化综合改造、再到综合性能提升改造的三个阶段。

第一阶段（20世纪70年代至今），单项改造阶段。改造政策主要围绕危房改造、节能改造、抗震改造等方面。其中，节能改造方面，1986年国务院发布《节约能源管理暂行条例》，提出新建、改建和扩建的工程项目，必须采用合理用能的先进工艺和设备，其能耗不应高于国内先进指标，建筑物设计应采取多种措施降低建筑照明、采暖和制冷能耗；2008年开始实施的《民用建筑节能条例》明确既有建筑节能改造应当根据当地经济、社会发展水平和地理气候条件等实际情况，有计划、分步骤实施分类改造，且应当符合民用建筑节能强制性标准。危房改造方面，1989年颁发的《城市危险房屋管理规定》，旨在加强城市危险房屋管理，保障居住和使用安全，促进房屋有效利用，提出对经鉴定的危险房屋，必须按照鉴定机构的处理建议，及时加固或修缮治理。抗震改造方面，《关于抗震加固的几项规定（试行）》（1979年）规定，在对地震区内新的基本建设工程进行抗震设防的同时，对全国地震区范围内现有的工程设施与建筑作抗震鉴定，并对低于抗震设防标准的部分进行加固；《关于抗震加固技术管理暂行办法》（1982年）明确提出要加强工程抗震加固技术管理，确保抗震加固质量，提高抗震加固经济效益。

第二阶段（2006年至今），绿色化、综合改造阶段。主要围绕安全性改造、节能节水改造、功能性改造、环境改善等绿色化改造内容，关注气候变化，强调建筑低碳发展。“国家中长期科学和技术发展规划纲要（2006—2020年）”将城市功能提升与空间节约利用、建筑节能与绿色建筑、城市生态居住环境质量保障等作为城镇化与城市发展领域的优先主题，通过科技研发与创新，实现城镇化和城市协调发展。2012年颁发《“十二五”绿色建筑科技发展专项规划》（国科发计〔2012〕692号）将“绿色建筑产业化推进技术研究与示范”作为重点任务，要求开展既有建筑绿色化改造技术研究，重点包括既有建筑群绿色化改造规划与设计技术、既有建筑绿色化改造集成技术、既有建筑绿色化改造施工协同关键技术研究与示范。《国家新型城镇化规划（2014—2020年）》提出改造提升中心城区功能，推动新型城市建设，要求按照改造更新与保护修复并重的要求，健全旧城改造机制，优化提升旧城功能。2015年中央城市工作会议提出优化存量的重点任务，推进城市既有建筑节能及绿色化改造，北方地区城市全面推进既有建筑节能改造。2016年颁发《公共机构节约能源资源“十三五”规划》，明确提出推进既有建筑绿色化改造，实施节能、环境整治、抗震等综合改造。

第三阶段（2016年至今），综合性能提升改造阶段。2016年2月6日颁发《中共中央　国务院关于进一步加强城市规划建设管理工作的若干意见》，要求有序实施城市修补和有机更新，解决老城区环境品质下降、空间秩序混乱等问题，通过维护加固老建筑等措施，恢复老城区功能和活力。国家重点研发计划项目

“既有公共建筑综合性能提升与改造关键技术”于2016年7月正式立项，项目基于“顶层设计、能耗约束、性能提升”的改造原则，重点针对：①我国既有公共建筑改造实施路线及推进模式；②集强制性与推荐性相结合、工程与产品相支撑，结构优、层次清、分类明的既有公共建筑改造标准体系；③基于更高性能目标的既有公共建筑围护结构综合改造关键技术；④基于更高节能目标的既有公共建筑机电系统高效供能关键技术；⑤大型公共交通场站能耗限额制定与降低运行能耗的新型环控系统；⑥基于更高环境要求的既有公共建筑室内物理环境综合改善关键技术；⑦集抗震、防火、抗风雪等综合防灾层面的既有公共建筑性能及寿命提升关键技术；⑧既有大型公共建筑低成本调适方法及高效运营管理模式；⑨集能效、环境、防灾“三位一体”关键性能指标的既有公共建筑综合性能监测和预警平台；⑩既有公共建筑综合性能提升及改造技术集成与示范等方面，展开技术攻关与工程示范，实现基于“更高目标”的既有公共建筑综合性能提升与改造，有效提升既有公共建筑能效水平，综合改善室内物理环境品质，大幅提升建筑综合防灾抗灾能力，为下一步开展既有公共建筑规模化综合改造提供科技引领和技术支撑。

3.3 既有公共建筑综合改造标准规范

3.3.1 国外既有建筑改造相关标准规范

既有建筑改造是一项综合性、复杂性工程，受建筑建设年代、现状条件及改造成本约束，涉及专项改造及综合性改造等不同方面。国外发达国家在既有建筑改造方面，结合本国实际情况制定了针对性的改造标准。由国际规范委员会(International Code Council，ICC)编制的《国际既有建筑规范》(International Existing Building Code)是一项既有建筑综合性改造标准，先后发布过2003年、2006年、2009年、2012年、2015年（现行）版本，针对既有建筑的历史问题，大量建筑改造难以满足现行规范的技术要求，因此在考虑建筑改造成本的前提下，对既有建筑不同规模的改造提出了适应现状的最低要求。美国针对既有建筑结构加固、抗震改造等颁布了《既有结构加固与修复指南》(Guide for Strengthening and Repairing Existing Structures)、《既有建筑结构状况评估指南》(Guideline for Structural Condition Assessment of Existing Buildings)、《既有建筑抗震评价与改造》(Seismic Evaluation and Retrofit of Existing Buildings)等标准规范。英国、德国、日本、澳大利亚等国家针对既有建筑的改造更多侧重于节能改造和绿色化改造方面，如英国的《“绿色方案”实施规程》(Green Deal Code of Practice)、德国的《超低能耗被动房》(Passivehaus)、日本的《公共建筑节能标准》、澳大利亚的《建筑规范》（Building Code of Australia Update2010，BCA）等。

3.3.2 我国既有建筑改造相关标准规范

我国目前针对既有建筑改造方面已建立了涵盖设计、施工、检测、评价等各个环节的标准规范，既有标准还多侧重于节能改造和绿色化改造等方面，为既有公共建筑综合性能提升改造方面的标准体系建设奠定了基础。按照综合性能提升改造进行分类，针对既有建筑安全性能、建筑能效和室内环境性能提升三个方面的标准建设情况可归纳如表 1-3-1 所示。

我国既有建筑综合性能提升与改造相关标准建设情况　　表 1-3-1

序号	分类	规范/标准名称	标准号
1	安全性能提升	既有建筑地基基础加固技术规范	JGJ 123
2		砌体结构加固设计标准	GB 50702
3		混凝土结构加固设计规范	GB 50367
4		砖混结构加固与修复	03SG 611
5		民用房屋修缮工程施工规程	CJJ/T 53
6		民用建筑可靠性鉴定标准	GB 50292
7		建筑抗震鉴定标准	GB 50023
8		建筑抗震加固技术规程	JGJ 116
9	建筑能效提升	公共建筑节能改造技术规范	JGJ 176
10		公共建筑节能检测标准	JGJ/T 177
11	室内环境提升	室内空气质量要求	GB/T 18883
12		民用建筑工程室内环境污染控制规范	GB 50325
13	综合性标准	既有建筑绿色改造评价标准	GB/T 51141
14		既有建筑评定与改造技术规范	在编

3.4 既有公共建筑综合改造典型案例

3.4.1 天津中新生态城城市管理服务中心

天津生态城城市管理服务中心位于天津市滨海新区营城乡汉北路西南侧营城中学旧址，原有建筑建于 20 世纪 80 年代末，是天津市汉沽区的一所普通中学（图 1-3-1），建筑为四层砖混结构。项目针对原有建筑功能空间单一、结构安全性能差、围护结构热工性能不足及室内热舒适性差等问题进行了综合改造，改造后建筑类型为办公建筑，地上总建筑面积为 5174.88m²，其中原有改扩建建筑面积为 3103.61m²，新建建筑面积为 2071.27m²，改造后建筑实景如图 1-3-2 所示。

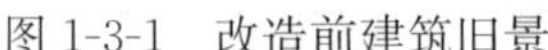
图 1-3-1 改造前建筑旧景

图 1-3-2 改造后建筑现状

建筑功能布局及结构加固改造方面：为了满足城管中心人员办公需求，将原教学楼改造为城管中心对外接待办公用房，用于处理城管中心日常项目审批工作，同时在原有建筑北侧新建建筑作为办公楼后勤服务用房，项目改扩建平面示意图见图 1-3-3。该项目将办公室等形状和尺寸统一的功能房间设计在旧建筑部分，而将大会议室、小会议室、休息室、员工餐厅等面积不一、功能多样的房间设计在新建部分，功能房间布局如图 1-3-3 所示。新建部分与原有建筑相拥环抱，形成建筑内庭院。此外，为保证结构的安全性，对原有建筑进行加固处理。

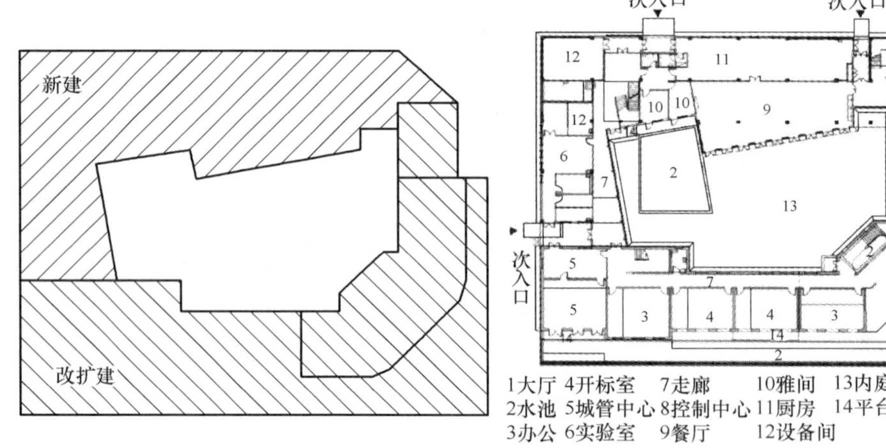

图 1-3-3 建筑改造后功能布局

能效提升改造方面：针对原有教学楼墙体热工性能较差且未进行全面保温处理的问题，外墙均采用 50mm 厚挤塑聚苯板作为保温材料，建筑外窗和天窗采用断桥铝合金中空玻璃，提升建筑围护结构热工性能。为保证室内热舒适性同时提高能源利用效率，在冷热源选择时充分利用当地的地热资源，采用地源热泵机组，实现可再生能源的合理利用，同时将地源热泵机组废热作为项目的太阳能热水系统的辅助热源。

室内物理环境改善方面：本项目通过通风处理、自然采光、生态幕墙、建筑遮阳等技术措施来提升室内的环境水平，营造更加舒适的办公环境。以自然通风和遮阳为例，在改造设计中将建筑平面布局为庭院回合形式，中庭、楼梯间和幕墙顶部开设可开启的百叶窗作为通风口等方式，来促进改造后建筑的自然通风效果。针对旧建筑东、南两侧增加的阳光玻璃大厅，采用遮阳系数为 0.5 的中空 Low-E 低辐射玻璃、幕墙室内一侧采用构架与绿化结合的方法设置花槽、玻璃间隔设置从顶部流下的“水帘”、屋顶天窗设置可开启的遮阳帘等，来阻隔夏季辐射得热。

3.4.2 上海市申都大厦

上海市申都大厦位于上海市西藏南路 1368 号，原建于 1975 年，为围巾五厂漂染车间，1995 年改造设计成办公楼。经过十多年的使用，建筑损坏严重，2008 年对其进行翻新改造，改造后的项目地下一层，地上六层，地上面积为 6231.22m²，地下面积为 1069.92m²，建筑高度为 23.75m。

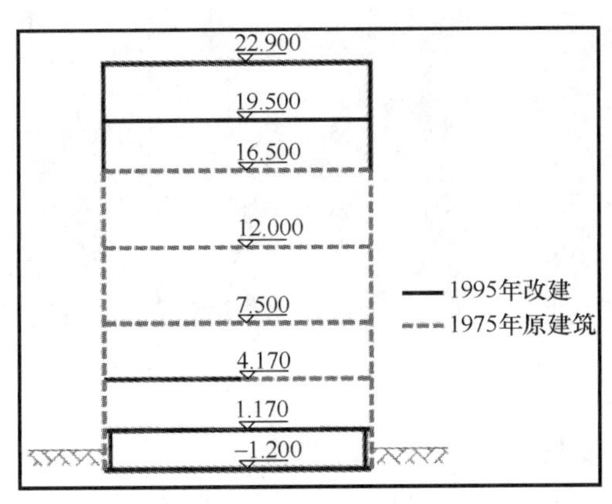

图 1-3-4 结构改造历史情况

建筑结构加固改造方面：该建筑原结构为三层带半夹层钢筋混凝土框架结构，1995 年改造设计成带半地下室的六层办公楼（图 1-3-4）。然而，第一次实际加固情况与图纸存在偏差，大楼的 2～4 层原有钢筋混凝土框架结构的混凝土柱和梁端并没有按照改建图纸的要求进行加固，二次改造加固工作根据新的建筑功能需要，首先对原结构进行现有功能下的竖向荷载计算，若不满足时采用增大截面方法进行第一阶段的竖向加固，在满足竖向基本要求后再次进行水平抗震验算，若不满足时采用传统增大截面法或消能减震方法进行第二阶段加固，最后再根据前一阶段采用的加固方法确定需要进行局部构件和节点加固的范围，进行局部加固设计（图 1-3-5）。

能效提升改造方面：本项目主要技术措施包括新风热回收系统、分项计量系统、太阳能热水系统、太阳能光伏系统等。以新风热回收系统及分项计量系统为例，新风处理机组服务区域涵盖 2～6 层的办公区域，全热回收效率在夏季为

图 1-3-5 阻尼器消能减震加固措施实景图

65%，冬季为 70%，并在系统上安装温度、风速等监测探头 14 个，实时分析机组运行效果。能效监管系统平台按照功能类型及系统类别进行分类处理，电表分项计量系统共安装电表约 200 个，平台主要包括八大模块，分别为主界面、绿色建筑、区域管理、能耗模型、节能分析、设备跟踪等，依据建筑内各耗能设施基本运行信息的状态为基础条件，对建筑物各类耗能相关的信息检测和实施控制策略的能效监管综合管理，实现能源最优化经济适用（图 1-3-6）。

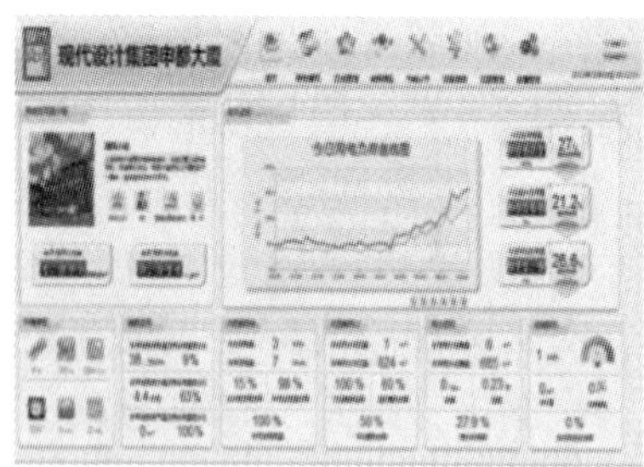

图 1-3-6 能耗监测平台建设

室内物理环境改善方面：本项目主要技术措施包括自然通风、自然采光、外遮阳等。项目位于市区密集建筑中，与周围建筑间距较小，虽然限制条件较多，但通过中庭设计、开窗设计、天窗设计等自然通风综合优化设计措施的落实，整体改善建筑通风效果。自然采光方面则一改传统开窗形式，在建筑主要功能空间外侧开启落地窗，增设建筑穿层大堂空间与界面可开启空间、建筑边庭空间、建筑中庭空间、建筑顶部下沉庭院空间等形式，将自然光线引入局部室内，较好地改善了内部功能空间的室内自然采光现状。

3.4.3 深圳市南海意库

南海意库位于广东省深圳市南山区蛇口太子路与工业三路交汇处，由原三洋厂区改造而成。三洋厂区由六栋四层工业厂房构成，占地面积 44125m²，建筑面积 95816m²。2006 年初在不改变现有框架结构体系的前提下，力求将建筑群改造为与城市环境和谐共生，成为功能相近、空间连接共融的整体，改造后使之从一个旧的工业厂房发展成一个现代化、信息化的 4A 级办公楼区。

建筑功能布局及结构加固改造方面：本项目 3 号厂房由改造前四层（图 1-3-7）改造为现在的五层（图 1-3-8），第五层以轻钢结构为主体，主要功能是作为多功能报告厅和摆放一些设备，并在建筑南部第 2 层与第 3 层中间增设第 2 层夹层，作为资料室、图书室和员工休息室。结构改造方面将原有的厂房主体结构全部保留，在原有结构的基础上对梁柱节点、基础以及柱截面尺寸进行了验算补强，其中梁柱节点主要采用粘贴碳纤维布的方法加强对节点核心区的约束，采用植筋扩大方法将个别基础截面和柱截面进行扩大。

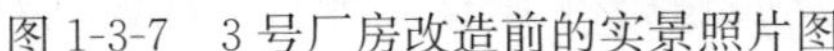

图 1-3-7 3 号厂房改造前的实景照片图

图 1-3-8 3 号厂房改造后的实景照片图

建筑能效提升改造方面：本项目主要技术措施包括改善外墙、外窗及屋面的热工性能，照明灯具的更换及照明控制方式的改造，温湿度独立控制及溶液除湿系统，太阳能热水系统及太阳能发电系统等。3 号厂房原墙体结构为 240mm 黏土砖墙，根据新的使用功能将可以利用的原有建筑墙体尽量保留，在其内侧新增加了一道 100mm 厚的隔热砌体，并外挂 ASA 板幕墙系统及遮阳系统来提升围护结构隔热性能。结合深圳市空气湿度较大的特点，本项目空调制冷系统采用温-湿度独立控制空调系统，显热负荷的“排热”采用高温热泵型制冷系统，潜热负荷的“除湿”采用新风溶液除湿系统。

室内物理环境改善方面：本项目主要通过建筑形体及构造设计来促进自然通风、自然采光，以及建筑遮阳来改善建筑室内物理环境。3 号厂房在原建筑中部修建了生态中庭，形成了 2～5 层贯通的中庭空间（图 1-3-9），中庭顶部设置玻璃棚，不仅具有良好的遮阳效果又有一定的透光率，与室内照明灯具按照内区与外区进行配置并实现控制，自然采光效果基本满足室内公共区域的照度要求。前庭屋面及外围护结构的中部、下部开设一定数量的通风口（图 1-3-10），在非空调季节或早晚室外空气条件较好时，采用自然通风或辅以机械通风的自然通风可提供舒适的通风环境。

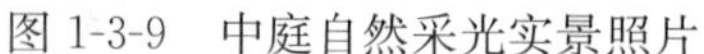

图 1-3-9 中庭自然采光实景照片

图 1-3-10 前庭自然通风口实景照片

3.5 既有公共建筑发展趋势

当前，既有公共建筑改造已成主流，改造内容也从最初的节能等专项改造逐步向绿色化以及基于更高目标的综合性能提升改造方面转变。然而面向既有公共建筑综合性能提升改造的政策机制、标准体系建设，以及关键技术攻关等方面还需进一步完善与深化。既有公共建筑的未来发展趋势将基于“顶层设计、能耗约束、性能提升”的改造原则及更高能效、环境和防灾目标的改造需要，从以下几个方面进行展开：

3.5.1 基于更高性能的既有公共建筑改造政策机制建立

我国既有公共建筑存量大、性能提升空间大、集约发展潜力大，针对既有公共建筑的综合性能提升改造将成为落实生态文明建设的重要途径。然而，由于既有公共建筑建设年代、结构体系及建筑使用功能方面的差异性，以及所在地区的差别性，针对既有公共建筑的改造不能采取一刀切的政策和技术措施，还应结合我国新型城镇化等国家战略需求，综合考虑地域、功能和技术适宜性等因素，提出具有地区差别性、类型差异性、技术针对性的多维度既有公共建筑改造中长期发展目标、实施路线及分阶段重点任务，从顶层设计和指导我国基于更高目标的既有公共建筑综合性能提升改造工作。

3.5.2 基于更高性能的既有公共建筑改造标准体系建设

已编制完成《既有建筑绿色改造评价标准》等多部国家、行业标准，促进了既有公共建筑改造的发展，但尚未建立既有公共建筑改造领域涵盖全文强制性和公益类推荐性完善的标准体系，不能很好地满足多类型既有公共建筑综合性能提升改造的发展要求。后续将统筹研究既有建筑改造领域相关国家/行业/地方/协会标准，研究现行体系的完整性、科学性和可操作性，从能效、环境、防灾等多维度、分类别、分层次构建我国既有公共建筑改造标准体系，围绕既有公共建筑节能改造、室内环境改善、加固改造及运营管理等要素，编制行业相关重点标准，突出能效、环境、安全的综合性能提升，为我国既有公共建筑综合性能提升改造提供标准引领。

3.5.3 基于更高性能的既有公共建筑改造技术体系研发

面对我国既有建筑不断发展的改造需求，从“十一五”期间即启动了针对既有建筑改造的相关技术研发，技术体系建设也从专项改造、绿色化改造逐步向综合性能提升改造方向转变。“十一五”期间实施完成了国家科技支撑计划重大项目“既有建筑综合改造关键技术研究与示范”，“十二五”期间启动了国家科技支撑计划重大项目“既有建筑绿色化改造关键技术研究与工程示范”，“十三五”期间则针对我国既有公共建筑的综合性能提升改造需求，启动了国家重点研发计划项目“既有公共建筑综合性能提升与改造关键技术”，项目将围绕“顶层设计、能耗控制、性能提升”的综合改造目标，从围护结构性能、机电系统能效、建筑防灾性能与寿命、室内物理环境改善等方面展开技术攻关，实现既有公共建筑能效、环境、防灾性能的综合提升，并充分利用大数据等技术，借助信息化管理手段，不断推动既有建筑改造技术创新。

3.5.4 既有建筑改造产业链培育

既有建筑由于其建造年代及建造技术等历史问题，改造利用受众多客观条件制约，也为既有建筑改造工作开展提出了更高的要求。相比于新建建筑，既有建筑改造以建筑性能与使用功能的综合评估与诊断为基础，针对改造需求提出适宜的改造策略并进行改造设计、建造，最终投入使用。因此，既有建筑综合性能提升改造的全生命期产业链条应涵盖评估与诊断、改造咨询设计、产品生产、施工、运行维护等过程，涉及产品与设备研发企业、设计企业、制造企业、销售企业、检测企业、维修企业等，从全生命期的产业链角度进行引导和布局，分步实施，促进建筑产业和建筑企业的转型升级。

作者：王俊　李晓萍　李洪凤（中国建筑科学研究院）

4 中国健康建筑的发展需求与评价标准

4 Development demands and assessment standard of China healthy building

随着社会的发展和生活水平的逐步提高，人们追求健康生活的需求越来越强烈，健康是我国现阶段社会发展所面临的重大问题。在建筑领域，建筑室内空气污染问题、建筑环境舒适度差、适老性差、交流与运动场地不足等由建筑所引起的不健康因素凸显。人类超过 80%的时间在室内度过，建筑与每个人的生活息息相关，建筑的健康性能直接影响着人的健康。

早在 19 世纪 80 年代，国外很多组织和国家就已经开始认识到住宅建筑中健康因素的重要性，如世界卫生组织（WHO）提出“健康住宅 15 条标准”、美国设立国家健康住宅中心并以“健康之家”建设计划指导住宅建设、法国通过立法和政策支持等手段发展健康住宅、加拿大对满足健康和节能要求的住宅颁发“Super E”认证证书、日本出版《健康住宅宣言》书籍指导住宅建设与开发[1-4]等。我国在健康住宅方面也开展了积极探索，2001 年发布《健康住宅建设技术要点》，近几年通过发布中国工程建设标准化协会标准《健康住宅建设技术规程》CECS 179、出版《住宅健康性能评价体系（2013 年版）》书籍等进一步发展健康住宅。

然而，人们活动的建筑场所并不仅限于住宅中，办公楼、商场、酒店、餐厅等建筑均存在着影响健康的因素。因此，为使人们生活和工作在健康的建筑中，需要提升各类民用建筑的健康性能，并制定出适用于各类民用建筑的健康建筑评价体系。为此，本文首先从 3 个方面阐述我国健康建筑发展的需求和发展的必然性；其次，根据健康的内涵并对比国内外涉及健康指标的标准，提出健康建筑必须的健康性能要求；最后，介绍我国《健康建筑评价标准》的编制情况，并对我国健康建筑的未来发展提出展望。

4.1 健康建筑的发展需求

健康建筑是建筑领域未来的发展方向。从生活质量层面来看，健康建筑是人们追求健康生活的需求；从建筑行业层面来看，健康建筑是绿色建筑深层次发展的需求；从国家战略层面来看，健康建筑是“健康中国”战略的需求。

4.1.1 人们追求健康生活的需求

随着经济水平发展，人们越来越注重生活质量，而雾霾天气、饮用水安全、食品安全等一系列问题，严重影响了人们的生活，甚至威胁健康安全。建筑是人类的重要场所，人的一天中 80%以上时间是在室内度过的，建筑与每个人的生活息息相关。

近年来我国大部分地区频繁发生的雾霾天气使空气质量成为影响人们健康生活的因素。颗粒物粒径大小、形态及组成成分均与人体健康密切相关，尤其是 PM2.5，它能够突破鼻腔，深入肺部，甚至渗透进入血液，如果长期暴露在 PM2.5 污染的环境中，会对人体健康造成伤害，并可能诱发整个人体范围的疾病[5]。对于无持续正压保证的建筑（绝大多数住宅、新风系统间歇运行），室外 PM2.5 仍可以穿透围护结构的缝隙进入室内，导致室内 PM2.5 污染不容乐观[6]。但通过增强外窗气密性、增加新风系统过滤装置、增加室内空气净化器等技术途径可有效降低室外 PM2.5 进入室内或去除室内产生的 PM2.5。

饮用水安全同样是影响健康生活的因素之一，饮用水污染引发的健康问题屡见报道[7-12]，很多学者对生活饮水水质监测结果进行了分析[13-17]，但总体的水质合格率却不理想（表 1-4-1），尤其是二次供水存在的问题更为严重。但通过定期清洗二次供水设施、定期检测和监测生活用水水质，可以最大程度上保障生活用水安全。

水质合格率调查结果 **表 1-4-1**

地区	统计年份	水质平均合格率	参考文献
北京市西城区	2009～2011	93.4%	[13]
永嘉县	2011～2013	60.34%	[14]
罗定市	2011～2013	70.2%	[15]
龙岩市城区	2012～2014	63.72%（二次供水）	[16]
酒泉市肃州区	2012～2014	67.5%	[17]

此外，室内装修污染、餐厅食品安全、光环境、声环境、热湿环境等均是影响人们健康的影响因素，也均可以通过技术手段和落实管理制度等途径降低甚至消除危害健康的隐患。建筑对于人们追求高质量健康生活至关重要，因此建筑需要承载更多保障人们健康的责任（健康的环境、健康的用水、健康的生活方式引导、健康的服务、适老等），健康建筑是人们追求健康生活的需求。

4.1.2 绿色建筑深层次发展需求

（1）绿色建筑发展情况

① 绿色建筑发展迅速

我国绿色建筑发展迅猛，截至 2015 年 12 月 31 日，全国共评出 3979 项绿色建筑评价标识项目，总建筑面积达到 4.6 亿 m^2[18]。同时，江苏省、浙江省和贵州省通过立法（详细信息见表 1-4-2）的方式强制绿色建筑的发展，可见绿色建筑由推荐性、引领性、示范性在逐步向强制性方向转变。

绿色建筑立法情况 **表 1-4-2**

省份	条例名称	发布日期/实施日期
江苏省	《江苏省绿色建筑发展条例》	2015.03.27/ 2015.07.01
贵州省	《贵州省民用建筑节能条例 》	2015.07.31/ 2015.10.01
浙江省	《浙江省绿色建筑条例》	2015.12.04/ 2016.05.01

② 标准体系精细化

绿色建筑标准体系已向精细化发展，以《绿色建筑评价标准》GB/T 50378 为基础，精细化发展了《既有建筑绿色改造评价标准》《绿色商店建筑评价标准》《绿色医院建筑评价标准》《绿色办公建筑评价标准》《绿色工业建筑评价标准》《绿色校园评价标准》（学会标准）和《绿色铁路客站评价标准》等标准，而且《绿色饭店建筑评价标准》《绿色校园评价标准》《绿色生态城区评价标准》等标准正在编制中。

③“十三五”绿色建筑进一步发展

国家层面，住房和城乡建设部《住房城乡建设事业“十三五”规划纲要》明确提出“十三五”期间全面推进绿色建筑发展，具体措施有建立绿色建筑进展定期报告及考核制度、加大绿色建筑强制推广力度、强化绿色建筑质量管理、逐步将执行绿色建筑标准纳入工程管理程序等。地方层面，北京、广东、重庆、湖北等省市均发布了“十三五”期间建筑节能及绿色建筑发展规划及实施方案等，将进一步推进绿色建筑的发展。

（2）绿色建筑的深层次发展

绿色建筑的定义为“在全寿命期内，最大限度地节约资源（节能、节地、节水、节材）、保护环境、减少污染，为人们提供健康、适用和高效的使用空间，与自然和谐共生的建筑”，由其可知，绿色建筑的目的之一就是为人们提供健康的使用空间。

健康含义是多元的、广泛的[19]，绿色建筑的健康体现在建筑环境（声、光、热、空气品质）的营造上，绿色建筑本身则更多侧重建筑与环境之间的关系，对健康方面的要求并不全面。而健康的影响因素还很多，绿色建筑无法全面满足人们对环境、适老、设施、心理、食品、服务等更多的健康需求。因此，健康建筑是绿色建筑在健康方面向更深层次发展的需求。

4.1.3 “健康中国”战略的需求

健康是促进人的全面发展的必然要求，是经济社会发展的基础条件，是民族昌盛和国家富强的重要标志，也是广大人民群众的共同追求。但随着工业化、城镇化、人口老龄化、疾病谱变化、生态环境及生活方式变化等，也给维护和促进健康带来一系列新的挑战，健康服务供给总体不足与需求不断增长之间的矛盾依然突出，健康领域发展与经济社会发展的协调性有待增强。为此，根据党的十八届五中全会战略部署，中共中央、国务院于2016年10月25日印发了《“健康中国2030”规划纲要》（简称“《纲要》”），明确提出推进健康中国建设[20]。推进健康中国建设，是全面建成小康社会、基本实现社会主义现代化的重要基础，是全面提升中华民族健康素质、实现人民健康与经济社会协调发展的国家战略。

《纲要》指出，健康中国建设以普及健康生活、优化健康服务、完善健康保障、建设健康环境、发展健康产业为重点，全方位、全周期维护和保障人民健康。《纲要》提出了2030年的战略目标：到2030年，促进全民健康的制度体系更加完善，健康领域发展更加协调，健康生活方式得到普及，健康服务质量和健康保障水平不断提高，健康产业繁荣发展，基本实现健康公平，主要健康指标进入高收入国家行列。

建筑是人们日常生产、生活、学习等离不开的重要场所，建筑环境的优劣直接影响人们的身心健康。《纲要》提出了包括健康水平、健康生活、健康服务与保障、健康环境、健康产业等领域在内的10余项健康中国建设主要指标。对于建筑而言，建筑规划与设计、室内外环境、建筑功能设置、相关服务设施、建筑相关产品等，均是上述各领域的重要构成部分和影响因素。因此，健康建筑是“健康中国”战略的需求，是我国建筑领域未来的重要发展方向。

4.2 建筑健康性能

4.2.1 建筑的健康性能要素

建筑服务于人，健康建筑的本质是促进人的身心健康。世界卫生组织给出了现代关于健康较为完整的科学概念：健康不仅指一个人身体有没有出现疾病或虚弱现象，而是指一个人生理上、心理上和社会上的完好状态。所以，健康建筑的健康性能应涵盖人所需的生理、心理、社会三方面要素。

4.2.2 国内外建筑标准中的健康性能

（1）国外标准

目前，美国WELL建筑标准[21,22]是一部考虑建筑与其使用者健康之间关系的标准，包括了空气、水、营养、光、健身、舒适、精神 7 大类评价指标，把建筑和人的健康整合并结合在一套标准体系中。

绿色建筑类的评价体系（美国 LEED、英国 BREEAM、德国 DGNB、日本 CASBEE 等）涉及健康性能的指标类别相似，一般包括热舒适、室内空气品质、声学舒适性、视觉舒适性、用户控制、户外空间质量等，个别还涉及水质、使用空间、虫害防治等，但均是建筑或场地本身性能的指标，对于人的健康行为和精神等方面并不涉及。

此外，国外还有类似“ASHRAE Standard 55：Thermal Environmental Conditions for Human Occupancy”（人类居住热环境条件）等建筑用专项设计标准，但这些标准主要通过指标对建筑物理环境进行评价和约束，而较少考虑人的精神层面内容。

（2）国内标准

我国现行协会标准《健康住宅建设技术规程》CECS 179—2009 中，将健康因素分为居住环境的健康性和社会环境的健康性（技术体系见图 1-4-1）[23]，从技术体系中可以看到，该标准既考虑了建筑性能，也兼顾到了人的社会属性和精神健康，较为全面地将建筑与健康进行融合。但其适用对象只包括住宅建筑，并不包括办公、商业等其他民用建筑类型。

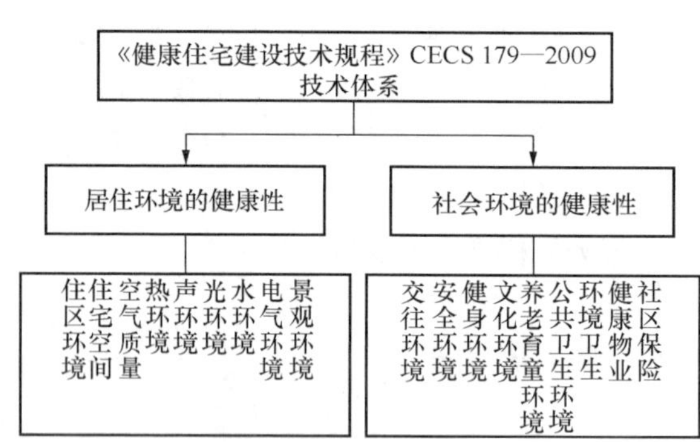

图 1-4-1 协会标准《健康住宅建设技术规程》CECS 179—2009 技术体系

我国绿色建筑评价类标准是在国家标准《绿色建筑评价标准》GB/T 50378 的基础上，根据不同建筑类型特点所发展出的一套评价标准体系，均以“四节一环保”为核心内容。因此，绿色建筑评价类标准所涉及的建筑健康性能均体现在室内声环境、室内光环境与视野、室内热湿环境和室内空气质量等方面。

我国还有很多针对室内空气、声、光、热、水、食品等的国家、行业和地方专项标准，如国家标准《室内空气质量标准》GB/T 18883、《民用建筑工程室内环境污染控制规范》GB 50325、《室内装饰装修材料 木家具中有害物质限量》GB 18584、《民用建筑隔声设计规范》GB 50118、《建筑采光设计标准》GB 50033、《建筑照明设计标准》GB 50034、《民用建筑供暖通风与空气调节设计规范》GB 50736、《生活饮用水卫生标准 》GB 5749、《食品生产通用卫生规范》GB 14881 等。

4.2.3 对比与启发

国外 WELL 标准是一部基本考虑了健康建筑需涵盖的生理、心理、社会三方面要素的建筑健康性能评价标准，可以量化评价建筑的健康性能，并给出不同的等级。而其他标准则是建筑某一方面健康性能的专项标准。

我国协会标准《健康住宅建设技术规程》CECS 179 考虑了居住环境和社会环境的健康性，但其适用范围仅为住宅建筑，且为设计指导性标准，不能对住宅健康性能进行量化评价。大多数标准中的建筑健康性能要求单一、分散，缺乏整体性，且健康方面的指标要求偏低。标准体系中，缺少建筑心理、人文等方面的要求和引导。此外，对于建筑达到何种健康水平、不同方面的健康性能是否均衡，则需要对其健康性能进行综合评价，但目前的标准体系中尚未有适用于各类民用建筑的涵盖生理、心理和社会三方面要素的评价标准。

因此，需要借鉴国内外标准中对建筑健康性能的要求并结合我国实际特点，制定出具有普适性且涵盖各类健康要素的健康建筑评价标准。

4.3 中国建筑学会标准《健康建筑评价标准》编制情况

4.3.1 编制工作

中国建筑学会标准《健康建筑评价标准》（以下简称《标准》）于 2016 年 3 月 1 日召开《标准》编制启动会暨编制组第一次工作会议，标志着《标准》编制正式启动。9 月 24 日《标准》公开征求意见，11 月 30 日标准通过审查。《标准》编制过程中共召开 8 次工作会议，《标准》编制进度时间节点及主要工作如图 1-4-2所示。《标准》已于 2017 年 1 月 6 日经中国建筑学会标准化委员会批准发布，编号为 T/ASC 02—2016，自 2017 年 1 月 6 日起实施。

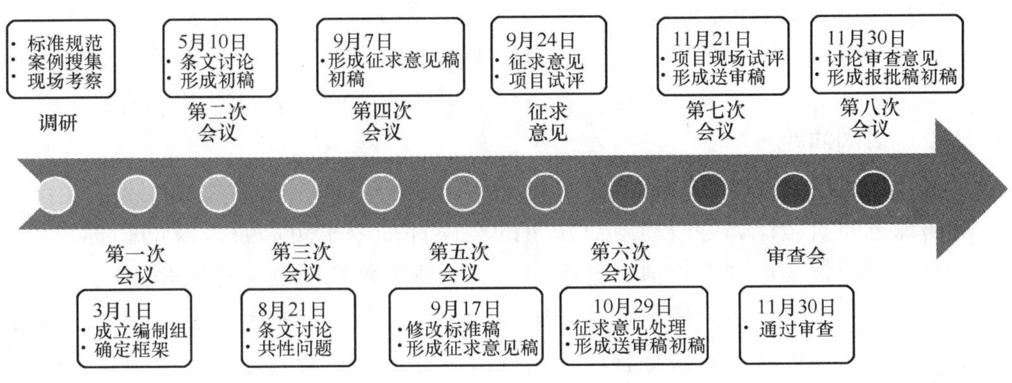

图 1-4-2 《标准》编制进度时间节点及主要工作

4.3.2 主要技术内容概况

《标准》共分为10章，主要技术内容包括：1总则、2术语、3基本规定、4空气、5水、6舒适、7健身、8人文、9服务、10提高与创新。

《标准》是在广泛调研研究、参考与协调国内外相关标准、充分考虑我国实际情况的基础上编制完成的，规定了健康建筑的评价指标，充分考虑了与健康密切相关的空气、水、舒适、健身、人文、服务6方面技术内容要求，并考虑了设计和运行两个阶段的建筑健康性能评价，根据不同建筑类型（公共建筑和居住建筑）的特点分别设置了评价指标权重，并根据总得分划分了健康建筑的健康性能等级。

4.3.3 《标准》技术水平

《标准》以提高人民健康水平、贯彻健康中国战略部署、推进健康中国建设、实现建筑健康性能提升和规范健康建筑评价为目标，结合我国健康建筑最新实践和相关研究成果，借鉴了国外有关先进标准，开展了多项专题研究和试评，并在广泛征求了各方面意见的基础上制定而成。

在《标准》审查会上，审查专家经充分讨论，认为《标准》评价指标体系充分考虑了我国国情和健康建筑特点，《标准》将对促进我国健康建筑行业发展、规范健康建筑评价发挥重要作用；《标准》技术指标科学合理，创新性、可操作性和适用性强，标准总体上达到国际领先水平。

4.4 发 展 展 望

营造健康的建筑环境和推行健康的生活方式，是满足人民群众健康追求、实现健康中国的必然要求。对于健康建筑领域的下一步发展，重点在于：

（1）健康建筑的评价

规范健康建筑的评价，是关乎我国健康建筑推广与发展的重要环节。制定出既参照国际已有先进经验，又符合我国现实条件的评价方法和流程，是下一步需要认真思考的问题。

（2）健康建筑关键性问题研究

与绿色建筑相比，健康建筑对建筑的健康性能要求更高且涉及的指标更广，而且与绿色建筑发展规律相似，健康建筑的一些关键性问题，特别是体现在运行效果上的问题，例如室内各类空气污染物的有效控制、水质标准满足和高于现行标准要求的技术措施、建筑综合设计实现最优舒适度、老龄化背景下的建筑适老设计等，均需要进一步研究和探索。

（3）交叉学科需要持续深化研究

健康建筑更加综合且复杂，除建筑领域本身外还涉公共卫生学、心理学、营养学、人文与社会科学、体育健身等很多交叉学科，各领域与建筑、与健康的交叉关系，需要持续深入的研究。

（4）健康建筑产业发展

为满足人们追求健康的最基本需求，助力健康中国建设，需要以标准为引领，推动健康建筑行业向前发展。这就需要整合科研机构、高校、地产商、产品生产商、医疗服务行业、物业管理单位、适老产业、健身产业等在内的更多资源，形成良好的健康建筑发展环境，共同带动和促进健康建筑产业的向前发展。

作者：王清勤　孟冲　李国柱（中国建筑科学研究院）

参考文献

[1] 回月彤. 中国健康住宅的发展现状及对策研究[J]. 时代报告：学术版，2015(5)：50-50

[2] 仲继寿. 健康住宅的研究理念与技术体系[J]. 建筑学报，2004(4)：11-13

[3] 王劼. 健康住宅的发展与技术应用初探——法国住宅建设的启示[D]. 华中科技大学，2003：12-18

[4] 程乃立. Super E™加拿大健康住宅[J]. 上海建材，2005(1)：30-31

[5] 王清勤，李国柱，孟冲，等. 室外细颗粒物(PM2.5)建筑围护结构穿透及被动控制措施[J]. 暖通空调，2015，45(12)：8-13

[6] 王清勤，李国柱，赵力，等. 建筑室内细颗粒物(PM2.5)污染现状、控制技术与标准[J]. 暖通空调，2016，46(2)：1-7

[7] 徐双，王印，唐玉环. 一起水污染引发的感染性腹泻调查[J]. 预防医学论坛，2016，22(5)：380-381

[8] 陈凤格，范尉尉，赵伟，等. 诺如病毒污染供水系统引发感染性腹泻的调查[J]. 环境卫生学杂志，2016，6(4)：304-307

[9] 郭银华，刘生元，张泽林，等. 一起饮用水污染引起感染性腹泻暴发疫情的流行病学调查分析[J]. 安徽预防医学杂志，2012，18(4)：256-258

[10] 刘衷芳，刘晓波，吕嵩，等. 一起饮用水污染引起感染性腹泻暴发疫情的调查[J]. 中国公共卫生管理，2015，31(4)：542-543

[11] 黄杰，吴银川. 三起因二次供水引发的腹泻病暴发调查分析[J]. 环境与健康杂志，2000，17(6)：343-345

[12] 吕维维，毛云霞，周浩，等. 一起因二次供水污染导致的医院内诺如病毒胃肠炎暴发调查[J]. 疾病监测，2016，31(1)：49-53

[13] 王巍，李若岚，张晓雪，等. 北京市西城区2009～2011年生活饮用水水质卫生状况分析[J]. 环境卫生学杂志，2013，3(6)：528-531

[14] 周忠静，戴曙杰. 永嘉县2011～2013年农村生活饮用水水质监测结果分析[J]. 实用预

防医学，2015，22(6)：734-735

[15] 李小燕，张硕，陆冠诚. 罗定市2011～2013年生活饮用水水质检测结果分析[J]. 华南预防医学，2016，42(1)：98-100

[16] 陈丽琼，张景平，段丽芳，等. 2012～2014年龙岩市城区饮用水水质监测结果分析[J]. 中国卫生工程学，2016，15(2)：136-137

[17] 王小英，杨云，米丽，等. 酒泉市肃州区2012～2014年农村生活饮用水水质监测结果分析[J]. 中国卫生检验杂志，2015，25(17)：2966-2968

[18] 中国城市科学研究会. 中国绿色建筑2016[M]. 北京：中国建筑工业出版社，2016：5-6

[19] 何森. 室内环境健康评价简介[J]. 暖通空调，2016(E03)：1-5

[20] 中共中央国务院印发《"健康中国2030"规划纲要》[EB/OL]. http：//www. gov. cn/xinwen/2016-10/25/content _ 5124174. htm，2016-10-25/2016-11-27

[21] 陈自强，秦未末. 基于WELL标准的健康建筑[J]. 绿色建筑，2016，8(2)：60-61

[22] 王景. 以人为本的WELL建筑标准[J]. 中国建设信息，2015(8)：24-25

[23] 仲继寿，李新军. 从健康住宅工程试点到住宅健康性能评价[J]. 建筑学报，2014(2)：1-5

5　适应气候变化的场地规划及建筑设计韧性策略探索

5　Research on resilient site planning and architecture design strategies——A perspective based on climate change

气候变化及极端气候事件对城市运行的影响逐渐成为引起充分关注的重要问题。我国城市因强降雨而频发内涝灾害，尤其是北京、上海、长沙、武汉、杭州、厦门等大中城市。仅2013年5～7月份，就有超过12个城市因强降雨而出现内涝积水现象，甚至有些城市的内涝积水时间超过12小时，严重影响了居民的日常生活，也带来了重大的经济损失。特别是2012年北京遭遇的61年一遇特大暴雨，给城市运行造成了严重影响，人民群众生命财产也遭受严重损失，因洪涝灾害造成的直接经济损失就达118.35亿元。

传统"管道排放"的城市雨水管理系统的转型极具迫切性和必要性。城市内涝的形成与气候及城市下垫面的变化有着密切的关系。我国大多数城市采用传统的以管道排放为主的雨水系统，未充分意识到城市化对地表径流的巨大影响，过于强调雨水快速排放，而忽视滞留和利用雨水。大多数管网设计标准无法抵御短时强降雨，造成雨洪内涝的频发（图1-5-1）。城市空间的设计应充分结合场地空间的调控能力、建筑表皮的缓冲能力、地下空间的存蓄能力，采用软质和硬质多渠道并存，提高城市适应气候变化的能力。

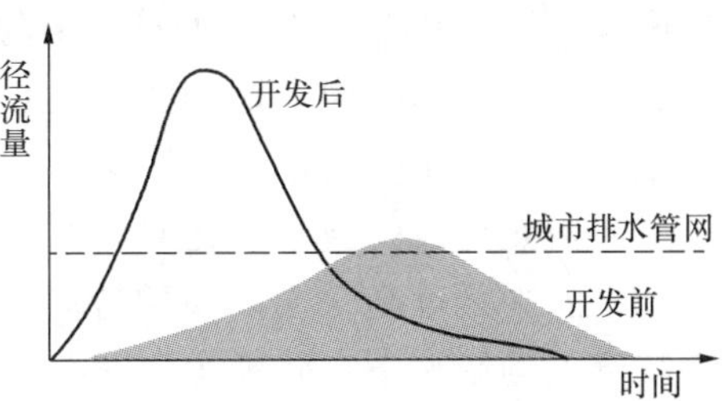

图1-5-1　城市开发建设前后径流量变化与城市排水能力比较示意图

5.1　极端气候变化与城市气候灾害的挑战

气候风险来自于气候灾害与人类自然系统脆弱性之间的相互作用，变暖的风险率和重要程度将会增加影响的严重性、蔓延度，有时是不可逆转性。有些与地区的独特性相关，有些是全球性的。未来气候变化的整体性风险可以通过限制气候变化的频率和量级的降低。城市地区的气候变化将会增加人群、财产、经济和生态系统的风险，包括热压、风暴和极端降雨、内陆和岸线洪水、滑坡、大气污染、干旱、水资源缺乏、海岸线上升和风暴潮。

根据IPCC2014报告，在过去30年的，地球表面的温度每10年都在持续递增，比1850年以来的任何10年都要高。1982～2012年的阶段很可能是北半球过去800年最热的30年，也很可能是过去1400年最热的30年（中等可信度）。根据线性趋势的计算数据，1982～2012年，期间全球平均综合陆地和海洋表面温度增长了0.85℃（0.65～1.06）。目前可以确定，自20世纪中叶以来，全球对流层的温度在升高，较低的平流层的温度在降低。

1901年以来，全球陆地区域的平均降雨变化的可信度在1950年之前较低，之后较高。北半球中纬度陆地地区的平均降雨有可能增高（1951年之后可信度较高）。人类活动的影响是全球气温升高的主要驱动因素。极端气候及其事件的变化也成为1950年以来一种表现。有些变化与人类影响有关，包括极端低温的减少，极端高温的增长，极端海平面的增长，以及相当多地区暴雨事件数量的增加。有可能暴雨事件增加的陆地地区超过减少的地区。暴雨实践的频率和强度在美国和欧洲有所增长。气候变化和极端气候事件带来的影响，其特征和严重程度不仅源于气候灾害的风险，还在于人类和自然系统的脆弱性（易受损害）和暴露与风险的程度。

RCP2.6～RCP8.5带来的持续风险包括：

（1）气温升高率对陆地和淡水物种的威胁。RCP2.6情况下大多数树木和草本无法生存，RCP4.5情况下大多数哺乳动物和啮齿目动物无法生存。

（2）极热导致的海水酸化对海洋物种的威胁。

（3）海平面升高对沿岸人类与自然系统的威胁。在气候变化、森林采伐和生态系统衰退的影响下，陆地生物圈存储的碳易于损失进入到大气中。

（4）对陆地碳储产生直接影响的气候变化包括：高温、干旱和风暴，间接影响包括火险、害虫和疾病爆发。

（5）水、食物和城市系统，人类健康、安全和生活风险。

预计21世纪的气候变化将会减少可再生地表水和地下水资源，在大多数干旱亚热带地区，加强不同部门之间的水资源竞争。温度升高、暴雨带来的沉积、营养物和污染物的增加、干旱期间污染物的持续集中、处理设施的破坏，将会减少原水水质。

5.2 城市韧性与建筑韧性

5.2.1 城市韧性

城市韧性是社会—生态复合性的机制，是指通过调整自身的系统运行来应付变化或干扰，同时保持本质、结构和关键过程不变的能力。联合国开发计划署定义韧性为："当受到干扰时，系统保持完整性的趋势"。IPCC 定义韧性为："社会或生态系统吸收干扰的同时，保持原有的基本结构和功能方式的能力，自组织的能力，以及适应压力和变化的能力"（IPCC，2007）。韧性系统具备自我调节和自我维持的能力，在外界的干扰下，通过适应过程和修复过程来形成新的平衡。调整的过程包括修复受到破坏的部分，消化或清除干扰，改变或增减系统的某部分来重建平衡关系（未改变系统的结构）。在气候变化、极端气候灾害增加的背景下，城市韧性的重要性愈加凸显。城镇地区的快速增长及加深的不确定性，更加需要重视发展适应性和弹性的方法，使城市发展向韧性和可持续的方向转变。

在应对气候变化的背景下城市韧性意味着：

（1）强化基础设施和生态系统，减少面对气候变化时的脆弱性和灾难性崩溃的风险。

（2）强化社会机构的承受能力，预测和发展适应性的应对策略，维持城市支撑系统。

（3）注重制度因素，加强应对系统脆弱性的有效回应。

世界应对气候变化的研究和实践活动已在城市规划、建成环境、公共政策领域广泛开展。亚洲城市气候变化韧性网络（ACCCRN）通过研究建立了城市气候韧性框架，提出了城市韧性的核心指标构成：

（1）排水和水资源供应；

（2）固体废物管理；

（3）公共健康；

（4）暴雨管理和洪灾防治。

5.2.2 建筑韧性

建筑韧性(building resilience)是指建筑体抵御严重的气候和自然灾害的能力，以及经历一段时间和有效的措施取得恢复的能力。建筑韧性是城市韧性概念的延伸，旨在通过建筑结构、材料、设备等方面的强化，提高城市物质空间的抗风险能力。

美国 LEED 绿色建筑认证体系，认识到近年来由于严重的气象灾害导致的建筑结构破坏可能成为潜在的隐患。在 LEED 的设计指导原则中，开始研究应对灾害防御的层面，与建筑韧性相关的指标包括：

（1）基于未来气候模型的排水设计；

（2）环境友好型社区；

（3）基于未来变暖趋势和承载力的 HVCA 系统；

（4）地方性的、低成本的材料和资源；

（5）低能源输入；

（6）温室气体排放减少；

（7）不依赖城市电网的可再生能源；

（8）坚固的建筑外墙；

（9）雨水收集和储存；

（10）克服气温升高的节水措施；

（11）抵抗水、火和害虫的建筑材料；

（12）抵御天气变化的铺面设计；

（13）空气质量控制。

5.3 基于韧性特征的雨水适应性场地设计

具有韧性特征城市空间载体，其空间范围、层面和形态能够随季节的变化、气候的变化进行一定幅度的调整，能够容纳系统调整所需要的改变，同时也能够适应极端气候带来的冲击。相对于空间的固定性、稳定性、难以即刻改变的刚性特性，韧性空间具备：

（1）对于环境变化的承受力；

（2）对于多样性的包容度；

（3）对于安全因素发生突变时的应变力。

应对暴雨事件的雨水适应性场地设计，以 LID 和 BMPs 技术为核心，旨在针对场地水资源的全面有效管理、减轻暴雨径流的加剧和雨水污染的影响，尽可能在雨水径流产生的源头进行管理。

基于多元化的生态目标，雨水适应性场地设计的核心任务是通过一系列分散的、小规模的构造做法，通过雨水的渗透、蒸散量、收获、过滤和滞留一系列的过程，模仿自然的或开发前的水文。这些措施可有效地从径流中去除营养物质、病原体和金属，并且可以减少雨水量和暴雨径流的强度。

5.3.1 从源头控制雨水

利用分布式源控制策略，通过微管理技术分布在整个场地，补偿或恢复这些水文功能应尽可能接近来源点，或那些影响或干扰产生的地方。自然水文功能，如拦截、洼地储存、渗透等，是均匀分布在整个未开发场地的。

5.3.2 增加空间使用的层级，应对季节性波动

根据不同的降雨量，分级设置相应的不同使用频率的雨水吸纳空间，随地形分为先高后低的地形变化。优先使用高频率的雨水吸纳空间存蓄雨水，逐级溢流递进。当降雨量超出一定临界值时，再溢流至低频率的吸纳空间。分区蓄水可以提高场地空间的使用效率，交错使用空间场地，同时延长地表径流的汇集时间。

5.3.3 增强场地的延展性、叠合性、流动性，适应不同的城市肌理

建筑底层局部架空，增强场地空间与建筑空间的相互渗透性，留出必要的地表层作为水系统自然循环的空间。在高密度城区，进行竖向空间的延伸，结合地下空间、建筑的室内空间，布局功能复合的空间。

5.3.4 构建多样化的场地空间，满足社区活动需求

开展戏水、探索认知自然等可进入性的亲水活动，还可结合雨水回用，创造多样化的亲水体验空间。在雨季时节，随着水位的升高，开敞活动场地随之缩小，水面扩大，可开展水上活动项目，如水上划船等，同时地面上可进行一些小型休闲娱乐活动。

5.3.5 与区域水网连接，形成网络化，提升社区对城市降雨的适应力

场地内部雨水系统与城市级雨水滞纳空间的联通，以应对城市局部降雨的不均匀性，当社区雨水系统接纳能力达到饱和时，溢流至城市级雨水滞纳空间，进行区域降雨分流，消减洪峰。

5.4 基于韧性特征的建筑设计

5.4.1 增加柔性建筑或构造物外表

屋顶绿化在消减暴雨径流方面发挥了重要作用（表 1-5-1）。结合屋顶花园或场地构造物，设置休闲平台，增加硬质表面的覆盖程度（图 1-5-2）；或结合景观植被和农业种植来创造宜人的休闲场所，不仅可以发挥农业种植在场所中的多重效益，还可延缓地表径流的形成。建筑外表皮增加垂直绿化，可以丰富景观，吸纳缓流丰富景观的同时也具有吸纳雨水的功能，并且在一定程度上可调节建筑的室内温度，减少能源的消耗（图 1-5-3）。

绿色屋顶占不同比例时的雨水削减量 **表 1-5-1**

（资料来源：北京市水利科学研究院）

重现期（年）		3 年	5 年	10 年	20 年	30 年	50 年
降雨强度（mm/h）		49.7	56.2	64.9	78.1	84.1	91.8
建筑屋顶雨水削减率	硬质屋顶	33.6%	32.4%	32.2%	30.9%	29.8%	29.2%
	20%绿色屋顶	40.8%	39.9%	39.9%	38.8%	37.9%	37.3%
	40%绿色屋顶	48.1%	47.3%	47.6%	46.7%	46.0%	45.3%
	60%绿色屋顶	55.3%	54.8%	55.3%	54.7%	54.1%	53.4%
	80%绿色屋顶	62.6%	62.3%	63.0%	62.6%	62.2%	61.4%

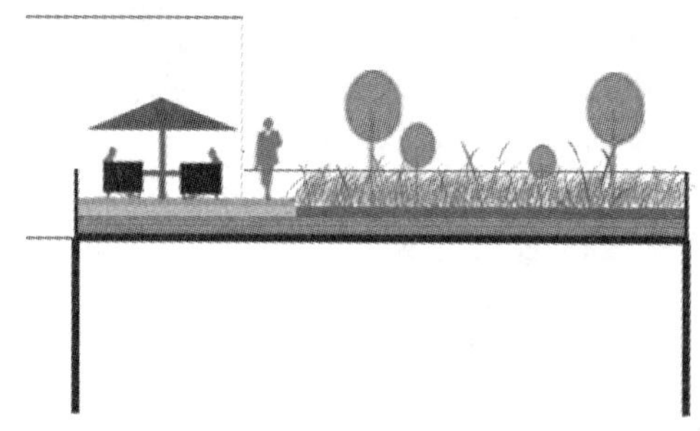
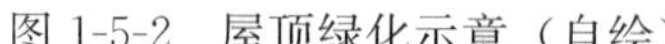

图 1-5-2　屋顶绿化示意（自绘）

图 1-5-3　建筑垂直绿化示意（自绘）

5.4.2　充分利用地下空间，增加蓄水容量

建筑设计考虑开辟地下停车空间，合理分区，作为暴雨临时蓄水空间（图 1-5-4）。结合地下停车场停车周转时间来设定相应的分区，机动利用。在极端降雨发生时，根据周转率大小依次开启相应分区（先大后小），延长空间功能置换时间，便于快速做出应对，根据不同降雨量智能调配，运用预警系统及空间隔离设施实现应急管控。地下公共空间用于紧急预案，结合天气预报，根据活动设施抗雨水侵蚀能力和短时撤离的难易来划定相应分区。在极端降雨时期优先开启利用抗侵蚀强和易撤离的分区空间，提升对突发极端降雨的弹性适应（图 1-5-5）。

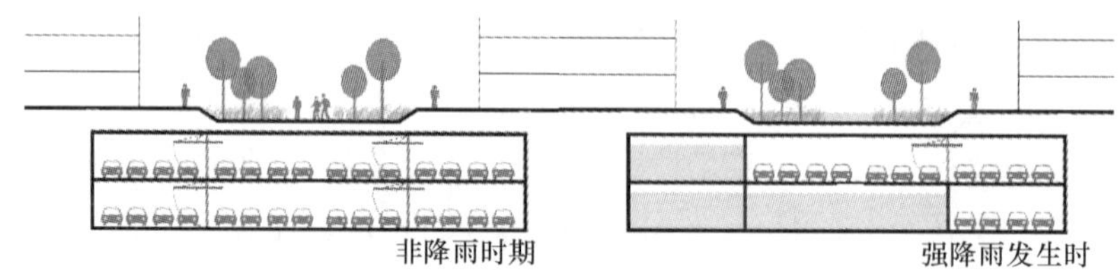

图 1-5-4　地下停车场与临时蓄水空间（自绘）

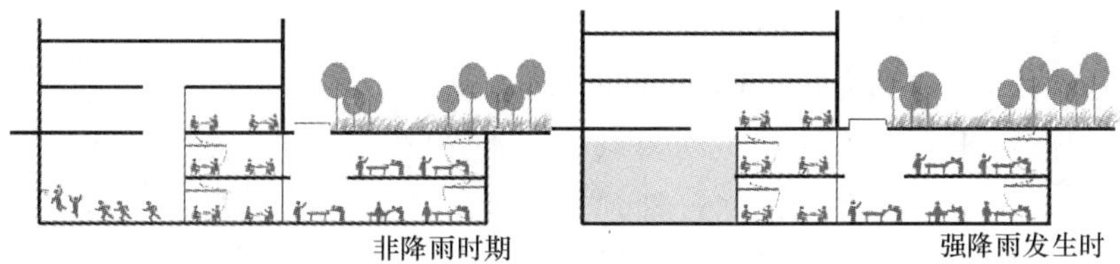

图 1-5-5　地下公共空间与应急蓄水空间（自绘）

5.4.3　充分利用建筑构件，创造立体水循环系统

通过建筑的不同构造元素，增加雨水收集和循环利用的途径，同时还可以结合景观的需要，提供生动有趣的水景环境。例如，建筑外墙可以通过表皮双层构造成为水体循环的通道，建筑屋顶或阳台可以设置蓄水箱体，作为屋顶绿化或垂直绿化的水源。建筑庭院或室外场地空间，可以结合景观构造物，设置具有雨水收集吸纳的城市家具如景观灯，或具有喷灌功能的趣味雕塑等（图1-5-6）。

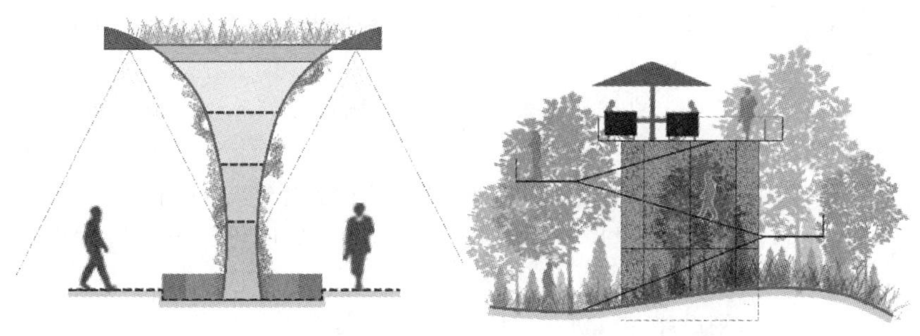

图 1-5-6　地下公共空间与应急蓄水空间（自绘）

5.5　结　　语

城市空间和建筑体的规划设计是建构城市韧性的重要组成部分。为了应对气候变化对建成环境可能出现的冲击，需要在城市空间规划和建筑设计的环节加强抵御自然灾害的能力。尤其是我国正处于快速城镇化的高峰阶段，城市暴雨问题将随城镇化的加深和扩展而进一步凸显。城市暴雨所涉及的不仅是灾害防治问题，还包括污染防治、水土保持和水体保育、动物栖息地保护、地表及地下水水质保护等一系列问题。

城市空间和建筑的韧性特征是具备弹性、多样性和冗余性，可以适应不可预计的服务需求和应对极端气候事件，系统的构成和路径可以提供多样化的选择以满足服务的传递。

在场地空间的规划和设计中，构建弹性滞留空间有利于替代传统管道排放系统，最大程度应用开放空间系统缓解城市排水管网的压力，提升开放空间对雨洪的预防能力，创造丰富多样的室外活动内容及绿化景观，增强使用者对于雨水的适应能力。同时增加地表水蒸发和渗透过程，带来调节微气候、缓解热岛效益的作用。

在建筑设计中，加强建筑抵御不同气候形态造成压力和荷载的能力，并能够比较容易地从气象破坏中恢复过来。建筑场地设计需要从使用历史气象数据转换为对未来气候进行预测，作为场地评价和水资源管理的基础。充分考虑场地、建筑雨水系统的整体性，共同实现雨水的滞留、回渗、再利用等多重目标，更好地适应气候变化的影响。

作者：吴志强[1] 姬凌云[1] 黄志伟[2]（1. 同济大学；2. 上海同济规划设计研究院）

参考文献

[1] 中华人民共和国建设部. 建筑与小区雨水利用工程技术规范. 北京：中国建筑工业出版社，2006

[2] 车伍，马震，王思思等. 中国城市规划体系中的雨洪控制利用专项规划. 中国给水排水，2013，29(2)：8-12

[3] 车伍，李俊奇. 城市雨水利用技术与管理. 北京：中国建筑工业出版社，2006

[4] 潘国庆，车伍，李俊奇等. 城镇雨水收集利用储存池优化规模的探讨. 给水排水，2008，34(12)：42-47

[5] 朱家瑾. 居住区规划设计(第二版). 北京：中国建筑工业出版社，2007

[6] 车伍，唐宁远等. 我国城市降雨特点与雨水利用. 给水排水，2007，33(6)：45-48

[7] 尤焕苓，刘伟东，任国玉. 1981～2010年北京地区极端降水变化特征. 气候与环境研究，2014，19(1)：69-76.

[8] 陈云浩，史培军，李晓兵. 不同热力背景对城市降雨(暴雨) 的影响(I)——降雨分布的空间差异. 自然灾害学报，2001，10(2)：37-42

6 大力发展绿色建材，助推绿色建筑发展

6 Develop green building materials to propel the advancement of green building

6.1 绿色建材的内涵

国际上“绿色建筑材料”这一概念是在1988年的“第一届国际材料研究会”上首次提出的。1992年国际学术界定义绿色建材为“在原料采用，产品制造、使用或者再循环以及废料处理等环节中对地球负荷最小和有利于人类健康的建筑材料”，可见绿色建材的涵义相当宽。我国长期以来在绿色建材的概念上一直没有取得共识。

如国内一些学者在2007年出版的《绿色建筑概论》中认为绿色建材为采用清洁生产技术，不用或少用天然资源能源，大量使用工农业或城市固体废弃物生产，产品无毒害、无污染、无放射性，达到使用周期后可回收利用，有利于环境保护和人体健康的建筑材料。该定义虽然涵盖了节能、利废等内容，也突出了安全健康的要求，但并未提及材料的功能性，人们对绿色建材的需求还包括在日常生活中具有消磁、消声、调光、调温、防火、隔热、抗静电甚至可调节人体机能等各种先进功能。作为一种绿色材料，如若不考虑功能性，而仅仅追求其环保性是不全面的。

住房和城乡建设部、工业和信息化部2015年制定的《绿色建材评价技术导则（试行）》中定义绿色建材是在全生命周期内可减少对天然资源消耗和减轻对生态环境影响，具有“节能、减排、安全、便利和可循环”五个特征的建材产品。2016年5月中国建筑材料联合会进一步提出了绿色建筑材料“四个环节五方面特征”的定义，将绿色建材的概念进一步的深化、细化。

所谓四个环节，是指绿色建筑材料在原料选用、开采加工、产品制造、产品应用过程中，能够有效利用废弃物，少用天然资源和能源，资源可循环再利用的，不仅性能功能符合建筑物等配置的要求，而且全生命期内与生态环境和谐，对人类健康无害的建筑材料。

所谓五方面特征，是指绿色建筑材料具有节能、环保、低碳、安全、可循环、长寿命的特征；生产工艺和生产使用过程中贯彻清洁文明、净化环境的特

征；充分利用废弃物，减少天然资源和能源消耗，具有可循环再利用的特征；具有低排放、无污染、无毒害、与生态和谐的特征；满足绿色建筑和其他应用领域配置要求，有利于改善和提升人类生产生活水平的发展进步特征。

6.2 绿色建材是绿色建筑的物质基础

目前，绿色建筑评价指标体系包含节地与室外环境、节能与能源利用、节水与水资源利用、节材与材料资源利用、室内环境质量、施工管理、运营管理7类指标。但是绿色建材是绿色建筑基础和重要保证，由于引入了全寿命周期的概念，材料的承载性能能否与建筑物同寿命甚至高于建筑物的设计寿命，其功能性能随着服务年限的推移能否满足绿色要求，在建筑物整个寿命周期内发挥其绿色功能，是建筑物能否在全寿命周期内符合绿色标准的关键。

意大利的罗马角斗场已经历经2000多年，仍然屹立不倒，欧洲很多建筑、我国的很多古建筑都有几百年的历史，但仍然质量完好。所以，仅靠绿色建材不一定能建造绿色建筑，但是没有绿色建材，一定建造不了绿色建筑。

混凝土的劣化因素有开裂、中性化、腐蚀和碱骨料反应等，质量差的混凝土几年内就可能不满足结构的承载要求和建筑的功能要求，高质量的混凝土使用寿命可以超过100年。

混凝土中的钢筋如未处于良好的保护之中，几年可能被腐蚀至不满足承载要求；聚苯板十几年就可降解至保温性能大幅度下降，而一般住宅的设计寿命在60年以上，基础设施的设计年限在100年以上；涂料一般几年之内就要老化，丧失其功能。

除承载性能外，绿色建材的保温性能、隔声性能和一系列环境友好性能，在建筑的全寿命周期内应保持在不低于设计要求的水平。

建筑材料的绿色化任重道远。住房城乡建设事业“十三五”规划纲要中提出，“到2020年，城镇新建建筑中绿色建筑推广比例超过50%，绿色建材应用比例超过40%”。

而目前我国的绿色建材比例仅为20%左右。从我国建材发展的现状看，绿色建材的发展仍然任重道远：

(1) 材料性能和生产水平与国际水平还有相当的差距，水泥、混凝土制品、化建材等的性能与国外相比都有较大差距；

(2) 生产过程和使用中环境友好性差，在生产和使用过程中排放出的垃圾等有害物质仍比国外高；

(3) 耐久性仍有差距，建筑物因材料质量问题或施工问题，远未达到设计年限就出现质量问题，甚至提前拆除的情况时有发生；

（4）大量的建筑垃圾未被资源化，我国每年建筑垃圾的排出量在15.5～24亿吨，而利用率仅为5%左右，国外发达国家达到80%以上，日本达到了95%；

（5）绿色建材在整个建材工业中占的比率偏低，2012年约为10%左右，2015年约20%左右。

6.3 中国建筑工程总公司在绿色建材方面的实践

中国建筑工程总公司历来重视绿色建筑技术的发展，工业化、信息化和绿色建造同为中建发展目标，并在整体规划、经费投入、组织研发方面积极而有序地推进。伴随着绿色建造的推进，在绿色建材领域取得许多成绩，形成了诸多具有中建特色的绿色建材技术。

6.3.1 绿色高性能混凝土

中建西部建设在混凝土绿色生产体系建设方面，率先实行了环境友好型生产管理体系，不仅强化除尘、消除噪音和节电环节，还建设水回收、过程废弃物回收利用系统，取得国家授予的环保认证证书。

中建西部建设多年来采用海砂、天然风积沙、天然尾矿、天然凝灰岩、高钛重矿渣等原材料制备绿色高性能混凝土，取得一系列成果，陆续应用于国内地标性工程，取得非常好的技术经济效益。

在绿色超高性能混凝土的泵送方面也是成果丰厚，相关技术成功应用于广州的西塔和天津的117项目等多个超高层项目。

6.3.2 透水混凝土与海绵城市建设系列技术

中国建筑工程总公司在2004年就开展了透水混凝土与铺装技术的研究，取得了一系列的成果，获得多项发明专利，已大面积成功应用于北京奥运场馆、西安大明宫遗址公园等多项重大工程，对国内透水混凝土的发展起到了带动作用，比建设海绵城市规划的提出早了10年。

6.3.3 轻质微孔混凝土节能新型墙材

中国建筑工程总公司研发的轻质微孔混凝土复合板材是由普通混凝土层和微孔混凝土同时浇筑而成，实现了保温、隔热、承载和装饰一体化，克服了聚苯板保温材料易燃，在技术中心三期工程成功应用，取得了良好的技术经济效果。

具有全部自主知识产权的集承载、保温、装饰、防水和自洁的五合一功能的工业化建筑墙体大板全面提升了微孔混凝土板材的性能，并且与建筑工业化结合，正在实施规模化生产，将有力地促进新型建筑工业化板材的升级。

6.3.4 高性能纤维混凝土隧道管片

中国建筑工程总公司研发的高性能纤维混凝土管片较传统管片节省构造筋超过80%，纵筋超过17%，减少焊接点60%以上，裂缝荷载提高35%。国家标委会批准由中国建筑工程总公司主编国家标准《纤维混凝土管片》。

6.3.5 3D打印建筑

中国建筑工程总公司研发的地质聚合物3D打印材料的主要原材料为工业固废，具有成本低、对环境和人体无害的特点。材料具有良好的出泵形态保持能力和粘结性能，打印的建筑构件具有良好的体积稳定性，能满足建筑3D打印施工连续性和强度的要求，打印成型的建筑构件在短时间内即具有移动及装配使用性能，在建筑3D打印中有广泛的应用前景。

6.3.6 绿色涂料系列

中国建筑工程总公司技术中心研发的绿色节能涂料，已形成系列产品，其中节能涂料通过辐射、反射和隔热机理有效地将太阳能隔阻在室外，夏季显著减少室内空调的耗电量。

空气净化绿色涂料系列是采用光催化技术，使其在日光作用下具有降解氮氧化物、甲醛等有害气体和强力杀菌的功能；用于室内，可显著改善空气质量，使生态环保型涂料。

6.4 中国未来绿色建材的发展重点与趋势

绿色建材已列入住房城乡建设事业“十三五”规划纲要的相关要点：

“围绕绿色建筑需求和建材工业发展方向，强化绿色建筑等对绿色建材的应用要求。大力开展绿色建材示范工程、产业化基地建设。以建筑垃圾处理和再利用为重点，加强再生建材生产技术和工艺研发以及推广应用工作，提高固体废弃物消纳量和建材产品质量。”

“市新区建设全面落实海绵城市建设要求，推进海绵型建筑与小区、海绵型道路与广场、海绵型公园与绿地、绿色蓄排与净化利用设施等建设。”

由此可见，我国绿色建材的发展还应是加强资源节约型绿色建材和生态环保型绿色建材，并大力推进绿色建材示范工程、产业化基地建设，推进绿色建材在海绵城市建设中的应用。

（1）利用地域性资源节约型绿色建材。主要是指建筑材料生产原料充分利用各种有地域特点的工业固体废弃物、农业废弃物、建筑垃圾、生活垃圾等代替天然原材料，生产绿色建材产品。

（2）利用建筑垃圾的绿色建材。对建筑垃圾从源头分类，就地快速加工成绿色产品，减少运输环节，加大建筑垃圾消纳量。

（3）应用于海绵城市建设的绿色建材产品。生产适合应用于海绵城市建设的再生混凝土骨料、再生砖瓦骨料、渣土和污泥烧制的生物陶粒，是消纳建筑垃圾的又一有效途径。

（4）建筑材料的寿命问题在未来也应重点关注。我国是每年新建建筑量最大的国家，却只能持续 25～30 年，相较之下，英国建筑的平均寿命达到 132 年，美国是 74 年，随着我国建设的发展，未来的建筑远远不止 30 年的寿命，这就需要绿色建材的寿命要与建筑的寿命匹配。

（5）绿色建材技术与信息化技术的结合。未来的信息化技术应用于绿色建材生产和应用环节，将大大提高绿色建材的生产和利用效率，有助于提升产品质量和绿色度。

作者：毛志兵（中国建筑工程总公司）

7 装配式混凝土住宅经济性分析

7 Economic analysis on prefabricated concrete structure

7.1 概　　述

我国预制混凝土结构的起步不晚于现浇结构，但由于国情原因，现浇体系逐渐成为主体。但随着我国经济的发展，预制混凝土结构的各项优势逐渐凸显出来从而得到人们的重视。《国务院办公厅关于大力发展装配式建筑的指导意见》（国办发〔2016〕71号）提出，“以京津冀、长三角、珠三角三大城市群为重点推进地区，常住人口超过300万的其他城市为积极推进地区，其余城市为鼓励推进地区，因地制宜发展装配式混凝土结构、钢结构和现代木结构等装配式建筑；力争用10年左右的时间，使装配式建筑占新建建筑面积的比例达到30%”。

然而，装配式混凝土结构（Precast Concrete Structure，以下简称“PC”）作为工业化建筑的一种重要代表结构，虽然其具有建筑工业化的各项优点，然而在这起步时期，往往体现出“快”而“不省”的局面。目前行业普遍反映，占主要比例的PC住宅、公共建设的成本增加15%～20%。各地政府也是出台相应的扶持鼓励和补贴措施，但是这毕竟不是一个长久之计，如果经济问题没能得到解决，那无论政府还是业主都将不为这新兴模式买单。

住宅是目前PC最主要的推广应用形式。本文通过文献分析、工程调研、定额对比等方式，对PC住宅的经济性进行问题，力求对比出PC住宅经济性变化的趋势，及其与传统现浇住宅的对比结果与主要原因。

7.2 文献分析与评述

李忠福[1]等人早在2002年就对工业化住宅的性能与成本趋势进行了分析，其不仅只关注短期工业化住宅的建造成本，还注意到工业化住宅的性能比传统住宅好的特点并考虑长期使用对两种住宅性价比的影响；研究对工业化住宅的性能与成本趋势的分析呈现其乐观的态度。

另有研究指出，工业化住宅建造成本较高的最主要因素是其较高的建设费用[2]。据文献［2］统计，2001 年，北京、天津、上海等 28 座大城市多层一般标准住宅建设费用的平均值为 893 元/m^2，多层高标准住宅的建设费用平均值为 1275 元/m^2，而当时对为数不多的工业化住宅小区统计，建造成本为 1400～3000 元/m^2。并提出工业化住宅在采暖节约、维护成本等方面存在一定优势。

早期研究由于实际工程数据匮乏，对比分析多采用定性评价。随着工程量的增加，初期阶段的高成本问题越来越突出，社会急需降低工程建造成本，加快步入性能价格比优势阶段，希望尽早进入性能、价格双优势阶段。然而降低成本是个庞大的系统工程，不仅要研究整个造价评价体系，还得从上而下、从标准规范到建筑设计、从设计到施工、从整体到构件等进行研究。

对于工业化经济性的考量，谷明旺[3]把房屋建筑造价和价值通过一个公式"1A＋1B＝1C＋1D"联系起来，而建筑工业化的目的就是减少"原材料和机械成本（A 价格）"和"劳动成本（B 价格）"，增加"使用功能价值（C 价值）"和"时间价值（D 价值）"。本思路简单直接，但是系数却不好取值，也没有明确的确定系数的方法和评价指标。同时，谷明旺还分析了现行建筑工业化造价普遍偏高的原因，他认为国内 PC 建筑产业链上下游分裂、不合理的结构形式选择、施工技术路线变化和使用不熟悉的新技术、新材料、新工法造成造价普遍偏高。针对这两个思路，提出一要创新研究形成高性价比的建筑工业化技术，知己知彼，合理利用；二要正确应用建筑工业化技术手段提升 PC 建筑的经济性。

成本跟效益相对应来比较传统现浇结构和 PC 的经济性才显得合理，除了成本之外，杨飞[4]特别指出 PC 房屋建筑的四项经济效益：间接经济效益、质量经济效益、环境经济效益和社会经济效益。从这四方面考虑拓宽了 PC 的经济效益，从而提高其性价比。

文献研究表明，PC 建筑与传统建造方式相比多项费用均可减少。如人工费节约来自于模板、内墙抹灰、墙体砌筑等；材料费节约来自于墙体、抹灰、脚手架等；因人工减少，可节约一些临时设施费；另外，还可减少建筑垃圾、现场湿作业、施工用水等。但施工机械和预制构件价格占造价增加的很大比例。

沈阳建筑大学课题组 2013 年的《装配整体式建筑工程成本分析研究报告》，根据沈阳某小区的投标文件和图纸，得出：即使 PC 建筑现场作业显著减少，但是其构件及安装的成本大大增加，PC 仍比现浇建筑工程土建成本每平方米高出 750 元左右。而其他的装饰工程、电气工程、采暖工程及给排水工程增减幅度不大[5]。另一沈阳市沈北新区的公租房项目，PC 土建工程成本依然比现浇结构高出 811.71 元/m^2，建安成本高出 783.94 元/m^2[6]。

现有基于全寿命周期成本比较，均提出全寿命周期 PC 住宅具有一定优势[7]，但对于使用维护中的经济数据，仍是根据推测得到。

7.3 工程实际造价与生产成本

虽然文献研究多偏乐观，但PC住宅的造价高于现浇住宅，已是行业共识。在目前的小高层、高层PC住宅技术体系前提下，如不考虑土建工程分段验收及装饰装修工程的穿插，PC住宅在工期上也没有优势。PC住宅的优势主要在于方便采用外墙夹心保温技术、结构尺寸精度控制水平高而可做到免抹灰施工等，但目前国内在这方面的定量化研究很少，缺少长期实测的四节一环保数据。

经济性评价形式多样，可以按结构形式、施工难度或按整个建设周期分层次分类进行比较，也可用公式“α原材料和机械成本$+\beta$劳动成本$=\gamma$使用功能价值$+\lambda$时间价值”联系起来，但是价值的量化与系数α、β、γ、λ的取值还需研究其确定方法和评价指标。

对于PC住宅的实际造价与成本，目前各地各有不同。根据对行业多年的了解，与地方文件、工程的总结，简要概括如下：

（1）PC住宅的土建造价普遍提高，一般每平方米提高200～800元。北京市《关于确认保障性住房实施住宅产业化增量成本的通知》（京建发〔2013〕138号）提出了PC住宅增量成本：建筑高度60m以下409元/m^2（包括预制外墙）；建筑高度60m以上436元/m^2（包括预制外墙）；建筑高度60m以上115元/m^2（不包括预制外墙）。通过实地走访，了解到上海实际工程做夹心保温预制外墙的增量成本为500元/m^2左右，不做夹心保温预制外墙的增量成本为350元/m^2左右。

（2）PC住宅材料用量（钢筋、混凝土、配件与埋件等）多于普通现浇剪力墙住宅，经济性等同或优于普通现浇结构难度很大。现场同时具有现浇、预制两种作业，施工组织复杂，工期效益不明显。

（3）造成PC住宅造价偏高的另一个因素就是预制构件造价高。在北京、上海，常规的生产钢筋桁架板、预制墙板的预制工厂，一般单条线月产混凝土4000m^3，年产才5万m^3；实际操作工人需要250个；模具消耗量巨大，多为工程一次性消耗；墙板每m^3混凝土人工费约1000元，钢筋桁架叠合板每m^3混凝土人工费约600～700元；预制构件养护费用每m^3混凝土100～200元。由于生产线投资、固定资产及人工消耗大等原因，预制构件的价格很难下降，一线城市叠合板、墙板的价格很难低于2000元/m^3、3000元/m^3，而现浇混凝土的单方综合价格远低于这个价格。预制构件价格居高不下也是30%预制率的房屋单平方面积成本高于现浇结构几百元的主要原因。

（4）标准化程度低是构件、工程造价高的另一个原因。而现浇混凝土住宅在我国发展比较成熟，飘窗设计、外挂石材等常作为现浇住宅销售的亮点，预制住宅只能跟进并满足，这些都会增加构件生产与安装的难度与成本。在一线、二线城市，地价、房价都很高，每块土地的容积率与适合建造的房型各不相同，也造成 PC 住宅很难实现户型的标准化与构件的标准化。

7.4 装配式混凝土住宅和传统现浇住宅的基础定额

为了对比 PC 住宅和现浇普通住宅的经济性，按照一般建安造价和招投标预算定额的计算方法，对比《房屋建筑与装饰工程消耗量定额》TY 01—31—2015 和《装配式建筑工程消耗量定额》（征求意见稿）进行分析。

建安工程费包括直接工程费、间接费和利润及税金。其中直接工程费包括直接费（人工费、材料费和施工机械使用费）、其他直接费和现场经费；间接费包括企业管理费、财务费和其他费用；利润及税金包括计划利润和税金。为了确定 PC 住宅定额及其工程量，仅考虑建安费用的人工费、材料费和机械费。

基础定额具有全国统一通用、量价分离和换算范围大等特点，所以基础定额在使用时必须结合地区的人工工资标准、材料和机械设备的预算价格，结合实际工程计算工程量，才能套用基础定额，计算出最终的预算。即：

定额人工费＝定额综合工日×地区工资标准

定额材料费＝Σ(定额中的各项材料消耗量×地区相应材料价格)

定额机械费＝Σ(定额中的各项机械消耗量×地区相应机械预算价格)

定额基价＝定额人工费＋定额材料费＋定额机械费

综上所述，基础定额全国通用，代表全国平均生产力水平；工程量需要实际工程按照一定的规则进行计算；由于全国“价”各不相同，全国招投标早已采用投标企业自主报价方式，即定额基价具有地方性，全国并不统一。

对比《房屋建筑与装饰工程消耗量定额》TY 01—31—2015 和《装配式建筑工程消耗量定额》（征求意见稿）可发现，由于现浇混凝土结构与 PC 施工工序的不同，基础定额表界限工作内容并不相同，部分构件计量单位也不相同。详见表 1-7-1 和表 1-7-2。

现浇混凝土主体结构基础定额内容表　　表 1-7-1

<table>
<tr><th colspan="2">项目</th><th>工作内容</th><th>计量单位</th></tr>
<tr><td rowspan="2">混凝土</td><td>柱、梁、墙、板</td><td>浇筑、振捣、养护等</td><td>$10m^3$</td></tr>
<tr><td>楼梯</td><td>浇筑、振捣、养护等</td><td>$10m^2$水平投影面积</td></tr>
<tr><td colspan="2">钢筋</td><td>钢筋制作、运输、绑扎、安装等</td><td>t</td></tr>
<tr><td rowspan="2">模板</td><td>柱、梁、墙、板</td><td>模板及支撑制作、安装、拆除、堆放、运输及清理模内杂物、刷隔离剂等</td><td>$100m^2$</td></tr>
<tr><td>楼梯</td><td>模板及支撑制作、安装、拆除、堆放、运输及清理模内杂物、刷隔离剂等</td><td>$100m^2$水平投影面积</td></tr>
</table>

装配式混凝土主体结构基础定额内容表 **表 1-7-2**

项目		工作内容	计量单位
后浇混凝土浇捣	梁、柱接头；叠合梁、板；叠合剪力墙；柱	混凝土浇捣、看护、养护等	$10m^3$
后浇混凝土钢筋		钢筋制作、运输、绑扎、安装、点焊、拼装等	t
后浇混凝土模板	梁、柱接头；连接墙、柱；板带	模板拼装；清理模板，刷隔离剂；拆除模板，维护、整理、堆放	$100m^2$
预制混凝土构件安装	柱、梁	支撑杆件连接件预埋，结合面清理，构件吊装、就位、校正、垫实、固定，座浆料铺筑，搭设及拆除钢支撑	$10m^3$
	墙	支撑杆连接件预埋，结合面清理，构件吊装、就位、校正、垫实、固定，接头钢筋调直、构件打磨、座浆料铺筑、填缝料填缝，搭设及拆除钢支撑	$10m^3$
	板	结合面清理，构件吊装、就位、校正、垫实、固定，接头钢筋调直、焊接，搭设及拆除钢支撑	$10m^3$
	楼梯	结合面清理，构件吊装、就位、校正、垫实、固定，接头钢筋调直、焊接、灌缝、嵌缝，搭设及拆除钢支撑	$10m^3$
	套筒注浆	结合面清理、注浆料搅拌、注浆、养护、现场清理	10 个
	嵌缝、打胶	清理缝道、剪裁、固定、注胶、现场清理	100m

由表 1-7-1 和表 1-7-2 可见，要脱离具体结构方案和基价定额仅根据基础定额来讨论现浇混凝土住宅和 PC 住宅的经济性是不可行的，即使强行进行比较也是片面的。但是根据《房屋建筑与装饰工程消耗量定额》TY 01—31—2015 和《装配式建筑工程消耗量定额》（征求意见稿）可以分别查询现浇混凝土住宅和 PC 住宅的基础定额，对于实际工程，计算其工程量，套用基础定额得到人工、材料和机械消耗量，根据本地基价定额便可得出该工程预算定额。也因此可以在同一工程中对两种建造方式进行比较选择。

无论从理论研究还是工程经验，抑或是以上两本基础定额均可看出，传统现浇建造方式施工工序较为明确成熟，而 PC 建造方式增加了现场构件安装工序，使得施工现场既要进行构件安装又要进行构件间可靠连接的“湿做法”工序而使施工复杂化。另一方面，PC 建造方式减少了现浇在现场进行大量的钢筋绑扎工作、模板制作与拆除及脚手架工程，也使得 PC 建造施工现场干净、简洁、人少。从而，PC 住宅在基础定额额外增加了构件安装费、构件费和运输费，而现浇混凝土住宅建造额外增加了预制构件部分混凝土浇筑、模板工程费、脚手架工程费和水电费等。

7.5　装配式混凝土住宅和传统现浇住宅投资估算参考指标

投资估算参考指标是在编制项目建议书可行性研究报告和编制设计任务书阶段进行投资估算、计算投资需要量时使用的一种定额，是确定和控制建设项目全过程各项投资支出的技术经济指标，对工程建设前期起到重要的参考作用。鉴于《装配式建筑工程消耗量定额》（征求意见稿）代表了全国整体平均水平，故其PC住宅投资估算参考指标对现行具有代表性。通过分析对比已建现浇混凝土住宅和PC住宅的投资估算参考指标，从宏观整体上来说明现阶段现浇混凝土住宅和PC住宅的经济性。

混凝土小高层住宅和混凝土高层住宅在建造成本上有所差异，故区分高层和小高层以分别进行比较。由于现行PC结构主要在大城市中试行，要在全国全面推广还不具备条件，故选取的已建现浇混凝土住宅位于大城市——上海、天津和武汉。PC住宅的建造成本受装配率影响较大，故对PC住宅按装配率分为20%、40%、50%和60%装配率。建筑结构类型为剪力墙结构体系，所有数据统计均只针对±0.00以上。

7.5.1　混凝土小高层住宅投资估算参考指标

取上海15～20层现浇混凝土小高层住宅投资估算参考指标统计情况，外加天津某已建现浇混凝土小高层住宅作为现浇混凝土小高层住宅代表，与不同装配率的PC小高层住宅进行对比，分析如下：

（1）估算参考指标

先对估算参考指标这个综合指标进行对比，如图1-7-1所示。

由图1-7-1可知，无论是上海还是天津，现浇混凝土小高层住宅估算参考指标为1511～1530元/m^{2}左右，而20%装配率的PC小高层住宅估算参考指标比现浇混凝土小高层住宅高出460元/m^{2}以上，即高出30%以上。随着装配率的增大，估算参考指标也跟着增大，增大幅度为装配率每增大10%，估算参考指标增加72元/m^{2}左右，即相对现浇结构，装配率每增大10%，估算参考指标增加4.7%左右。

建安费用一般占估算参考指标的85%，故其具有与估算参考指标一样的规律。

（2）人工费

人工费是建安成本中重要的组成部分，也是衡量一项建筑技术所需人工定额

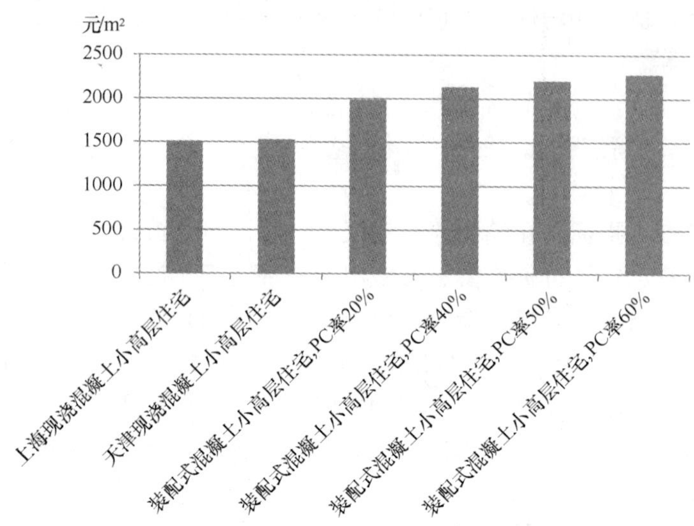

图 1-7-1 混凝土小高层住宅投资估算参考指标

的指标。通过对比各自人工费占建安费用的比例来说明两个建造方式对人工的依赖程度，如图 1-7-2 所示。

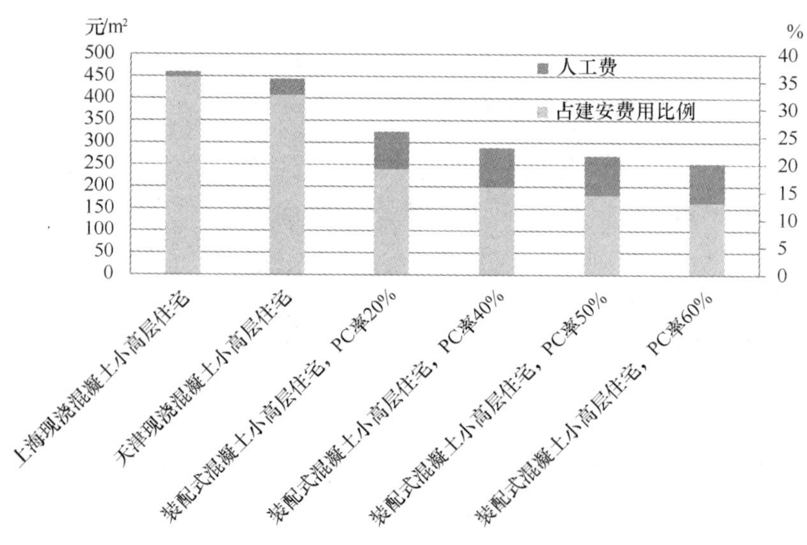

图 1-7-2 混凝土小高层住宅人工费

由图 1-7-2 可知，现浇混凝土小高层住宅人工费为 444 ～460 元/m²，而 20%装配率的 PC 小高层住宅人工费比现浇混凝土小高层住宅低 136 元/m²以上，即低 29.6%以上。而随着装配率的增大，人工费随即降低，降低幅度为装配率每增大 10%，人工费降低 18 元/m²，即相对现浇结构，装配率每增大 10%，人工费减低 3.9%左右。

另一方面，现浇混凝土小高层住宅人工费占建安费用的比例达到 32.46%～35.8%，而 20%装配率 PC 小高层住宅人工费占建安费用的比例仅为 19.15%，占比降低将近 2 倍，且随着装配率的增加，人工费占建安费用还会降低，直到 60%装配率时占比仅为 13.02%。

可见，混凝土小高层住宅采用 PC 比现浇对于降低人工费效果显著。但由于此人工费未包括预制构件生产企业的人工费，故考虑前述工程调研，工程总体人工费对比仍需要进一步研究。

（3）材料费

材料费是施工过程中构成工程实体的原材料、辅助材料、构配件、零件、半成品的费用和周转性使用材料的摊销（或租赁）费用，是建安成本中重要的组成部分，它是衡量一项建筑技术所需材料定额的综合指标。通过对比各自材料费占建安费用的比例来说明两个建造方式对材料的需求程度，如图 1-7-3 所示。

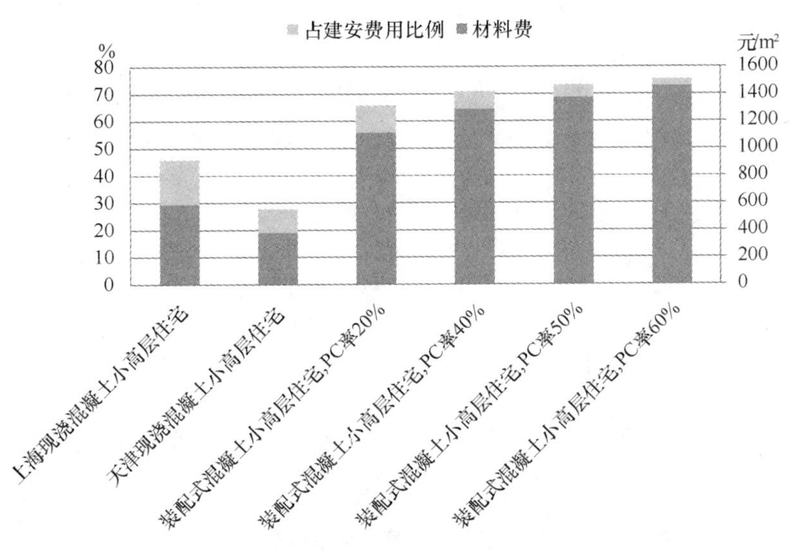

图 1-7-3 混凝土小高层住宅材料费

PC 小高层住宅的预制构件算作材料费，故材料费远高于现浇混凝土小高层住宅，以现浇混凝土小高层住宅建造的材料费为 483.5 元/m² 为例，20%装配率的 PC 小高层住宅的材料费是现浇的 2.3 倍，且随着装配率的增加，材料费还会增大。增大幅度为装配率每增大 10%，材料费增加 86 元/m²，即相对现浇结构，装配率每增大 10%，估算参考指标增加 17.8%左右。

而看材料费占建安费用的比例，现浇建造方式占比 27.7%～45.76%，而 PC 建造方式占比 65.85%～75.34%。

可见 PC 小高层住宅的材料消耗过大，特别是预制构件造价过高是其建造成本过高的主要原因。

（4）机械费

机械费是施工机械作业所发生的机械使用费以及机械安拆费和场外运输（大型机械除外）等费用，它在一定程度上说明了技术的先进性。通过对比各自机械费占建安费用的比例来说明两个建造方式对机械的依赖程度，如图 1-7-4 所示。虽然不同地区有所差异，但机械费占建安费用的总体比例较低。

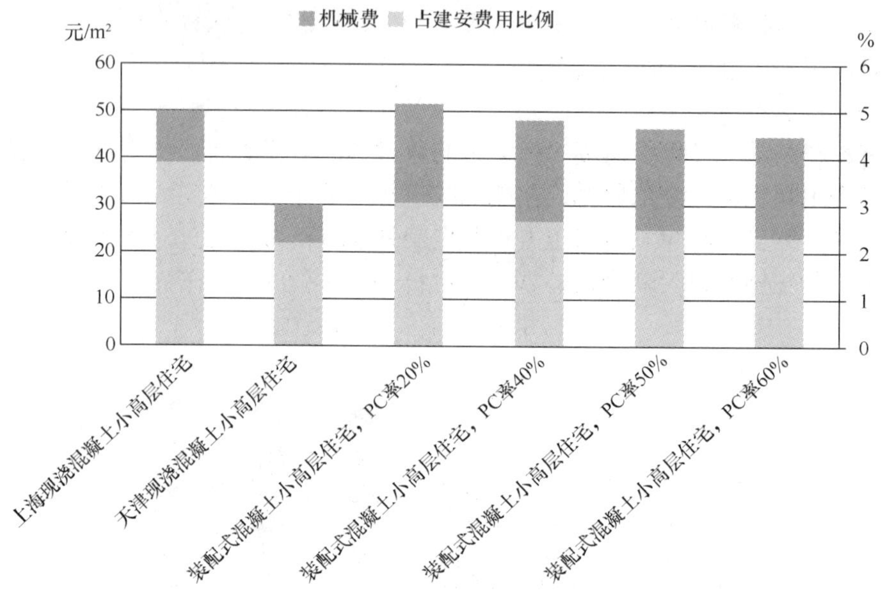

图 1-7-4 混凝土小高层住宅机械费

（5）小结

上海和天津现浇混凝土小高层住宅和 PC 小高层住宅在估算参考指标、建安费用、人工费、材料费和机械费的对比见表 1-7-3。

现浇和装配式混凝土小高层住宅投资估算参考指标表（单位：元/m²） **表 1-7-3**

类型	估算参考指标	建安费用	人工费	材料费	机械费
上海现浇	1511.00	1285.00	460.00	588.00	50.00
天津现浇	1530.00	1368.00	444.00	379.00	30.00
PC，装配率 20%	1990.00	1691.77	324.00	1114.00	51.55
PC，装配率 40%	2134.00	1813.00	288.00	1286.00	48.15
PC，装配率 50%	2205.00	1874.11	270.00	1372.00	46.45
PC，装配率 60%	2277.00	1935.00	252.00	1458.00	44.75

PC 小高层住宅估算参考指标比现浇混凝土小高层住宅估算参考指标高出 460 元/m² 以上，其中材料费（构件费用）是建安成本增加的主要原因。人工费

较有优势，机械费依地区和工程的不同将有所不同，但是差距不会很大。

7.5.2 混凝土高层住宅投资估算参考指标

取天津某已建现浇混凝土高层住宅和武汉 2 栋已建现浇混凝土高层住宅的投资估算参考指标作为现浇混凝土高层住宅代表，与不同装配率的 PC 高层住宅进行对比，分析如下：

(1) 估算参考指标

宏观综合指标的比较，如图 1-7-5 所示。

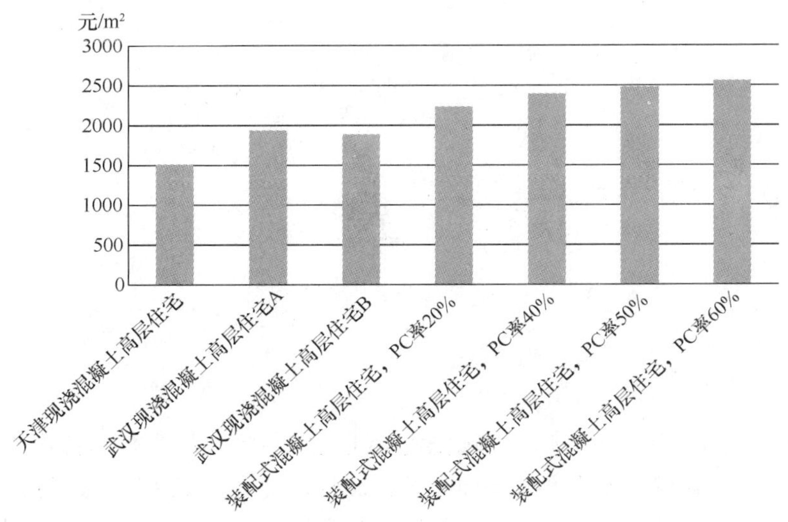

图 1-7-5 混凝土高层住宅投资估算参考指标

由图 1-7-5 可知，武汉两栋已建现浇混凝土高层住宅估算参考指标相近，天津现浇混凝土高层住宅估算参考指标却低于武汉 376 元/m²，两者相差较大。对于 PC 高层住宅，其具有与 PC 小高层住宅类似的规律。随着装配率的增加，投资估算参考指标也随之增加，增长幅度为装配率每增加 10%，估算参考指标增长约 82 元/m²。20%装配率的 PC 高层住宅估算参考指标比武汉现浇混凝土高层住宅高出 345 元/m² 以上，即高出 18.3%，而比天津现浇混凝土高层住宅高出 721 元/m²，即高出 47.7%。

总之，PC 高层住宅估算参考指标比现浇混凝土高层住宅高出 18%～50%左右，且随着装配率的增加，PC 高层住宅估算参考指标还会增加。

(2) 人工费

人工费对比如图 1-7-6 所示。图中即使同一地区，现浇混凝土高层住宅建造人工费还是有比较明显区别，但总体上现浇人工费还是比 PC 建造方式人工费高。相对现浇混凝土高层住宅，20%装配率 PC 混凝土高层住宅建造人工费没有明显优势，随着装配率的增加，人工费成本才显示出其优势。装配率每增加10%，人工费可降低19.2元/m²，占建安费用的比例可下降1.5%左右。

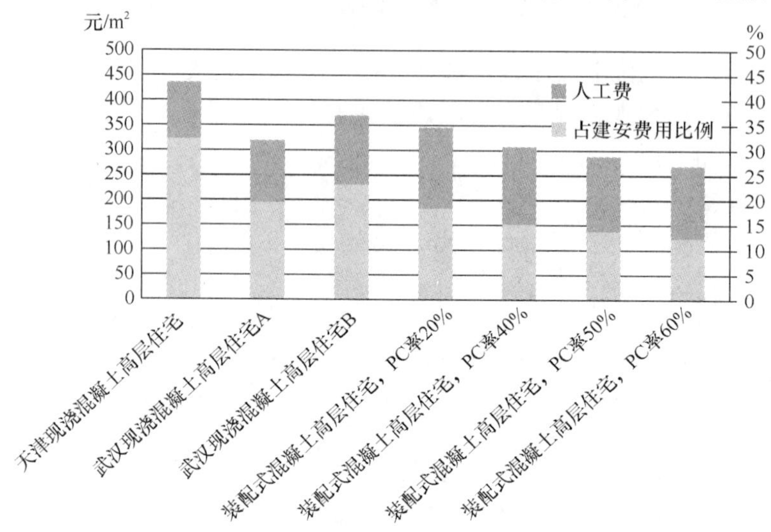

图 1-7-6　混凝土高层住宅建造人工费

7.5.3　材料费

材料费对比如图1-7-7所示。现浇混凝土高层住宅材料费依然存在较大差异，但是总体比PC高层住宅有明显降低。PC高层住宅的材料费（含预制构件）占建安费用比例达67%～75%，而现浇混凝土高层住宅的材料费占建安费用比例为28%～48%。随着装配率的增加，材料费和占比均增大，增大幅度为装配率

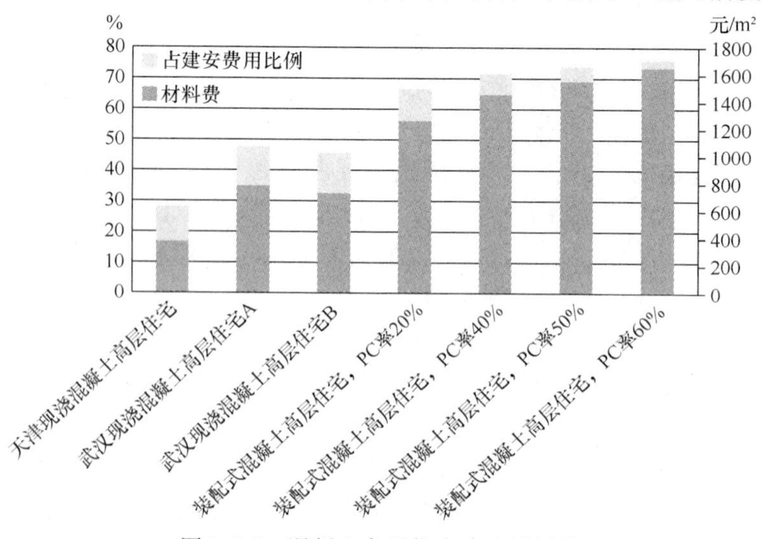

图 1-7-7　混凝土高层住宅建造材料费

每增大 10%，材料费增加 97.2 元/m²，占建安费用比例增大 2.3%左右。

7.5.4 机械费

机械费对比如图 1-7-8 所示。

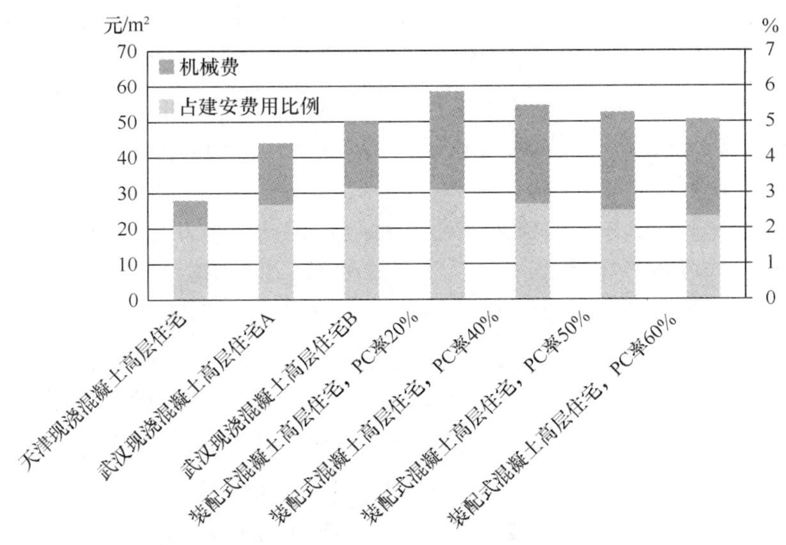

图 1-7-8 混凝土高层住宅建造机械费

7.5.5 小结

天津和武汉现浇混凝土高层住宅和 PC 高层住宅在估算参考指标、建安费用、人工费、材料费和机械费的对比见表 1-7-4。

现浇和装配式混凝土高层住宅投资估算参考指标表（单位：元/m²） **表 1-7-4**

类型	估算参考指标	建安费用	人工费	材料费	机械费
天津现浇	1510	1350	435.00	377.00	28.00
武汉现浇 A	1936	1645	319.00	784.00	44.00
武汉现浇 B	1886	1603	369.00	730.00	50.00
PC，装配率 20%	2231	1896	345.60	1262.40	58.40
PC，装配率 40%	2396	2037	307.20	1456.80	54.50
PC，装配率 50%	2478	2106	288.00	1554.00	52.55
PC，装配率 60%	2559	2175	268.80	1651.20	50.60

PC 高层住宅估算参考指标比现浇混凝土高层住宅估算参考指标高出 345 ～ 721 元/m²，其中材料费是建安成本增加的主要原因。人工费较有优势，机械费依地区和工程的不同而有所不同，即使差距可达 2 倍，但由于机械费本身费用较低，故差距不会太大。

7.6 总 结 与 建 议

PC住宅的工程造价显著高于现浇混凝土住宅，主要原因为同时具有现浇、施工两种工程量，没有充分发挥PC的优势，且预制混凝土构件造价偏高。在现有条件下，PC住宅的造价与装配率成正比，装配率越高造价越高。

同时，在PC住宅的技术优势领域仍缺少定量研究，从全寿命周期角度，PC住宅是否较现浇住宅具有明显优势，目前仍无法给出可靠性结论，需要通过研究与实测进一步研究。

为进一步发展PC住宅，降低工程造价，建议从以下几个方面重点考虑：

（1）开发低成本技术体系，降低预制构件的造价，减少连接成本。对低多层建筑，可采用非等同现浇的弱化版剪力墙结构体系等。降低构件造价，可考虑对水平构件采用预制预应力技术，对竖向构件简化钢筋连接方式等。

（2）对于不同建筑类型、不同地区，推广适宜地区发展的PC技术体系，不完全强调预制率与装配率，综合考虑造价与当地行业实际发展情况。

（3）在现有条件下，进一步完善PC住宅的建筑设计技术，尽可能实现标准化设计，并实现局部构件（如楼梯、楼板）的标准化应用与生产。

作者：王晓锋[1,2]　王文彬[3]（1. 中国建筑科学研究院；2. 建筑工业化产业技术创新战略联盟；3. 重庆大学）

参考文献

[1] 李忠富，曾赛星，关柯. 工业化住宅的性能与成本趋势分析. 哈尔滨建筑大学学报，2002. 35(3)：105-108

[2] 王刚. 住宅产业化之经济分析. 深圳大学学报(人文社会科学版)，2003. 20(1)：93-98

[3] 谷明旺. 浅谈建筑工业化技术与经济性的关系. 住宅产业，2013(z1)

[4] 杨飞. 探析房屋建筑装配式混凝土结构经济效益和设计分析. 科技展望，2016(08)：47

[5] 李丽红等. 装配式建筑工程与现浇建筑工程成本对比与实证研究. 建筑经济，2013(09)：102-105

[6] 王爽，春艳. 装配式建筑与传统现浇建筑造价对比浅析. 建筑与预算，2014(7)

[7] 李洁，李正茂. 浅析通过建筑工业化技术进步提高装配式建筑经济性. 住宅产业，2013(08)：19-21

8 海绵城市建设的理解与技术实践

8 Understanding and technical practices of the development of sponge cities

改革开放30多年的发展，中国城市建设取得了举世瞩目的巨大成绩，到2016年，中国城镇化率已达到57.35%，城镇常住人口为7.93亿人。快速的城镇化建设对城市的直接影响是：为了功能的需求，采用了大量的硬质地面替代开发建设前的自然绿化生态地面，使原有的自然生态的下垫面和水文特征被改变。城市开发建设前，在自然地势地貌的下垫面条件下，径流系数为0.15～0.30，即约有70%～85%的降雨可以通过自然下垫面滞渗进入地下，涵养水源和生态环境，只有15%～30%的雨水形成径流外排到城市的排水管网，进入自然河流水体。而城市开发建设后，由于屋面、道路、地面等设施建设导致的下垫面硬化，城市的综合径流系数达到了0.70～0.80，即70%～80%的降雨形成了径流，仅有20%～30%的雨水能够入渗到地下，破坏了自然的水文特征，破坏了自然“海绵体”，导致了“逢雨必涝、雨后即旱”的现象的发生，也带来了水生态恶化、水资源紧缺、水环境污染、水安全缺乏保障等一系列问题。

水生态方面，由于水的自然循环规律被干扰，径流发生变化，水生态系统被割裂，导致系统碎片化，生物多样性减少，水体富营养化问题频发，“三面光”铺装等河道整治的过度工程化，使城市水系由“活水”变成“死水”，生态功能和环境质量大大下降。水资源方面，我国水资源匮乏，人均水资源量不足世界平均水平的1/4，300多个城市缺水。由于地面硬化，降雨形成径流外排，导致地下水补给不足，同时地下水过度开采，使城市形成大范围的地下水漏斗。如华北平原，已形成了七大漏斗区，其中河北省沧州市位于最严重的漏斗中心，地下水水位已达−90m，加剧了水资源的紧缺。水环境方面，地表径流带来了城市面源污染，40%的城市河道黑臭，城市水体黑臭问题严重，60%的地下水水质较差或极差。水安全方面，降雨在短时间内形成地表径流，加大了城市排水系统的压力。住建部对全国351个城市的抽样调查显示，仅2008～2010年就有62%的城市发生过不同程度的暴雨内涝[1]。

8.1 政策与形势

针对我国城市建设方面发生的问题，习近平总书记在2013年中央城镇化工作会议、2014年考察京津冀协同发展座谈会、中央财经领导小组第5次会议等场合，多次强调在城市规划建设中要体现“山水林田湖”生命共同体的系统理念，在提升城市排水系统时要优先考虑把有限的雨水留下来，建设“自然积存、自然渗透、自然净化的海绵城市”。

为落实习总书记的要求，2014年住房和城乡建设部城市建设司在其2014年工作要点中提出要“大力推行低影响开发建设模式，加快研究建设海绵型城市的政策措施”。2014年2月财政部发布《关于开展中央财政支持海绵城市建设试点工作的通知》指出，财政部、住建部、水利部将推进中央财政支持的海绵城市试点工作，中央财政对海绵城市建设试点给予专项资金补助，共三年，具体补助数额按城市规模分档确定，直辖市每年6亿元，省会城市每年5亿元，其他城市每年4亿元。2014年10月，住建部发布了《海绵城市建设技术指南》，使海绵城市建设有了技术上的支持。2015年3月，全国有130多个城市报名参加海绵城建设试点工作，最后经过筛选有34个城市进入初步名单。财政部、住建部、水利部确定22个城市参与国家海绵城市建设试点城市竞争性评审答辩，最后有16个城市获得海绵城市建设的试点资格：迁安、白城、镇江、嘉兴、池州、厦门、萍乡、济南、鹤壁、武汉、常德、南宁、重庆、遂宁、贵安新区和西咸新区。2015年10月，国务院办公厅发布了“关于推进海绵城市建设的指导意见（国办发〔2015〕75号）”，提出通过海绵城市建设，综合采取“渗、滞、蓄、净、用、排”等措施，最大限度地减少城市开发建设对生态环境的影响，将70%的降雨就地消纳和利用。到2020年，城市建成区20%以上的面积达到目标要求；到2030年，城市建成区80%以上的面积达到目标要求。从2015年起，全国各城市新区、各类园区、成片开发区要全面落实海绵城市建设要求。推进海绵型建筑和相关基础设施建设，推行道路与广场雨水的收集、净化和利用；推进城市排水防涝设施的达标建设，加快改造和消除城市易涝点。推进公园绿地建设和自然生态修复，恢复和保持河湖水系的自然连通，构建城市良性水循环系统，逐步改善水环境质量。2015年7月，住建部发布了《海绵城市建设绩效评价与考核办法（试行）》，并对第一批16个试点城市进行建设一年的考核 。2016年2月中共中央国务院发布了《关于进一步加强城市规划建设管理工作的若干意见》，在第七部分“营造城市宜居环境”中提出“推进海绵城市建设”。要求充分利用自然山体、河湖湿地、耕地、林地、草地等生态空间，建设海绵城市，提升水源涵养能力，缓解雨洪内涝压力，促进水资源循环利用。鼓励单位、社区和居民家庭安装雨水收集装置。大幅度减少城市硬覆盖地面，推广透水建材铺装，大力建设雨水花园、储水池塘、湿地公园、下沉式绿地等雨水滞留设施，让雨水自然积存、自然渗透、自然净化，不断提高城市雨水就地蓄积、渗透比例。2016 年 4 月，三部委联合发布了第二批 14 个海绵城市建设试点城市：福州、珠海、宁波、玉溪、大连、深圳、上海、庆阳、西宁、三亚、青岛、固原、天津、北京。

8.2 海绵城市概念及理解

海绵城市建设，就是针对城市地下水涵养、雨洪资源利用、雨水径流污染控制、排水能力提升与内涝风险防控等问题，从“源头减排、过程控制、系统治理”着手，通过城市规划、建设的管控，综合采用“渗、滞、蓄、净、用、排”等工程技术措施，控制城市雨水径流，实现多目标的低影响城市开发建设(LID)，最大限度地减少由于城市开发建设行为对原有自然水文特征和水生态环境造成的破坏，将城市建设成“自然积存、自然渗透、自然净化”的“海绵体”，将城市比喻为海绵，在适应环境变化和应对自然灾害等方面具有良好的“弹性”，丰水期吸水、蓄水、渗水、净水，枯水期将蓄存的水“释放”并加以利用，从而实现“修复城市水生态、涵养城市水资源、改善城市水环境、提高城市水安全、复兴城市水文化”的多重目标。

海绵城市建设的责任主体为市人民政府，市政府的主要领导应作为海绵城市建设的第一责任人，在现有的体制机制下要形成有为的组织协调和领导机制，明晰工作思路，制定工作方案和实施计划，统筹部署，健全机制。海绵城市建设涉及规划、建设、市政、园林、水务、交通、财政、发改、国土、环保等多个部门。然而，目前我国城市管理体制碎片化问题非常突出，各司其政、政出多门，导致不协调。如果海绵城市建设做不到“规划一张图、建设一盘棋、管理一张网”，势必事倍功半，难以取得预期的效果。应建立规划、建设、市政、道路、园林、水务、水利等部门协调联动、密切配合的机制。此外，还要健全城市排水防涝和防洪管理体系、应急机制，提升应急防灾能力。

海绵城市建设的概念是中国根据自己的实际国情提出的，在理念上主要是借鉴美国的低影响开发（LID)、巴黎“可持续城市排水系统”、澳大利亚“水敏城市设计”等做法。但我国目前的问题比他们复杂得多、大得多，瓶颈也大，至少国外的环境污染问题比我们小得多，我们需要对自然水循环和社会循环统筹加以考虑，我们是多目标低影响开发设施的构建。

海绵城市建设的实质，应归为城市水资源和水环境的综合整治，它不应为一个点一个点地进行治理，采取碎片化方式推进。海绵城市应该以自然为先导，以循环为关键，以功能为切入点。应建立在绿色＋灰色的系统构建，在污水资源生产、生活和生态回用及梯级利用基础上，充分利用城市水体的生态净化功能，再加上海绵城市设施对雨水的收集与利用等，同时减轻城市“逢雨必涝”等水安全问题。

海绵城市建设在规划、设计、实施中，纵坐标上看，应该从关注城市雨水管理上升到城市水系统综合管理，需要解决的瓶颈问题比国外更多、更大。横坐标来看，对于技术装备、理念以及涉及的各种要素等方面应借鉴国外的一些先进的经验，才能把整个城市水系统，特别是海绵城市建设做得更好。

对于逢雨必涝的街区，采用海绵的技术设施实现暴雨峰值的消减和错峰，并尽可能采取雨污分流排水体制，雨水经过滞留和净化应就近排入水体或可资利用的蓄水池等。应避免的错误导向是海绵城市的建设能一劳永逸地解决城市内涝问题。必须澄清的事实是：不管采用哪种办法，城市内涝的防治始终是有一定标准的；如果遇到超过设计标准的暴雨，仍然会发生内涝。海绵城市的建设当然无法杜绝内涝的发生，但可以减少内涝的次数和缓解内涝严重的程度。

对于黑臭水体治理，应该杜绝污水直排进入城市水体，实现污水全部截流。鉴于目前很多城市水体污水截流后出现水体断流，污水处理厂应该尽可能设置在内河中上游，尾水作为城市水体的生态补充水源。在黑臭水体治理中，必须在景观设计的同时实现生态净化功能，利用具有净化功能的水生植物系统，进一步净化污水处理厂尾水中的 N、P，避免污水厂过度处理，实现节能降耗。

海绵城市建设应避免重建设、轻管理，重投入，轻运营。海绵城市建设效果是否可持续发挥，很大程度上取决于后续管理维护，如河道及调蓄池的清淤维护，低影响开发设施的定期清理和检查等，都需要人员和费用。不少地方的植草沟、滞留、调蓄池、种植屋面就是因为缺少专业管理和维护，已经丧失了原有的作用，造成人财物的浪费。海绵城市建设前期建设需要投入大量的资金，后期维护更需要持续的投入。

海绵城市建设，不能“教条化”，不能简单地照搬国外的案例，要因地制宜。水安全风险、水生态破坏、水资源短缺、水环境污染是“城市系统问题”，决不能分而治之，都应该纳入到“海绵城市建设”中去。当然，每个城市所面临的情况各异，北方缺水地区更需要解决水资源短缺问题，南方降雨充沛、河网密布的地区可能污染更严重。

海绵城市建设项目有以下几种典型的运作模式：一是通过水体治理改善环境、带动周边地产增值，将增值收益让渡，实现项目财务平衡；二是通过规划管控，将海绵城市建设要求作为土地出让、规划建设许可的前置条件，减少政府公共支出；三是政府出资购买公共服务，按照治理后的环境效果付费；四是将海绵城市建设项目整体交给社会资本打包运作。上述四种模式都是很有益的探索，但因为不直接产生经济回报，故从长期来看，雨水资源管理费用的收取和“建设、管理、维护、运营”一体化海绵公司的成立，仍是解决经营问题的必由之路。

8.3 海绵城市建设的技术措施

8.3.1 海绵城市的技术路线

海绵城市的技术路线为“源头减排、过程控制、系统治理”。产汇流的形成主要集中在城市各类建筑、设施、道路等硬质下垫面，必须从此入手，尽量将径流减排问题在源头解决。过程控制可以实现延缓和降低径流峰值，从而降低排水强度，提高市政排水设施安全性。系统治理是将城市的生命共同体“山、水、林、田、湖”作为海绵城市建设的有机体，共同协调发挥作用。

8.3.2 海绵城市的实施途径

海绵城市的实施途径为“规划引领、生态优先、安全为重、因地制宜、统筹建设”。规划引领是应做好顶层设计，规划落实，明确海绵城市建设目标和任务，将“年径流总量控制率”作为规划管控指标，并分解到各海绵建设片区、地块。生态优先是应以实现自然积存、自然渗透、自然净化为目标及手段，科学的划定蓝线和绿线，保障生态空间。安全为重应保持和修复生态的同时，要兼顾防灾减灾。因地制宜是目标确定要因地制宜，设施选型、植被选择要因地制宜，符合当地的自然及经济条件。统筹建设是应在各类开发建设行为中严格落实规划要求。

8.3.3 海绵城市建设技术途径

海绵城市建设技术途径为构建“渗、滞、蓄、净、用、排”技术体系。“渗”可以采用绿色屋顶、透水地面、透水停车场、渗透塘、透水道路、雨水花园等措施，实现自然入渗，涵养地下水。“滞”可以采用滞留塘、植草沟、雨水景观滞水、生物滞留带、下沉式绿地广场、下沉式绿地与植草沟等措施，实现错峰，延缓峰现时间，降低峰值流。“蓄”可以采用自然水体、天然水系调蓄、水景观与雨水调蓄相结合、PP模块式或混凝土雨水调蓄设施、下沉式雨水调蓄广场等措施，为雨水资源化利用创造条件。“净”可以采用人工湿地、河岸生态岸线、污水处理厂等措施，实现减少面源污染，改善城市水环境的目的。“用”即是实现雨水与再生水的资源化利用。“排”可采用雨污分流管网、旱溪、城市河道、植草沟、地下综合管廊等措施，实现安全排放，确保安全。

8.4 海绵城市建设的思考

8.4.1 “海绵”型建筑小区的建设

海绵城市建设的技术路线是源头减排、过程控制、系统治理。对于占城市60%以上的建筑与小区，在海绵城市建设中起着举足轻重的地位。在源头减排上，要因地制宜的选择低影响开发措施，并应由建筑设计单位完成此部分的工作。建筑与小区低影响开发工程措施种类较多，主要包括：透水铺装、绿色屋顶、下沉式绿地、生物滞留设施、渗透塘、渗井、湿塘、雨水湿地、蓄水池等。在工程实践中，不能够将开发措施进行简单罗列，而要根据当地水文地质、水资源、地势、经济能力等特点，因地制宜采取屋顶绿化、雨水调蓄与搜集利用、微地形等措施，提高建筑与小区的雨水积存与蓄滞能力，最终实现“海绵”型建筑小区的建设。

8.4.2 完善与制定海绵城市建设的国家标准规范体系和建设标准图集

住建部已开展了梳理目前已有的与海绵城市建设相关的标准、规范，并对需要修编的标准开展了修编工作并发布实施。但要考虑不同规范间的协调，在海绵城市建设的措施上不能相互矛盾。应制定通用性规范《海绵城市建设技术规范》，在规划、园林、景观、道路、给水排水等专业在海绵城市建设的设计、施工、运行与维护上统一要求。标准图集是保证工程质量的重要措施。海绵城市建设标准图集编制成果，可以有效指导全国海绵城市低影响开发设施设计和施工，以标准化、模数化为基础，以市场化、产业化为发展方向，实现基于标准化模块与标准化功能空间的设计成果。不但能简化规划设计过程，保证设计品质，还能有效推行标准化设计，为市场化、产业化建设奠定基础，并有效降低设施建设成本，促海绵城市建设在全国范围内的推广。

8.4.3 强化海绵城市的验收

海绵城市建设是落实生态文明建设的重要举措，是实现修复城市水生态、改善城市水环境、提高城市水安全等多重目标的有效手段，因此，科学、全面评价海绵城市建设成效显得尤为重要。住建部制定的《海绵城市建设绩效评价与考核办法（试行）》从水生态、水环境、水资源、水安全、制度建设及执行情况和显示度六个方面对海绵城市建设进行评价考核，考核指标分为定性指标和定量指标。目前已在编制《海绵城市建设评价标准》，应在完善考核办法、细化考核指标、建立定量指标核算体系和定性指标评价等方面给出具体规定，建立公平统一的考核机制，保障海绵城市建设的落地实施，保证海绵城市建设的效果与功能，提升海绵城市建设质量，使城市真正达到“自然积存、自然渗透、自然净化”的海绵城市。

作者：赵锂（中国建筑设计院有限公司）

参考文献

[1] 章林伟. 海绵城市建设概论. 给水排水，2015，6(41)
[2] 住房和城乡建设部. 海绵城市建设技术导则.

9　建筑师在绿色建筑发展中的责任

9　Architects' responsibilities in green building development

2016年4月，一百多个国家领导人齐聚纽约联合国总部，共同见证了里程碑式的全球气候协议《巴黎协定》的签署。该协定标志着人类应对气候变化的努力进入了新的阶段，以及全球气候治理新格局的形成。在世界各国携手应对全球能源与气候问题的今天，约占社会总能耗三分之一的建筑行业如何实现节能减排已成为全社会关注的焦点。我国在2016年2月发布的《中共中央国务院关于进一步加强城市规划建设管理工作的若干意见》中提出了"适用、经济、绿色、美观"的建筑八字方针，充分反映了新时代背景下积极推动绿色建筑的迫切需求。

9.1　绿色建筑的再辨析

广义来讲，实现绿色建筑需要关注两个主要方面：一是环境适应性设计，二是永续发展设计。中国传统建筑的"择居"、"相宅"，以及各地因环境不同而形态各异的民居体现着建筑与当地气候、环境和谐相处的思想，即环境适应性设计。如陕北窑洞的冬暖夏凉，东北建筑的厚墙暖室，岭南建筑的高墙冷巷等。

工业革命后技术的进步促使建筑与环境的关系从适应性转变为改造性，空调采暖、人工照明、楼宇智控等技术减少了自然环境对建筑的约束，但随之而来的是建筑对能源的需求逐渐加大，加剧了能源消耗与环境恶化问题。1987年世界环境与发展委员会在《我们共同的未来》中提出了永续发展理念，即"在满足当代人需求的同时，又不损害后代人满足其需求能力的发展"。这种永续发展理念也影响到建筑领域，出现了永续发展设计，强调在建筑全生命期中对环境产生最小的负面影响，因地制宜地采用被动式设计方法，提高能源利用效率，充分利用可再生能源，减少废弃物排放与环境污染等。随着全球环境状况的不断恶化，这一理念得到越来越多国家的共识。

9.2　绿色建筑发展的误区

尽管我国在绿色建筑领域的发展已经取得了显著成效，然而在绿色建筑设计理念与实际运营上仍存在某些误区。

绿色建筑的关注重点片面强调了建筑的舒适性和各种节能措施的运用，而忽视了技术的实效性以及对自然和社会环境的响应。同时，新技术的涌现导致当今绿色建筑过于依赖设备系统，存在重主动设计、轻被动设计，重技术堆砌、轻量体裁衣，重设计标识、轻运营效果的问题，造成建筑节能设计值与建筑实际能耗值相差较大，而真正实现低能耗、高能效、低排放的项目少之又少。

不论是设计目标的偏差还是技术堆砌现象的出现，都与建筑师在绿色建筑实践中领导力的缺失有着密切联系。在绿色建筑对建筑设计行业带来深远影响的今天，仍然有很多建筑师缺乏与时俱进的绿色设计理念与设计方法，仍然停留在只追求建筑平面功能设计和建筑表皮设计阶段。此种情况导致在对绿色建筑的实现过程中缺乏有效的设计整合及环境响应，更缺乏面向公众，设计出具有公众感知的绿色建筑。

9.3 在绿色建筑时代应重新定义建筑师的角色

9.3.1 让“绿色建筑”回归建筑的本源

早在公元前一世纪，古罗马作家和建筑师维特鲁威（Vitruvius）在《建筑十书》中就提出了建筑设计的三大原则：坚固、适用、美观，并且从自然通风、自然采光、塑造建筑与周边环境和谐关系的角度提出了朴素的生态理念。对于环境适应性设计，安东尼·C·安东尼亚德斯（Anthony C. Antoniades）在《建筑学及相关学科》一书中指出，公元前2600年建筑已经关注“总图规划与周边关系”“能源、朝向、地形、回收利用”等与环境相关的问题。

随着近现代科学技术的发展，建筑对自然条件的依赖性逐渐降低，建筑机电系统在创造人工照明和通风环境的同时逐渐取代了建筑师的部分职责，进而发展为建筑对机电系统的过度依赖。然而建筑并非各种设备和技术的叠加，绿色建筑的定义也不仅仅局限于在工程上满足各种计算与限值，或核对各种绿建措施清单。回归建筑的本源，建筑师这一角色需要更多地从人、自然、建筑的相互关系上，梳理出能够满足绿色需求，同时应对资源与环境挑战的设计逻辑。

从“建筑全生命期”碳排放角度来看，运行能耗约占80%，而被动技术应用在建筑运行过程中能耗几乎为零，而且维护简便、成本也低。所以建筑师应不断地优化建筑方案，使之更好地适应环境、利用环境，发挥资源优势，减少增量成本，实现节能、节地、节水、节材和环境保护，从根本上改变建筑高能耗、高排放、高污染的状况。

（1）绿色建筑设计应坚持“以人为本”

在绿色建筑时代，运行能耗无疑是判断建筑是否符合绿建目标的关键标尺。受限于实现“零能耗”或“近零能耗”目标，有些建筑不得不采取严苛的设计参数，例如在20世纪70年代石油危机爆发期间，为减少建筑能源消耗，需要大幅降低建筑窗墙比以提高建筑保温性能，导致建筑使用者对自然采光和通风的需求得不到充分满足。然而自然采光除了满足照度等功能需求外，对使用者的舒适度及心理健康也会形成极大影响。建筑师在满足能耗限值的同时，应更加关注建筑空间使用者的需求和感受，以及人与建筑的关系。例如通过光环境模拟分析，合理控制不同朝向的开窗面积、有针对性地设计天窗、反光板、光导照明等设施，将自然光更多地引入室内，在满足使用者生理和心理需求的同时也将极大降低建筑照明能耗。这种以不降低使用者需求为目标的设计永远是建筑设计追求的方向。

（2）绿色建筑设计应尊重自然环境与城市生态

古老的东方文化蕴含着“顺天应人”的生态自然观，顺应自然、与环境和谐共生的朴素哲学思想在很多方面与绿色建筑理念有相通之处。芬兰建筑师尤哈尼·帕拉斯（Juhani Pallasmaa）则提倡“建筑重新采纳早期源自生态学的功能主义理念”，“以一种更为原始的方式满足人的基本需求，同时眷顾人与自然的天然联系，从物质和能量两方面更为精到地适应于自然生态系统”。建筑师在设计实践中，应更多关注建筑对当地气候、地形等自然条件的适应性。此外，从绿色建筑与本土文化融合的角度，尊重既有城市生态与场所的记忆，使建筑与周边环境和谐共生，也从建筑形式、空间、构造、材料等不同角度对建筑师提出了更高要求。

（3）绿色建筑设计不应放弃文化传承与艺术价值的追求

在当今绿色建筑讨论中，往往更注重它的技术性，而忽略了它的文化性。实际上绿色建筑同样会涉及“传统与现代”“技术与艺术”“理性与感性”的讨论。回归建筑的本源，在“被动式设计”等科学设计方法的指导下，建筑空间的品质、美感及生成逻辑仍应成为建筑师方案创作的重点，在尊重技术的同时，注重传统文化价值的挖掘以及艺术价值的升华，从而营造出具有地域文化特色和公众感知力的绿色建筑仍是建筑师的不懈追求。

9.3.2 让绿色建筑重塑建筑师的角色

充分发挥建筑师在绿色建筑设计全过程中的主动性，对于实现真正意义上的可持续设计具有至关重要的作用。早在1993年国际建筑师大会发表的《芝加哥宣言》中，国际建筑师协会UIA已明确号召全世界建筑师把环境和社会的可持续性列入建筑师职业及责任的核心。建筑师肩负着从价值观和技术上推广与引领绿色建筑的职责。在项目策划及设计全过程中，建筑师应运用可持续设计理念积极地对设计方向进行引导，更多地承担起实现绿色建筑的决策责任。绿色建筑需要建筑师进行设计，设计出被技术替代的本来属于建筑所固有的功能[1]。建筑师特有的人文艺术与工程技术融合的设计创作特征，具有精细化和“工匠精神”的内涵[2]，是实现绿色建筑的基本保证。

绿色建筑的实践过程中建筑师最重要的角色就是整合。整合设计是绿色建筑设计的根本理念，包括设计团队、设计策略、设计方法等方面的整合，它与传统设计理念有着本质区别。在传统设计中，多采用线性、顺序的思维方法，依据项目的进度依次将不同专业设计人员引入项目中。而绿色建筑的整合设计理念是在明确设计目标后，在设计之初就将各专业设计团队投入设计过程中，在此过程中，建筑师的整体协调作用意义重大，不仅要与业主方面形成有效沟通，同时要担负起复杂专业团队的核心领导作用，在前期设计中各专业发挥其技术优势，凝聚各方力量，平衡各种技术优劣，共同努力实现绿建目标，这样既提高项目的设计效率，又有效降低成本。

在设计策略整合上，建筑师有责任合理进行“被动式设计”，为机电工程师提供一个具有“绿色基础”的建筑载体，即建筑师首先完成环境适应性设计工作，使建筑具备实现自然通风、采光的必要条件，为建筑实现健康与舒适创造基础条件，合理降低建筑对主动系统需求。在做到“被动优先”之后，机电工程师根据绿色建筑目标最小化应用主动系统，对被动设计进行补充与辅助。绿色建筑的设计要求建筑师具有宏观视野、全专业知识及统筹驾驭能力，只有这样才能胜任建筑师的“统帅”地位。

9.4 以建筑师为主导的绿色建筑设计方法

9.4.1 被动式设计

绿色建筑设计方法根本上是寻找适宜的、集成的、经济有效的方法。绿色建筑设计需要克服建筑师惯有的重概念轻实用、重功能轻技术、重表皮轻内涵的设计习惯，需要基于理性逻辑的设计来解决实际问题。从“被动式设计”着手，发挥建筑的自我调节功能，在充分利用自然资源的同时，尽可能减小对当地环境与资源的影响。以建筑师为主导的被动式设计能够使建筑在同等舒适度情况下，建筑能耗相对传统设计降低约15%～20%。

绿色建筑的被动式设计需要同时关注“街区尺度”与“建筑尺度”。在街区尺度层面，首先应尽量保护场地原有地形与植被；其次，建筑师在总图布局时应更多关注场地生态及微气候营造等被动式设计策略。例如，通过开放空间与建筑形态的控制，优化场地风环境与光环境，提高室外空间的舒适度；此外，结合现状地形及建筑分布，将下凹式绿地、雨水花园布置在高程较低区域，有利于雨水汇集，可有效实现低影响开发。

在建筑尺度层面，在综合考虑场地与城市空间对话的同时，应通过对建筑布局、朝向、体量、围护结构、开窗、遮阳等不同层次的精细化设计，使建筑具有适应当地气候的自我调节能力。例如在北方地区，相同体量的南北向建筑平均比东西向建筑节能 5%。建筑体型系数适宜控制在 0.2～0.4，过大将增加采暖能耗，过小将增加照明能耗。此外，建筑师应更多地探索具有生态调节功能的材料与技术。例如在气候适宜的地区，应用垂直绿化或立体绿化可在有限用地条件下最大限度提高绿化覆盖率，丰富立面形式、美化建筑景观空间的同时，改善建筑微环境，优化热工环境。室外垂直绿化夏季对墙面起遮阳作用，可减少遮阴墙面太阳辐射得热约 30%，有效降低空调冷负荷，实现被动式节能。同时，当噪声声波透过垂直绿化植被层时，约 25%的声波被吸收，可减小墙面对噪声的反射，降低室外环境噪声。室内垂直绿化可调节微气候，使覆盖层 40cm 范围内的空气湿度增加约 5%～7%。

9.4.2 性能化设计

对不同地区绿色建筑适宜技术的探索是建筑师与工程师们共同肩负的责任。适宜技术在不同空间与时间有不同形式，应从建筑在地条件出发，同时兼顾所采用技术的普及性、有效性、经济性、地方性、动态性。以建筑师为主导的性能化设计能够最大程度地发挥建筑专业在绿色建筑高性能设计方面的作用。

性能化设计通过空间策略与环境营造来实现建筑与自然的和谐共生，以及“人—建筑—自然”之间的动态平衡。绿色建筑的性能化设计需要转变设计理念，调整设计方法，体现在：

（1）由合规设计转变为有能耗限值的设计，即基于规范标准的设计转变为在设计阶段以能耗限值为目标的建筑能耗量化控制；

（2）按专业划分的孤立设计转变为围绕建筑功能与能耗目标的整合设计；

（3）由单项直达的设计方法转变为循环迭代的设计方法；

（4）注重模拟分析工具的应用，性能化设计的必要工具贯穿于设计的全过程，特别是方案与初步设计阶段。

在建筑师主导的性能化设计过程中，自然通风、自然采光、日照、遮阳、热岛效应、能耗模拟等建筑物理分析手段将与建筑设计更紧密地结合。主要技术环节包括通过各类模拟分析，筛选适宜的被动技术策略，推演合理的建筑形态，使建筑能量需求达到合理的极限，为建筑低能耗提供基础条件，再辅以主动式设计提高设备效率，以及采用太阳能和地热能等可再生能源，最终实现低能耗可持续性建筑（图 1-9-1）。

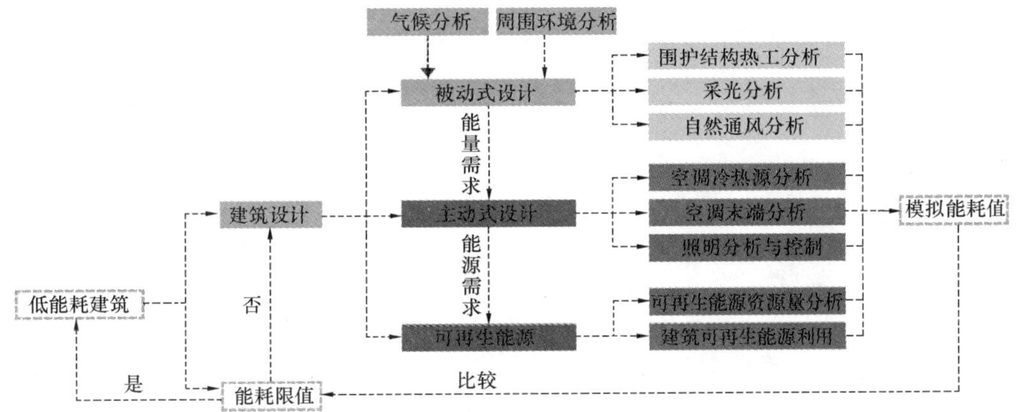

图 1-9-1　以低能耗为目标的绿色建筑设计逻辑

9.5　绿色建筑展望

未来的绿色建筑应开展建筑全生命期各阶段及全过程的系统创新方法集成应用。从城市规划、建筑设计、建筑施工、物业管理等方面，搭建精细化、一体化的创新工作方法，因地制宜地开展性能化集成设计。高校建筑学专业应将绿色建筑设计理念根植于教学过程中。同时，相关协会与设计机构应加强对建筑师在可持续设计与绿色建筑设计领域的培训与教育，拓宽视野。绿建评审机构应加强对现有绿色建筑运行数据的跟踪与调研，促进适宜技术的推广与应用，总结经验，鼓励创新，引导绿色建筑健康发展。

作者：张津奕　李宝鑫　陈奕（天津市建筑设计院）

参考文献

[1]　宋晔皓，科特·伊米尔·伊莱克森．访谈：可持续设计下的建筑师与使用者[J]．建筑学报，2016(05)：113-117

[2]　王建国．中国城市设计发展和建筑师的专业地位[J]．建筑学报，2016(07)：1-6

第二篇 标准篇

2016年9月10～14日，第39届国际标准化组织（ISO）大会在北京成功举行。习近平总书记为大会发来贺信，李克强总理出席大会并致辞。我国以承办大会为契机，推动发布了ISO大会历史上首个《北京宣言》，扩大了中国影响，产生了中国效应，为国际标准化发展提出了中国主张，贡献了中国智慧。

继《深化标准化工作改革方案》（国发〔2015〕13号）正式拉开中国标准化工作改革的序幕之后，住房城乡建设部按照国务院改革方案的精神要求，已于2016年8月9日印发《深化工程建设标准化工作改革的意见》（建标〔2016〕166号），明确了未来10年工程建设标准化改革的目标和任务。此外，住房和城乡建设部还于2016年11月15日专门出台了《关于培育和发展工程建设团体标准的意见》，促进社会团体批准发布的工程建设团体标准健康有序发展，建立工程建设政府标准与团体标准相结合的新型标准体系。

截至2016年底，住房和城乡建设部正式发布的直接针对绿色建筑的标准达到13项，另有5项标准在编；绿色建筑地方标准总量超过100项。数量远超世界其他国家，成绩斐然。另一方面，受国家科技支撑计划资助的“绿色建筑标准体系与不同气候区不同类型建筑重点标准规范研究”也已完成，可为绿色建筑标准体系的建设和发展提供有力支撑。

本篇专门安排了聚焦标准化工作改革和绿色建筑标准发展的介绍文章，还包括2016年（含2015年末）正式发布的6部标准的介绍文章，标准包括国家标准、行业标准、团体标准、地方标准等不同类型，希望帮助读者掌握过去一年中绿色建筑标准化工作进展情况。

Part Ⅱ Standards

On Sep. 10-14, 2016, the 39th ISO conference was successfully held in Beijing. General Secretary Xi Jinping sent a letter of congratulations, and Premier Li Keqiang attended the conference and made a speech. Seizing the opportunity of hosting this conference, China issued the first "Beijing Declaration" of the ISO conference, which expanded China's influences, produced China effect, advocated China's ideas on the development of international standardization and contributed China's wisdom.

After the issue of *Reform Plan for Deepening Standardization* (GuoFa[2015]No. 13) officially initiated China's reform in standardization, MOHURD published *Opinions on Reform in Deepening Engineering Construction Standardization* (JianBiao[2016]No. 166) on Aug. 9, 2016 in accordance to the requirements of the State Council's reform plan, which defined the goals and tasks of engineering construction standardization reform in the coming ten years. In addition, on Nov. 15, 2016, MOHURD released *Opinions on Cultivating and Developing Organizational Standards for Engineering Construction*, which promoted the healthy development of organizational standards for engineering construction authorized and released by social organizations, and established a new engineering construction standard system with the integration of governmental standards and organizational standards.

By the end of 2016, there had been 13 standards for green building officially issued by MOHURD, and another 5 standards were under development. Besides, there were over 100 local standards for green building, which were far more than any other country. The achievements were remarkable. Meanwhile, "Research on the Standard System for Green Building and the Key Standards and Codes for Different Buildings in Different Climate Zones" funded by the "National Key Technology R&D Program" was accomplished, which could provide strong support for the construction and development of the green building standard system.

This part introduces articles about the standardization reform and the development of green building standard system as well as articles about 6 standards officially issued in 2016 (including the end of 2015), covering different types of standards such as national standards, industrial standards, organizational standards and local standards, which may help readers gain a knowledge of the achievements in green building standardization in the previous year.

1　工程建设标准化改革及绿色建筑标准发展思路

1　Development ideas on engineering construction standardization reform and green building standards

1.1　标准化改革要点

2015年3月11日，国务院印发《深化标准化工作改革方案》（国发〔2015〕13号），正式拉开了中国标准化工作改革的序幕。住房和城乡建设部按照国务院改革方案的精神要求，于2016年8月9日印发《深化工程建设标准化工作改革的意见》（建标〔2016〕166号），明确了未来10年工程建设标准化改革的目标和任务。

从国务院及住房和城乡建设部印发的上述改革文件中可以看出，改变当前政府单一供给标准的体制，实现由政府主导的标准和市场自主制定的标准共同配合的体制，是本次深化标准化改革的重中之重。另外，提高标准国际化水平也是本次改革的另一重点。

1.1.1　政府主导制定标准

对于工程建设标准，政府将"加快制定全文强制性标准，逐步用全文强制性标准取代现行标准中分散的强制性条文"。也就是说，今后政府主导的标准将以全文强制性标准为主，辅以必要的推荐性标准，并且将逐步减少既有强制性条文又有推荐性条文的做法。

强制性标准将作为"保障人民生命财产安全、人身健康、工程安全、生态环境安全、公众权益和公共利益，以及促进能源资源节约利用、满足社会经济管理等方面的控制性底线要求"。在强制性标准制定的分工方面，国家标准体系将努力覆盖全部的领域和地区；对于国家标准体系尚未覆盖到的，可以制定强制性的行业标准或地方标准，或者在行业标准及地方标准中补充相应的条款。

另一方面，推荐性的国家标准、行业标准、地方标准则将缩减标准数量和规模，逐步向政府职责范围内的公益类标准过渡。而且，各层级的推荐性标准体系形成有机整体，各有范围。推荐性国家标准的重点在于基础性、通用性和重大影响，突出公共服务的基本要求；推荐性行业标准的重点则是本行业的基础性、通用性和重要的专用标准，推动产业政策、战略规划贯彻实施。

1.1.2 市场自主制定标准

市场自主制定的标准分为团体标准和企业标准。这两类标准都是自愿性，尤其是团体标准完全是供市场自愿选用。

对于团体标准，政府持开放的态度，即“对团体标准制定不设行政审批”，并且“鼓励具有社团法人资格和相应能力的协会、学会等社会组织，根据行业发展和市场需求，按照公开、透明、协商一致原则，主动承接政府转移的标准”。这给团体标准创造了史无前例的发展空间。同时“鼓励政府标准引用团体标准”，这将赋予团体标准强大的“生命力”。

对于企业标准，政府“鼓励企业结合自身需要，自主制定更加细化、更加先进的企业标准。企业标准实行自我声明，不需报政府备案管理”，以此给企业标准松绑，激发企业的能动性，提高企业创新力和竞争力。

1.1.3 推进标准国际化

提高中国标准在国际上的认可度和竞争力是中国标准未来的发展目标。推进中国工程建设标准国际化的措施可以概括为：

一是“引进来”。即开展中外标准对比研究，借鉴国外先进技术，着力缩小“与国外先进标准技术差距”，努力做到与国际标准或发达国家标准的一致性。

二是“走出去”。加强中国标准翻译、审核、发布和宣传推广工作，推动与主要贸易国和“一带一路”沿线国家之间的标准互认以及版权互换等；积极参加国际标准化活动，承担国际标准和区域标准制定等。

1.2 绿色建筑标准现状

我国首部绿色建筑标准《绿色建筑评价标准》GB/T 50378 于 2006 年 6 月 1 日正式实施，2014 年完成了修订。经过 10 余年的推动，绿色建筑在政府、企业及社会等各层面形成了高度一致的共识。

绿色建筑标准也得到了快速发展，具体表现在三个方面，一是标准类别及数量迅速增加，二是标准覆盖范围不断拓宽，三是标准实施效果显著提高。在国家深化标准化工作改革的大背景下，绿色建筑标准作为工程建设标准体系的重要组成部分，必然要适应改革的形势要求。梳理绿色建筑标准化现状，将有助于把握下一步的发展方向。

1.2.1 国家层面的绿色建筑标准

除了《绿色建筑评价标准》GB/T 50378 外，近年来住房和城乡建设部加大了绿色建筑相关标准的编制力度，2013 年颁布了《绿色工业建筑评价标准》GB/T 50878，随后相继开展了办公建筑、商店建筑、城区等专项评价标准及工程设计、施工、改造及运维标准的编制。截至 2016 年，住房和城乡建设部正式发布的直接针对绿色建筑的标准达到 13 项，另外还有 5 项标准正在编制当中（表 2-1-1）。

国家层面制定和正在制订的绿色建筑标准　　表 2-1-1

序号	标准名称	标准编号	适用范围	状态	级别
评价标准					
1	《绿色建筑评价标准》	GB/T 50378—2014	民用建筑评价	现行	国标
2	《绿色工业建筑评价标准》	GB/T 50878—2013	工业建筑评价	现行	国标
3	《绿色办公建筑评价标准》	GB/T 50908—2013	办公建筑专项评价	现行	国标
4	《绿色商店建筑评价标准》	GB/T 51100—2015	商店建筑专项评价	现行	国标
5	《绿色医院建筑评价标准》	GB/T 51153—2015	医院建筑专项评价	现行	国标
6	《绿色饭店建筑评价标准》	GB/T 51165—2016	饭店建筑专项评价	现行	国标
7	《绿色博览建筑评价标准》	GB/T 51148—2016	博览建筑专项评价	现行	国标
8	《绿色校园评价标准》	—	校园专项评价	在编	国标
9	《绿色生态城区评价标准》	—	生态城区专项评价	在编	国标
10	《建筑工程绿色施工评价标准》	GB/T 50640—2010 2016 年立项修订	施工评价	现行	国标
11	《既有建筑绿色改造评价标准》	GB/T 51141—2015	改造评价	现行	国标
设计施工及运维改造标准					
12	《民用建筑绿色设计规范》	JGJ/T 229—2010	工程设计	现行	行标
13	《建筑工程绿色施工规范》	GB/T 50905—2014	工程施工	现行	国标
14	《绿色建筑运行维护技术规范》	JGJ/T 391—2016	建筑运维	现行	行标
15	《既有社区绿色化改造技术规程》	—	社区绿色改造	在编	行标
专项技术标准					
16	《预拌混凝土绿色生产及管理技术规程》	JGJ/T 328—2014	预拌混凝土	现行	行标
17	《民用建筑绿色性能计算规程》	—	性能计算	在编	行标
18	《绿色照明检测及评价标准》	—	照明评价	在编	国标

此外，中国绿色建筑委员会、中国工程建设标准化协会等组织也相继组织编

制发布了团体标准。中国城市科学研究会绿色建筑与节能专业委员会（即中国绿色建筑委员会）已编制发布了《绿色建筑评价标准（香港版）》CSUS/GBC1—2010、《绿色医院建筑评价标准》CSUS/GBC2—2011、《绿色商店建筑评价标准》CSUS/GBC3—2012、《绿色校园评价标准》CSUS/GBC4—2013、《绿色建筑检测技术标准》CSUS/GBC05—2014、《绿色小城镇评价标准》CSUS/GBC06—2015等一系列标准；中国工程建设标准化协会也发布了工程建设协会标准《绿色住区标准》CECS 377：2014。

1.2.2 地方层面的绿色建筑标准

在国家层面扩大绿色建筑标准范围的同时，大多数省（自治区、直辖市）参照国家层面标准的模式和范围，相继编制了本地区的绿色建筑相关标准。截至2016年底，绿色建筑地方标准总量超过100项。具体包括：

（1）绿色建筑评价标准：我国已有25个省、自治区、直辖市发布实施了本地区的绿色建筑评价地方标准，占比近八成。个别地方还另制定发布了专用于保障性住房、住区、医院、既有建筑改造等的绿色建筑评价标准。

（2）绿色建筑设计标准：16个省区市已编制了本地区的绿色建筑设计标准（或规范）。其中，上海、陕西、甘肃等地针对住宅和公共建筑分别制定了两部设计标准；重庆在其《绿色建筑设计规范》之外，还将地方标准《公共建筑节能设计标准》修订为《公共建筑节能（绿色建筑）设计标准》，直接满足国家一星级绿色建筑设计标识要求。四川省还编制了专门针对绿色学校的设计标准。

（3）绿色施工标准：超过10个省区市已编制了本地区的绿色施工标准（或管理规范/规程）。广东、四川、重庆已编制了本地区的绿色施工评价标准。

（4）绿色建筑其他标准：例如，江苏、北京、重庆等编制了本地区的绿色建筑验收规范；安徽、重庆、甘肃、上海、吉林等编制了本地区的绿色建筑检测标准；个别地方也有当地的预拌混凝土绿色生产管理、绿色照明等特定专业的绿色专用标准等。

此外，天津市还制定了专用于中新天津生态城的绿色建筑评价标准、绿色建筑设计标准和绿色施工技术管理规程，基本形成了一套较为完整的标准体系。

1.3 绿色建筑标准发展思路

1.3.1 政府主导制定的标准

首先，在政府主导标准方面，虽然绿色建筑标准尚未被列入住房城乡建设领域的强制性标准体系，但绿色建筑作为住房城乡建设领域推进绿色发展、助建生态文明、服务社会发展、保障改善民生的具体抓手，仍将在政府主导制定的国家标准、行业标准、地方标准中给予高度重视。具体而言：

（1）目前，现有的国家层面的绿色建筑评价标准不仅适用于新建建筑，还适用于建筑工程施工、既有建筑改造等；不仅适用于各类民用建筑，还适用于工业建筑，甚至特殊建筑。这些国家层面的评价标准在各省（自治区、直辖市）通过地方标准进一步补充和细化，已基本实现了对建筑全生命期各阶段、建筑各使用功能类型、我国气候和资源各异的广袤区域的三个全覆盖。同时，借由《绿色建筑评价标准》GB/T 50378 的修订完善，绿色建筑评价各标准之间的评价方法更趋协调，有助于相关标准共同形成一个相对统一的绿色建筑评价体系。虽然在当前标准化工作深化改革的新形势下，这些国家层面的评价标准存在精简整合的可能，但未来的绿色建筑标准充分考虑和体现其针对性和适宜性仍是一个重点。

（2）评价用途之外的绿色建筑国家标准和行业标准，不仅可为设计、施工、运维等不同技术人员群体提供实现绿色建筑目标的具体指导，近期还进一步发展为服务于社区改造、性能计算模拟等更为具象和细分的技术工作。按照工程建设标准化工作改革的“统筹协调”原则，这些标准中的技术要求，与绿色建筑评价标准中的评价要求，将进一步互相呼应、互相吸收，实现良好衔接配套。如可使得标准使用人员只需按其要求进行设计、施工、运维、改造或性能计算，即可达到绿色建筑评价标准的要求，则为至臻。

（3）当前的绿色建筑地方标准，不仅结合地域特点有针对性地补充细化了绿色建筑评价要求，而且专门在绿色建筑的设计、施工、验收、检测等阶段或环节设置了单独的标准，部分设计标准还设有强制性条文。“十三五”期间，东部地区省市将全面执行绿色建筑标准，中西部的重点城市也将强制执行绿色建筑标准，为绿色建筑地方标准的强制性属性提出了要求、创造了条件。不仅如此，地方标准还可通过在国家和行业标准基础上根据地方实际适当提高某些技术条文的指标要求，进而实现先行地区的绿色建筑向更高性能发展。

1.3.2 市场自主制定的标准

目前从事绿色建筑标准编制的社会团体有中国绿色建筑委员会和中国工程建设标准化协会等。中国工程建设标准化协会于 2015 年新设立绿色建筑与生态城区专业委员会，现已先后组织 19 部工程建设协会标准的编制，重点针对特殊形态的绿色建筑及区域、绿色建筑建设中的质量控制重点环节、绿色建筑涉及的重点技术问题等，例如：针对绿色建筑竣工验收环节的《绿色建筑竣工验收标准》、针对既有建筑绿色改造环节的《既有建筑绿色改造技术规程》、针对村庄这一特殊形态的《绿色村庄评价标准》、针对碳排放问题的《混凝土碳排放计算标准》等。这些团体标准为政府主导标准提供有益补充和有力支撑，进而与政府主导标准达成优势互补、良性互动、协同发展的标准化新模式。

在培育发展团体标准的标准化工作改革形势下，将会有更多的学会、协会、商会、联合会以及产业技术联盟等社会团体开展绿色建筑标准的探索，未来呈现百花齐放、百家争鸣之势。这些团体标准在加大了标准供给的同时，也面临着市场竞争和优胜劣汰。可以预见，在大浪淘沙、去芜存菁的过程之后，只有“有用”、“好懂”、“好用”的标准才能“笑傲江湖”。

市场自主标准的另一个重要组成部分是企业标准。我国工程建设企业在企业标准化方面的实践也为绿色建筑国家标准和行业标准积累了经验、奠定了基础。随着绿色建筑市场的进一步增长，一些标准化专业机构面向市场服务的转型和扩展以及企业标准备案手续的逐步取消，绿色建筑企业标准有望得到进一步盘活。从业企业均可结合自身品牌定位、技术路线、市场需求、项目特点等，基于政府标准和其他市场标准为自己“量身定做”更适宜、更实用、更先进的企业标准。

作者：林常青[1]　叶凌[2]（1. 住房和城乡建设部标准定额研究所；2. 中国建筑科学研究院）

2 国家标准《既有建筑绿色改造评价标准》GB/T 51141—2015

2 National standard of *Assessment Standard for Green Retrofitting of Existing Building* GB/T 51141—2015

2.1 编 制 背 景

改革开放以来，我国城乡建筑业发展迅速。截至 2015 年，既有建筑面积已经接近 600 亿m^2，我国累计评价绿色建筑项目 3979 个，总建筑面积超过 4.6 亿m^2，但是既有建筑改造后获得绿色建筑标识所占的比例不足 1%[1,2]。由于建造年代和标准不同，大部分的既有建筑存在资源消耗水平偏高、环境负面影响偏大、室内环境有待改善、使用功能有待提升等方面的问题[3]。与此同时，我国城镇化率已经超过 54%[4]，城市发展将逐步由大规模建设为主转向建设与管理并重的发展阶段，需要从简单的数量扩张转变为质量提升。与城市开发过程中大规模拆旧城、建新城运动造成的资源衰竭、环境恶化等问题相比，对量大面广的既有建筑开展绿色改造无疑将是更合理的解决办法。

近年来，我国既有建筑改造工作已全面展开，多集中在结构安全及节能改造等方面，既有建筑绿色改造项目还不多，缺乏绿色改造的技术支撑和标准指导。"十一五"期间，一批既有建筑综合改造方面的科技项目顺利实施，积累了科研和工程实践经验。"十二五"期间，科技部组织实施了国家科技支撑计划项目"既有建筑绿色化改造关键技术研究与示范"，针对不同类型、不同气候区的既有建筑绿色改造开展研究[5]。根据住房和城乡建设部《2013 年工程建设标准规范制订修订计划》（建标〔2013〕6 号），由中国建筑科学研究院、住房和城乡建设部科技发展促进中心会同有关单位编制完成国家标准《既有建筑改造绿色评价标准》（现更名为《既有建筑绿色改造评价标准》，以下简称《标准》）。2015 年 12 月 3 日，住房和城乡建设部发布第 997 号公告，批准《标准》为国家标准，编号为 GB/T 51141—2015，自 2016 年 8 月 1 日起实施。

2.2 编 制 工 作

2.2.1 前期标准调研

（1）国外相关标准

发达国家新建建筑较少，既有建筑所占比重较大，其环境问题较早地引起了人们的重视，制定了比较完善的既有建筑绿色改造相关标准。在《标准》编制前期，主要参考的国外标准如下：美国 LEED-EB 和 LEED-ID&C、澳大利亚 Green Star 相关条款和 NABERS、英国 BREEAM Domestic Refurbishment 和 BREEAM Non-Domestic Refurbishment、日本 CASBEE-EB 和 CASBEE-RN、新加坡 GREEN MARK 相关条款、德国 DGNB 相关条款等。这些标准为《标准》编制提供了重要借鉴。

（2）国内相关标准

在《标准》编制过程中，编制组查阅分析了大量国内相关标准规范，如现行国家标准《绿色建筑评价标准》GB/T 50378、《公共建筑节能设计标准》GB 50189、《声环境质量标准》GB 3096、《民用建筑隔声设计规范》GB 50118、《建筑照明设计标准》GB 50034、《民用建筑室内热湿环境评价标准》GB/T 50785、《民用建筑供暖通风与空气调节设计规范》GB 50736 等，现行行业标准《既有居住建筑节能改造技术规程》JGJ/T 129、《公共建筑节能改造技术规范》JGJ 176 等。这些标准对既有建筑改造有一定的指导意义，为《标准》的技术内容提供了重要支撑。

2.2.2 条文编写

在前期调研工作的基础上，标准编制组于 2013 年 6 月召开了成立暨第一次工作会，标准编制工作正式启动。会议讨论并确定了《标准》的定位、适用范围、编制重点和难点、编制框架、任务分工、进度计划等。

2013 年 8～12 月，《标准》编制组召开了第二、三、四次工作会议。在此期间，编制组邀请英国建筑科学研究院（BRE）的 BREEAM 主管 Martin Townsend 先生，交流了英国既有建筑改造绿色评价标准的编制工作及相关情况。确定了合理的条文数量，适当加大能体现既有建筑绿色改造特点条文的分值。

同时，还对《标准》稿件进行了第一次项目试评，根据试评结果和修改意见形成了《标准》征求意见稿，并于 2014 年 1 月 24 日起通过网站向全国建筑设计、施工、科研、检测、高校等相关的单位和专家发出了征求意见函。共收到来自 38 家单位，56 位不同专业专家的 349 条意见。编制组对返回的意见逐条进行审议，据此对征求意见稿进行修改。

2014年4～11月，《标准》编制组召开了第五、六、七、八次工作会议，期间开展了第二、三、四次项目试评。根据征求意见和试评结果，及时发现问题，不断优化标准条文和技术指标。主要修改内容如下：确定了标准中公共建筑和居住建筑绿色改造评价的一级指标权重；明确标准各条文的适用范围；删除适用范围很窄的条文；明确《标准》条文适用的建筑类型（公共建筑、居住建筑）、评价阶段（设计阶段、运行阶段）、评分方式（参评、不参评、直接得分）；取消一级指标得分应不低于40分的规定；条文分值应按照既有建筑改造技术对“绿色”的贡献大小赋分，而非改造技术的难易程度和成本；在条文说明中明确计算方法，并给出简单计算示例。最终，形成《标准》送审稿。

2014年11月18日，《标准》审查会在北京召开。标准编制过程中完成的大量工作，得到了标准审查委员会专家的一致认可，标准审查委员会认为：《标准》编制组结合我国既有建筑绿色改造的实践经验和研究成果，借鉴了有关国外先进标准，开展了多项专题研究和试评，广泛征求了各方面的意见；《标准》评价指标体系充分考虑了我国国情和既有建筑绿色改造特点；《标准》的实施将对促进我国既有建筑绿色改造、规范绿色改造评价起到重要作用。审查委员会一致同意《标准》通过审查。

审查会后，编制组召开第九次会议，逐条研究了标准审查专家提出的意见，对《标准》送审稿进行修改，最终确定《标准》报批稿，于2015年3月上报住房和城乡建设部。此后，历经住房和城乡建设部建筑环境与节能标准化技术委员会、标准定额研究所、标准定额司的审查和完善，于2015年12月3日由住房和城乡建设部、国家质检总局联合发布（图2-2-1）。

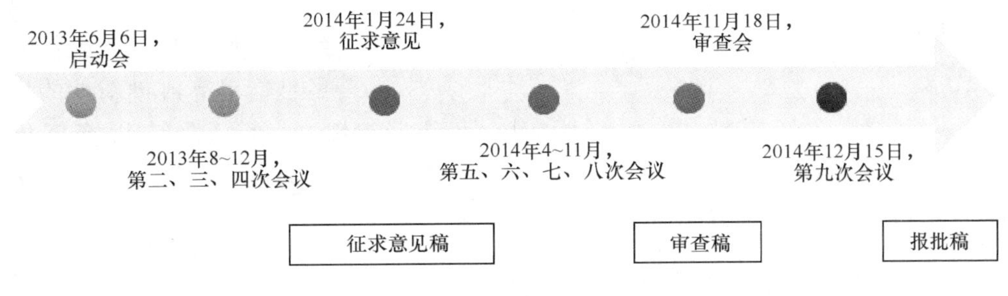

图2-2-1　标准编制工作时间节点

2.2.3　项目试评

在《标准》编制期间，编制组委托中国城市科学研究会绿色建筑研究中心、华东建筑设计研究院有限公司技术中心、中国建筑科学研究院上海分院、上海市建筑科学研究院（集团）有限公司、上海维固工程实业有限公司、中国建筑科学研究院环能院、北京建筑技术发展有限责任公司7家单位依据《标准》不同阶段稿件对20个既有建筑改造项目开展了4次试评工作。所选试评项目兼顾不同气候区、不同建筑类型和不同系统形式，力求使每个标准条文都参与试评。

通过项目试评，编制组合理确定了各星级绿色建筑得分要求和各类评价指标权重，及时发现条文在适用范围（包括建筑类型、评价阶段等）、评价方法、技术要求难度等方面存在的问题，对增强标准的可操作性和适用性，及技术指标的科学合理性和因地制宜性都起到了重要作用。

2.3 主要技术内容

2.3.1 框架结构

《标准》共包括11章，如图2-2-2所示。前3章分别是总则、术语和基本规定；第4～10章为既有建筑绿色改造性能评价的7个一级评价指标，按照既有建筑绿色改造所涉及的专业分为：规划与建筑、结构与材料、暖通空调、给水排水、电气、施工管理和运营管理；第11章是提高与创新，主要考虑涉及绿色建筑资源节约、环境保护、健康保障等的性能提高或创新性的技术、设备、系统和管理措施，通过奖励性加分进一步提升既有建筑绿色改造效果。

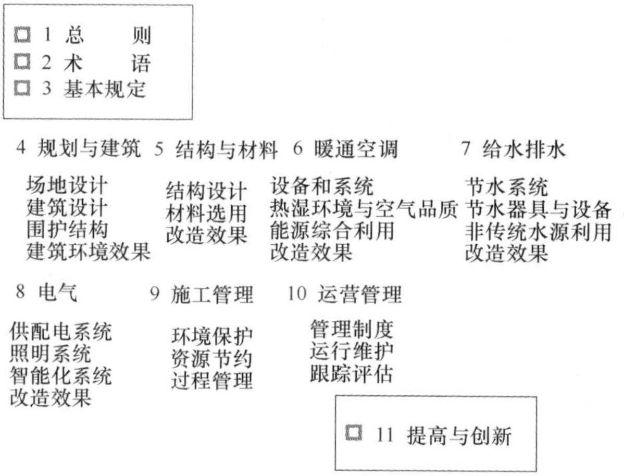

图2-2-2 《标准》内容框架

2.3.2 评价指标和权重体系

（1）评价指标

与新建建筑对建筑的方方面面都能控制不同，既有建筑改造一般只涉及部分方面，评价指标不宜使用“四节一环保”。结合前期研究，既有建筑绿色改造评价指标按照专业划分更加合理，其一级指标由规划与建筑、结构与材料、暖通空调、给水排水、电气、施工管理、运营管理7大类组成，每类指标均包括控制项和评分项。《标准》共包括120二级指标，其中控制项30条、评分项90条，详见表2-2-1。

《既有建筑绿色改造评价标准》GB/T 51141—2015 评价指标体系（不含加分项） **表 2-2-1**

	规划与建筑	结构与材料	暖通空调	给水排水	电气	施工管理	运营管理
控制项	场地安全； 污染源排放； 日照标准； 历史建筑和历史街区	非结构构件专项检测； 建筑材料及制品； 新增纵向受力钢筋； 原结构构件利用率	节能诊断； 热负荷和逐时冷负荷重新计算； 电直接加热设备； 室内空气参数设置	专项方案； 给排水系统安全可靠； 安全非传统水源利用	照明质量； 照明功率密度值； 高压汞灯和白炽灯； 照明光源电容补偿； 电器产品能效等级	管理体系和组织机构； 环境保护计划； 安全施工； 绿色改造专项会审	节能、节水、节材与绿化管理制度； 垃圾管理制度； 污染物管理制度； 公共设施运行记录
评分项	场地交通； 周边生态环境； 停车场所和设施； 绿化用地； 透水地面； 室内功能分区； 风格统一、装饰简约； 室内空间灵活分隔； 被动降低能耗措施； 围护结构热工性能； 功能房间隔声性能； 场地内环境噪声； 场地风环境； 光污染控制； 室内噪声； 天然采光	结构改造方案； 结构改造要求； 结构改造技术； 土建与装修一体化设计； 高强结构材料； 高耐久性结构材料； 装修简约、材料环保； 结构加固和防护材料； 可再利用和可再循环材料； 预拌混凝土和预拌砂浆； 结构抗震性能提升； 结构耐久性与设计使用年限相适应	供暖空调机组能效； 空调输配系统性能； 部分负荷运行能耗； 暖通空调用能计量； 能源系统管理平台； 低成本改造技术； 末端独立调节； 室内空气净化； 自然冷源； 余热回收； 可再生能源； 空调能耗； 静态回收期； 室内热湿环境	给水系统出水压力； 管网漏损； 用水分项计量与收费； 热水系统； 卫生器具； 绿化灌溉； 空调冷却水系统； 非传统水源； 景观水体； 节水效率增量； 场地雨水综合径流系数	用电分项计量； 变压器优化运行； 火灾报警和漏电保护； 电器产品能效等级； 谐波抑制装置； 间接照明； LED 照明； 照明分区控制； 可再生能源照明； 电梯节能； 建筑智能化； 照明功率密度值照度	降尘措施； 减振、降噪措施； 绿色拆除； 用能和节能方案； 用水和节水方案； 材料工厂加工和现场排版设计； 土建装修一体化施工； 绿色施工宣传，奖惩制度； 设计文件变更； 信息化施工技术	物业管理机构认证； 能源和水资源管理机构； 预防性维护制度及应急方案； 能源资源激励机制； 绿色建筑宣传； 公共设施技术资料； 运行管理人员培训和考核； 公共设施检查和调试； 公共设施清洗； 信息化物业管理； 机动车停车场管理； 能耗统计和能源审计； 运行管理跟踪评估； 用户满意度调查

（2）指标权重

考虑到不同指标对不同类型建筑的影响的差别，对既有建筑绿色改造按照公共建筑和居住建筑进行分类，同时又因为设计评价和运行评价所参评的指标不同，故既有建筑绿色改造评价体系应包括 4 套指标权重。设计评价指标包括建筑与规划、结构与材料、暖通空调、给水排水和电气 5 个一级指标；运行评价指标包括建筑与规划、结构与材料、暖通空调、给水排水、电气、施工管理和运行管理 7 个一级指标。通过向国内建筑不同领域专家发放调查问卷，利用群体决策层次分析法建立判断矩阵并求解权重值，如表 2-2-2 所示。

群体决策层次分析法计算一级指标评价权重　　表 2-2-2

评价阶段与建筑类型 \ 评价指标		规划与建筑	结构与材料	暖通空调	给水排水	电气	施工管理	运营管理
设计评价	居住建筑	0.25	0.20	0.22	0.15	0.18	—	—
	公共建筑	0.21	0.19	0.27	0.13	0.20	—	—
运行评价	居住建筑	0.19	0.17	0.18	0.12	0.14	0.09	0.11
	公共建筑	0.17	0.15	0.22	0.10	0.16	0.08	0.12

2.3.3 重点技术问题

（1）绿色改造

《标准》明确了绿色改造的定义，即以节约能源资源、改善人居环境、提升使用功能等为目标，对既有建筑进行维护、更新、加固等活动。综合分析我国既有建筑存在的问题，对其进行改造应有三个目标：一是节约能源资源。建筑是能源资源的消耗大户，尤其是在使用阶段的碳排放占自身全寿命周期碳排放比重非常大，改造应该首要解决这个问题。二是改善人居环境。人的一生大部分时间在建筑内度过，室内环境不仅能够影响人们的身体健康状况，还能够影响学习工作效率，通过绿色改造，建筑的室内环境质量应该能够满足人们生活和工作的要求。三是提升使用功能，使用功能是决定建筑形式的基本因素，建筑的使用功能不完善，将严重影响其使用效率，故提升使用功能是建筑改造的目标之一。如果既有建筑一旦出现能源资源消耗过度、人居环境较差、使用功能不完善等问题，就需要采取相应的技术措施对建筑系统、设备和结构进行维护、更新、加固。

（2）适用范围

既有建筑绿色改造后，建筑的使用功能可能发生变化，本标准适用于改造后为民用建筑的绿色性能评价。具体包括以下三种情况：①改造前后均为民用建筑，且改造前后使用功能不发生变化；②改造前后均为民用建筑，但改造后使用功能发生变化，例如办公建筑改造为酒店建筑；③改造前为非民用建筑，改造后为民用建筑，使用功能发生变化，例如工业厂房改造为公共建筑或居住建筑。同时，既有建筑改造绿色评价以进行改造的既有建筑单体或建筑群作为评价对象，评价对象中的扩建面积不应大于改造后建筑总面积的50%，否则本标准不适用。

（3）改造技术选用

我国各地域在气候、环境、资源、经济与文化等方面都存在较大差异，既有建筑绿色改造应结合自身及所在地域特点，采取因地制宜的改造措施，这对《标准》条文提出了较高的要求。通过4次项目试评，不断发现问题并完善条文，使《标准》能够兼顾不同气候区、不同建筑类型和不同系统形式，有效避免了适用范围很窄的技术措施，尽可能避免不参评项。《标准》条文不鼓励难度大、费用高的改造技术，而是鼓励在充分利用既有设备、系统等的基础上，合理采取主动和被动措施，提升既有建筑的综合性能。所以，在编写过程中按照改造技术对绿色性能的贡献来设置条文和分数，而不是按照改造技术实施的难易程度和成本高低来设置。

（4）评价方法

《标准》的评价内容包括控制项、评分项和加分项。控制项是对既有建筑绿色改造最基本的要求，是既有建筑绿色改造能够获得星级的必要条件。对7类一级指标的评分项分别赋值100分，依据评价条文的规定确定得分或不得分，是《标准》用于评价和划分绿色建筑星级的重要依据。同时，为创新与提高设置了分数，即为加分项，加分项最高得分为10分。评价方法定为在满足所有控制项（不参评项除外）的基础上，对评分项逐条评分后分别计算各类指标得分和加分项附加得分，然后对各类指标得分加权求和并累加上附加得分计算出总得分。

对于具体的参评建筑而言，它们在功能、所处地域的气候、环境、资源等方面客观上存在差异，对不适用的评分项条文不予评定。这样，适用于各参评建筑的评分项的条文数量和总分值可能不一样。因此，用“得分率”来衡量建筑实际达到的绿色程度更加合理。具体计算示例如表2-2-3所示。

《标准》评分算例（居住建筑运行评价）　　表 2-2-3

评价指标类别	规划与建筑	结构与材料	暖通空调	给水排水	电气	施工管理	运营管理	提高与创新
理论满分	100	100	100	100	100	100	100	10
实际满分	95	90	90	80	86	100	100	10
实际得分	75	80	66	72	83	80	85	0
得分率	0.79	0.89	0.73	0.90	0.97	0.80	0.85	0
权重	0.19	0.17	0.18	0.12	0.14	0.09	0.11	—
计算值	14.25	13.60	11.88	8.64	11.62	7.20	9.35	—
总得分	76.54							

（5）等级划分

根据绿色建筑发展的实际需求，结合目前有关管理制度，本标准将既有建筑绿色改造的评价分为设计评价和运行评价。设计评价的对象是图纸和方案，还未涉及施工和运营，所以不对施工管理和运营管理两类指标进行评价，但设计评价时可以对施工管理和运营管理 2 类指标进行预评价，为申请运行评价做准备。运行评价对象是改造后投入使用满 1 年（12 个自然月）的建筑整体，是对最终改造结果的评价，检验既有建筑绿色改造并投入实际使用后是否真正达到了预期的效果，应对全部 7 类指标进行评价。根据设计评价和运行评价得分对参评项目进行星级评定，鉴于既有建筑可能不对所有专业进行改造，标准不对各指标的最低得分进行要求，只要满足所有控制项即可，具体见表 2-2-4。

既有建筑绿色改造等级划分表 **表 2-2-4**

	参评指标	必要条件	得分与星级		
			≥50	≥60	≥80
设计评价	规划与建筑、结构与材料、暖通空调、给水排水、电气	满足所有控制项	一星	二星	三星
运行评价	规划与建筑、结构与材料、暖通空调、给水排水、电气、施工管理、运营管理				

（6）改造效果评价

在规划与建筑、结构与材料、暖通空调、给水排水、电气章节中设置了改造效果评价，分值为 25 分左右，目的是不仅要采用某一项技术或措施，还要保证其效果。为了提高效果评价的可操作性，根据改造技术或措施的不同，可选用改造前后性能对比或与相关标准要求相比较。改造前后的性能对比是指，在满足有关标准规范基本要求的前提下，性能水平提升越高得分越多。这种方法主要适用于改造前后均采用相应的设备、系统等，例如建筑功能变化不大，既有办公建筑改造后仍为办公建筑。与相关标准要求相比较是指，只对项目改造后的性能进行评价，达到相关现行标准规范越高的要求得分越多。这种方法主要适用于改造前后采用的设备、系统等较大变化，例如建筑功能发生较大变化，酒店建筑改为办公建筑、工业厂房改为商店建筑等。

（7）结构改造评价

既有建筑改造后各方面绿色性能是建立在结构安全可靠的基础上，故在本《标准》中提出了结构改造评价。对结构评价包括以下三种方法：①既有建筑改造可能不进行结构改造，如装修改造、节能改造等。当结构经鉴定满足相应鉴定标准要求而不进行结构改造时，则在满足《标准》第 5 章相关控制项要求的基础上，评分项“结构设计”和“材料选用”节直接得满分，“改造效果”节不计分，

第 5 章总得分为 70 分。②若既有建筑结构是按现行国家标准《建筑抗震设计规范》GB 50011 和现行相关结构设计、施工规范进行设计、施工，且既有建筑改造不涉及结构改造，此时可不作鉴定，评价时在满足本标准第 5 章相关控制项要求的基础上，评分项“结构设计”和“材料选用”节直接得满分，“改造效果”节不计分，第 5 章总得分为 70 分。③如果既有建筑进行结构改造，评价时应在满足《标准》第 5 章控制项的基础上按评分项条文逐条评价得分。

2.4　结　束　语

《标准》统筹考虑建筑绿色改造的经济可行性、技术先进性和地域适用性，着力构建区别于新建建筑、体现既有建筑绿色改造特点的评价指标体系，结束了我国既有建筑改造领域缺乏有针对性绿色评价指导的局面，完善我国绿色建筑评价标准体系。我国既有建筑面积超过 600 亿 m^2，绝大部分老化严重，将进入修缮维护期，既有建筑绿色改造的经济效益将非常巨大，是我国建筑行业的未来发展的主要方向之一。《标准》的实施能够引导我国既有建筑绿色化改造市场、加速转变建筑行业发展方式、推动相关产业升级、改善民生、推动节能减排进程、增强我国在既有建筑绿色化改造领域的核心竞争力，具有较好的社会经济效益。

《标准》已于 2016 年 8 月 1 日开始实施，2016 年 10 月 13～14 日，编制单位在北京组织召开了《标准》的首次宣贯培训会议，来自全国各地住房和城乡建设主管部门、既有建筑绿色改造管理、绿色建筑评价标识管理工作和标准化管理工作的负责人以及有关从事绿色建筑开发、设计、施工、运营、评价工作的专业技术人员近 200 人参加了会议，受到广泛关注和积极评价。为配合《标准》的实施，主编单位还组织编写了《既有建筑绿色改造评价标准实施指南》（已出版）和协会标准《既有建筑绿色改造技术规程》（已报批）等相关图书和配套标准，开发了既有建筑性能诊断软件（软件著作权登记号 2014SR169019）和既有建筑绿色改造潜力评估系统（软件著作权登记号 2015SR228139）等配套软件，建设了既有建筑绿色化改造支撑与推广网络信息平台。同时，进一步开展《标准》宣贯培训工作，推动我国既有建筑绿色改造工作健康发展。

作者：王清勤　朱荣鑫（中国建筑科学研究院）

参考文献

[1]　清华大学建筑节能研究中心．中国建筑节能年度发展报告 2015[M]．北京：中国建筑工业出版社，2015

[2] 中国城市科学研究会．中国绿色建筑 2016[M]．北京：中国建筑工业出版社，2015：5-15

[3] 王俊．我国既有建筑绿色化改造发展现状与研究展望[J]．建设科技，2013(13)：22-26.

[4] 国家统计局（2016）．http：//data.stats.gov.cn/easyquery.htm? cn = C01&zb = A0306&sj =2014

[5] 王俊．既有建筑绿色改造的科研项目、标准规范与案例简介[J]．施工技术，2014(10)：4-9

3 国家标准《绿色博览建筑评价标准》GB/T 51148—2016

3 National standard of *Assessment Standard for Green Museum and Exhibition Building* GB/T 51148—2016

3.1 编 制 背 景

为促进绿色建筑的实施和推广，世界各国都在努力探索建立完善的绿色建筑评估体系，力图通过科学的评估方法，为绿色建筑的实施运作提供规范标准的技术支撑。

我国的绿色建筑评估虽然起步比较晚，但发展很快，经过一系列的研究与实践探索，2006 年 3 月发布的国家标准《绿色建筑评价标准》GB/T 50378—2006 于 2006 年 6 月 1 日正式实施。这是我国第一部从建筑的全寿命周期角度出发，针对住宅建筑及公共建筑中的办公、商场和旅馆的多层次、综合性的评价标准，对规范和指导我国绿色建筑的发展具有重要的指导意义。

为了更好地适应绿色建筑的快速发展需要，国家标准《绿色建筑评价标准》根据多年的实施与运行情况进行了修订工作。新版标准《绿色建筑评价标准》GB/T 50378—2014 于 2014 年 4 月 15 日发布，2015 年 1 月 1 日开始实施。新标准在原标准的基础上，增加了新的内容，扩大了适用范围，采用了量化评分的体系，并引入了按权重值计算总分的评价方法，使绿色建筑的评价更为科学。

随着我国经济的高速发展和城市化进程的加快，人民生活水平显著提高，社会精神文化消费需求随之增加，各地在政府主导下对文化博览建筑的投资力度与日俱增，大量与该地域地区文化相匹配的博览建筑（如各类博物馆、展览馆，以及大型会展中心等）都处在兴建或筹建中。博览建筑一般规模较大、功能复杂，对资源的消耗和环境的影响都高于普通建筑。因此，在博览建筑中推行绿色建筑，对倡导建筑行业的可持续发展理念，积极引导大力发展绿色建筑，建设资源节约和环境友好型社会，促进节能省地型建筑的发展，具有十分重要的意义。博览建筑面向社会公众开放、人流量大，通过制定相关的评价标准促进绿色博览建筑的发展，对向公众普及绿色建筑的理念、推广绿色节能技术、实现全社会关注节能环保，具有重大的教育意义和促进作用。

因不同类型的建筑，在资源消耗、环境保护及建筑环境品质要求方面，特点各不相同，为了使绿色建筑的评价更具体、更符合实际情况，针对不同类型建筑的绿色建筑评价标准也已经开始研究制定，如《绿色医院建筑评价标准》、《绿色办公建筑评价标准》等。这些标准的编制和实施经验对《绿色博览建筑评价标准》的制订有很强的指导和借鉴意义。绿色博览建筑的评价体系，也是以新修订的《绿色建筑评价标准》为基础，结合博览建筑的特点进行研究编制的。

3.2 编 制 工 作

根据住房和城乡建设部《关于印发2013年工程建设标准规范制订修订计划的通知》（建标［2013］6号）的要求，国家标准《绿色博览建筑评价标准》被列入编制计划，中国建筑科学研究院为主编单位。

3.2.1 整体工作过程

（1）准备阶段

① 组成编制组：按照参加编制标准的条件，通过和有关单位协商，落实标准的参编单位及参编人员。参编单位为11家，参编人员22人。

② 制定编制工作大纲（草案）：在学习编制标准的规定和工程建设标准化文件，收集和分析国内外有关博览建筑设计规范及绿色建筑评价标准的基础上，结合国家标准《绿色建筑评价标准》修订的情况制定了本标准的内容及章、节组成。

③ 召开编制组成立会：于2013年7月23日召开了编制组成立会暨第一次工作会议。会议宣布编制组正式成立。会议确定了主编单位和主编人以及参编单位和参编人。会议原则规定了标准应纳入的主要技术内容。编制组成员对编制工作大纲（草案）与编制工作规则（草案）进行了讨论和修改，初步确定了工作分工和进度安排。

（2）启动阶段

启动阶段主要做了以下几项工作：

① 调研工作：包括对相关文献及标准规范的调研，博览建筑项目的图纸资料调研，以及博览场馆现场使用情况的调研。

② 编写标准草稿及研讨工作：根据标准编制大纲确定的工作原则及分工责任，逐级开展标准的研究编制工作。编制组根据编制工作计划，召开了三次编制工作会议，对标准编制过程中的技术问题进行分析研讨，对已起草标准的主要章、节内容进行深入细致的讨论，对标准各部分提出了具体的修改意见和建议。

标准中大部分内容已在会议上取得了一致性意见，根据会议研讨的内容对各阶段草稿进行修改完善，形成征求意见稿，并按计划进行征求意见工作。

③ 试评价工作：根据《绿色博览建筑评价标准》编制工作安排，为了保障《绿色博览建筑评价标准》实施的科学性和可操作性，选取了10个博览项目进行试评，包括博物馆建筑项目和展览建筑项目各5个。通过对10个博览建筑项目的试评价，汇总试评价的结果，其中曾经获得过绿建标识的项目，评价等级与试评价结果进行对比分析，总结试评价过程中的问题，进行分析研究，完善“标准”条文。

（3）征求意见阶段

征求意见阶段主要做了以下几项工作：

① 上传“国家工程建设标准化信息网”，面向社会公开征求意见。

② 向相关领域专家及单位发送征求意见函及“标准”征求意见稿文件30份。

③ 在广泛征求意见的同时，编制组对已经完成及正在设计过程中的10个博览建筑项目，以“标准”征求意见稿为基础进行了试评价的工作，其中包括5个博物馆建筑项目、5个展览建筑项目。

截至2014年7月底，共收到相关单位及专家的反馈意见15份，共计反馈意见85条。

（4）送审阶段

编制组根据对征求意见的回函，逐条归纳整理，在分析研究所提出意见的基础上，编写了意见汇总表，并提出处理意见。编制组召开了第四次工作会议，对汇总表中的意见及初步处理进行逐条细致讨论，确定了意见的最终处理结果，其中36条没有采纳，11条部分采纳，38条采纳。同时按照确定的处理意见对征求意见稿进行进一步修改完善，并于2014年9月形成送审稿。送审稿审查会议于2014年9月29日在北京召开，与会专家和代表听取了编制组对标准修订工作的介绍，就标准送审稿逐章、逐条进行了认真细致的讨论，并顺利通过了审查（详见审查会议纪要）。

（5）报批阶段

审查会后编制组根据审查会对标准所提的修改意见逐一进行了深入细致的分析，对送审稿及其条文说明进行了认真修改，最终于2014年12月完成标准报批稿和报批工作。

3.2.2 具体研究工作

（1）文献调研

收集查阅国内外与绿色建筑评价及博览类建筑特点相关的文献资料，借鉴国内外先进技术与理论知识，分析总结以往的经验，逐步探索博览类建筑绿色技术方面的设计要素。在相关国内、国外的文献调研中发现，针对博览建筑的绿色技术措施几乎是空白，大部分绿色建筑技术及指标，主要针对的是住宅、商业、办公等普通民用建筑。

查阅分析相关的标准规范，如《绿色建筑评价标准》、《公共建筑节能设计标准》、《博物馆建筑设计规范》、《展览建筑设计规范》、《民用建筑绿色设计规范》等国家级行业标准规范。除查阅现行版本外，对新修订的标准文稿也同时进行分析总结，如《绿色建筑评价标准》、《博物馆建筑设计规范》主要参阅已经形成的报批稿，《公共建筑节能设计标准》查阅已经形成的征求意见稿。新修订的版本是根据一段时间以来标准的实施情况、社会及行业的发展状况，有进一步的完善补充内容，能够保持一定的先进性，与现实情况更符合。对相关标准规范中，博览建筑的设计要求及绿色节能方面的技术要求进行分析总结。

国内相关规范为《展览建筑设计规范》JGJ 218—2010、《博物馆建筑设计规范》JGJ 66—91，其中《博物馆建筑设计规范》已在修编中，在本标准的研究和编制过程中，主要参考的是《博物馆建筑设计规范》JGJ 66 的修订报批稿中的内容。这两部规范为建筑设计规范，其中对绿色建筑设计方面技术措施涉及较少。在这两部建筑设计规范中，本标准借鉴了其博览建筑类型的定义和适用范围。由于博览建筑的功能特点，两部建筑设计规范中，都有对于室内环境质量的指标数据要求，但此部分的条文并不是强制性条文，为推荐性的指标要求。由于本标准着重于绿色建筑评价，对于室内环境质量，有一定人性化的要求，因此在评价指标要求中，引用了这两部建筑设计规范中，一部分对于室内环境质量的指标要求。

此外，在标准编制过程中，对于相关的照明、隔声、热工、节能、节水、声环境、空气质量、暖通空调、智能化等相关的标准规范，也进行了有针对性的研究分析，本标准中有部分评价指标要求，借鉴引用了上述相关的标准规范中的技术指标数据。

（2）项目图纸资料调研

收集各类博物馆、展览馆、会展中心等博览类建筑的项目设计资料，包括各专业施工图图纸文件、节能计算文件、环境影响评估报告、景观设计图纸文件、精装修设计图纸文件、建筑图片简介以及相关说明等。根据不同章节的内容，对项目资料统计技术数据，综合分析统计结果。

为有针对性地提出适宜博览建筑的绿色技术措施，我们对全国 21 个博览建筑的设计图纸及文件资料进行了调研，其中涵盖博物馆建筑 9 座，展览建筑 11 座，综合性展览会议多功能建筑 1 座，项目的选择同时考虑了所在地区尽量涵盖全国范围内各气候地区。

由于各项目图纸资料齐全的程度不同，各章节根据自己的调研需要，对其中部分项目进行了不同侧重点的调研，记录了调研的结果，并对调研结果进行了分析与总结。

（3）已建成场馆现场调研

在对一系列博览建筑的设计图纸文件及资料进行调研分析后，我们又拟定了7个已建成并投入使用的博物馆建筑及展览建筑的场馆，进行现场调研，记录现场实际情况，了解运营情况，实测现场数据，记录调研结果，并进行分析，以确定适宜的指标及数据，使其更符合实际情况。7个场馆的选择尽量考虑所在地区的典型性。

各章节的研究人员在已经建成使用的博物馆及会展中心场馆现场，进行实地查勘、资料收集、现场实测相关数据，对调查数据进行记录分析。

现场实地查勘后，与场馆管理运营方组织会议交流，对场馆现场情况进一步进行了解咨询，取得更详细的数据及资料，并对场馆建成后的使用情况、运营管理情况进行深入了解，掌握运营过程中的各类技术数据，进行记录分析。

（4）拟定草稿并与母标准对照研究分析

编制组在完成调研并对调研结果进行充分总结分析后，开始拟定“绿色博览建筑评价标准”草稿条文。在拟定草稿条文过程中，编制组分章节将草稿条文与母标准的条文进行了对照，分析草稿条文与母标准条文的关系，增加、删减及修改的原因，核准适用于博览建筑的评价条文。

（5）试评价分析

根据《绿色博览建筑评价标准》编制工作安排，为了保障《绿色博览建筑评价标准》实施的科学性和可操作性，选取了10个博览项目进行试评，包括博物馆建筑项目和展览建筑项目各5个。其中博物馆建筑项目分别为中国国家博物馆、珠海博物馆、江宁会展中心、武汉光谷生态艺术展示中心、武进规划展览馆二期工程（莲花馆）；展览建筑项目分别为天津会展中心、淮安会展中心、广交会展馆、福州海峡会展、潍坊会展中心。各个项目对应《绿色博览建筑评价标准》进行试评。

从整个试评结果达标难度来看，《绿色博览建筑评价标准》较2006版《绿色建筑评价标准》要难。从整个试评结果操作难度来看，《绿色博览建筑评价标准》大部分较易操作，不容易判断的个别条文通过细化条文解释也可实现较易操作。

3.3　主要技术内容

博览建筑是博物馆建筑与展览建筑的统称。博物馆建筑与展览建筑所涵盖的建筑类型，是根据行业标准《博物馆建筑设计规范》与《展览建筑设计规范》

中，对博物馆建筑及展览建筑的定义来确定的。博物馆是以研究、教育和欣赏为目的，收藏、保护、传播并展示人类活动和自然环境的见证物，向公众开放的非营利性社会服务机构；包括博物馆、纪念馆、美术馆、科技馆、陈列馆等。其中博物馆类型包括：历史类、艺术类、科学与技术类、综合类、自然类等。展览建筑是进行展览活动的建筑物；展览活动指的是对临时展品或服务的展出进行组织，通过展示促进产品、服务的推广和信息、技术交流的活动。由此可看出，展览建筑主要指的是组织展会活动的各类大型会展中心、展览中心；资料及物品保藏、陈列展出类的均应属于博物馆范畴。

博物馆建筑与展览建筑共同的特点主要有：面向公众开放，人员活动频繁，公众参与度高，社会影响大；建筑规模大，占地多，对周边环境影响大；建筑体量庞大，内外装饰及室内环境质量要求高，室内空间复杂，高大空间多；运营管理复杂，对管理水平要求高。

研究制定适用于博览建筑的绿色技术评价体系，是基于上述建筑类型及特点，有针对性地进行调查及研究，确定科学的评价方法和评价指标，为此类建筑的开发、设计、建设、施工和管理，提供更为详细和具体的指导。

3.3.1 本标准主要技术内容

《绿色博览建筑评价标准》是以国家标准《绿色建筑评价标准》为母标准，以博览建筑为特定评价对象的绿色评价标准，其绿色技术评价的主要方面与母标准保持一致，其主要技术内容如下：

（1）总则

规定了本《标准》的目的，明确了适用范围，指出了评价原则及应执行国家有关标准的规定。

（2）术语

定义了“博览建筑”、“绿色博览建筑”、“热岛强度”、“年径流总量控制率”、“可再生能源”、“再生水”、“非传统水源”、“可再利用材料”、“可再循环材料”等《标准》中用到的术语。

（3）基本规定

规定了评价对象、评价方法、评价指标体系、评价分值计算、权重指标及分值计算方法、评价等级划分等绿色博览建筑评价的一系列具体评价方法及评价结果等级划分的原则。

（4）绿色博览建筑评价的七类指标体系

- 节地与室外环境
- 节能与能源利用
- 节水与水资源利用

● 节材与材料资源利用
● 室内环境质量
● 施工管理
● 运营管理

分七个章节，分别从这七类体系确定评价的控制项、评分项的评价内容及评价分值。

（5）提高与创新

在博览建筑全寿命期内各环节中，除《标准》规定的七类指标体系中涵盖的绿色技术内容外，对项目中采用其他更先进、适用、经济的技术、产品和管理方式，给予鼓励与肯定，赋予其性能提高和创新的加分原则。

（6）附录 A

附录 A 提供了绿色博览建筑评价中各类指标体系的得分统计表格，可以在设计及评价过程中，更直观地掌握各类绿色技术的评价分值，便于思考确定所选用的相关技术及评价时统计各类指标得分。

（7）附录 B

附录 B 提供了绿色博览建筑评价的得分与结果汇总表格，便于评价的最终结果汇总统计，了解评价等级。

3.3.2 关键技术及评价

在对博览建筑进行充分的调查及研究的基础上，根据课题组研究提供的技术依据，编制组按照编制大纲的分工及计划，分步骤完成了《绿色博览建筑评价标准》的编制工作。

审查专家委员会认为：

编制组开展了大量的资料收集、调研分析以及验证工作，取得创新性成果如下：

（1）确定了在博览建筑中适宜的绿色建筑技术措施。

（2）确定了绿色博览建筑规划设计、施工与运营的关键技术和要点。

（3）确定了绿色博览建筑评价的控制指标和评价方法。

《标准》的结构合理，用词规范、逻辑清晰，符合绿色博览建筑评价的实际情况。本《标准》的评价体系与母标准《绿色建筑评价标准》保持一致，评价方法与评价指标科学合理，具有可操作性。本《标准》实施有利于指导博览建筑的绿色工程设计、施工及验收，有助于推动绿色博览的健康发展，向公众普及绿色建筑的理念、推广绿色节能技术、实现全社会关注节能环保。

《标准》具有科学性、先进性和可操作性，总体上达到了国际先进水平。

3.4 实 施 应 用

《绿色博览建筑评价标准》已于2016年6月20日由住建部批准发布，编号为GB/T 51148—2016，自2017年2月1日起实施。《绿色博览建筑评价标准》是以国家标准《绿色建筑评价标准》为依据的二级标准。应用的范围包括各类博物馆、纪念馆、美术馆、科技馆、陈列馆、展览馆以及各种规模的会展中心等。对于此类在能耗和环境方面影响较大、公众参与性高的建筑物，提供科学的评价依据。

此类二级标准的研究与出台将完善我国绿色建筑评价的标准体系，更好地引导各类绿色博览建筑的健康发展，指导和规范绿色建筑博览评价标识的工作，促进绿色博览建筑的发展，对向公众普及绿色建筑的理念、推广绿色节能技术、实现全社会关注节能环保，具有重大的教育意义和促进作用。

《绿色博览建筑评价标准》GB/T 51148—2016目前正在出版印刷过程中，出版发行后将广泛应用于博物馆建筑及展览建筑的绿色建筑标识评价工作。

作者：杜燕红（中国建筑科学研究院建筑设计院）

4　国家标准《绿色饭店建筑评价标准》GB/T 51165—2016

4　National standard of *Assessment Standard for Green Restaurant Building* GB/T 51165—2016

4.1　编　制　工　作

国家标准《绿色饭店建筑评价标准》（以下简称《标准》）是根据住房和城乡建设部《关于印发<2013 年工程建设标准规范制订修订计划>的通知》（建标〔2013〕6 号）的要求，由住房和城乡建设部科技中心与中国饭店协会作为主编单位，会同另外 12 家参编单位共计 32 位专家，从 2013 年 7 月起历时近一年半时间编制完成的。

2013 年 4 月起，住房和城乡建设部科技中心与中国饭店协会开始组织部分行业专家召开《标准》的编制筹备会，并在相关管理部门指导下，研究确定编制单位和参编人员，整理已有调查研究资料。在前期工作基础上，住房和城乡建设部建筑环境与节能标准化技术委员会（以下简称"部标委会"）组织于 2013 年 7 月 24 日在北京召开了《标准》编制组成立暨第一次工作会议，会议正式成立了《标准》编制组，讨论明确了标准适用范围、编制原则和框架结构，形成了"编制工作大纲"。

第一次工作会后，主编单位组织编制组人员对不同地域、不同功能定位的 20 家饭店建筑进行了详细调研和专项测试分析[1]，对典型饭店建筑的特点进行了归纳总结，并分析了《绿色建筑评价标准》在饭店建筑评价实践中的典型问题，指明了后续编制需重点关注的内容；组织对国内外绿色饭店建筑评价相关的标准进行了文献调研和分析工作[1]，调研分析的国外标准和评价体系包括美国的 LEED V4.0 for Hospitality、德国的 DGNB for New Hotels、澳大利亚的 NABERS for New Hotels、英国的 BREEAM 2011 NC for Other Buildings (hotel)、日本的 CASBEE（餐饮类和旅馆类）等，国内标准规范包括《绿色建筑评价标准》GB/T 50378、《绿色饭店》GB/T 21084、《旅馆建筑设计规范》JGJ 82、《绿色旅游饭店》LB/T 007—2006、《绿色饭店等级评定规定》SB/T 10356—

2002、《宾馆、饭店合理用电》GB/T 12455—2010等。标准编制组在上述文献调研和现场调研基础上分别开展了饭店建筑分项特征研究，对具有饭店建筑特点的性能指标水平进行了分析总结，完成相关编制任务，并通过对13个不同地域、功能和定位的饭店建筑项目在不同编制阶段（初稿、征求意见稿、送审稿）的多轮试评来检验《标准》适用性。

编制组通过多种途径广泛征求吸纳各方意见，对外公开征求意见阶段共收到来自8个省市25家单位共计33位专家的280多条反馈意见，编制组认真研究逐条处理后形成《标准》送审稿。部标委会于2015年2月初组织召开了《标准》送审稿审查会，《标准》通过了专家的审查。审查会后，编制组按照审查专家委员会提出的意见和建议进一步完善相关成果，形成《标准》报批稿，于2015年3月初上报标准管理部门。此后，编制组配合部标委会、部标准定额研究所、部标准定额司完成了多轮审查和完善，《标准》最终由住房和城乡建设部与国家质量监督检验检疫总局于2016年4月15日联合发布，自2016年12月1日起实施。

4.2 主要技术内容

《标准》共分为11章[3]，主要内容包括：总则、术语、基本规定、节地与室外环境、节能与能源利用、节水与水资源利用、节材与材料资源利用、室内环境质量、施工管理、运营管理、提高与创新。其中，第4～10章以及第11章第2节为具体技术评价条文。

饭店建筑在功能需求、用能、用水等方面与常规公共建筑相比都有独特之处，在我国现行国家标准《绿色建筑评价标准》GB/T 50378—2014[2]（以下简称《新绿标》）条文框架基础上，本《标准》各章节都结合我国绿色饭店建筑特点进行了针对性的细化和调整[4,5]。现就主要调整分述如下。

4.2.1 总则、术语和基本规定

在术语方面，《标准》给出了“饭店建筑”和“绿色饭店建筑”的定义，其中“饭店建筑”是指以提供临时住宿功能为主，并附带有饮食、商务、会议、休闲等一定配套服务功能的公共建筑，“绿色饭店建筑”是指在全寿命期内，最大限度地节约资源（节能、节地、节水、节材）、保护环境、减少污染，为饭店管理和使用人员提供健康、适用和高效的使用空间，与自然和谐共生的饭店建筑。

在《标准》适用范围方面，本标准适用于至少设有15间（套）出租客房的商务型、会议型、度假型、公寓型饭店建筑，以及功能相近的其他饭店建筑设计和运行阶段的绿色评价。之所以对客房数量提出要求，是因为住宿是饭店建筑的主要功能，被评饭店建筑的客房需达到一定规模才能确保评价的针对性和有效

性，国家现行标准《旅馆建筑设计规范》JGJ 62 和《旅游饭店星级的划分与评定》GB/T 14308 在适用范围方面均要求至少设有 15 间（套）出租客房，本标准参照提出相应要求。

在评价指标体系方面，与《新绿标》相比，除个别章节外，本《标准》各章条文均结合饭店建筑的特点进行了较大程度的调整。经统计，与《新绿标》相比，本《标准》中相关技术评价条文从 138 条变成了 143 条，其中保留了 49%，修改了 44%，新增了 11%，移除了 7%（如图 2-4-1 所示）。

在一级权重体系方面，本《标准》设计评价的权重沿用《新绿标》公共建筑权重，运行评价的权重与《新绿标》公共建筑相比在节材一章权重略有降低（0.15→0.13），室内一章和运营一章权重各升高 0.01，这主要是考虑到饭店建筑主要服务于宾客等人员使用，且相对于常规公共建筑来说一般具有能耗、水耗大的特点，因此应强调通过合理的运营管理达到适宜的室内环境质量，并尽量实现节能、节水。目前“节能与能源利用”一章权重已远大于其他章，故不再调增，“节水与水资源利用”一章权重仅次于节能、室内章，故不再调增，节材与材料资源利用一章在运行评价阶段影响相对小些，故适当调低权重。各类指标的权重经广泛征求意见和试评价后综合调整确定（表 2-4-1）。

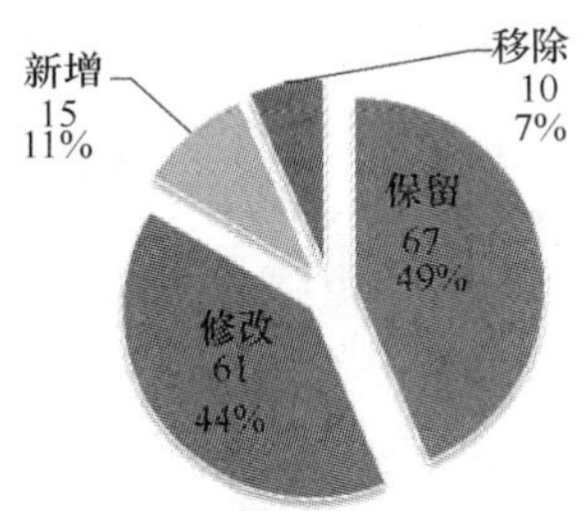

图 2-4-1 本《标准》与《新绿标》相比条文调整情况示意图

本《标准》1 级评价指标权重设置 表 2-4-1

	节地与室外环境 w_1	节能与能源利用 w_2	节水与水资源利用 w_3	节材与材料资源利用 w_4	室内环境质量 w_5	施工管理 w_6	运营管理 w_7
设计评价	0.16	0.28	0.18	0.19	0.19	—	—
运行评价	0.13	0.23	0.14	0.13	0.16	0.1	0.11

4.2.2 节地与室外环境

饭店建筑带有住宿功能，除具有其他公共建筑共同的特性外，还兼有居住特性，因此节约集约利用土地条文要求中增加了客房使用面积的评分项。关于建筑夜景照明对外部环境的影响条文，增设了夜景照明对内部客房的影响要求。在区域声环境方面，为体现出饭店建筑对场地环境噪声的敏感性，同时考虑到不同声功能区标准下为达到适宜的室内外声环境控制要求所采取的措施、消耗的资源是不同的，因此在评分时对不同区域声环境设定了一定的得分差异，声环境质量较好的区域得分较高。

4.2.3 节能与能源利用

结合饭店建筑功能和使用特点，在建筑布局、开窗面积比、过渡季节节能措施、部分负荷节能措施、照明节能要求、电梯和其他电气设备节能、余热应用比例要求、可再生能源应用比例要求等方面均进行了细化或调整，另外增设了对于厨房通风用能系统以及建筑设备监控系统的要求。

4.2.4 节水与水资源利用

增加集中热水系统循环方式评价条文，鼓励饭店建筑在设有集中热水系统时采用机械循环方式，有效避免“无效冷水”的浪费。调整得分项节水系统、节水器具与设备、非传统水源利用三节权重，将评价重点放在节水系统、节水器具及设备两方面，在一定程度上减少非传统水源利用部分的权重。各条文也都根据饭店建筑功能和使用特点进行了细化和权重调整。

4.2.5 节材与材料资源利用

考虑到饭店建筑的特点，重点在土建装修一体化、整体化定型设计卫浴间、装饰装修材料方面进行针对性的细化或量化，增强可操作性。另外通过调研和试评，发现“公共建筑中均无可变换功能的室内空间采用可重复使用的隔断（墙）”条文在饭店建筑中基本不适用，故删除此条要求。

4.2.6 室内环境质量

考虑到饭店建筑在吸烟控制、配套用房污染源控制方面的重要性，同时也结合调研发现这两个方面是目前饭店建筑重点努力改进的方向，因此新增“特殊区域环境”一节。其他条文在具体编写和条文设置方面，均针对饭店建筑的使用特征、重点环节进行了细化或微调，其中有不少条文均针对客房区和公共区分别提出要求。

4.2.7 施工管理

控制项将环境保护计划扩展为绿色施工专项计划，这是考虑到自从《建筑工程绿色施工评价标准》GB/T 50640—2010 实施以来，绿色施工得到了很大的推广，绿色施工的理念和实践已逐渐普及。根据饭店建筑室内装修要求高的特点，新增室内装饰材料工厂化率要求，避免现场加工造成的环境污染和材料浪费。针对《新绿标》中土建装修一体化仅适用于居住建筑的条款，根据饭店建筑室内装修要求高和机电系统完备的特点，以及由此可能造成的施工中的浪费现象，增加土建机电一体化施工的要求，以避免施工中常见的返工现象。

4.2.8 运营管理

结合饭店建筑的特点，对大部分条文或条文说明进行了细化调整，并增加了物业管理组织架构、客房卫生等方面的要求。

4.2.9 提高与创新

在节水方面，高用水效率等级的卫生器具要求已提升到评分项中要求，此处增设了海水冲厕加分条文。在节材方面，选用资源消耗少和环境影响小的建筑结构要求改为新型绿色建筑材料及产品要求。另外，结合饭店建筑功能特点，新增了通过绿色积分或碳积分引导客人绿色行为以及绿色出行的要求。

4.3 结 束 语

作为针对饭店建筑的绿色建筑专用评价标准，《标准》在大量文献调研和现场调研分析基础上，借鉴国内外先进经验，以我国绿色建筑评价标准体系框架为基础，充分考虑我国不同气候区和环境条件下绿色饭店建筑的特点，通过逐条的调整和细化完成了相关编制工作，具有更强的针对性和可操作性，也更加科学、合理、全面，希望《标准》的实施能为绿色饭店建筑的评价和建设提供更加明确和有成效的指引。

作者：宋凌　李宏军（住房和城乡建设部科技与产业化发展中心）

参考文献

[1] 宋凌，李宏军，张乐然，李俊．《绿色饭店建筑评价标准》研究[J]．建设科技，2014(6)
[2] GB/T 50378—2014，绿色建筑评价标准[S]．北京：中国建筑工业出版社，2014
[3] GB/T 51165—2016，绿色饭店建筑评价标准[S]．北京：中国建筑工业出版社，2016
[4] 宋凌，李宏军，张乐然．国家标准《绿色饭店建筑评价标准》GB/T 51165—2016 简介[J]．工程建设标准化，2016(10)
[5] 宋凌，李宏军，张乐然．《绿色饭店建筑评价标准》编制及要点[J]．建设科技，2015(6)

5 行业标准《绿色建筑运行维护技术规范》JGJ/T 391—2016

5 Industrial standard of *Technical Specification for Operation and Maintenance of Green Building* JGJ/T 391—2016

5.1 编 制 背 景

2006年，《绿色建筑评价标准》GB/T 50378—2006的颁布实施宣告我国建筑市场进入真正的绿色化时代。绿色建筑的理念不仅涵盖了建筑自身的设计和建造，而且涵盖了建筑全寿命周期的各个阶段的绿色化理念。其中，作为建筑历经时间最长的运营阶段，运行维护技术的发展，影响着建筑的持续发展，也关系到建筑对环境的影响，是建筑寿命中不容忽视的重要环节。

因此，开展绿色建筑运行维护技术的研究，具有极强的时效性和必要性。一是研究成果为落实绿色建筑设计理念，保障绿色建筑真正实现"实效化"，"收益化"提供技术手段；二是为实现以实际应用效果为导向的绿色建筑管理体系提供专项技术支撑；三是为绿色建筑业主、用户和社会带来可观、持续的绿色建筑收益，促进绿色建筑的健康可持续发展。

国家层面也通过制定出台政策的方式高度重视绿色建筑的高效运行问题。国务院发布的《国务院办公厅关于转发发展改革委住房城乡建设部绿色建筑行动方案的通知》中指出："尽快制（修）订绿色建筑相关工程建设、运营管理、能源管理体系等标准"。在此背景下，住房和城乡建设部于2013年底发布《关于印发〈2014年工程建设标准制订、修订计划〉的通知》（建标标函［2013］169号），要求由中国建筑科学研究院会同有关单位研究编制行业标准《绿色建筑运行维护技术规范》（以下简称《规范》）。

5.2 调研工作

5.2.1 文献及标准调研

经国内外文献调研发现，在建筑全寿命周期过程中，设计、施工、验收、评价等各标准体系较为完善，但是建筑运行维护技术标准体系缺失，仅有具体设施设备或系统的运行维护标准，例如：国内的专业标准：《空调通风系统运行管理规范》GB 50365—2005、《空气调节系统经济运行》GB/T 17981—2007、《城镇燃气设施运行、维护和检修及安全技术规程》CJJ 51—2006、《城镇供水厂运行、维护及安全技术规程》CJJ 58—2007、《生活垃圾卫生填埋场运行维护技术规程》CJJ 93—2011、《生活垃圾转运站运行维护技术规程》CJJ 109—2006 等；国外的学会协会标准：《Code for operation and maintenance of nuclear power plants》ASME—1992、《Guide for Commissioning，operation and maintenance of hydraulic turbines》等；相关其他行业的运行标准：《燃煤电厂环保设施运行状况评价技术规范》、《电力调度自动化运行管理规程》、《水轮机调节系统及装置运行与维护规程》、《核电厂运行绩效评价准则》等。

5.2.2 实际项目调研

《规范》编制组根据我国绿色建筑项目发展情况，按照不同地域绿色建筑数量、气候分区、建筑类型、绿色建筑星级等精选了 30 个调研样本（已获得绿色建筑运营标识项目、已竣工项目或已投入运行的项目）。样本主要集中在目前绿色建筑发展相对较快、较成熟的华东、华北地区的绿色建筑项目，同时兼顾华南、西南以及东北等地区的绿色建筑项目，项目具有典型性和全面性，基本能够反映我国目前绿色建筑的实施和运行情况。

为了了解绿色建筑项目选择指标项的情况，详细分析了各个项目的申报资料，列出了绿色建筑在六大类指标中选择参评的具体指标。通过调研，了解了绿色建筑技术落实情况和绿色建筑基本运营状况。

为了更加准确地研究绿色建筑常用技术应用情况和运行效果，编制组详细调研了已投入运行的项目，研究了不同绿色建筑项目中，各项绿色建筑常用技术的运行效果。通过调研，深入了解了常用绿色技术的优点和不足之处，具体运行效果及存在问题如表 2-5-1 所示。

通过对绿色住宅建筑技术体系应用调研和统计分析得知，绿色住宅建筑常采用的绿色建筑技术实施和运行情况如图 2-5-1 所示。

通过对绿色公共建筑技术体系应用调研和统计分析得知，绿色公共建筑常采用的绿色技术落实和运行情况如图 2-5-2 所示。

常用绿色建筑技术运行效果及存在的问题　　表 2-5-1

序号	绿色技术	运行效果	存在的问题
1	外遮阳技术	（1）丰富了建筑立面造型； （2）降低室内空调设备能耗； （3）改善室内光、热环境	（1）6.7%项目遮阳系统已损坏，无法正常调节； （2）设计不合理，遮阳效果不佳
2	透水地面	（1）丰富了室内绿化景观； （2）增加地下水涵养，减少地表径流； （3）降低热岛效应明显	（1）透水地面破坏严重； （2）植草砖内无草丛存活
3	绿化灌溉	（1）节省人力成本； （2）节水经济效益显著	（1）部分项目未落实； （2）管理不善，设备破坏严重
4	可再生能源	（1）太阳能热水水温稳定、水量充足，深受业主好评； （2）节能效果明显，经济效益突出	（1）6.7%绿色项目中设备闲置； （2）10%项目能源利用效率偏低； （3）20%项目管理和维护不到位； （4）6.7%可再生能源设计不合理； （5）少许项目可再生能源运行情况不稳定
5	非传统水源利用	（1）出水水质、水量符合要求； （2）非传统水源利用率高，节水经济效益明显	（1）水质达标，但运行仍有异味； （2）设计不合理，运行故障较多； （3）设备及施工成本高，实施较差； （4）维护及操作麻烦，管理不善
6	高效节能照明	节能效果和运行效果良好	（1）照明系统不合理，能耗增加； （2）智能控制效果差，人工控制
7	建筑被动设计	（1）改善室内通风、采光效果； （2）大幅降低室内照明、通风设备能耗	部分方案设计不合理，导致室内通风不畅、眩光等不良现象
8	高效暖通设备和系统	（1）运行效果良好，业主满意度高； （2）大幅降低运行费用，收回投资成本最短仅 2 年	（1）20%项目由于设备方案或操作问题，导致设备运行效能低下； （2）6.7%项目变风量系统不能变，末端控制失效
9	土建装修一体化	减少二次装修，节材效果显著	（1）少数业主对装修品质存在质疑，如异味、易损等； （2）极少数业主对装修风格不满意，极个别有二次改造现象
10	屋顶和垂直绿化	（1）丰富屋面绿化环境，改善热环境； （2）降低室内建筑能耗	运营管理不到位，杂草丛生
11	能耗独立分析计量	有助于各项水、电、燃气等能源利用情况，优化设备运行性能	（1）仪表损坏严重，缺乏及时维护； （2）人工抄读并记录，存在记录不完整且数据真实性

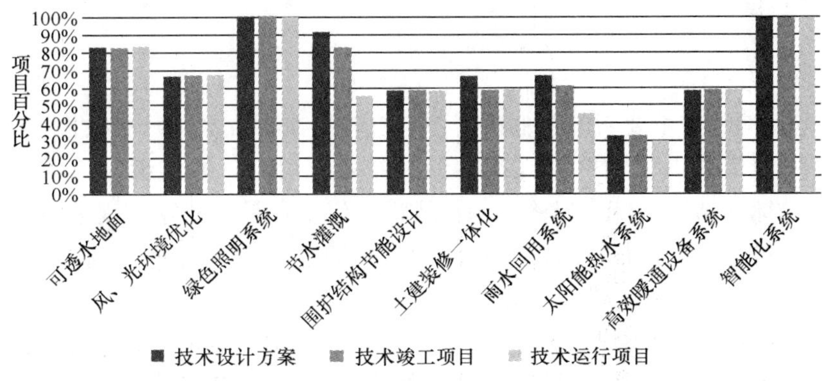

图 2-5-1　绿色住宅建筑常用的绿色技术后评估统计

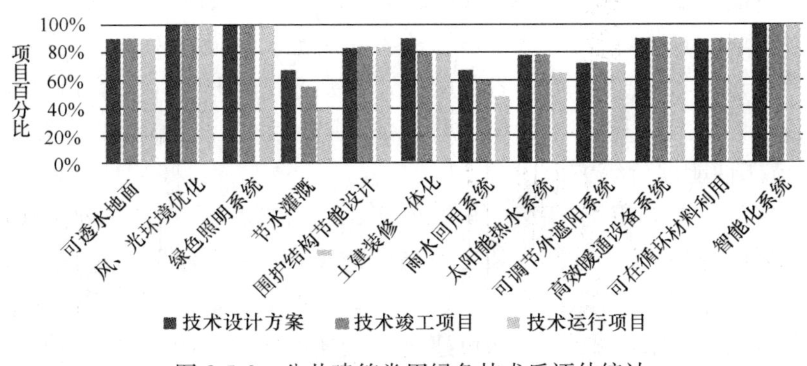

图 2-5-2　公共建筑常用绿色技术后评估统计

经过统计，在调研的 30 个绿色建筑项目中，约 65%的绿色技术运行效果良好，达到设计目标要求，但 35%的绿色技术存在大量问题，运行效果欠佳。通过绿色常用技术的研究分析得知，现有绿色建筑不仅需要强化技术方案的合理性，还需要加强运营期间各项绿色技术运行维护的管理。

7 个运营项目的运营能耗、水耗调研结果表明，绿色建筑通过高性能暖通设备机组、可再生能源技术、节水技术的采用，大幅度降低了绿色建筑能耗和水耗水平，节约了资源，降低了建筑运营成本。以非传统水源为例，调研项目平均利用率在 20%以上，大大降低了市政用水量，节约了水资源。但节能和节水技术运行方面，约 28.6%项目存在运行效果欠佳的现象，如在节能方面，某项目地源热泵进出水温度偏低，热泵性能低下，导致电能浪费；在节水方面，某项目中水系统出水异味较大，无法按照设计要求单独使用，导致非传统水源利用率下降，未能起到节约用水的设计目标。

5.3 编 制 工 作

《规范》编制组主要召开了七次工作会议，形成了《规范》报批稿。

(1) 2014年1月，召开《规范》编制专家研讨会，以“编制背景—编制基础—难点—标准结构—编制讨论”为主线进行汇报，最后专家对规范定位及形成的标准框架进行讨论，最终形成“按照运行维护过程框架进行标准内容编制，指标体系中的二级指标按专业进行划分”新版大纲。

(2)《规范》编制组成立暨第一次工作会议于2014年3月26日在北京召开。会议讨论并确定了《规范》的定位、适用范围、编制重点和难点、编制框架、任务分工、进度计划等，重点根据《规范》初稿讨论编制章节应考虑的因素。

(3)《规范》编制组第二次工作会议于2014年7月8日在湖州长兴召开。会议讨论了各章节的总体情况，进一步讨论了《规范》的使用对象、适用范围、技术重点和逐条技术内容等方面内容。会议还特别邀请了日本UR都市机构细谷清先生与编制组交流了UR都市机构运行维护经验、生态城指标体系、建筑物环境计划书和节能性能评价等方面内容。

(4)《规范》编制组第三次工作会议于2014年10月16日在湖南长沙召开。会议对《规范》初稿条文进行逐条交流与讨论，明确标准涵盖的过程为竣工验收后的系统综合效能调适及运行维护，条文编写过程中尽量采用专业化术语“应宜可”。确定附录评价指标体系、《绿色建筑运行维护技术指南》书稿事宜。会后各章节主笔人再次梳理系统调适与交付、运行技术、维护技术体系，形成了《规范》征求意见稿初稿。

(5)《规范》编制组第四次工作会议于2015年3月26日在中国建筑科学研究院环能院超低能耗示范楼召开。会议针对《规范》征求意见稿的反馈意见进行逐条交流与回复，同时提出相关的修改意见，并预定于4月底形成《规范》送审稿。

(6)《规范》送审稿审查会议于2015年6月30日在中国建筑科学研究院环能院超低能耗示范楼召开。审查专家委员会对《规范》送审稿进行了逐条审查，审查专家委员一致同意《规范》通过审查，建议编制组按照专家委员会提出的意见和建议进行修改。

(7)《规范》报批稿讨论会于2015年9月21日在中国建筑科学研究院环能院超低能耗示范楼召开，针对送审稿审查会专家提出的意见逐条进行了研究和讨论，并形成一致意见。

最终在编制组全体成员的共同努力下，于2015年11月完成了《绿色建筑运行维护技术规范》报批稿。

5.4 主要技术内容

《规范》共包括8章，前3章分别是总则、术语和基本规定；第4～8章分别是综合效能调适和交付、系统运行、设备实施维护、运行维护管理和附录。下面按照章节分别简要介绍《规范》内容。

（1）综合效能调试和交付

该章主要包含："一般规定"3项内容，"综合效能调试过程"6项内容总计70分，"交付"3项内容总计30分。

"一般规定"中要求：绿色建筑的建筑设备系统应进行综合效能调适；综合效能调适应包括夏季工况、冬季工况以及过渡季节工况的调适和性能验证；综合效能调适计划应包括各参与方的职责、调适流程、调适内容、工作范围、调适人员、时间计划及相关配合事宜。"综合效能调试过程"中涉及综合效能调适过程及内容、平衡调试验证及要求、自控系统的控制功能、主要设备实际性能测试及必要时的整改、综合效果验收内容及要求、综合效能调试报告要求等。"交付"中规定：建设单位应在综合效果验收合格后向运行维护管理单位进行正式交付，并应向运行维护管理单位移交综合效能调适资料；建筑系统交付时，应对运行管理人员进行培训；建设单位应向运行维护管理单位移交综合效能调适资料。

（2）运行技术

该章主要包含："一般规定"6项内容，"暖通空调系统"12项内容总计28分，"给排水系统"8项内容总计14分，"电气与控制系统"8项内容总计20分，"可再生能源系统"8项内容总计13分，"建筑室内外环境"5项内容总计15分，"监测与能源系统"4项内容总计10分。

"一般规定"中要求：建筑全过程技术文件和建筑设备运行管理记录齐全，污染物排放及收集处理满足国家现行标准要求，能源系统应按分类、分区、分项计量数据进行管理，建筑设备系统宜采用无成本/低成本运行措施，建筑再调适计划应根据建筑负荷和设备系统的实际运行情况适时制定。"暖通空调系统"中涉及室内温度运行设置、新风量控制、机组运行及控制、空调系统过渡季、部分负荷运行及变频控制、水力平衡及风平衡保证、冷却塔出水温度控制、建筑微正压运行和建筑夜间蓄冷等内容。"给排水系统"涉及保证水系统平衡、用水点供水压力、用水计量装置、节水灌溉系统、雨水控制及利用、景观水系统非传统水源利用、冷却塔补水量记录及分析、循环冷却水系统节水措施运行及非传统水源补充等符合规范要求。"电气与控制系统"涉及变压器、配电系统、容量大、负荷平稳且长期连续运行的用电设备、谐波治理、室内照明系统、蓄能装置、电梯系统、暖通空调设备等节能运行及控制。"可再生能源系统"包括可再生能源系统优先运行、系统运行前现场检测与能效测评、太阳能集热系统过热保护功能及冬季运行前防冻措施检查、地源热泵系统地源侧温度监测分析等内容。“建筑室内外环境”对空调通风系统新风引入口、公共建筑局部补风设备或系统及室内外吸烟区、垃圾管理和空气净化装置提出了规定。“监测与能源系统”包含建筑能源监测、管理系统及设备、公共建筑能源审计的相关要求。

（3）维护技术

该章主要包含：“一般规定”6项内容，“设备及系统”15项内容总计65分，“绿化及景观”4项内容总计14分，“围护结构与材料”3项内容总计21分。

“一般规定”限定了建筑维护保养、设备维护保养及维修、本地建筑材料的相关内容。“设备及系统”对暖通空调系统、给排水系统、建筑电气系统提出了细致的检查、维护、维修和保养的要求。“绿化及景观”包含绿化管理制度、景观绿化维护管理、绿化区无公害病虫害防治技术及日常养护的相关内容。“围护结构与材料”主要通过建筑围护结构及材料的热工性能、安全耐久性及环保体现绿色运行维护的特征。

（4）规章制度

该章主要包含：“一般规定”5项内容，“运行制度”2项内容总计50分，“维护制度”3项内容总计50分。

“一般规定”中对运行维护管理单位接管验收流程、运行维护操作规程及管理制度制定、绿色教育宣传、绿色设施使用、管理档案建立等提出了强制性要求。“运行制度”及“维护制度”主要包含废水、废气、固态废弃物及危险物品、绿化、环保及垃圾处理、物业设备设施的操作及维护保养等相关管理制度的得分要求。

5.5 结 束 语

住房和城乡建设部于2016年12月15日发布第1393号公告，批准《规范》为行业标准，编号为JGJ/T 391—2016，自2017年6月1日起实施。《规范》内容全面、技术指标合理，符合我国国情，具有科学性、先进性、协调性和可操作性，总体上达到了国内领先水平。《规范》的实施将进一步提升我国绿色建筑的健康发展，有效提升绿色建筑的运行管理水平，利于促进我国城镇化进程的可持续发展。

作者：路宾　曹勇　阳春　魏景姝（中国建筑科学研究院）

6　中国建筑学会标准《健康建筑评价标准》T/ASC 02—2016

6　Standard of Architectural Society of China *Assessment Standard for Healthy Building* T/ASC 02—2016

6.1　编制背景

建筑是人类的重要场所，人的一天中80%以上时间是在室内度过的，建筑与每个人的生活息息相关。人们越来越注重生活质量，而室内装修污染、餐厅食品安全、光环境、声环境、热湿环境、雾霾天气、饮用水安全、食品安全等一系列问题，严重影响了人们的生活，甚至威胁健康安全[1-9]，建筑对于人们追求高质量健康生活至关重要。同时，我国绿色建筑得到了快速发展[10]，虽然健康的使用空间是绿色建筑的目的之一，但绿色建筑对健康方面的要求并不全面，因此健康建筑是绿色建筑在健康方面的更深层次发展。此外，根据党的十八届五中全会战略部署，中共中央、国务院于2016年10月25日印发了《"健康中国2030"规划纲要》，明确提出推进健康中国建设[11]，良好的建筑环境是健康中国的构成部分，所以健康建筑是"健康中国"战略的需求，是我国建筑领域未来的重要发展方向。

目前，美国WELL建筑标准[12]是一部考虑建筑与其使用者健康之间关系的标准，包括了空气、水、营养、光、健身、舒适、精神7大类评价指标。我国协会标准《健康住宅建设技术规程》CECS 179—2009中，将住宅的健康因素分为居住环境的健康性和社会环境的健康性，既考虑了住宅建筑的性能，也兼顾到了人的社会属性和精神健康，较为全面地将住宅建筑与健康进行了融合[13]。除此之外，国外再没有将健康性能整合在一起的标准，我国目前的标准体系中尚未有适用于各类民用建筑的涵盖生理、心理和社会三方面要素的评价标准。因此，需要借鉴国内外标准中对建筑健康性能的要求并结合我国实际特点，制定出具有普适性且涵盖各类健康要素的健康建筑评价标准。

基于前述背景，由中国建筑科学研究院、中国城市科学研究会、中国建筑设计研究院有限公司会同有关单位制定了中国建筑学会标准《健康建筑评价标准》（以下简称《标准》)。2017年1月6日，经中国建筑学会标准化委员会批准，中国建筑学会标准《健康建筑评价标准》(以下简称《标准》)发布，编号为T/ASC 02—2016，自2017年1月6日起实施[14]。本文将对该标准的编制情况进行介绍。

6.2 主要技术内容概述

《标准》共分为10章，主要技术内容包括：1 总则、2 术语、3 基本规定、4 空气、5 水、6 舒适、7 健身、8 人文、9 服务、10 提高与创新。

《标准》是在广泛调研研究、参考与协调国内外相关标准、充分考虑我国实际情况的基础上编制完成的，规定了健康建筑的评价指标，充分考虑了与健康密切相关的空气、水、舒适、健身、人文、服务6方面技术内容要求，对较为重要且民众关注度较高的PM2.5、甲醛等空气质量指标、饮用水等水质指标、环境噪声限值等舒适指标、健身场地面积等健身设施指标、无障碍电梯设置等人文关怀指标、食品标识要求等服务指标均进行了要求或引导。同时，考虑了设计和运行两个阶段的建筑健康性能评价，根据不同建筑类型(公共建筑和居住建筑)的特点分别设置了评价指标权重，并根据总得分划分了健康建筑的健康性能等级。

6.3 评 价 指 标 体 系

《标准》遵循多学科融合性的原则，建立了涵盖生理、心理和社会三方面要素的评价指标作为一级评价指标，分别为空气、水、舒适、健身、人文、服务，各一级指标下又细分多项二级指标，如图2-6-1所示。为鼓励健康建筑的性能提高和技术创新，另设置“提高与创新”章节。

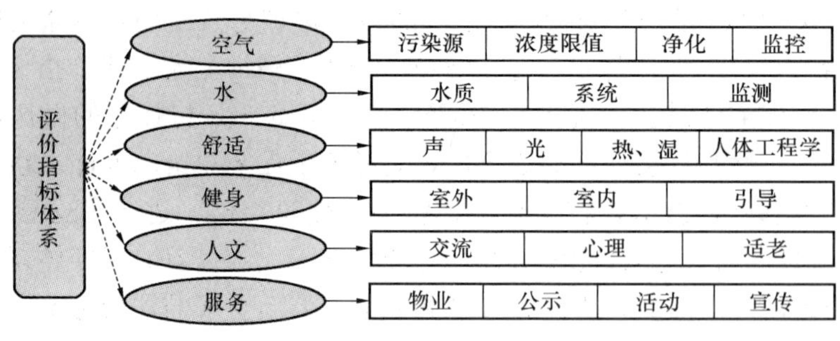

图2-6-1 《标准》指标体系

6.4 评价要求与等级划分

6.4.1 参评建筑要求

为保证建筑的健康性能，对参评建筑提出了基本要求，即：

（1）全装修。为避免装饰装修涂料、家具等污染物散发影响建筑室内空气品质，进而降低建筑的健康性能甚至将健康建筑变得不健康，《标准》明确要求健康建筑评价应以全装修的单栋建筑、建筑群或建筑内区域为评价对象。毛坯建筑不可参与健康建筑评价。全装修是指房屋交付前，所有功能空间的固定面全部铺装或粉刷完毕，厨房与卫生间的基本设备全部安装完成。全装修并不是简单的毛坯房加装修，而是装修设计应该在住宅主体施工动工前进行，即装修与土建一体化设计。

（2）满足绿色建筑要求。健康建筑是绿色建筑更高层次的深化和发展，即保证“绿色”的同时更加注重使用者的身心健康；健康建筑的实现不应以高消耗、高污染为代价。因此，《标准》规定申请评价的项目应满足绿色建筑的要求，即：获得绿色建筑星级认证标识，或通过绿色建筑施工图审查。

6.4.2 评分方法

健康建筑评价充分考虑了民用建筑设计和运行两个阶段的健康性能影响因素，将健康建筑评价分为设计评价和运行评价，其中设计评价应在施工图审查完成之后进行，运行评价应在建筑通过竣工验收并投入使用一年后进行。

设计评价指标体系由空气、水、舒适、健身、人文 5 类指标组成；运行评价指标体系由空气、水、舒适、健身、人文、服务 6 类指标组成。每类指标均包括控制项和评分项。为鼓励健康建筑在提升建筑健康性能上的创新和提高，评价指标体系还统一设置加分项。控制项是参评建筑必须满足的要求，其评定结果为满足或不满足；评分项和加分项是通过措施性或结果性的指标来衡量参评建筑的健康设计和健康运行的程度，其评定结果为分值。

评价指标体系 6 类指标的总分均为 100 分。由于健康建筑系统复杂，不同类型民用建筑系统又不尽相同，他们在功能、地域气候、环境、使用者行为习惯等方面存在差异，评价指标会存在在某些建筑中不适用的情况。因此，考虑到不参评条文，6 类指标各自的评分项得分 Q_1、Q_2、Q_3、Q_4、Q_5、Q_6 按参评建筑该类指标的评分项实际得分值除以适用于该建筑的评分项总分值再乘以 100 分计算。这样就避开因不参评条文引起的健康建筑等级降低的情况。

总得分为各类指标得分经加权计算后与加分项的附加得分之和，其计算式为

$$\sum Q = w_1 Q_1 + w_2 Q_2 + w_3 Q_3 + w_4 Q_4 + w_5 Q_5 + w_6 Q_6 + Q_7 \quad (1)$$

式中，Q 为总得分；$w_1 \sim w_6$ 为各指标对应的权重系数（见表 2-6-1）；$Q_1 \sim Q_6$ 为 6 类指标的评分项得分；Q_7 为加分项的附加得分，即“提高与创新”章得分。

6.4.3 指标权重

《标准》中各评价指标的权重体现了各指标对健康建筑健康性能的贡献，是总得分和健康等级的关键评价因素。由于不同民用建筑的使用对象和用途不同，若将各项指标权重进行“一刀切”式的规定，会导致健康建筑评价结果欠科学。因此，《标准》在各指标权重研究中，以“抓主因、顾次因”的原则充分考虑了不同类型的民用建筑的健康影响因素，并按照民用建筑的分类，建立了居住建筑和公共建筑指标权重的调研问卷，采用问卷调查、层次分析、专家咨询、项目试评等多途径结合的方式，建立了健康建筑各类评价指标的权重，见表 2-6-1。

健康建筑各类评价指标的权重 **表 2-6-1**

		空气 w_1	水 w_2	舒适 w_3	健身 w_4	人文 w_5	服务 w_6
设计评价	居住建筑	0.23	0.21	0.26	0.13	0.17	—
	公共建筑	0.27	0.19	0.24	0.12	0.18	—
运行评价	居住建筑	0.20	0.18	0.24	0.11	0.15	0.12
	公共建筑	0.24	0.16	0.22	0.10	0.16	0.12

注：1. “—”表示服务指标不参与设计评价。

2. 对于同时具有居住和公共功能的单体建筑，各类评价指标权重取为居住建筑和公共建筑所对应权重的平均值。

6.4.4 等级划分

为使健康建筑的健康性能更为直观地表现出来，《标准》对健康建筑的健康性能进行了等级划分，将健康建筑分为一星级、二星级、三星级 3 个等级。3 个等级的健康建筑均应满足本标准所有控制项的要求。

健康建筑评价按总得分确定等级，当健康建筑总得分分别达到 50 分、60 分、80 分时，健康建筑等级分别为一星级、二星级、三星级。

6.5 《标准》主要特点

建筑服务于人，健康建筑的本质是促进人的身心健康。健康含义是多元的、广泛的，世界卫生组织给出了现代关于健康较为完整的科学概念：健康不仅指一个人身体有没有出现疾病或虚弱现象，而是指一个人生理上、心理上和社会上的完好状态。但建筑中影响使用者健康的因素来源多种多样，例如室外污染物来源、室内装饰装修材料及家具散发的污染物、噪声、水质、食品安全、热湿环境、缺少锻炼、建筑心理因素等。同时，健康建筑应可以通过一些定量数据反映出建筑的健康性能，使健康建筑性能“可考核”。据此，为使《标准》尽可能涵盖人所需的生理、心理、社会3方面要素且能体现出健康建筑的性能，并使其具有较强的科学和适用性，在《标准》制定时确定了编制4项原则，也是本标准的4个特点，即：①指标集成性：将影响健康的主要指标体现在一本标准中；②性能全面性：涵盖生理、心理、社会三方面所需的要素；③技术感知性：既充分融入健康技术，又能够感知其效果；④体系适用性：符合我国实际状况，“指标严、可执行”。

6.6 结 束 语

营造健康的建筑环境和推行健康的生活方式，是满足人民群众健康追求、实现健康中国的必然要求，也是绿色建筑向更深层次发展的迫切需求，健康建筑是我国建筑领域的发展方向。对建筑健康性能进行评价，是鼓励建造健康建筑、促进健康产业发展的有效途径；《标准》的编制，对于助力“健康中国2030”及促进健康建筑行业发展具有重要意义。但同时，由于健康建筑刚刚起步，以《标准》带动健康建筑产业发展之路，仍需要多领域相关机构（科研机构、高校、地产商、相关产品商、物业管理单位、医疗服务行业等）共同努力推动。

作者：王清勤　孟冲　李国柱（中国建筑科学研究院）

参考文献

[1] 王清勤，李国柱，孟冲，等．室外细颗粒物(PM2.5)建筑围护结构穿透及被动控制措施[J]. 暖通空调，2015，45(12)：8-13
[2] 王清勤，李国柱，赵力，等．建筑室内细颗粒物(PM2.5)污染现状、控制技术与标准[J]. 暖通空调，2016，46(2)：1-7
[3] 徐双，王印，唐玉环．1起水污染引发的感染性腹泻调查[J]. 预防医学论坛，2016，22(5)：380-381
[4] 刘衷芳，刘晓波，吕嵩，等．一起饮用水污染引起感染性腹泻暴发疫情的调查[J]. 中国公共卫生管理，2015，31(4)：542-543
[5] 蒋守芳，郑玉新．甲醛对健康影响的分子流行病学研究进展[J]. 环境与职业医学，2004，21(6)：483-485
[6] 冯文如，于鸿，郑睦锐，等．广州市室内环境中苯和甲醛的健康风险评价[J]. 环境卫生学杂志，2011(6)：7-10

[7] 李妍．中国食品安全问题现状、成因及对策研究[J]．食品界，2016(10)：27

[8] 李百战，杨旭，陈明清，等．室内环境热舒适与热健康客观评价的生物实验研究[J]．暖通空调，2016，46(5)：94-100

[9] 曹彬，朱颖心，欧阳沁，等．公共建筑室内环境质量与人体舒适性的关系研究[J]．建筑科学，2010，26(10)：126-130

[10] 中国城市科学研究会．中国绿色建筑 2016[M]．中国建筑工业出版社，2016：5-6

[11] 中共中央 国务院印发《"健康中国 2030"规划纲要》[EB/OL]．http：//www.gov.cn/xinwen/2016-10/25/content_5124174.htm，2016-10-25/2016-11-27

[12] 陈自强，秦未末．基于 WELL 标准的健康建筑[J]．绿色建筑，2016，8(2)：60-61

[13] 仲继寿，李新军．从健康住宅工程试点到住宅健康性能评价[J]．建筑学报，2014(2)：1-5

[14] 关于发布中国建筑学会标准《健康建筑评价标准》的公告[EB/OL]．http：//www.chinaasc.org/news/115327.html，2017-1-6/2017-1-8

7　地方标准《黑龙江省村镇绿色建筑评价标准》DB 23/T 1794—2016

7　Local standard of *Assessment Standard for Green Building of Rural Areas in Heilongjiang Province* DB 23/T 1794—2016

7.1　编　制　背　景

黑龙江省位于我国的最东北部，是纬度最高、经度最东的省份，由于受到地理位置、区域气候特征、经济技术水平及人文习俗等多方面的影响，黑龙江省村镇建筑普遍还存在着影响居民生产生活的一些问题，如室外环境差、住宅功能不完善、建筑能耗水平高及室内热舒适度低等。因此，改善黑龙江省村镇人居环境、推进村镇建筑的绿色化发展是一项紧迫且意义重大的任务，亟需建立一套适合黑龙江省村镇实际情况的绿色建筑评价体系，制定并实施统一、规范的评价标准。

根据黑龙江省住房和城乡建设厅《关于对编制〈黑龙江省村镇绿色建筑评价标准〉地方标准的批复》函的要求，由哈尔滨工业大学会同有关单位开展了《黑龙江省村镇绿色建筑评价标准》的研究和编制工作，通过两年多的调研及研究工作，标准编制工作已经完成，并于 2016 年 9 月 8 日发布，编号为 DB 23/T 1794—2016，自 2016 年 11 月 8 日起实施。

地方标准《黑龙江省村镇绿色建筑评价标准》DB 23/T 1794—2016（以下简称《标准》）是总结黑龙江省村镇绿色建筑方面的实践经验和研究成果，并通过广泛的调查研究，借鉴国内外先进经验，制定的第一部地方性村镇绿色建筑评价标准。《标准》统筹考虑了村镇建筑的特殊性和适用性，对提升黑龙江省村镇建筑品质、积极引导村镇绿色建筑发展具有重要意义。

7.2　编　制　过　程

《标准》作为“十二五”国家科技支撑计划课题的重要成果之一，编制组结合课题研究的需求，自 2013 年 11 月至 2014 年 12 月，对黑龙江省的村镇开展了广泛的调研与测试，就经济技术条件、土地利用、村镇规划、建筑设计及运行等方面的问题与村镇管理人员、技术人员和乡村居民进行了实地访谈与记录，并对村镇住区及建筑的声、光、热、气等环境参数进行了长期监测，全面掌握了黑龙江省村镇建设及运行的实际情况。

基于前期调研和研究成果，《标准》编制组先后召开了4次工作会议，讨论确定了《标准》的定位、适用范围、编制重点和难点，明确了标准编制工作的任务分工和编制进度计划；根据国家现行标准相关要求和黑龙江省村镇的实际情况，统筹考虑室外环境、能源利用、建筑材料、给水排水、室内环境等村镇建设面临的实际问题，制定了《标准》的编制框架；讨论了《标准》各章节的技术内容，重点考虑了黑龙江省村镇建筑绿色化发展中面临的关键问题，根据黑龙江省村镇经济技术水平确定了条文的具体内容及分值，经过反复修改和完善，形成《标准》(征求意见稿)。

《标准》编制组邀请黑龙江省住房和城乡建设厅、哈尔滨市城乡规划局、黑龙江省建筑设计研究院、黑龙江省城市规划勘测设计研究院、哈尔滨市建筑设计研究院、牡丹江建筑设计研究院责任公司、牡丹江市城市规划设计研究院等省内单位的30余位相关领域专家召开了多次论证会，对《标准》(征求意见稿)的技术内容提出反馈意见及建议。编制组对专家提出的各项意见与建议进行梳理，通过与专家进行反复讨论和分析，对《标准》的条文及说明进行了修改与补充，形成《标准(送审稿)》。

2015年12月22日，黑龙江省住房和城乡建设厅和黑龙江省质量技术监督局组织有关专家成立专家审查组，对《标准(送审稿)》进行了会议审查，审查组听取了编制单位对标准编制过程及征求意见反馈结果采纳情况的汇报，并对《标准(送审稿)》逐条进行了认真讨论和审查，形成主要审查意见如下：《标准》结构完整、内容充实，符合住房和城乡建设部工程建设标准编写规定；《标准》是依据现行国家、行业和地方相关标准，并通过大量调研和研究工作，征求相关单位意见的基础上编制而成；符合黑龙江省村镇绿色建筑的实际情况，能够指导全省村镇建筑的绿色化发展，提升村镇建筑品质；可作为我省村镇绿色建筑设计、运行及等级评价的依据；《标准》技术先进，可操作性强，具有创新性。专家审查组一致同意《标准》通过审查。

编制组根据专家审查意见，对《标准(送审稿)》进行了修改和完善，完成《标准》(报批稿)，上报黑龙江省住房和城乡建设厅、黑龙江省质量技术监督局，并报住房和城乡建设部标准定额司备案。

7.3 主要内容

《标准》由总则、术语、基本规定、节地与室外环境、节能与能源利用、节水与水资源利用、节材与材料资源利用、室内环境质量、施工管理、运营管理、提高与创新 11 章组成，包括条文及条文说明，根据具体内容可划分为三大部分。

第一部分为第 1～3 章，分别是总则、术语和基本规定。其中：总则部分包括标准编制目的、指导思想、适用范围等，明确《标准》适用范围为黑龙江省镇（乡）区绿色低层民用建筑和村庄绿色民用建筑的评价。术语部分对绿色建筑、村镇、低层民用建筑、宅基地、生物质燃料、可再生能源、非传统水源 7 个专业名词作了明确定义。基本规定部分明确了村镇绿色建筑的评价范围、评价方法及等级划分。依据黑龙江省村镇建筑的建造和运行特点以及各项评价指标的难易程度和可操作性，利用群体决策层次分析法确定村镇绿色建筑评价指标的权重（表 2-7-1）。

黑龙江省村镇绿色建筑各类评价指标权重　　表 2-7-1

		节地与室外环境 w_1	节能与能源利用 w_2	节水与水资源利用 w_3	节材与材料资源利用 w_4	室内环境质量 w_5	施工管理 w_6	运营管理 w_7
设计评价	居住建筑	0.17	0.41	0.10	0.12	0.20	—	—
	公共建筑	0.19	0.38	0.11	0.13	0.19	—	—
运行评价	居住建筑	0.15	0.36	0.08	0.10	0.19	0.07	0.05
	公共建筑	0.16	0.30	0.09	0.11	0.17	0.08	0.09

第二部分为第 4～10 章，分别是黑龙江省村镇绿色建筑评价的 7 类指标，包括节地与室外环境、节能与能源利用、节水与水资源利用、节材与材料资源利用、室内环境质量、施工管理和运营管理。每类指标分为控制项和评分项，控制项是绿色建筑评价的必备条款，是对村镇绿色建筑的最基本要求；评分项是划分村镇绿色建筑等级的重要依据，可根据实际情况选做，依据评价条文的具体规定确定得分值。该标准以《绿色建筑评价标准》GB 50378—2014 为蓝本，筛选和增补了适用于黑龙江省村镇建筑的条款，各项指标的评分项特色内容如下：

第 4 章节地与室外环境，评分项包括土地利用、室外环境、交通设施与公共服务、场地设计与场地生态 4 个分项。根据黑龙江土地管理条例和实际调研数据，提出居住建筑人均居住用地指标和绿地率评分规则、公共建筑容积率和绿地率评分规则等；设置了宅基地畜禽养殖方式、公共建筑室外场地综合利用、临时积雪堆放场地、耐寒植物种植等评价内容。

第 5 章节能与能源利用，评分项包括建筑与围护结构、供暖、照明与电气、能量综合利用 4 个分项。考虑到黑龙江省村镇建筑的围护结构现状和采暖方式，依据黑龙江省农村居住建筑节能设计标准，规定了围护结构传热系数限值；设置了生物质燃料利用、火炕及散热器的选择和布置、沼气利用等评价内容。

第 6 章节水与水资源利用，评分项包括节水系统与设备、非传统水源利用 2 个分项，条文内容结合了黑龙江省村镇的生产、生活供水和居民用水特征。

第 7 章节材与材料资源利用，评分项包括节材设计、材料选用 2 个分项。黑龙江省村镇住宅多为自筹自建，节省材料是必然之举，出现更多的问题是过于节省材料而出现安全隐患。条文设置重点考虑了通过采用合理的结构和构造措施来既满足安全性要求又减少浪费。

第 8 章室内环境质量，评分项包括室内声环境、室内光环境、室内热环境、室内空气质量 4 个分项。

第 9 章施工管理，评分项包括环境保护、资源节约、过程管理 3 个分项，条文设置考虑了黑龙江省村镇房屋的建造过程及特点。

第 10 章运营管理，评分项内容根据黑龙江省村镇民居的生活习俗，设置了绿色设施的检查和调试、垃圾分类收集和处理、生活污水收集处理和再利用、畜禽粪便处理等评价条款。

第三部分为第 11 章提高与创新，即加分项，最高可得 8 分，为附加得分，包括性能提高和创新 2 个分项，目的是鼓励黑龙江省村镇建筑在节约资源、保护环境的技术和管理上有所创新和提高，条文设置了被动式通风补风技术、装配式工业化建筑等符合村镇建筑运行特点和未来发展方向的评价内容。

7.4 结 束 语

《标准》对黑龙江省村镇绿色建筑的评价提出了具体评价体系、条文内容和分值，对推进黑龙江省绿色村镇建设、引导农民建设绿色住宅和改善村镇人居环境具有重要意义和作用。《标准》贯彻执行了节约资源和保护环境的国家技术经济政策，将有利于促进黑龙江省村镇建设的可持续发展，并规范黑龙江省村镇绿色建筑的评价工作。

作者：金虹　邵腾（哈尔滨工业大学）

第三篇　科研篇

为全面落实《国家中长期科学和技术发展规划纲要（2006—2020年）》的相关任务和《国务院关于深化中央财政科技计划（专项、基金等）管理改革的方案》，科技部会同教育部、工业信息化部、住房和城乡建设部、交通运输部、中国科学院等部门，组织专家制定了“绿色建筑及建筑工业化”重点专项实施方案，列为2016年启动的重点专项之一，中国21世纪议程管理中心为该重点专项的项目管理专业机构。

“绿色建筑及建筑工业化”专项围绕“十三五”期间绿色建筑及建筑工业化领域科技需求，聚焦基础数据系统和理论方法、规划设计方法与模式、建筑节能与室内环境保障、绿色建材、绿色高性能生态结构体系、建筑工业化、建筑信息化等7个重点方向，设置了相关重点任务。总体目标为：瞄准我国新型城镇化建设需求，针对我国目前建筑领域全寿命过程的节地、节能、节水、节材和环保的共性关键问题，以提升建筑能效、品质和建设效率，抓住新能源、新材料、信息化科技带来的建筑行业新一轮技术变革机遇，通过基础前沿、共性关键技术、集成示范和产业化全链条设计，加快研发绿色建筑及建筑工业化领域的下一代核心技术和产品，使我国在建筑节能、环境品质提升、工程建设效率和质量安全等关键环节的技术体系和产品装备达到国际先进水平，为我国绿色建筑及建筑工业化实现规模化、高效益和可持续发展提供技术支撑。本专项执行期从 2016 年至 2020 年，按照分步实施、重点突出原则分年度在国家重点研发计划中以项目形式落实重点任务，国拨经费总概算为 13.53 亿元。

2016 年，“绿色建筑及建筑工业化”重点专项共计立项项目 21 项，国拨经费预算总计 5.97 亿元。本篇分别从项目研究背景、研究目标、研究内容、预期效益等方面进行简要介绍，以期读者对项目有一概括性了解。

Part Ⅲ Scientific Research

In order to fully implement tasks of the *National Outline for Medium and Long Term S&T Development* (*2006-2020*) and the *State Council's Plan for Deepening the Management Reform of S&T Programs* (*Special Projects, Funds, etc*) *funded by the Central Finance*, Ministry of Science and Technology, together with Ministry of Education, Ministry of Industry and Information Technology, Ministry of Transport, Chinese Academy of Sciences and so on, organized experts to develop a key special project implementation plan for "green building and building industrialization", which was listed as one of the key special projects of 2016. The Administrative Center for China's Agenda 21 is responsible for the management of this key special project.

In accordance to the scientific and technical requirements of green building and building industrialization during the 13th five-year plan period, the special project of "green building and building industrialization" focuses on 7 key aspects including basic data system and theory methodology, planning and design method and mode, building energy efficiency and indoor environment, green building materials, green high-efficiency ecological structure system, building industrialization and building information technology, and puts forward relevant priority tasks. The general goals are: focusing on the demand of China's new urbanization; tackling with common key problems in land-saving, energy-saving, water-saving, material-saving and environment-protection throughout the life-cycle of buildings in China to improve building energy efficiency, quality and construction efficiency; seizing the opportunity of the new technical reform in the building industry brought about by new energy, new materials and information technology to speed up the R & D of core technologies and products of the next generation in green building and building industrialization through basic, leading and common key technologies, integrated demonstration and industrial whole-chain design; making sure China's technical system, products and equipments of building energy efficiency, environment quality promotion, engineering construction efficiency and quality safety to provide technical support for the large-scale, high-efficiency and sustainable development of China's green building and building industrialization. The implementation period is from 2016 to 2020. Abiding by the principle of step-by-step implementation and emphasis on priorities, the main tasks will be accomplished through projects in the national key R & D plan, with a total budget estimation of 1. 353 billion RMB Yuan.

In 2016, 21 projects of "green building and building industrialization" are approved with a total budget of 597 million RMB Yuan. This part introduces these projects mainly from such aspects as research background, research goals, research contents and research prospects to give readers a general overview.

1 基础数据系统和理论方法

1 Basic data system and theory methodology

1.1 基于实际运行效果的绿色建筑性能后评估方法研究及应用

项目编号：2016YFC0700100

项目牵头承担单位：清华大学

项目负责人：林波荣

项目起止时间：2016年6月～2020年6月

项目经费：总经费2500万元，其中专项经费2500万元

1.1.1 研究背景

当前绿色建筑运行性能（主要包括节能、环境品质和使用者满意度）存在数据少、质量差、覆盖范围有限，部分建筑实际运行低效、与设计预期差异的机理不明晰，且缺乏系统、有效的后评估体系和方法等问题，绿建规模化发展遭遇瓶颈。

1.1.2 研究目标

针对绿色建筑实际运行性能基础数据不完善、运行效果不佳、评估体系不完善等问题，围绕建筑实际运行能效、环境品质和使用者满意度提升，建立海量高质的绿色建筑性能数据库、建筑综合性能后评估模型以及可量化、可考核、贯穿建筑全过程的定量化评价体系和技术导则，为我国绿色建筑规模化发展提供关键基础数据和方法。

1.1.3 研究内容

本项目将以绿色建筑运行数据为抓手，按照“数据采集方法—机理研究—技术途径—标准体系—工程应用”的研究思路，拟解决以下关键科学问题：①基于物联网、新型传感器和数据挖掘技术实现海量高质绿色建筑性能数据的获取和分析；②明晰绿色建筑实际运行性能与设计预期差异机理，构建绿色建筑适宜高效技术体系；③建立基于数据分析的绿色建筑性能后评估优化技术及评价标准

体系。

1.1.4 预期效益

研究成果将形成基于绿色建筑实际运行性能的监测与反馈、辅助设计、技术优化等软件、绿色建筑运行性能的数据库、绿色建筑后评估标准以及100项以上高效、低能耗、高品质、高满意度的绿色建筑应用案例。

项目成果将服务于全国绿色建筑设计、施工和运营维护，为“十三五”期间我国新型城镇化建设和绿色建筑大规模发展提供理论支持和技术支撑，为国家重大工程提供基础数据和技术支撑。同时，高效、高品质的绿色建筑对于全国民用建筑的低碳发展具有示范意义，以性能数据为导向的绿色建筑性能后评估将更有效的促进绿色建筑的可持续发展，提升我国在低碳、可持续发展方面的国际形象。

作者：林波荣（清华大学）

2 规划设计方法与模式

2 Planning and design methods and modes

2.1 目标和效果导向的绿色建筑设计新方法及工具

项目编号：2016YFC0700200

项目牵头承担单位：天津大学

项目负责人：孟建民

项目起止时间：2016年7月～2020年12月

项目经费：总经费10520万元，其中专项经费2600万元

2.1.1 研究背景

我国绿色建筑发展至今已进入规模化推广阶段，但既往的绿色建筑设计普遍存在重后期技术叠加、轻前期空间优化的现象，尚未概括并形成系统性绿色设计原理和方法体系。建筑师还未将对建筑空间“物质功能”和“精神感受”的追求与当代“绿色需求”有机结合，从建筑设计源头上制约了绿色建筑的健康发展。

2.1.2 总体目标

变革传统建筑设计思维模式，创新空间构思逻辑，将绿色性能作为建筑空间设计营造的核心内容，建立目标和效果导向的绿色建筑设计新理论和新方法，研发新工具，实现综合集成示范和效果验证。

2.1.3 研究内容

（1）以建筑空间绿色性能提升为核心，研究绿色建筑设计新原理、建筑空间设计和绿色性能同步优化的新方法，构建目标体系和评价体系，制定相关技术标准。

（2）针对高大空间公共建筑、大型综合体建筑、城镇居住建筑，研究典型气候和地域环境下的绿色建筑设计方法、适应性优化技术、绿色性能计算方法和模拟分析技术。

（3）研发新型绿色性能模拟分析工具和多目标优化设计工具，建立绿色设计

集成化工具平台。

（4）预期效益

本项目针对我国绿色建筑发展的瓶颈，研究成果具有系统性、前瞻性、可实施性，将为我国达到减碳目标起到关键作用，促进相关产业的转型升级，从而创造可观的经济效益。本项目研究成果用于实际工程，将实现建筑能耗比《民用建筑能耗标准》同气候区同类建筑能耗的约束值降低不少于 30%，碳排放比 2005 年基准值降低 45%。以 30 万 m^2 的示范工程为例，直接减碳量将达到 14000 吨/年以上。

作者：张颀（天津大学）

3 建筑节能与室内环境保障

3 Energy efficiency and indoor environment

3.1 长江流域建筑供暖空调解决方案和相应系统

项目编号：2016YFC0700300

项目牵头承担单位：重庆大学

项目负责人：姚润明

项目起止时间：2016 年 7 月～2020 年 6 月

项目经费：总经费 12500 万元，其中专项经费 4500 万元

3.1.1 研究背景

长江流域地区约占我国国土面积的四分之一，人口约占全国的一半，属高密度人员聚居地区。该地区夏季炎热、冬季阴冷、全年高湿，属于非集中供暖地区，既有建筑围护结构保温隔热性能较差，室内热湿环境条件恶劣。近年来，随着城镇化加速，该地区经济飞速发展，人们迫切希望改善室内热湿环境条件，我国沿袭了 60 年的南北供暖分界线方法已不再适宜。然而，如果长江流域照搬北方集中供暖模式，将大大超过我国的实际能源供给能力，带来沉重的能源负担，不仅会影响该地区经济发展，还会加剧我国能源供应紧缺现状，影响能源战略安全，并且会加剧长江流域地区因集中供暖消耗大量化石能源而导致空气污染加重的问题。

3.1.2 总体目标

项目立足长江流域独特的气候特征和生产生活习惯特点，围绕“建筑节能与室内环境保障”这一方向，结合我国能源消费总量控制的节能减排目标及建筑室内热环境改善的民生需求，研究延长非供暖空调时间的室内热环境营造技术体系，研发适合长江流域的高效供暖空调设备、末端及系统优化运行技术，建立建筑室内热环境改善节能技术路径与体系，提出改善长江流域建筑室内热环境的综合解决方案。

3.1.3 研究内容

项目以长江流域地区建筑热环境营造领域的关键共性问题为研究核心，重点解决以下三个关键技术问题：①结合不同供暖空调运行模式与人员习惯，确定室内热环境营造定量需求，研发延长非供暖空调时间的舒适性热环境营造技术体系；②研发新型、高效的空气源热泵等产品设备与供暖空调系统并提升其技术性能；③研发供暖空调末端性能提升关键技术。项目由六个相互有机关联的课题共同完成，以定量需求研究为基础，通过被动式和主动式技术路径研究，系统性的开展绿色建筑核心技术和供暖空调产品的研发及其集成示范推广。

3.1.4 预期效益

项目将在能耗限额约束条件下，提高长江流域地区居民室内热环境舒适度，通过技术成果集成工程示范应用和推广，切实做到科技惠民，具有重大的社会意义。项目将形成从核心技术研发、生产线建设到产品工程应用的服务产业链，通过供暖空调核心技术创新加快产业结构升级，带来巨大的经济效益，同时通过高新技术产品的出口将提升我国核心技术国际竞争力。项目研究成果在改善建筑室内热环境的情况下，可以有效节约能源消费量、减少碳排放量、缓解空气污染压力、降低城市热岛效应，产生的环境效益将十分显著。项目紧扣我国生态文明建设、绿色化以及新型城镇化道路的国家战略与发展政策，将为国家的节能减排和生态文明建设做出贡献，促进长江流域生态宜居、和谐发展的新型城镇化建设。

作者：姚润明（重庆大学）

3.2 藏区、西北及高原地区利用可再生能源采暖空调新技术

项目编号：2016YFC0700400

项目牵头承担单位：中国建筑科学研究院

项目负责人：刘艳峰

项目起止时间：2016 年 7 月～2020 年 6 月

项目经费：总经费 10576 万元，其中专项经费 3376 万元

3.2.1 研究背景

在绿色建筑发展进程中，利用可再生能源采暖空调技术，可有效降低化石能源的使用，减少环境污染。藏区、西北及高原地区气候与建筑条件特殊，可再生

能源丰富，但存在能量不稳定，密度低等关键问题。为此，国家启动“十三五”国家重点研发计划项目“藏区、西北及高原地区利用可再生能源采暖空调新技术”开展相关研究。

3.2.2 总体目标

本项目以“基础研究—设备开发—应用示范”为技术路线，分7个课题对太阳能供暖、空气源热泵、蒸发冷却空调技术开展研究与应用。以期达到不消耗或少消耗常规能源，解决高原藏区和川西山地供暖、西北干旱炎热区空调的目的。

3.2.3 研究内容

项目将在藏区建成不少于8座三层以上的太阳能供暖示范建筑，在不消耗常规电力的条件下，冬季室内温度不低于15℃；在川西藏区分别建成不少于6座空气源热泵采暖示范建筑，冬季累计耗电量不高于15kWh/m^2，室内温度不低于15℃；在西部炎热干燥地区建成不少于6座大型公建和10户以上居住建筑蒸发冷却空调示范工程，夏季累计耗电量分别不超过10kWh/m^{2}和2kWh/m^2。示范建筑能耗将降低50%以上，并提出可再生能源与常规能源协同优化运行方案。

3.2.4 预期效益

项目实施可实现建筑节能和可再生能源利用技术升级，预计带动可再生能源供暖空调产值约20～30亿元/年，节能经济效益10～20亿元/年。将改善西部建筑居住环境水平，促进新型城镇化建设，有效保护生态环境，推动西部地区可持续发展。

作者：刘艳峰（西安建筑科技大学）

3.3 居住建筑室内通风策略与室内空气质量营造

项目编号：2016YFC0700500
项目牵头承担单位：天津大学
项目负责人：陈清焰
项目起止时间：2016年7月～2019年6月
项目经费：总经费1350万元，其中专项经费1350万元

3.3.1 研究背景

优良室内空气质量是绿色建筑的重要体现，但是目前我国住宅室内空气污染

严重。一方面是劣质建材和家具产生大量的化学污染，另一方面是室外大气PM2.5等污染通过各种通风路径传入室内，造成住宅室内空气质量差，严重威胁我国居民的身体健康。

3.3.2 总体目标

发展节能、经济、适用的住宅通风和空气净化过滤系统。在保证消耗尽可能少的能源、安装使用和维护设备系统尽可能简单方便、所采用的技术尽可能经济的前提下，消除室内外各种污染，确保室内空气质量，保障居民身体健康。

3.3.3 研究内容

围绕解决住宅建筑通风与多种室内污染物的耦合作用机理和节能和经济适用的我国住宅通风方法这两个重大的科学问题，通过“认识现状—认清机理—发展方法—研发技术—应用示例”的逻辑链条形成了一条明晰的技术路线，研发适合我国国情的通风和室内空气质量营造技术和方法。

3.3.4 预期效益

项目的预期成果包括一系列住宅室内空气质量现状测试报告、污染源数据库、污染物源、汇和传播模拟方法工具、适宜我国的通风和空气质量营造新技术、设备和系统、示例工程以及对应的标准、专利和论文等。这些成果有望实现大幅度改善我国居民住宅空气质量及人居环境的社会效益。

作者：陈清焰（天津大学）

3.4 建筑室内材料和物品VOCs、SVOCs污染源散发机理及控制技术

项目编号：2016YFC0700600
项目牵头承担单位：中国建材检验认证集团股份有限公司
项目负责人：梅一飞
项目起止时间：2016年7月～2020年12月
项目经费：总经费5200万元，其中专项经费1700万元

3.4.1 研究背景

目前我国虽然在室内材料和物品污染物散发特性检测和控制方法研究领域取得了较大进展，但在污染物散发检测标准和散发标识体系方面与欧美发达国家相

比仍存在较大差距。在此背景下，国家启动“十三五”国家重点研发计划项目“室内材料和物品 VOCs、SVOCs 污染源散发机理和控制技术”开展相关研究。项目拟形成的规模化研究成果对于改善广大消费者生活的室内环境质量和促进建材产品的转型升级具有重要意义。

3.4.2 总体目标

针对我国室内材料和物品中污染物散发导致的严重室内空气污染，本项目提出以“室内材料和物品 VOCs、SVOCs 污染源散发机理和控制技术”为目标，构建具有我国特色的室内材料和物品 VOCs、SVOCs 散发标识体系，为有效控制室内 VOCs 和 SVOCs 污染和促进建材行业产品转型升级提供科技支撑。

3.4.3 研究内容

围绕“VOCs、SVOCs 微介观散发机理及释放速率预测模型研究、污染物散发特性准确快速检测技术及装备开发、污染物散发标识体系建立、基于材料散发特性参数调控的建材产品改进技术研究”4 个关键问题，利用 X 射线三维成像、数值分析、嗅觉分析、传感器阵列、MEMS、微细加工技术、复合催化技术等创新技术成果，重点研究散发特性参数（逸出因子和阻隔因子）与材料特性、污染物特性、环境参数的关系，研究典型室内材料污染物散发速率预测模型和污染物散发控制技术，开发针对污染物释放速率和气味散发的新型环境舱系统和气味快速检测技术，构建具有我国特色的室内材料和物品 VOCs、SVOCs 散发特征数据库和污染物散发标识体系。

本项目拟开展的核心研究内容如下：

（1）基于逸出因子和阻隔因子的污染物微、介观散发机理及预测模型研究。

（2）开发针对污染物释放速率和气味散发的准确、快速检测技术及装备。

（3）建立室内材料和物品 VOCs、SVOCs 散发特征数据库，构建具有我国特色的污染物散发标识体系。

（4）基于材料散发特性参数调控的建材产品改进技术。

3.4.4 预期效益

本项目预期产出多项关于室内材料和物品污染物散发的基础理论、一系列用于材料污染物散发检测的装备和技术以及材料气味评价装置和技术、具有我国特色的室内材料和物品 VOCs、SVOCs 散发特征数据库和污染物散发标识体系，具有重大社会效益和经济价值。

作者：梅一飞（中国建材检验认证集团股份有限公司）

3.5 既有公共建筑综合性能提升与改造关键技术

项目编号：2016YFC0700700

项目牵头承担单位：中国建筑科学研究院

项目负责人：王俊

项目起止时间：2016年7月～2019年12月

项目经费：总经费12063万元，其中专项经费3963万元

3.5.1 研究背景

当前，我国既有公共建筑存量大、能耗高、室内环境较差，综合防灾性能较低，对其进行综合性能提升与改造将成为我国建筑业可持续发展的一项重要举措，同时对我国推进新型城镇化建设、促进建筑业转型升级具有重要意义。

3.5.2 总体目标

本项目面向既有公共建筑改造的实际需求，结合社会经济、设计理念和技术水平发展的新形势，基于更高目标，从建筑能效、环境、防灾等方面开展技术研究和示范，预期实现既有公共建筑综合性能提升与改造的关键技术突破和产品创新，为下一步开展既有公共建筑规模化综合改造提供科技引领和技术支撑，进一步增强我国既有公共建筑综合性能提升与改造的产业核心竞争力，推动其规模化发展进程。

3.5.3 研究内容

项目基于“顶层设计、能耗约束、性能提升”的改造原则，依次按照“路线与标准”、“性能提升关键技术”、“监测与运营”、“集成与示范”四个递进层面，重点从既有公共建筑综合性能提升与改造实施路线、标准体系，能效、环境、防灾综合性能提升与监测运营管理等方面开展关键技术研究，形成技术集成体系并进行工程示范。

本项目拟解决的关键科学问题、技术问题如下：

（1）我国既有公共建筑改造实施路线及推进模式；

（2）集强制性与推荐性相结合、工程与产品相支撑，结构优、层次清、分类明的既有公共建筑改造标准体系；

（3）基于更高性能目标的既有公共建筑围护结构综合改造关键技术；

（4）基于更高节能目标的既有公共建筑机电系统高效供能关键技术；

（5）大型公共交通场站能耗限额制定与降低运行能耗的新型环控系统；

(6) 基于更高环境要求的既有公共建筑室内物理环境综合改善关键技术；

(7) 集抗震、防火、抗风雪等综合防灾层面的既有公共建筑性能及寿命提升关键技术；

(8) 既有大型公共建筑低成本调适方法及高效运营管理模式；

(9) 集能效、环境、防灾“三位一体”关键性能指标的既有公共建筑综合性能监测和预警平台；

(10) 既有公共建筑综合性能提升及改造技术集成与示范。

3.5.4 预期效益

通过本项目的实施，可有效提升既有公共建筑能效水平，综合改善室内物理环境品质，大幅提升建筑综合防灾抗灾能力，预期会形成一批适用于既有公共建筑综合性能提升的成套关键技术、标准/导则/指南、软件/平台/数据库和高性能产品装备等成果。

项目成果规模化应用推广后，预期可节约建筑年运行费用约140亿～160亿元，带动5000亿元以上的既有建筑改造市场，减少CO_2、SO_2、粉尘和建筑垃圾的排放，提升我国在既有建筑改造产业的核心竞争力，助推建筑业“供给侧改革”，经济效益、社会效益和生态效益显著。

作者：王俊（中国建筑科学研究院）

4 绿 色 建 材

4 Green building materials

4.1 建筑围护材料性能提升关键技术研究与应用

项目编号：2016YFC0700800

项目牵头承担单位：中国建筑第八工程局有限公司

项目负责人：张雄

项目起止时间：2016 年 7 月～2020 年 6 月

项目经费：总经费 18000 万元，其中专项经费 3000 万元

4.1.1 研究背景

项目立足于发展绿色建材，以建筑围护材料性能提升为研究重点，深入开展关键技术研究，旨在提升建筑围护材料的绿色化和工业化水平。解决现阶段建筑围护结构存在的如下问题：

（1）安全性、耐久性缺乏科学设计理论支撑，导致围护结构寿命低于主体结构；

（2）热工性能成为绿色建筑能效提升瓶颈；

（3）围护材料部品化现状制约建筑工业化发展。

4.1.2 总体目标

创建围护结构性能协同设计理论与方法，大幅提升围护结构热工性能，实现功能与结构一体化、工业化，与主体结构同寿命。

4.1.3 研究内容

拟开展以下研究内容：

（1）典型气候区围护材料耐久性及其与功能性协同设计理论与方法；

（2）节能墙体材料部品化绿色制备工艺技术与装备研发；

（3）超级绝热材料保温装饰一体化体系研究与应用；

（4）高效高可靠节能玻璃工业制备与应用关键技术；

(5) 钢化玻璃及幕墙安全性及风险评估技术研究;

(6) 门窗系统节能性能提升技术研究;

(7) 屋面系统节能性能提升技术研究;

(8) 围护结构与功能材料一体化体系集成技术研究与应用。

通过典型气候区围护材料劣化机理研究,创建围护结构系统耐久性与功能性协同设计理论与方法,以指导研究围护材料功能协同优化关键技术,大幅提升围护结构热工性能,进而研究围护结构与功能材料一体化部品工艺技术,集成创新围护结构与功能材料一体化体系,实现围护结构材料与功能材料一体化、工业化、与主体结构同寿命。

4.1.4 预期效益

通过协同提升围护结构耐久性与热工性,降低建筑运行能耗,节约资源、能源,实现围护材料体系与主体结构同寿命,保障建筑安全,促进社会和谐。

作者: 肖玉麒(中国建筑第八工程局有限公司)

4.2 功能型装饰装修材料的关键技术研究与应用

项目编号:2016YFC0700900

项目牵头承担单位:北新集团建材股份有限公司

项目负责人:武发德

项目起止时间:2016 年 7 月~2020 年 6 月

项目经费:总经费 11114 万元,其中专项经费 3100 万元

4.2.1 研究背景

目前我国装饰装修材料存在功能单一、生产的工业化水平低、施工工序繁杂及施工过程存在环境污染等共性问题,为此,“十三五”国家重点研发专项“功能型装饰装修材料的关键技术研究与应用”已经正式立项,项目将对功能型装饰装修材料的规模化生产和应用技术进行研究,为提升建筑节能、居住环境品质、工程建设效率提供技术支撑。

4.2.2 总体目标

实现装饰装修材料功能化、一体化、装配化、绿色化、工业化、引领我国装饰装修材料领域技术进步。

4.2.3 研究内容

针对总体目标，项目将要解决四个难题：

（1）攻克功能型基础材料规模化制备及其应用技术的难题；

（2）开发净化、抗菌、蓄热、吸波功能型装饰装修制品，解决批量化生产技术难题；

（3）攻克功能和装修一体化板材的生产和应用装配技术难题，并实现3D打印技术在装饰装修中的应用；

（4）解决装饰装修材料绿色度评价及选材技术难题。

4.2.4 预期效益

项目的实施将满足我国“十三五”期间对绿色建筑及建筑工业化的科技需求；促进新材料、新技术和新装备在装修装饰建材上的应用，加速我国装饰装修材料产业的转型升级；为我国绿色建筑的规模化、高效益和可持续发展提供支撑；全面提升我国建筑人居环境，促进装修装饰型建材的可持续发展。项目完成并顺利推广，预计将带动行业每年产生经济效益1000亿元以上，产业化前景广阔，经济效益显著。项目完成后，可形成8大成果，新技术、新装备、新工艺28项，新产品35种；申请专利56件；标准（送审稿）或图集规程19项；论文78篇；数据库1套及软件4套；示范工程62项，共200万m^2；建成示范线8条。

作者：武发德（北新集团建材股份有限公司）

4.3 地域性天然原料制备建筑材料的关键技术研究与应用

项目编号：2016YFC0701000

项目牵头承担单位：中国建筑材料科学研究总院

项目负责人：崔琪

项目起止时间：2016年7月～2020年6月

项目经费：总经费12000万元，其中专项经费3600万元

4.3.1 研究背景

随着现代工业的高速发展，资源短缺问题日益严重，建材工业同样如此。我国利用地域性原料制备建筑材料工作总体处于分散的、不系统的研究阶段，在产业化关键技术、绿色建材产品品质等方面存在诸多问题需要解决。大规模高效、

科学地利用地域性原料制备建筑材料，可实现建材工业的可持续发展，同时推进科技精准扶贫计划。我国正在积极推进海绵城市建设，实现降雨就地消纳和利用，利用地域性原料制备生态透水材料，将推进我国海绵城市建设进程并提供关键产品。此外，与国防建设密切相关的岛礁建设也是本项目的重大需求。

4.3.2 总体目标

基于我国发展绿色建材、科技精准扶贫、海绵城市建设发展战略，本项目将以风积沙、海砂、火山灰渣、磷石膏、膨润土、秸秆等地域性天然原料为研究对象，开展制备绿色建材关键技术研究，以期大规模、高效、科学地“盘活”地域性原料，缓解建材工业资源短缺问题，变“生态包袱”为“绿色财富”，实现低碳经济，促进建材工业的可持续发展。本项目将因地制宜并考虑实用性、经济性、功能性、安全性和耐久性，重点研究海绵城市建设用透水材料制备和应用、利用地域性天然原料制备混凝土和绿色建材产品及应用、利用秸秆制备建筑部品及应用等关键技术，实现绿色建材产品的产业化和应用示范。通过系统研究和产业化示范，解决一批关键科学问题和关键技术，全面提升我国利用地域性天然原料制备绿色建筑材料研发、产业化和推广应用的整体技术水平，引领我国建材工业的发展方向。

4.3.3 研究内容

按照系统性、独立性、相关性原则，本项目将开展五项研究：

(1) 海绵城市透水材料制备关键技术研究与示范；

(2) 利用火山灰渣制备绿色建筑材料关键技术研究与应用；

(3) 利用海砂制备绿色混凝土关键技术研究与应用；

(4) 利用膨润土等地域性原料制备绿色建筑材料关键技术研究与应用；

(5) 秸秆基绿色建筑板材的制备关键技术研究与集成示范。

本项目重点解决五项关键技术问题：

(1) 透水材料强度与透水系数的协调和控制技术；

(2) 未净化海砂混凝土强度稳定性与耐久性控制技术；

(3) 地域性原料制备绿色建材的相容性和复合技术；

(4) 秸秆基建筑板材的胶合与耐候性控制技术；

(5) 绿色建筑材料性能提升与一致性控制技术。

4.3.4 预期效益

建筑材料工业是典型的基础原料工业，在国民经济发展中具有重要作用。建筑材料工业又是典型的资源、能源消耗型工业，在其快速发展的同时，面临着资源、能源的过度消耗和环境的严重污染，同时大量地域性天然资源因社会、经济、地域、技术等原因造成闲置或浪费。大规模高效、科学地利用地域性天然原料制备建筑材料，使建材工业从不可持续发展的传统工业向可持续发展的生态工业转变，从而实现与资源、环境、经济和社会的全面协调与可持续发展。地域性原料基本处于边远偏僻或经济相对落后地区，建材工业基础相对较弱。通过开展地域性天然原料的精准开发，实施科技精准扶贫，即通过科技创新创业达到“以能人示范带动实用技术推广，以实用技术致富一方百姓”的科技扶贫目的。

作者：崔琪（中国建筑材料科学研究总院）

5　绿色高性能生态结构体系

5　Green high-performance eco-structure system

5.1　高性能结构体系抗灾性能与设计理论研究

项目编号：2016YFC0701100

项目牵头承担单位：天津大学

项目负责人：李忠献

项目起止时间：2016 年 7 月～2020 年 6 月

项目经费：总经费 2300 万元，其中专项经费 2300 万元

5.1.1　研究背景

项目围绕绿色建筑及建筑工业化领域科技需求，研究解决高性能抗灾减灾新型结构体系及其在强地震、强台风、爆炸和环境振动等动力作用下的灾变动力响应特征、损伤破坏机理和连续倒塌机制，以及全寿命性能监测、抗灾安全评定与设计理论等重大科学问题与关键技术，对提高我国工程防灾减灾能力和水平、保障我国经济和社会可持续发展、实现《国家中长期科学和技术发展规划纲要》提出的战略目标，具有重要的战略意义。

5.1.2　总体目标

揭示高性能抗灾减灾新型结构体系及其在强地震、强台风、爆炸和环境振动等动力作用下的灾变动力响应特征、损伤破坏机理和连续倒塌机制，解决强地震、强/台风、爆炸和环境振动等动力作用下高性能结构体系及其抗灾减灾与全寿命安全等重大科学问题，并突破可恢复功能构件、节点及其组合体系、预制装配耗能减振节点与抗侧力体系、多维隔震减振系统、长寿命可更换、可移动监测设备系统等关键技术

5.1.3　研究内容

综合运用工程学、力学、材料学、实验科学等多学科知识，采取理论分析、模型试验、混合模拟、现场监测和工程验证相结合方法，从高性能材料、构件、

模块、结构不同层面，以抗灾减灾结构体系研发、灾变动力破坏机理模拟、全寿命性能监测、抗灾安全评定与设计为主线，系统研究高性能结构体系抗灾性能与设计理论。项目将：

（1）研发可恢复功能高层结构体系、预制装配耗能减振结构体系、大跨空间结构多维隔震减振体系和钢、混凝土与组合结构新型抗灾减灾体系等高性能抗灾减灾新型结构体系。

（2）建立高层结构抗震可恢复功能设计，预制装配耗能减振结构抗震多道设防和抗倒塌优化模式设计，大跨空间结构多维隔震减振抗灾性能设计，高强钢和混凝土组合结构地震损伤可控设计，高性能结构抗爆炸连续倒塌与整体性能设计及抗多次多种灾害全寿命性能设计等高性能结构抗灾性能设计理论与方法。

（3）发展高性能结构可更换监测设备、可移动数据采集设备、全寿命性能监测集成系统和基于监测数据的抗灾安全评定与设计，以及物理与数值子结构抗灾混合模拟方法与技术。

5.1.4 预期效益

项目成果将有力发展高性能结构体系抗灾性能与设计理论，使我国工程防灾减灾科学与技术达到国际先进水平，研究成果在我国建筑领域具有广阔的应用前景，将大力推动我国绿色建筑及建筑工业化发展。

作者：李忠献（天津大学）

5.2 高性能钢结构体系研究与示范应用

项目编号：2016YFC0701200
项目牵头承担单位：重庆大学
项目负责人：李国强
项目起止时间：2016 年 7 月～2020 年 6 月
项目经费：总经费 8600 万元，其中专项经费 2600 万元

5.2.1 研究背景

高性能钢结构体系是指承载力高、防灾能力强、舒适度和耐久性好、建造效率高的结构体系，与传统钢结构体系相比，用钢量小，安全性好。新型城镇化建设是我国当前的主要任务之一，在新型城镇化建设中采用绿色建筑和推进建筑工业化，是我国实现绿色发展的重要保证，而采用钢结构是我国发展绿色建筑及建筑工业化的主要方向之一。国外发达国家在高性能钢结构体系方面开展研究较

早，技术日渐成熟，而我国在此方面的研究开展较晚，与国外发达国家存在一定的差距。

5.2.2 总体目标

本项目将研发出 9 种可用于民用与工业建筑、城市桥梁和停车设施的高性能钢结构体系，研究高性能钢结构体系的力学性能，提出全寿命周期设计理论与方法、先进制造与施工的工业化技术和高效检测监测评估技术，建成建筑、桥梁等示范工程。

5.2.3 研究内容

项目将针对我国当前钢结构建筑及桥梁在工程应用中存在的结构性能不足、运营效率低、抵抗灾变性能不足以及设计建造水平低等问题，从结构形式创新、结构性能研究、新材料及先进结构防灾减灾和建造管理技术应用等方面提升钢结构体系性能，以结构生命周期高效建造为目标，确定了四大重点研究任务，包括：高性能建筑钢结构体系、高性能城市钢结构桥梁体系、高性能钢结构防灾减灾体系、钢结构设计与施工一体化高效建造技术。

5.2.4 预期效益

本项目形成的高性能钢结构体系成套技术全面应用于民用建筑、工业建筑、城市桥梁和停车设施后，将取得显著的经济效益和社会效益。与传统钢结构体系相比，本项目提出的高性能钢结构体系承载力与延性系数提高 15%以上，节省结构用钢量，可更充分利用高强钢材，提高钢结构加工与安装效率，降低钢结构建造成本，加快工程建造进度，取得显著经济和社会效益。

作者：李国强[1] 王宇航[2]（1. 同济大学；2. 重庆大学）

5.3 既有工业建筑结构诊治与性能提升关键技术研究与示范应用

项目编号：2016YFC0701300

项目牵头承担单位：中冶建筑研究总院有限公司

项目负责人：常好诵

项目起止时间：2016 年 7 月～2019 年 6 月

项目经费：总经费 8400 万元，其中专项经费 2000 万元

5.3.1 研究背景

我国既有工业建筑存量已突破 120 亿 m^2，工业建筑长期处于腐蚀、高温等不利环境并承受振动、动载等不利作用，结构破坏甚至倒塌事故时有发生，安全形势十分严峻。

5.3.2 总体目标

适应我国新型城镇化建设需求，针对工业建筑全寿命周期内安全与环保共性的关键问题，以结构诊治、绿色建筑和节能技术为基础，以信息和试验技术为支撑，着力完善结构基础理论与方法体系，重点发展以结构振动控制，钢结构疲劳、结构耐久性评估与性能提升，灾损结构评估与修复，围护结构体系节能和绿色评价，非工业化改造研究和大数据平台搭建等技术体系，力争实现工业建筑结构在全寿命期内安全、适用、耐久、节能等性能综合最优，积极推动绿色健康与可持续发展。

5.3.3 研究内容

项目针对典型工业环境的工业建筑开展调查和检测，在基于性能的结构诊治技术方面开展结构可靠度评定基础理论研究和钢结构疲劳、结构耐久性、结构振动及灾害等诊治和性能提升、绿色高效围护系统结构体系及节能评价关键技术研究；在基于功能转型的改造技术方面开展非工业化改造关键技术研究，形成既有工业建筑全寿命期结构诊治和性能提升成套技术，建立工业建筑大数据平台，开展工程应用示范。

5.3.4 预期效益

项目成果可保证即有工业建筑正常安全使用和灾后快速恢复功能，有效延长使用寿命，提高其节能环保性能；可显著提高工业建筑诊治领域的技术水平，带动我国土木工程相关领域的技术进步。

作者：常好诵（中冶建筑研究总院有限公司）

6 建 筑 工 业 化

6 Building industrialization

6.1 装配式混凝土工业化建筑技术基础理论

项目编号：2016YFC0701400

项目牵头承担单位：东南大学

项目负责人：吴刚

项目起止时间：2016年7月～2019年6月

项目经费：总经费4348万元，其中专项经费3848万元

6.1.1 研究背景

当前装配式混凝土结构产业发展迅速，但我国装配式结构的理论基础相对薄弱，体系仍有待不完善，缺少系统性的验证，导致工程应用明显超前于技术基础理论研究，而理论研究的滞后也严重制约了装配式混凝土结构的进一步发展。新材料、新技术、新方法为装配式混凝土结构带来了新一轮技术变革机遇。针对装配式结构的基础科学问题和共性关键技术，梳理技术变革为现有装配式混凝土结构构件、连接和体系形式带来的理论体系创新发展，是当前装配式混凝土结构迫切需要解决的问题。

6.1.2 总体目标

聚焦节点连接、构件制作安装、结构抗震性能等共性基础问题，充分发挥装配式建筑建造模式和结构受力相比现浇结构的特点和优势，提出等同或优于现浇的系列高效高性能装配式混凝土结构及其优化设计方法，揭示工业化建造和地震区应用的适用性准则，发展8度区抗震及防连续倒塌设计理论，建立全寿命期设计理论。

6.1.3 研究内容

针对上述研究目标，围绕影响装配式结构制作安装质量和受力性能的节点、构件和结构体系等核心因素，开展装配式混凝土结构新型连接节点及基本性能、

预制混凝土构件高效配筋及性能化设计理论、高性能装配式混凝土结构体系优化及其设计理论方面的研究，通过节点构造优化、构件性能提升和结构体系创新，提出兼顾施工效率和抗震性能的高性能装配式结构节点和结构体系，并完善其抗震设计理论。进一步，装配式混凝土结构在8度区的适应性研究尚很薄弱，且防连续倒塌设计理论和全寿命工作机理的研究几乎空白。为适应装配式混凝土结构在未来的规模化推广应用，拟结合材料、技术、方法的最新研究成果，深入研究装配式混凝土结构适用于8度区的抗震新体系与创新设计理论、防连续倒塌设计理论和长期性能及全寿命期设计理论。

6.1.4 预期效益

项目将形成十项核心成果，制修订行标3项，申请/获得发明专利30项，发表/录用SCI论文50篇，出版专著2本，培养研究生60人。研究成果将为我国建筑工业化形成强力助推，为装配式混凝土结构的高性能化、全寿命设计及全产业链的形成奠定理论和技术基础，具有重大的社会和经济意义。

作者：吴刚（东南大学）

6.2 工业化建筑设计关键技术

项目编号：2016YFC0701500

项目牵头承担单位：中国建筑股份有限公司

项目负责人：樊则森

项目起止时间：2016年7月～2020年6月

项目经费：总经费7600万元，其中专项经费1800万元

6.2.1 研究背景

现阶段我国建筑工业化实践中，存在设计和加工、装配等产业环节脱节；主体结构与建筑围护、机电设备、内装系统不配套，协同度差；目前基于“等同现浇”的装配式建筑设计方法不适应工业化生产方式；设计标准化程度低，设计通用体系不能够满足社会化大生产需要；专用体系缺失，关键技术和设计方法创新不足等关键问题。需要从整体性的角度提出设计、加工和装配一体化，及主体结构与建筑围护、机电设备、内装系统一体化的设计关键技术和集成设计方法。

6.2.2 总体目标

针对当前我国建筑工业化设计中上述产业环节脱节、各专业间协同差、标准

化程度低和专业体系缺失五大“短板”。以系统工程理论为基础，与实践相结合，采用先决定整体框架，后进入详细设计的研究方法。将工业化建筑作为一个大的系统工程深入研究，力求在协同创新和集成创新方面取得突破。

6.2.3 研究内容

本项目以研究由主体结构、建筑围护、建筑设备、内装四个子系统构成的建筑系统为核心；以标准化设计关键技术为抓手，以系统工程理论指导下的建筑集成设计为方法，以 BIM 协同为平台，综合三个层面（总体研究，分项研究，集成示范）和七大结构体系（装配式混凝土结构体系、模块化钢结构体系、装配式预应力框架结构体系、装配式竹木结构体系、混凝土和钢混合的高效高性能装配式结构体系、高性能装配式结构体系、工业化建筑围护系统及连接节点），进行十项工程示范推广。

6.2.4 预期效益

研发团队将完成一体化集成设计、建筑系统集成、关键技术体系研究三个层面若干课题的研究和创新，实现“建筑、结构、机电、装修的一体化协同”和“建筑设计、构件生产加工、现场装配施工的一体化协同”两个一体化的总体目标，形成服务于全产业链的一体化、标准化设计体系，研究成果将极大推动我国工业化建筑设计技术的进步和发展。

作者：樊则森（中国建筑股份有限公司）

6.3 建筑工业化技术标准体系与标准化关键技术

项目编号：2016YFC0701600
项目牵头承担单位：中国建筑科学研究院
项目负责人：程志军
项目起止时间：2016 年 7 月～2019 年 12 月
项目经费：总经费 4146 万元，其中专项经费 2646 万元

6.3.1 研究背景

当前我国尚未建立工业化建筑标准规范体系和定额体系，现有相关标准对工业化建筑的适用性不强、覆盖面不够，同时工业化建筑设计和施工标准化程度不高，关键标准缺位，不能有力支撑产业发展。针对上述工业化建筑标准化发展现状和现实需求，有必要深入开展工业化建筑标准规范体系和标准化关键技术

研究。

6.3.2 总体目标

构建工业化建筑全过程、主要产业链的标准规范体系和定额体系，建立完善工业化建筑设计、施工标准化技术体系，研制关键技术标准，最终突破制约工业化建筑规模化发展的标准化瓶颈，使我国工业化建筑的标准化水平达到国际先进水平，为我国全面推进建筑工业化、发展装配式建筑及加快建筑业产业升级提供标准化技术支撑。

6.3.3 研究内容

项目将创建覆盖工业化建筑全过程、主要产业链的标准规范体系以及定额体系；提升改进系列重要标准，研制建筑结构、围护系统、功能部品、设备管线等方面 20 多项标准规范；研发工业化建筑设计标准化技术，形成系列标准模数；研发施工标准化技术，形成施工工艺体系；研发工业化建筑标准化部品库。

6.3.4 预期效益

项目将完成工业化建筑标准规范体系、工业化建筑定额体系、标准化部品库、工业化建筑标准化模块设计指南各 1 部；标准化装配施工工艺体系 5 项以上；标准规范 23 项以上；工业化建筑定额 3 项；专著 3 部；标准信息化服务平台；标准化部品库专业网络平台；标准化工作团队及示范基地 1 个；示范项目 14 项等。项目成果将为我国工业化建筑实现规模化、高效益和可持续发展提供标准化技术支撑，具有重大的经济效益、社会效益和生态效益。

作者：程志军（中国建筑科学研究院）

6.4 装配式混凝土工业化建筑高效施工关键技术研究与示范

项目编号：2016YFC0701700
项目牵头承担单位：中国建筑股份有限公司
项目负责人：郭海山
项目起止时间：2016 年 7 月～2019 年 12 月
项目经费：总经费 10396 万元，其中专项经费 3296 万元

6.4.1 研究背景

在我国政府积极推进下，近几年新型装配式混凝土工业化建筑（以下简称装

配混凝土建筑）进入高速发展期。但因基础研究不足，尚有诸多施工问题未得到很好解决：如节点构造复杂、施工工序多、专用高效设备少、相应的施工质量检验规范覆盖不全等问题。装配式建筑是对施工建造方式的一次革命，加强高效施工关键技术研究对推动装配式建筑的发展具有决定性的意义。

6.4.2 总体目标

本项目通过建立装配混凝土建筑施工与评价三大理论与方法（即装配混凝土建筑绿色高效施工评价理论、基于性能的装配混凝土建筑施工全过程公差控制理论、高层装配混凝土建筑施工过程分析方法）解决装配混凝土建筑施工中“高效”可评价，“误差”可控制和“过程”可分析的重大科学问题，并以一体化、标准化和信息化为手段，升级改造现有施工技术与装备，完善相关施工质量检验规范，优选先进技术进行集成示范，解决工程应用中基础前沿与共性关键技术问题，为我国建筑工业化实现规模化、高效益和可持续发展提供理论基础和技术支撑。

6.4.3 研究内容

建立装配混凝土建筑绿色高效施工评价理论、基于性能的装配混凝土建筑施工全过程公差控制理论、高层装配混凝土建筑施工过程分析方法三大理论与方法；研发新型一体化和大型预制部品及高效施工技术、新型高效节点及高效施工技术、新型高精度施工设备及安装工艺、新型专用装备和防护体系五大关键技术与产品；制定施工全过程技术管理标准，开发信息化管理平台；制定装配式混凝土建筑施工及质量验收技术与标准；建立我国典型气候区、不同抗震设防区装配混凝土低层与多高层居住建筑、多高层装配混凝土公共建筑、大型装配混凝土公共建筑和新型装配混凝土工业建筑等施工工艺、质量控制和安全保障三大体系，并进行规模化示范。

6.4.4 预期效益

本项目的实施将形成一系列的指导性理论、绿色高效装配式混凝土建筑体系、新型施工建造工艺和装备、指导性标准和规范，从而开创我国装配式建筑“高效”可评价，“误差”可控制和“过程”可分析的新时代，支撑中央提出的“力争用10年左右时间，使装配式建筑占新建建筑的比例达到30%”目标实现，同时推动具备新型装配建筑建造能力的中国建筑业跟随“一带一路”走向世界。

作者：郭海山（中国建筑股份有限公司）

6.5 工业化建筑检测与评价关键技术

项目编号：2016YFC0701800

项目牵头承担单位：中国建筑科学研究院

项目负责人：张仁瑜

项目起止时间：2016 年 7 月～2020 年 6 月

项目经费：总经费 11200 万元，其中专项经费 3300 万元

6.5.1 研究背景

发展以装配式建筑为主的工业化建筑是我国建筑业改革的方向，《国民经济和社会发展第十三个五年规划纲要》和国务院《进一步加强城市规划建设管理工作的若干意见》提出了“推广装配式建筑，力争用 10 年左右时间，使装配式建筑占新建建筑的比例达到 30%”的发展目标和要求，在我国今后新型城镇化进程中，以装配式混凝土住宅为代表的工业化建筑将进入快速、规模化发展阶段。但由于我国工业化建筑的基础研究与工程实践不足，质量检测技术手段和验收标准亟需创新与完善；缺乏基础数据和评价体系，无法定量地评价和动态监测工业化建筑的发展水平，急需建立一套与工业化建造方式相适应的工业化建筑检测与验收技术标准及评价体系，为提升工业化建筑品质和保证工程质量安全提供技术支撑，实现工业化建筑规模化、高效益和可持续发展。

6.5.2 总体目标

针对我国建筑工业化建筑质量检测技术手段和验收标准不完善、缺乏基础数据和评价体系等问题，研究建立适应中国工业化建筑特征的检测、验收和认证技术与标准，构建工业化建筑评价技术体系及综合监管平台，为提升工业化建筑品质和保证工程质量安全提供技术支撑。

6.5.3 研究内容

考虑装配式建筑的部品、构配件与结构整体性能，综合运用检测验收和认证手段，建立一套适应中国工业化建筑特征的检测、验收和认证技术与标准；基于云技术等新兴信息技术，构建有在全国范围推广价值的工业化建筑评价技术体系及综合监管平台。通过解决基于概率理论的工业化建筑质量检验科学抽样问题，揭示连接质量缺陷对结构性能的影响机理，探索基于多源数据的工业化建筑协同、动态评价理论等关键科学问题，将在构配件及部品质量检验与认证、装配式结构整体性检验及连接质量缺陷区域定位、钢筋套筒灌浆连接、浆锚搭接、结合

面连接等质量检验、全产业链能耗和碳排放监测及测算、建筑工业化发展水平评价方法和动态监测、工业化建筑综合评价与决策平台开发等检测与评价关键技术领域取得重大突破。

6.5.4 预期效益

通过本项目实施，未来5年，检测及认证技术将直接用于工程验收，相关标准将颁布实施，工业化建筑评价综合监管平台在全国30个以上城市进行推广，将科学引导建筑工业化发展方向，逐步实现3000万农民工向产业工人转型，产生近200亿元人民币的经济效益，大幅提高工业化建筑的社会经济效益，对行业科技创新和转型发展具有重要意义。

作者：张仁瑜（中国建筑科学研究院）

6.6 预制装配式混凝土结构建筑产业化关键技术

项目编号：2016YFC0701900
项目牵头承担单位：中国建筑股份有限公司
项目负责人：叶浩文
项目起止时间：2016年7月～2020年6月
项目经费：总经费14200万元，其中专项经费3200万元

6.6.1 研究背景

大力推进预制装配式混凝土结构建筑产业化是社会发展的战略需求，既是实施节能减排战略、新型城镇化建设的需要，也是加快供给侧结构性改革和建筑企业转型升级的需要。

6.6.2 总体目标

解决当前装配式混凝土结构件产业化水平低，设计标准化、模数化程度低，不利于工厂规模化加工和现场装配，设计—加工—装配脱节，工程建设难以高效组织的产业系统性问题。

6.6.3 研究内容

（1）研究预制率50%以上的高层住宅装配式混凝土结构设计—加工—装配全产业链成套技术解决方案和产业化技术体系；形成与之配套的技术协同标准和产业化建造指南。

（2）研究全装配化低多层住宅装配式混凝土结构设计—加工—装配全产业链成套技术解决方案和产业化技术体系；形成与之配套的技术协同标准和产业化建造指南。

（3）研究预制率70%以上的公共建筑装配式混凝土结构设计—加工—装配全产业链成套技术解决方案和产业化技术体系；形成与之配套的技术协同标准和产业化建造指南。

（4）提出全国预制工厂规划布局指南，结合示范工程应用研究，提出发展装配式混凝土建筑的产业政策框架和装配式建筑技术指标体系与评价标准。

6.6.4 预期效益

本项目的顺利实施，将形成适合我国国情的预制率50%以上的装配式混凝土建筑产品3类以上，效率提升40%以上的3类专用集成技术体系，人工减少50%以上的1套智能化加工生产线，工效提高40%以上的3套装配化工装系统，3类以上的通用关键配套产品；形成全国预制工厂规划布局指南，并在4个以上重点区域示范；完成示范工程总面积不少于260万m^2，资源及能源消耗减少不低于30%。

作者：周冲（中国建筑发展有限公司）

7 建 筑 信 息 化

7 Building Informatization

7.1 基于BIM的预制装配建筑体系应用技术

项目编号：2016YFC0702000

项目牵头承担单位：中国建筑科学研究院

项目负责人：许杰峰

项目起止时间：2016年7月～2019年6月

项目经费：总经费5600万元，其中专项经费2600万元

7.1.1 研究背景

我国正处在生态文明建设、新型城镇化战略布局的关键时期，贯彻创新、协调、绿色、开放、共享发展理念，大力发展建筑工业化，对于转变城乡建设模式，推进建设领域节能减排，加快建筑业产业升级，具有十分重要的意义和作用。随着BIM技术的广泛应用，利用BIM技术实现预制装配式建筑全流程的精细、高效信息管理必将是建筑业发展的趋势。

7.1.2 总体目标

基于BIM的预制装配建筑体系应用技术研究，完成自主知识产权的预制装配式建筑体系BIM平台，解决预制装配式建筑设计、生产、运输和施工各环节中协同工作的关键问题，建立完整的基于BIM的预制装配建筑全流程集成应用体系，为建筑产业化提供科技引领和技术支撑。

7.1.3 研究内容

本项目研究预制装配式建筑BIM数据高效管理、全产业链各环节应用软件协同工作、基于BIM模型的预制装配式构件CAM及生产管理系统、空间钢结构预拼装校验、基于BIM和物联网的装配式建筑建造过程管理。共设置了五个课题，基于装配式建筑全过程应用的自主BIM平台研究（课题一），开展预制装配式建筑设计（课题二）、生产（课题三）、运输和施工（课题四、课题五）各环节

协同工作关键技术研究，建立基于BIM的预制装配式建筑全流程集成应用体系，并进行工程示范应用。

拟解决的关键技术问题如下：

（1）基于BIM信息的装配式建筑数据的高效存取与交换问题；

（2）装配式建筑设计中的专业协同、模块拼装、智能拆分、结构分析技术；

（3）产业链各专业间的信息数据交换协议、标准接口与集成技术；

（4）BIM与生产设备的数据转换技术；

（5）空间钢结构预拼装监测数据自动采集、分析、误差评定及控制关键技术；

（6）预制装配式构件的运输、安装与现场管理的多方智能协同技术。

7.1.4 预期效益

通过本项目实施，充分挖掘BIM技术信息集成优势，将有效解决预制装配式建筑全产业链的数据共享与交换问题；基于BIM的预制装配式建筑的应用软件与系统平台，可提升成为全国预制装配式建筑应用的重要基础产品；预计提高预制装配式建筑设计效率20%以上，降低80%的拼装检测的人工量；基于BIM的预制装配式建筑应用使原来的粗放型模式向集约型模式转变，促进建筑产业化的可持续发展，具有良好的社会与经济效益。

作者：许杰峰（中国建筑科学研究院）

7.2 绿色施工与智慧建造关键技术

项目编号：2016YFC0702100

项目牵头承担单位：中国建筑股份有限公司

项目负责人：李云贵

项目起止时间：2016年7月～2020年7月

项目经费：总经费9400万元，其中专项经费2400万元

7.2.1 研究背景

我国“十二五”期间已初步构建了绿色建造技术体系，“十三五”期间，需要在绿色施工方面进行深入研究，促进建筑业的技术升级、生产方式和管理模式变革。为此，国家设立重点研发计划项目“绿色施工与智慧建造关键技术”（以下简称“项目”），推动我国绿色施工技术研究和应用。

7.2.2 总体目标

贯彻十八大以来党中央国务院有关绿色化和信息化发展相关精神，落实十八

届五中全会“创新、协调、绿色、开放、共享”发展理念以及国家大数据战略、“互联网+”行动等相关要求，充分发挥信息化在建筑业发展中的支撑和引领作用，在传统建筑工程建设中关注的质量、工期、安全、成本四要素的基础上，增加环境因素，在传统施工工艺、技术、管理和设备中增加信息化和智能化成分。

7.2.3 研究内容

项目将在“十二五”国家支撑计划绿色施工研究成果的基础上，开发绿色施工工艺技术、节能环保施工装备以及标准化施工临时设施，建立绿色施工定量评价体系，大量减少施工现场固体排放物，通过施工全过程各要素的信息技术应用研究，推进 BIM、物联网、大数据、智能化、移动通讯、云计算等信息技术在绿色施工中的集成应用，提升数据资源利用水平和信息服务能力，促进建筑工程智慧建造技术发展，为建筑业的可持续发展提供技术支撑，塑造绿色化、智能化新型建筑业态。

7.2.4 预期效益

本项目研究成果的应用，将会大大改善传统建造中常见的资源与能源的浪费和环境污染现象，促进建筑业的可持续发展，社会效益、经济效益和生态效益显著。

（1）通过研究利用 H 型钢支撑代替传统的混凝土支撑，减少固废清理量 20%以上；通过钻孔灌注桩护壁泥浆循环利用技术研究与应用，降低项目垃圾清运总量的 10%以上；通过超厚大体量底板混凝土溜管施工技术，提高整体浇筑质量。

（2）通过对施工现场临时设施标准化、定型化、产业化的深入研究，提高劳动生产率 40%以上，减少水、电、气等能源消耗 30%以上。

（3）通过对施工现场固废减排、回收与循环利用技术研究，实现施工现场固体废弃物源头控制，实现减少固体废弃物排放 70%的目标。

（4）通过开发施工全过程污染物监测预警系统及移动端 APP，为控污、降污提供全新技术手段。

（5）对已有施工装备及系统进行技术改造，通过建筑机器人装备的研发，进一步推动建筑产业的更新换代。

（6）通过对基于 BIM 的信息化绿色施工技术研究，开发基于物联网和分布式计算的绿色施工监控管理平台，借助于现代信息技术，对工程项目实施动态控制和精细化管理，提升绿色施工管理水平和效率。

（7）推进 BIM、物联网、大数据、智能化、移动通讯、云计算等最新信息技术为基础的智慧建造技术集成应用研究，实现建筑业的技术升级、生产方式和管理模式变革。

作者：李云贵（中国建筑股份有限公司）

第四篇 交流篇

本篇内容主要由部分省市绿色建筑发展情况、四个地区绿色建筑基地工作开展的情况以及部分国际科技交流活动信息所组成，旨在为读者提供更多有关绿色建筑发展的信息，了解、借鉴。

2016年各地推动绿色建筑发展取得了新的进展，主要体现在以下方面。

一、2016年是国家“十三五规划”开局之年，各地纷纷发布地方绿色建筑和建筑节能发展规划，明确推动绿色建筑发展的主要任务。

二、加大力度开展绿色建筑评价标识工作，将绿色建筑一星级纳入施工图审查；积极推进绿色生态城区示范，山东省印发了《绿色生态示范城镇建设指南（试行）》；有的省市出台了《绿色建筑规划审查要点》、《绿色建筑工程验收规范》、《绿色建筑运行管理技术规范》，使绿色建筑标准体系更加完善；启动绿色建材评价工作，为绿色建筑的深入发展提供有效支撑。

三、围绕住建部建筑产业现代化重点工作，积极推动地方相关工作，出台“装配式混凝土结构施工图设计文件”、“装配式混凝土建筑技术审查要点”等，并将装配式建筑示范纳入政府财政奖励的范围。

中国绿建委针对绿色建筑发展地域性强的特征，为支持地方发展绿色建筑，于2015年建立了4个地区绿色建筑基地。基地的定位是成为地区推动绿色建筑发展五个中心，即工程示范中心、技术产品展示中心、研发中心、教育培训中心和国际交流合作中心。两年来，基地的建设和发展初有成效，各具特色。他们结合当地实际情况，充分利用各方面资源，围绕5个功能中心开展工作，组织各种丰富多彩的活动，在地区绿色建筑发展中发挥了积极作用。

此外，本篇还收录了一篇介绍深圳市开展绿色建筑工程师职称评定工作的文章。深圳作为全国改革开放的先驱，大胆探索，勇于实践，与时俱进。他们紧紧抓住了国家行政体制改革的机遇和绿色建筑发展对专业技术人才的需求，在建设行业内率先建立了“绿色建筑”专业高、中级职称评定体系，并交由专业行业协会承担职称评定的组织管理工作，为全行业树立了典范。

Part Ⅳ Experiences

This part mainly introduces the development of green building in some provinces of China, work carried out in green building bases in four regions, and some information about international scientific and technical exchanges. It aims to provide readers with more information about green building development.

In 2016, new achievements in the promotion of green building were made nationwide, which are mainly demonstrated in the following aspects:

1. 2016 is the opening year of China's 13th Five-year Plan, and planning of green building and building energy efficiency development were issued by local authorities nationwide to define priorities to the promotion of green building.

2. Assessment labeling of green building were further carried out and green building one star were required in construction drawing review. Demonstration of green ecological urban districts was actively pushed forward and Shandong province issued *Guide to the Construction of Green Ecological Demonstration Cities and Towns (Trial)*. Some provinces and cities issued *Review Points of Green Building Planning*, *Code for Acceptance of Green Building Construction*, and *Technical Specification for Operation and Management of Green Building*, which further improved the green building standard system. Green materials evaluation was initiated, providing effective support for further development of green building.

3. In accordance to MOHURD priorities for modernization of the building industry, relevant work was actively carried out. *Design Docu-*

ment for Prefabricated Concrete Structure Construction Drawing and *Review Points of Prefabricated Concrete Building Technologies* were issued and prefabricated building demonstration was rewarded with financial incentive from the government.

In consideration of the distinctive regional features of green building development, China Green Building Council established 4 regional green building bases in 2015 to support local development of green building. These bases aimed to push forward the development of green building as five centers, namely, engineering demonstration centers, technologies and products exhibition centers, R & D centers, education and training centers and international exchange and cooperation centers. In the past two years, the construction and development of these bases have achieved initial success with respective characteristics. Based on local conditions, these bases make a full use of all resources, carry out all kinds of activities as the five functional centers, and play active roles in the local development of green building.

Besides, this part also introduces an article about technical title assessment for green building engineers in Shenzhen. As a pioneer of China's reform and opening-up, Shenzhen has the courage to explore, practice and advance with the times. Seizing the opportunity of the national administrative system reform and the demand of green building development for technical talents, Shenzhen is the first to establish a technical title assessment system for senior and intermediate engineers in the green building industry. The organization and management of the assessment is carried out by relevant professional industrial associations, setting an example for the whole industry.

1 北京市绿色建筑总体情况简介

1 General situation of green building in Beijing

1.1 建筑节能总体情况

截至 2015 年底，北京市城镇民用建筑总面积达 80570 万 m^2，其中节能建筑 59937 万 m^2，占比 74.4%，比 2010 年提高了 17.3%。居住建筑面积 48946 万 m^2，占城镇民用建筑总面积的 60.7%，其中节能居住建筑 45124 万 m^2，占比 92.2%，比 2010 年底提高了 16.5%。公共建筑面积 31623 万 m^2，占城镇民用建筑总面积的 39.3%，其中节能公共建筑 14812 万 m^2，占比 46.8%，比 2010 年提高了 20.2%。农村民用建筑总面积约 21000 万 m^2，其中住宅 18000 万 m^2，公共建筑 3000 万 m^2。截至 2015 年底，全市累计完成 58.35 万户农宅节能改造、新建翻建和节能抗震加固综合改造，农村节能建筑比例大幅提高。2014 年全市民用建筑总能耗已经达到 3114 万吨标准煤，占全市能源消费总量的 45.6%，其中城镇建筑能耗 2738 万吨标准煤，农村地区建筑能耗 376 万吨标准煤。随着第三产业比重的日益提高、民用建筑总量的持续刚性增长以及人民生活消费水平的不断提高，建筑能耗总量和占比还将逐年加大。北京承诺 2020 年碳排放总量达峰，建筑节能作为节能减排的重点领域面临严峻挑战。“十三五”时期建筑节能将结合首都城市总体功能定位，实施全市民用建筑能源消费总量和能耗强度双控，狠抓能源需求侧调控和能源供给侧改革，控制民用建筑碳排放总量。

1.2 绿色建筑总体情况

2016 年是“十三五规划”开局之年，北京市发布《北京市“十三五”时期民用建筑节能发展规划》，建筑节能领域将深入贯彻落实创新、协调、绿色、开放、共享的发展理念，全面深入促进高星级、高品质绿色建筑发展，提高绿色建筑建设标准和运营管理水平，提升绿色生态示范区发展水平，推动绿色建筑全产业链发展，努力建设绿色建筑示范城市。

2016 年通过绿色建筑标识认证的项目 76 项，建筑面积共计 720.1 万 m^2。其中运行标识 14 项，建筑面积 197.5 万 m^2；设计标识 62 项，建筑面积 522.6 万 m^2。

公共建筑54项，共计492.9万m^2，住宅建筑20项，共计213万m^2，综合建筑2项，共计14.2万m^2。其中一星级标识项目数量为9项，建筑面积74.2万m^2，二星级项目46项，建筑面积458.6万m^2；三星级项目21项，建筑面积187.3万m^2。二星级及以上项目占比达到88%，二星级及以上建筑面积占比达到90%。

截至2016年12月，北京市通过绿色建筑标识认证的项目共226项，建筑面积达2434.34万m^2。其中运行标识32项，建筑面积433.67万m^2；设计标识194项，建筑面积2000.67万m^2。公共建筑148项，共计1358.59万m^2，住宅建筑75项，共计1060.17万m^2，工业建筑1项，共计1.4万m^2，综合建筑2项，共计14.18万m^2。其中一星级标识项目数量为28项，建筑面积228.72万m^2，二星级项目98项，建筑面积1214.59万m^2；三星级项目100项，建筑面积991.03万m^2。二星级及以上项目占比达到88%，二星级及以上建筑面积占比达到91%。

北京市规划和国土资源管理委员会依据《北京市绿色建筑（一星级）施工图审查要点》对2013年6月1日后取得建设规划许可证的项目进行审查，要求新建项目基本达到绿色建筑等级评定一星级以上标准。截至2016年11月底，北京市共有2416个项目，约1.15亿m^2的新建项目通过了绿色建筑施工图审查，实现了绿色建筑的规模化发展。

1.3 发展绿色建筑的政策法规情况

1.3.1 中共北京市委、北京市人民政府发布《关于全面提升生态文明水平推进国际一流和谐宜居之都建设的实施意见》（京发〔2016〕2号）

为深入贯彻落实《中共中央国务院关于加快推进生态文明建设的意见》和《中共中央国务院关于印发〈生态文明体制改革总体方案〉的通知》精神，2016年1月14日，中共北京市委、北京市人民政府发布《关于全面提升生态文明水平推进国际一流和谐宜居之都建设的实施意见》（京发〔2016〕2号），全面提升城市宜居性。强化城镇化过程中的绿色低碳智能理念，实行绿色规划、设计、施工标准，高标准建设城市供排水、交通、能源、垃圾处理等基础设施系统。推动绿色建筑规模化发展，新建建筑全面执行绿色建筑设计、施工、运行管理标准，政府投资的公共建筑和大型公共建筑达到二星级及以上绿色建筑标准，鼓励既有建筑实施绿色改造，2020年绿色建筑占城镇建筑比例达到25%以上，建成一批绿色建筑示范区。

1.3.2 中共北京市委、北京市人民政府发布《关于全面深化改革提升城市规划建设管理水平的意见》

按照中央城镇化工作会议、中央城市工作会议的明确要求和工作部署，为进一步做好新时期全市城市工作，2016 年 6 月 13 日，中共北京市委、北京市人民政府发布《关于全面深化改革提升城市规划建设管理水平的意见》，就全面深化改革，不断提升首都城市规划建设管理水平提出三十六条意见，其中提出努力建设绿色建筑示范城市中：**大力发展绿色建筑**。居住建筑启动实施第五步 80%节能设计标准，新建政府投资公益性建筑和大型公共建筑全面执行绿色建筑二星级及以上标准；定期制定发布绿色建筑适用技术推广目录，鼓励发展超低能耗建筑技术，建设近零碳排放区示范工程；全面完成城镇非节能居住建筑节能改造；加强公共建筑能耗限额管理，优化调整供热计量收费政策，对超限额的单位实行差别化电价并限期实施节能改造；完善碳排放权交易、合同节能、用能托管等机制，推广建筑能效标识认证。到 2020 年本市建筑节能水平达到国际同纬度地区的先进水平。**推广新型建造方式**。大力推动新建建筑装配式建造，保障性住房和政府投资的民用建筑全部采用装配式建造，不断提高商品房开发项目装配式建造比例，积极发展钢结构建筑，推行结构装修一体化成品交房，到 2020 年实现装配式建筑占新建建筑的比例达到 30%以上。完善装配式建筑建设管理体系，完善标准和技术规范，完善生产、造价、设计、招标、施工、验收等管理制度，推行设计、采购和施工一体化总承包建造方式。率先创建近零碳排放示范区，全部建筑达到绿色建筑二星级水平，其中重要建筑达到绿色建筑三星级的比例超过 50%。加快实施绿色智慧能源系统工程，实现可再生能源利用率达到 30%以上。构建开放友好生态空间，打造水城相融的自然环境，营造和谐亲民的公共空间。

1.3.3 北京市住房和城乡建设委、北京市发展改革委员会发布《关于印发〈北京市“十三五”时期民用建筑节能发展规划〉的通知》（京建发〔2016〕386 号）

北京市住房和城乡建设委、北京市发展改革委员会编制了《北京市“十三五”时期民用建筑节能发展规划》，并经市政府第 128 次常务会议审议通过，于 2016 年 10 月 31 日正式印发。“十三五”时期在建筑规模总量一定的前提下，到 2020 年民用建筑能源消费总量控制在 4100 万吨标准煤以内，2020 年新建城镇居住建筑单位面积能耗比“十二五”末城镇居住建筑单位面积平均能耗下降 25%，建筑能效达到国际同等气候条件地区先进水平。在新建政府投资公益性建筑及大型公共建筑中执行二星级及以上绿色建筑标准，2020 年底绿色建筑面积占城镇民用建筑总面积比例达到 25%以上，绿色建材在新建建筑上应用比例达到 40%

以上。出台超低能耗建筑推广政策、编制超低能耗技术导则或设计标准，到2020年完成不少于30万m^2超低能耗建筑示范项目。将北京市城市副中心、北京新机场、2022北京冬奥会场馆、环球影城、新首钢高端产业综合服务区等重大项目建设成节能绿色建筑的典范。市级行政办公区推广使用装配式建筑，全部建筑达到绿色建筑二星级以上水平，其中三星级绿色建筑比例达到70%。建成超低能耗建筑示范项目。加快实施绿色智慧能源系统工程，实现可再生能源利用率达到40%，率先创建近零碳排放示范区。

1.3.4 北京市住房和城乡建设委员会、北京市规划和国土资源管理委员会、北京市发展和改革委员会、北京市财政局《关于印发〈北京市推动超低能耗建筑发展行动计划（2016—2018年）〉的通知》(京建发〔2016〕355号)

2016年10月9日，北京市住房和城乡建设委联合相关委局制定印发《北京市推动超低能耗建筑发展行动计划（2016—2018年）》（以下简称“行动计划”），以科技创新为动力，以标准规范为保障，以精细建设为手段，以示范工程为引领，着力提升建筑品质，构建绿色、低碳、循环的超低能耗建筑产业，实现超低能耗建筑向标准化、规模化、系列化方向发展。《行动计划》要求3年内建设不少于30万m^2的超低能耗示范建筑，建造标准达到国内同类建筑领先水平，形成展示建筑绿色发展成效的窗口和交流平台。《行动计划》的主要任务包括：（1）加强超低能耗建筑技术研究和集成创新，增强自主保障能力；（2）加快推进超低能耗建筑示范项目的落地，发挥示范项目的辐射作用。2016～2018年，政府投资建设的项目中建设不少于20万m^2示范项目，社会资本投资建设项目中建设不少于10万m^2示范项目；（3）制定超低能耗建筑技术标准和规范，推动标准化、规模化发展。北京市还出台了配套了激励政策，社会投资的项目由市级财政给予一定的奖励资金，被认定为第一年度的示范项目，资金奖励标准为1000元/m^2，且单个项目不超过3000万元；第二年度的示范项目，资金奖励标准为800元/m^2，且单个项目不超过2500万元；第三年度的示范项目，资金奖励标准为600元/m^2，且单个项目不超过2000万元。具体实施细则由市住房城乡建设委会同市财政局等单位制定。

1.3.5 北京市住房和城乡建设委员会、北京市发展和改革委员会、北京市规划和国土资源管理委员会、北京市财政局《关于印发〈北京市公共建筑能效提升行动计划（2016—2018年）〉的通知》(京建发〔2016〕325号)

2016年9月1日，北京市住房和城乡建设委联合相关委局制定印发《关于印发〈北京市公共建筑能效提升行动计划（2016—2018年）〉的通知》，要求严格执行最新发布的《公共建筑节能设计标准》DB11/687—2015，政府投资公益性建筑和大型公共建筑全面执行绿色建筑二星级及以上标准；截至 2018 年底，完成不少于 600 万 m^2 的公共建筑节能绿色化改造工作，实现节能量约 6 万吨标准煤；构建完善公共建筑节能运行及节能绿色化改造政策标准体系，提升公共建筑节能运行和信息化管理水平，2018 年底之前完成市公共建筑节能服务平台建设。力争利用 3 年时间，扭转公共建筑能耗快速上升的趋势。

1.3.6　北京市勘察设计和测绘地理信息管理办公室、北京市住房和城乡建设科技促进中心印发《关于发布北京市绿色建筑委托评审单位的通知》（市勘设测发〔2016〕第 69 号）

根据住房和城乡建设部《住房城乡建设部办公厅关于绿色建筑标识评价管理有关工作的通知》（建办科〔2015〕53 号）文件精神，积极转变政府职能，加强绿色建筑评价标识评审过程规范化管理，逐步过渡到第三方评价模式，受北京市规划委员会、北京市住房和城乡建设委员会委托，北京市勘察设计和测绘地理信息管理办公室、北京市住房和城乡建设科技促进中心，于 2016 年 2 月 3 日发文确定了 7 家北京市绿色建筑委托评审单位，各委托评审单位需按照《北京市绿色建筑评价标识管理办法》，依据绿色建筑评价相关标准规范，协助开展北京市绿色建筑评价标识工作。

1.3.7　北京市住房和城乡建设委员会、北京市规划和国土资源管理委员会《关于公布北京市绿色建筑评价标识专家委员会专家名单的通知》（京建发〔2016〕398 号）

北京市住房和城乡建设委员会、北京市规划和国土资源管理委员会经广泛征集、网络申报、考核与评选、公示等程序，确定由中国城市规划设计研究院李迅等 215 名专家，按规划、建筑、结构、暖通、给排水、电气、建材、建筑物理、施工、物业管理十大专业类别组成北京市绿色建筑评价标识专家委员会，并于 2016 年 11 月 11 日将北京市绿色建筑评价标识专家委员会专家名单（2017～2018）予以公布。

1.3.8　市规划国土委发布《关于启动 2016 年北京市绿色生态示范区评选工作的通知》（市规发〔2016〕939 号）

为落实《北京市发展绿色建筑推动生态城市建设实施方案》、《北京市发展绿色建筑推动绿色生态示范区建设奖励资金管理暂行办法》，推动我市绿色生态示范区建设，提高城市生态文明建设水平，北京市规划和国土资源管理委员会于 2016 年 6 月发布《关于启动 2016 年北京市绿色生态示范区评选工作的通知》（市规发市规发〔2016〕939 号），正式启动 2016 年北京市绿色生态示范区评选工作。在往年评选办法的基础上，2016 年的评选办法细化了对建设实施方案的要求，为后期对获得“北京市绿色生态示范区”称号的园区分阶段实施评估工作做好准备。经资料初审、现场核查、专家评审，2016 年度中关村科技园区丰台园东区和奥体文化商务园区两个功能区获得“北京市绿色生态示范区”称号。

1.4 绿色建筑标准和科研情况

1.4.1 绿色建筑标准

(1) 发布实施北京市《绿色建筑评价标准》DB 11/T 825—2015

由北京市住房和城乡建设科技促进中心、北京建筑技术发展有限责任公司主编修订的《绿色建筑评价标准》经北京市质量技术监督局批准，北京市质量技术监督局、北京市住房和城乡建设委员会共同发布，编号为 DB 11/T 825—2015，代替《绿色建筑评价标准》DB 11/T 825—2011，自 2016 年 4 月 1 日起实施。该标准修订工作在国家标准《绿色建筑评价标准》GB 50378—2014 基础上，紧密结合北京市气候、资源、经济发展水平、人居生活特点和节能减排要求，遵循“确保绿色效果、提升建筑品质”的基本原则，合理设置或细化具有北京项目绿色特点的评价指标或内容，确保标准的科学性、适宜性和可操作性，推动北京市绿色建筑评价工作规范发展。

(2) 发布实施北京市地方标准《绿色建筑工程验收规范》(DB 11/T 1315—2015)

由北京市住房和城乡建设科技促进中心、北京市建设工程安全质量监督总站、中国建筑科学研究院主编的《绿色建筑工程验收规范》经北京市质量技术监督局批准，北京市质量技术监督局、北京市住房和城乡建设委员会共同发布，编号为 DB 11/T 1315—2015，自 2016 年 4 月 1 日起实施。凡在 2013 年 6 月 1 日后通过绿色建筑施工图审查的民用建筑项目，竣工验收时需按照本规范完成绿色建筑工程验收，并报住房城乡建设行政主管部门备案。该规范为落实绿色建筑设计要求、保证绿色建筑实施效果提供了验收手段，充分考虑了北京市绿色建筑现状和施工验收阶段工作特点，科学合理，操作性和适用性强，具有创新性，为促进北京市建立健全绿色建筑管理体系提供专项技术支撑。

(3) 发布实施《北京市装配式混凝土结构建筑工程施工图设计文件技术审查要点》

北京市规划国土委勘办组织编制了《北京市装配式混凝土结构建筑工程施工图设计文件技术审查要点》，并于 2016 年 3 月发布。该审查要点明确了审查内容，统一了审查尺度，确保了审查质量。该审查要点的编制原则符合《房屋建筑和市政基础设施工程施工图设计文件审查管理办法》（住建部令第 13 号）的规定，并与《北京市建筑工程施工图设计文件技术审查要点》〔2012〕1115 号）及住建部《装配式混凝土结构建筑工程施工图设计文件技术审查要点》进行了协调。该审查要点依据相关法规、《装配式剪力墙结构设计规程》DB 11/1003—2013、《装配式混凝土结构技术规程》JGJ 1—2014 编制，与《北京市建筑工程施工图设计文件技术审查要点》（2011 年版）一起使用。

(4) 启动编制北京市地方标准《绿色建筑示范区运营管理标准》

根据北京市质量技术监督局关于印发《2016 年北京市地方标准制修订项目计划》的通知（京质监发〔2016〕22 号），《绿色建筑示范区运营管理标准》（以下简称：《标准》）作为北京市一类推荐性标准被批准开展制订工作，制订工作起止年限为 2016～2017 年。2016 年 9 月 1 日，北京市住房和城乡建设科技促进中心组织召开了《标准》编制工作启动会，成立了编制工作组，明确了工作任务和计划。《标准》将用于规范在建和已建北京市绿色建筑示范区的运营管理，提出绿色建筑示范区在土地土地资源高效集约利用、生态环境、绿色建筑、能源节约利用、水资源节约、固废资源化利用、绿色交通、公众参与等方面开展绿色运营管理的基本要求，为园区管委会或开发管理单位提供建设和运营管理过程中应遵循的基本原则和行动导则。

(5) 编制《北京市农宅建设新体系及新技术应用示范图册——低层装配式农宅》应用图集

为有效解决传统农宅建设中存在的相关问题，北京市住房城乡建设委组织编制了《北京市农宅建设新体系及新技术应用示范图册——低层装配式农宅》应用图集，图册中收录的八个装配式低层农宅新体系，在“装配式轻钢结构”和“装配式混凝土结构”两大结构体系基础上，分别进行了材料、工艺、安装流程等方面的优化和创新。图册中收录的八类低层装配式农宅新体系均能达到现行节能环保标准，同时满足农村居民建造独立式、并联式、联排式、院落式农宅的需求，为北京社会主义新农村建设以及“十三五”时期推进农村住宅产业化提供技术支撑与示范。

1.4.2 科研情况

(1) 全球环境基金（GEF）五期“中国城市规模的建筑节能和可再生能源应用项目”

本项目为全球环境基金（GEF）五期“中国城市规模的建筑节能和可再生能源应用”赠款项目，旨在通过支持中国可持续能源议程中三个重要领域的政策改进，解决挑战中国可持续城市化发展的关键问题，包括：①促进低碳宜居城市形态发展；②提高大型公共建筑和商业建筑能源利用效率；③扩大经济可行的屋顶太阳能光伏发电应用。项目整体由住房和城乡建设部、北京市、宁波市三个层面构成。项目执行期 5 年，2013 年开始，2018 年结束。

目前，已经开展的子项目包括：《北京市建筑节能管理规定》修订及发布地方性法规调研、开展修订北京市《公共建筑节能设计标准》、北京市《绿色建筑工程施工验收规范》的调研及制订、绿色建筑标识认证信息化平台建设、北京市大型公共建筑能耗比、北京市城市形态研究、修订北京市《绿色建筑评价标准》(DB 11/T 825—2011)、建筑室内 PM2.5 控制技术研究、住宅产业现代化全产业链相关支撑政策研究、超低能耗建筑用保温材料及外保温系统技术研究、旧城区绿色节能改造研究与示范、施工现场硬装地面工业化技术研究与推广等项目。

(2)《北京市近零能耗居住建筑标准体系研究》(北京市新型墙体材料专项基金项目)

课题研究的主要内容包括对近零能耗居住建筑的定义、性能指标、技术经济可行性、外围护结构节能设计及施工工法、高能效建筑用能系统、检测认证技术研究，建立了北京市近零能耗居住建筑的标准体系和技术应用体系。2016 年 12 月 7 日课题结题，专家认为课题提出的标准体系科学合理，符合时代先进水平，设计施工及检测评估方法等应用体系实用性强，具有创新性，课题研究成果对于指导北京市超低能耗建筑发展推广和产业管理具有指导意义。

(3)《北京市绿色生态示范区的环境绩效评估体系》课题

该课题基于住建部发布的《城市生态建设环境绩效评估导则（试行）》及前期相关研究，根据北京市绿色生态示范区的评选要求和建设情况，研究提出北京市绿色生态示范区建设的环境绩效评估体系和组织实施机制。研究初步建立了绿色生态示范区建设的环境绩效评估体系，具体包括适用于建设后评估的环境绩效指标框架、评估指标的定义、适用类别、评估要点、评估方法、材料清单等，并明确相关数据的采集方法、责任主体及相关要求。针对不同类别示范区提出相应指标的适用性及其评判基准。同时，该研究制定绿色生态示范区建设环境绩效评估工作的组织实施机制，包括确定开展考核和环境绩效评估工作的各相关主体的责任与义务，委托评估主体、评估主体、评审主体和监管主体等。课题针对 2016 年评选出的 2 个绿色生态示范区，分别提出了授牌后第 1 年及第 4 年的环境绩效评估指标，为后续实际开展环境绩效评估工作打下了基础。

(4)《北京市绿色生态示范区评选》课题

为配合 2016 年北京市绿色生态示范区评选工作，完善指标体系，北京市规划委勘办组织开展了《北京市绿色生态示范区评选》的课题研究。该课题对绿色生态示范城区指标体系的确定、实施途径、评价方法进行深化研究，优化反馈已有指标体系，为北京市全面推进绿色生态示范城区规划建设提供有益的技术支撑。2016 年北京市绿色生态示范区评选实施通过申报要求、指标体系、专家评审等三方面的优化，完善了示范区评审方法，建立了中期评估机制，同时进一步明确了强调可操作性、实施完成情况、示范推广价值以及北京特色的示范区建设与评价导向。在今后的评选工作中，在评审方式方面，课题提出了 N+X（创新+弹性）评审方式，鼓励各种不同的功能区根据自身情况创新开展绿色生态示范区建设工作。在评审技术方面，计划建立监测平台与数据库对示范区进行动态追踪，实时掌握示范区建设实施成效。在实施机制方面，计划进一步完善示范区中期评估机制，提升对项目实施的监督考核效果。

(5)《北京市城市副中心行政办公区发展绿色建筑的影响与实施策略研究》课题

2015 年 9 月北京市住房和城乡建设委立项委调研课题《北京市城市副中心行政办公区发展绿色建筑的影响与实施策略研究》，通过对行政办公区 6km^2 范围推进绿色建筑发展的策略进行研究，提出科学、合理、可行的区域绿色建筑发展定位和目标、绿色建筑建设星级比例及布局规划，以及实施的管理机制和政策激励手段等保障机制的建议，为北京市政府制定行政办公区的绿色建筑建设的实施路线和发展政策提供科学依据和技术支撑。经过一年多的深入调研，2016 年 11 月 24 日课题结题，专家验收组一致认为课题研究成果具有先进性、科学性和可行性，部分研究成果已转化形成指导行政办公区规划建设的政策文件，对行政办公区绿色建筑规模化发展发挥了重要的指导作用。

(6)《北京地区住宅和部分公共建筑新风系统发展方向调研》课题

为进一步提高建筑品质，确保室内保持良好的空气品质，同时考虑室外大气污染物对室内空气质量的影响、北京市新建建筑的气密性将进一步增强，寻求建筑节能与室内空气质量之间的最佳平衡点，解决没有中央空调的居住建筑和普通公共建筑特别是中小学校的新风选择问题，为北京市“十三五”期间再次修订建筑节能设计标准和超低能耗建筑试点示范工程提供技术支撑，2015 年 9 月北京市住房和城乡建设委立项委调研课题《北京地区住宅和部分公共建筑新风系统发展方向调研》。课题从北京市的建筑节能发展和室内空气质量现状出发，结合国内外标准及建筑发展经验，分析北京市住宅和中小学校现状，总结影响室内空气质量关键数据，提出新风系统发展方向的建议方案，并形成《北京住宅新风系统应用技术导则》和《北京地区中小学新风系统应用技术导则》的建议稿。

(7)《北京市绿色村庄评价体系建立与应用研究》课题

2016 年北京市住建委立项调研课题《北京市绿色村庄评价体系建立与应用研究》，11 月 25 日课题通过验收。课题通过对北京市村庄相关政策、文件、技术及标准等资料收集和全市 10 个区县 109 个村的实地现状调研，构建了北京市绿色村庄建设技术评价指标体系，并开展了 10 个村庄的试评价及对比分析，检验了导则的可操作性和结果的合理性，提出了北京市绿色村庄发展合理建议。课题研究成果对北京市绿色村庄建设具有指导意义，对全国其他地区的绿色村庄建设具有借鉴价值。

（8）《绿色墙板产品及相关材料评价技术细则》课题（北京市新型墙体材料专项基金项目）

受住房和城乡建设部建筑节能与科技司委托，2016 年北京市建筑节能建材办利用新型墙体材料专项基金组织开展了绿色墙板产品及相关材料评价技术体系的课题研究，经过充分调研、科学建模、细致评估、试点评价，按照建筑材料全生命期的节能、减排、安全、便利、可循环等要求，起草了《全国适用内、外墙板产品评价技术细则》，并上报住房城乡建设部；同期，针对建筑墙板、砌体材料、预拌混凝土、预拌砂浆、墙体涂料、墙体保温材料等六类产品，建立了适合北京地区实际情况的指标体系和评价方法，编制了评价技术细则。2016 年 11 月 1 日，课题通过验收。专家组认为课题研究达到预期目标，可作为全国绿色墙板和北京市绿色建材相关产品评价的工作依据。下一步，市建筑节能建材办将联合相关部门深入推进绿色建材评价管理工作，并研究我市绿色建材推广应用政策。

（9）开展箱板钢结构装配式住宅设计研发工作

为贯彻落实《关于进一步加强城市规划建设管理工作的若干意见》和《中共北京市委北京市人民政府关于全面深化改革提升城市规划建设管理水平的意见》的要求，市规划国土委会同市住建委组织开展了新型装配式住宅——箱板钢结构装配式住宅体系的研发工作。目前通行的钢框架结构体系是以钢材或钢管混凝土为主材组成梁柱承重体系，而“箱板钢结构装配式住宅体系”与传统钢框架结构体系的承重方式不同，是以钢板材组成箱式承重体系，内外承重墙和楼板均由钢板、扶强材和桁材组成，辅以内外绝缘层和装饰板。这种新型的装配式住宅体系解决了既有装配式住宅的诸多系统性问题，结构体系安全可靠，抗震性能好；全部构件均在工厂预制，现场安装；防火、防水、保温、防腐、隔声等问题比传统钢结构住宅更容易解决；且具有良好的气密性，具备实现超低能耗被动房的条件；成本也易于控制。目前，该体系的研发工作已完成试验楼选址、户型设计、结构计算、构造设计等环节。

作者：赵丰东[1]　乔渊[1]　叶嘉[2]　孟宇[2]（1. 北京市住房和城乡建设科技促进中心；2. 北京市勘察设计和测绘地理信息管理办公室）

2 上海市绿色建筑总体情况简介

2 General situation of green building in Shanghai

2.1 建筑业发展情况概述

2016 年初至 11 月底，上海市总报建项目共 1190 项，总建筑面积 6883.95 万 m^2。其中公共建筑 552 项，建筑面积 2256.02 万 m^2；居住建筑 266 项，建筑面积 3500.53 万 m^2；其他类型建筑 372 项，建筑面积 1127.40 万 m^2。

2016 年初至 11 月底，上海市已竣工建筑 1160 项，总建筑面积 1.43 亿 m^2。其中公共建筑 456 项，建筑面积 3900.61 万 m^2；居住建筑 334 项，建筑面积 9091.52 万 m^2；其他类型建筑 370 项，建筑面积 1314.14 万 m^2。

2.2 绿色建筑标识评价项目情况

2016 年 1 月至 11 月底，上海市通过绿色建筑评价标识认证的项目共计 93 个，总申报面积 686.12 万 m^2，其中公共建筑三星项目 13 个、住宅建筑三星项目 2 个、工业建筑三星项目 1 个、公共建筑二星项目 46 个，住宅建筑二星项目 10 个、工业建筑二星项目 3 个、公共建筑建筑一星项目 7 个、住宅建筑一星项目 11 个。公共建筑总申报面积 503.28 万 m^2，住宅建筑总申报面积 168.08 万 m^2，工业建筑总申报面积 14.76 万 m^2。另外，从 2016 年 1 月至 11 月底，经施工图审查通过的绿色建筑项目面积约为 3037 万 m^2。

2.3 绿色建筑政策法规情况

2.3.1 《上海市住房和城乡建设管理委员会关于本市绿色建筑评价标识管理有关工作的通知》(沪建管〔2015〕947 号)

2015 年 12 月 2 日，为进一步贯彻落实《上海市绿色建筑发展三年行动计划（2014—2016)》，根据住房和城乡建设部《关于绿色建筑标识评价管理有关工作的通知》（建办科〔2015〕53 号）要求，上海市住房和城乡建设管理委员会发布了《关于本市绿色建筑评价标识管理有关工作的通知》，明确了本市绿色建筑标识管理工作实施第三方评价，进一步规范了上海市绿色建筑评价标识管理工作。

2.3.2 《上海市建筑节能和绿色建筑示范项目专项扶持办法》（沪建材联〔2016〕432号）

2016年6月29日，为深入推进上海市建筑节能和绿色建筑工作，市住房城乡建设管理委、市发展改革委、市财政局会同相关单位修订了《上海市建筑节能和绿色建筑示范项目专项扶持办法》，进一步规范了上海市建筑节能和绿色建筑扶持资金的使用管理。该办法自2016年8月1日起实施。根据《办法》规定，符合绿色建筑示范的项目，二星级绿色建筑运行标识项目每平方米补贴50元，三星级绿色建筑运行标识项目每平方米补贴100元。此外，装配式建筑、既有建筑节能改造、立体绿化等项目也均有补贴。

2.3.3 《上海市绿色建筑"十三五"专项规划》（沪建建材〔2016〕776号）

2016年9月18日，上海市住房和城乡建设管理委员会印发了《上海市绿色建筑"十三五"专项规划》的通知，对上海"十二五"期间绿色建筑推进工作进行了总结，分析了"十三五"期间上海绿色建筑推进工作面临的新形势，明确了"十三五"期间上海全面推进新建建筑绿色发展、深化建设公共建筑节能监管体系、稳步实施既有建筑节能改造、推进绿色生态城区创建工作四大发展目标，以及全面推进新建建筑绿色化进程、深入建设公共建筑节能监管体系、稳步推进既有建筑节能改造、注重绿色建筑运行管理失效、持续推进绿色施工与能效测评、试点推进绿色生态城区建设、加强科技创新与使用技术推广应用七大重点任务。

2.4 绿色建筑标准和科研情况

2.4.1 2016年发布实施的绿色建筑相关标准

(1)《泡沫玻璃板保温系统应用技术规程》(DG/TJ 08—2193—2016)

为在房屋建筑节能保温工程中正确地应用泡沫玻璃板保温系统，提高维护结构的保温隔热性能，优化室内热环境，降低建筑采暖制冷使用能耗，满足节能保温工程性能要求，确保工程质量，上海市制定了《泡沫玻璃板保温系统应用技术规程》，自2016年6月1日起实施。

(2)《粒化高炉矿渣粉在水泥混凝土中应用技术规程》(DG/TJ 08—501—2016)

为进一步开发利用粒化高炉矿渣资源，积极稳妥地推广粒化高炉矿渣在混凝土中的应用技术，充分发挥其技术性能和特点，上海市制定了《粒化高炉矿渣粉在水泥混凝土中应用技术规程》，自 2016 年 6 月 1 日实施。

(3)《燃气分布式供能系统工程技术规程》(DG/TJ 08—115—2016)

为进一步优化上海能源结构，实现能源阶梯级利用，提高能源综合利用效率，减少污染物排放，建立安全能源供应体系，促进上海市燃气分布式供能系统有序发展和推广应用，上海市制定了《燃气分布式供能系统工程技术规程》，自 2016 年 7 月 1 日起实施。

(4)《工业化住宅建筑评价标准》(DG/TJ 08—2198—2016)

为促进上海市住宅产业现代化的发展，提高工业化住宅建筑水平和工程质量，上海市制定了《工业化住宅建筑评价标准》，自 2016 年 7 月 1 日起实施。

(5)《建筑反射隔热涂料应用技术规程》(DG/TJ 08—2200—2016)

为在建筑的隔热保温工程中正确地应用建筑反射隔热涂料，提高维护结构隔热性能，优化室内热环境，降低建筑运行能耗，上海市制定了《建筑反射隔热涂料应用技术规程》，自 2016 年 8 月 1 日起实。

(6)《建筑信息模型应用标准》(DG/TJ 08—2201—2016)

为规范新建、改建、扩建的民用建筑、工业厂房、仓库及其配套工程的建筑信息模型在建筑全生命周期内的应用，提高建筑信息模型应用质量，上海市制定了《建筑信息模型应用标准》，自 2016 年 9 月 1 日起实施。

(7)《既有工业建筑民用改造绿色技术规程》(DG/TJ 08—2210—2016)

为贯彻国家和上海市有关节约资源和保护环境政策，推进建筑产业可持续发展，提高既有工业建筑民用改造项目绿色技术应用水平，上海市制定了《既有工业建筑民用改造绿色技术规程》，自 2016 年 10 月 1 日起实施。

(8)《绿色建筑检测技术标准》(DG/TJ 08—2199—2016)

为有序推进绿色建筑发展，规范绿色建筑检测技术应用，保障绿色建筑工程质量，上海市制定了《绿色建筑检测技术标准》，自 2016 年 10 月 1 日起实施。

(9)《热固改性聚苯板保温系统应用技术规程》(DG/TJ 8—2212—2016)

为规范上海市热固改性聚苯板保温系统及其组成材料的技术要求，确保系统设计、施工质量，提高民用建筑围护结构的保温隔热性能，优化室内舒适度，降低建筑使用能耗，满足节能工程的保温及防火要求，上海市制定了《热固改性聚苯板保温系统应用技术规程》，自 2016 年 11 月 1 日起实施。

(10)《装配整体式混凝土结构预制构件制作与质量检验规程》(DGJ 8—2069—2016)

为促进装配式建筑的发展，确保装配整体式混凝土结构预制构件制作和储运过程的质量，做到安全、适用，上海市制定了《装配整体式混凝土结构预制构件制作与质量检验规程》，自 2016 年 12 月 1 日起实施。

2.4.2 2016 年立项的绿色建筑相关科研项目

(1) 经上海市住房和城乡建设管理委员会同意立项的科研项目

经上海市住房和城乡建设管理委员会同意立项的科研项目共有 12 项，分别为：《预制混凝土结构套筒灌浆和嵌缝材料检测评估技术研究》《装配整体式混凝土居住与公共建筑的经济分析》《预应力预制混凝土结构理论及实践研究》《适应工业化生产的高性能混凝土桥梁结构研究及应用》《超高延性纤维混凝土（ECC）在桥面连续构造上的应用研究》《设计 BIM 技术在数字化审图中可行性研究》《老旧小区住房修缮技术节能减排量化研究》《建筑信息模型造价管理应用规程研究》《智能家居设施在住宅建筑工程设计中应用环境研究》《基于排水管道进入综合管廊关键技术研究及示范》《上海市工程建设团体标准试点研究》和《装配式 PC 构件综合管廊维护应用技术研究》。

(2) 上海市绿色建筑协会开展的相关课题研究

2016 年，受上海市住房和城乡建设管理委员会委托，协会共开展了《上海市绿色建筑条例（草案）》《上海绿色建筑发展报告（2015）》《绿色建筑运行标识的推进机制研究》《BIM 技术应用能力评估》《上海市 BIM 技术年度发展报告》《BIM 技术应用试点后评估》《注册执业资格人员继续教育 BIM 技术应用课程研究》等课题研究。另外，2016 年协会还与会员企业开展了《绿色建筑工程验收规范》与《绿色建材机制研究》两个课题。

作者：上海市绿色建筑协会

3 福建省绿色建筑总体情况简介

3 General situation of green building in Fujian

3.1 绿色建筑总体情况

2016年（截至11月），福建省通过绿色建筑评价标识认证的项目共计10项，总建筑面积为139.05万m^2，其中公建项目2项，总建筑面积为22.84万m^2；住宅项目8项，总建筑面积为116.21万m^2。截至2016年11月，福建省累计通过绿色建筑评价标识认证的项目达113项，总建筑面积达1709.58万m^2，其中公建项目62项，总建筑面积达866.95万m^2；住宅项目51项，总建筑面积达842.63万m^2。

3.2 发展绿色建筑的政策法规情况

发布《福建省建筑节能和绿色建筑“十三五”专项规划》

为推进福建省建筑节能和绿色建筑发展，根据《民用建筑节能条例》以及住房和城乡建设部、福建省有关建筑节能和绿色建筑“十三五”规划精神，福建省住房和城乡建设厅于2016年5月发布了《福建省建筑节能和绿色建筑“十三五”专项规划》。

3.3 绿色建筑标准与科研情况

3.3.1 修订《福建省绿色建筑设计规范》DBJ/T 13—197—2014

修编目的为：对于大部分建筑功能类型，设计人员依据本标准进行设计即可满足不同星级绿色建筑的要求，而无须再参照《福建省绿色建筑设计规范》DBJ/T 13—197—2014和《福建省绿色建筑评价标准》DBJ/T 13—118—2014，全面简化强制类绿色建筑的设计工作，方便不同星级绿色建筑的推广。

3.3.2 《福建省绿色建筑工程验收规范》(在编)

该标准将对福建省绿色建筑闭合监管起到重要的作用，促进福建绿色建筑发展进入新的阶段。

3.3.3 《福建省绿色建筑运行管理技术规范》(在编)

该标准将重点提出绿色建筑的综合能效调试与交付、运行技术、管理技术以及相关的规章制度，标准的制定将有利于福建绿色建筑的发展。

3.3.4 省建科院科技项目“区域条件下绿色建筑关键技术与产品的研究应用”成果验收

2016 年 5 月 9 日，福建省住房和城乡建设厅组织召开由福建省建科院会同有关单位完成的科技项目“区域条件下绿色建筑关键技术与产品的研究应用”成果评审会。该项目取得了包括建立夏热冬暖气候区的绿色建筑技术体系，研发夏热冬暖气候区绿色建筑新技术与新产品，构建夏热冬暖气候区的绿色建筑技术标准体系，开展绿色建筑工程示范并进行了大面积推广应用等方面的创新成果，取得显著的社会效益和经济效益，对促进夏热冬暖气候区的绿色建筑技术进步意义重大，其中在夏热冬暖气候区自保温混凝土复合砌块技术体系、建筑反射隔热涂料节能技术体系等方面达到国际领先水平。

作者：黄夏东　胡达明（福建省海峡绿色建筑发展中心）

4 山东省绿色建筑总体情况简介

4 General situation of green building in Shandong

4.1 绿色建筑总体情况

2016年1～11月，山东省通过绿色建筑评价标识认证的项目共计84项，建筑面积932.8万m^2。其中设计标识项目数量为80项，运行标识项目数量为4项；一星级标识项目数量为25项，二星级标识项目数量为58项，三星级标识项目数量为1项；居住建筑标识项目数量为57项，建筑面积为752.4万m^2；公共建筑标识项目数量为27项，建筑面积为180.3万m^2。

另外，2016年2月3日，山东省住房和城乡建设厅印发了《关于认真执行绿色建筑设计标准的通知》，并出台了《山东省绿色建筑设计及施工图审查技术要点》。截至10月底，全省范围内按照《技术要点》进行设计、并通过施工图审查的项目，总建筑面积约为8000万m^2。

4.2 发展绿色建筑的政策法规情况

4.2.1 《关于认真执行绿色建筑设计标准的通知》(鲁建设字〔2016〕3号)

2016年2月3日，省住房和城乡建设厅印发了《关于认真执行绿色建筑设计标准的通知》，本通知要求，我省县城及以上城市规划区的新建民用建筑（含保障性住房）应一律执行《设计规范》，并至少达到《绿色建筑评价标准》GB/T 50378—2014一星级要求。

为指导绿色建筑设计及施工图审查，省住房和城乡建设厅依据《绿色建筑评价标准》确定的一星级标准及《设计规范》，研究制定了《山东省绿色建筑设计及施工图审查技术要点》。按照《技术要点》进行设计、通过施工图审查的，可认为达到一星级绿色建筑标准。二、三星级绿色建筑应按照《设计规范》进行设计和施工图审查。鼓励各地结合当地实际，组织编制相关设计、审查技术文件，便于技术人员更好地掌握和执行规范。

各级住房城乡建设主管部门要建立完善绿色建筑全过程管理机制，对建设、设计、施工、监理等单位执行《设计规范》、《技术要点》等标准的情况进行监督检查，并提供必要的技术支持与服务。建筑节能、勘察设计、工程质监等相关管理机构，要明确分工，密切协作，共同做好绿色建筑各项管理工作。对未通过绿色建筑施工图设计文件审查的项目，不予颁发施工许可证。对施工图设计文件确定的绿色建筑技术措施不落实的项目，不予通过建筑节能专项验收，不予办理竣工验收备案手续。

4.2.2 《关于成立装配式建筑工作领导小组的通知》（鲁建节科字〔2016〕2号）

为贯彻落实中央城市工作会议、全国建设工作会议精神和《中共中央 国务院关于进一步加强城市规划建设管理工作的若干意见》有关大力推广装配式建筑的要求，根据住房和城乡建设部工作部署，2016年3月2日，省住房和城乡建设厅印发了《关于成立装配式建筑工作领导小组的通知》，正式成立了山东省住房和城乡建设厅装配式建筑工作领导小组，由省住房和城乡建设厅王玉志厅长任组长，另外还包括4名副组长、26名成员。

4.2.3 《关于组织申报2016年度山东省建筑节能与绿色建筑试点示范的通知》（鲁建节科字〔2016〕3号）

为充分发挥试点示范的引领作用，推动省建筑节能与绿色建筑工作全面深入发展，按照《山东省省级建筑节能与绿色建筑发展专项资金使用管理办法》（鲁财建〔2016〕6号）、《山东省省级新型墙体材料专项基金支持项目实施管理办法》（鲁建节科字〔2013〕24号）等规定，省住房和城乡建设厅、省财政厅决定组织申报8类省级建筑节能与绿色建筑示范。经各项目积极申报、并经审查后，入选省级示范项目的有15个绿色生态示范城镇、45个绿色建筑、15个被动式超低能耗绿色建筑、43个绿色施工、8个装配式建筑、21个绿色智慧住区示范项目。

4.2.4 《关于印发绿色建筑规划审查要点的通知》（鲁建规字〔2016〕20号）

为贯彻落实关于“新建工程全面执行建筑节能与绿色建筑标准”的部署，明确民用建筑规划阶段建筑节能与绿色建筑技术要求，进一步提升省绿色建筑发展水平，山东省住建厅组织编制了《山东省绿色居住建筑规划审查要点》和《山东省绿色公共建筑规划审查要点（试行）》。明确了省民用建筑在建设工程规划许可阶段应达到的绿色建筑技术要求，进一步提升了省绿色建筑发展水平。该通知要求：各级城乡规划主管部门对居住用地和公共管理与公共服务设施、商业服务业设施项目出具用地规划条件时，应明确其绿色建筑星级标准，作为建设用地出让、划拨的必要条件。自2016年9月1日起，建设单位申请建设工程规划许可时，应按照《审查要点》对项目的修建性详细规划和建筑设计方案进行自评，不符合《审查要点》的，不予颁发建设工程规划许可证。

4.2.5 《关于印发《山东省绿色生态示范城镇建设指南（试行)》的通知》(鲁建节科函〔2016〕17号)

为贯彻落实中央和省委、省政府生态文明、绿色发展有关决策部署，科学推进省级绿色生态示范城镇创建，促进新型城镇化健康发展，2016年8月17日，省住建厅组织制定了《山东省绿色生态示范城镇建设指南（试行)》。要求省级绿色生态示范城镇依据《指南》，结合本地实际，扎实开展示范创建，确保示范实施效果。《指南》包括城镇规划、生态环境、能源利用、绿色建筑与建筑节能、水资源节约、固体废弃物处置、交通设施、管理保障八类指标，共31条具体建设要求。

4.2.6 关于印发《山东省绿色建筑与建筑节能发展“十三五”规划(2016—2020年)》的通知

为全面贯彻党的十八大和十八届三中、四中、五中全会精神及中央、全省城市工作会议精神，落实中央和省委省政府生态文明建设决策部署，践行“创新、协调、绿色、开放、共享”发展理念，推动“十三五”时期全省绿色建筑与建筑节能深入发展，2016年8月23日，山东省住房和城乡建设厅、山东省发展和改革委员会、山东省经济和信息化委员会、山东省财政厅、山东省人民政府节约能源办公室联合发布了《山东省绿色建筑与建筑节能发展“十三五”规划（2016—2020年)》。《规划》在客观分析“十三五”发展形势及建筑能耗需求、节能潜力等基础上，提出践行“创新、协调、绿色、开放、共享”发展理念，突出抓好推广绿色建筑、提升建筑能效水平（推广被动式超低能耗建筑)、深入实施既有建筑节能改造、大力推动建筑用能结构调整、科学构建公共建筑节能监管体系、积极发展绿色建材产业、强力推进装配式建筑发展、加快推行绿色施工共八大重点任务。

4.2.7 《关于印发山东省绿色建材评价标识管理实施细则的通知》(鲁建节科字〔2016〕20号)

为贯彻落实《绿色建筑行动方案》和《促进绿色建材生产和应用行动方案》有关要求，规范绿色建材评价标识管理，促进绿色建材推广和产业转型升级，推动绿色建筑健康发展，根据住房和城乡建设部、工业和信息化部《绿色建材评价标识管理办法》及《绿色建材评价标识管理办法实施细则》，2016年8月26日，省住房和城乡建设厅、省经济和信息化委印发了《山东省绿色建材评价标识管理实施细则》。

《细则》明确了绿色建材评价组织机构、评价程序、监督管理等具体要求。

4.2.8 各市情况

全省 17 市都出台了促进绿色建筑发展的文件，成立了相应的组织领导机构。淄博、枣庄、济宁、菏泽等市以政府名义出台文件，淄博市还在全省率先成立了市长为组长、分管副市长为副组长、多个部门一把手为成员的绿色建筑发展领导小组，并在全省第一个出台了配套奖励政策，支持力度大，效果明显。青岛、枣庄、菏泽等市也出台了地方财政激励政策，形成了中央、省、市三级配套衔接的激励机制。济南、淄博、威海等市完善工作机制和地方技术规范，市区所有新建建筑全部执行绿色建筑标准。全省 17 个市及多个县均以政府的名义出台了绿色建筑实施意见及绿色建筑财政补贴、容积率奖励等激励政策，大大促进了绿色建筑的规模化发展。

4.3 绿色建筑标准规范编制情况

2016 年，山东省有关科研单位、高校院所、设计单位完成或启动了多项标准规范的编制工作，主要情况如下：

序号	标准/图集名称	进度
1	山东省建筑标准设计图集《外墙外保温系统构造详图一（模塑聚苯板保温系统）（75%节能标准）》	已实施
2	山东省工程建设标准《居住建筑节能设计标准》	已实施
3	山东省工程建设标准《绿色建筑设计规范》	已实施
4	山东省工程建设标准《低能耗建筑外墙粘贴复合防火保温体系应用技术规程》	已实施
5	山东省工程建设标准《低能耗建筑外墙隔离式防火保温体系应用技术规程》	已实施
6	山东省工程建设标准《被动式超低能耗居住建筑节能设计标准》	已发布
7	山东省工程建设标准《绿色建筑评价标准》（修订）	完成征求意见
8	山东省工程建设标准《绿色生态城区建设技术导则》	完成征求意见
9	山东省建筑标准设计图集《被动式超低能耗建筑标准设计图集》	在编
10	山东省工程建设标准《装配整体式混凝土结构现场检测技术规程》	在编
11	山东省工程建设标准《绿色建筑工程施工质量验收规范》	在编
12	山东省工程建设标准《绿色建筑检测技术标准》	在编
13	山东省工程建设标准《既有建筑绿色改造技术规程》	在编

作者：王昭（山东省建筑科学研究院；山东省绿色建筑专业委员会）

5　湖北省绿色建筑总体情况简介

5　General situation of green building in Hubei

5.1　建筑业总体情况

截至2015年底，全省累计建成节能建筑39537.14万m^2，占全省城镇建筑总量的比例由“十一五”末的15.69%上升到36.62%。湖北省积极开展低能耗建筑试点，从2012年开始在武汉城市圈开展节能65%低能耗居住建筑试点，2015年起在全省县以上城区全面执行，“十二五”新增节能建筑面积24697.14万m^2。“十二五”期间，全省发展绿色建筑293项，建筑面积2123万m^2，其中，取得标识的170项，建筑面积1541.51万m^2；全省共改造既有居住建筑节能362.35万m^2；全省已安装建筑能耗分项计量装置186栋，已实现与省级公共建筑节能监测平台接入的有128栋，占任务数的58%；全省开展国家机关办公建筑和大型公共建筑能耗统计5062栋，能源审计1373栋，能效公示1087栋，实施公共建筑节能改造442.21万m^2；全省共完成可再生能源建筑应用项目3502项、建筑面积7354.37万m^2。

5.2　绿色建筑总体情况

截至2016年11月20日，湖北省通过绿色建筑评价标识认证的项目共计64项，总建筑面积达709.71万m^3。其中公建项目21项，总建筑面积达176.75万m^3，住宅项目43项，总建筑面积达532.96万m^2。

根据文件《关于开展绿色建筑省级认定工作的通知》（鄂建文〔2014〕72号）的要求，自2016年1月1日起，全省市、州、县中心城区新建国家机关办公建筑、政府投资的公益性建筑、各类大中型公共建筑（单体建筑面积5000m^2及以上）和规划批准面积10万m^2以上的居住区以及市、州中心城区的保障性住房应按《湖北省绿色建筑省级认定技术条件（试行）》进行项目设计、审查、施工、监理、验收、备案。

5.3 发展绿色建筑的政策法规情况

5.3.1 印发了《关于印发《2016 年全省建筑节能工作意见》的通知》(鄂建墙〔2016〕2 号)

该工作意见是为贯彻落实“创新、协调、绿色、开放、共享”发展理念，持续推进建设领域节能减排，不断提升建筑节能工作水平服务。工作意见中明确了 2016 年度工作目标，并根据工作目标确定了加快发展绿色建筑、提升新建建筑能效、推进可再生能源建筑规模化应用、开展公共建筑节能、实施既有建筑节能改造、大力推广绿色建材和加强建筑节能监管七大重点工作方向。

5.3.2 印发了《关于开展省级公共建筑能耗监测平台验收的通知》(鄂建办〔2016〕135 号)

文件要求各相关单位按照《住房城乡建设部办公厅关于印发〈省级公共建筑能耗监测平台验收和运行管理暂行办法〉的通知》（建办科〔2016〕18 号）要求，对公共建筑能耗监测平台进行验收。

5.3.3 印发了《关于成立湖北省地下综合管廊、海绵城市建设技术指导专家委员会的通知》(鄂建办〔2016〕270 号)

为认真贯彻落实《中共中央国务院关于进一步加强城市规划建设管理工作的若干意见》(中发〔2016〕6 号)、《国务院办公厅关于推进城市地下综合管廊建设的指导意见》(国办发〔2015〕61 号)、《国务院办公厅关于推进海绵城市建设管理的指导意见》（国办发〔2015〕75 号)，更好推进省地下综合管廊、海绵城市建设，解决城市道路重复开挖、架空线零乱、管线事故频发、城市内涝、水源污染、生态环境受损等突出问题，提升省科学决策水平，提高城市综合承载能力，保障城市生态环境，拉动有效投资、打造经济发展新动力，特成立省地下综合管廊、海绵城市建设技术指导专家委员会。

5.3.4 印发了《关于公布 2016 年省级绿色生态城区和绿色建筑示范创建项目的通知》(鄂建文〔2016〕58 号)

为贯彻落实中央和我省城市工作会议精神，加快推进生态文明建设和绿色发展，根据《关于申报 2016 年绿色生态城区和绿色建筑省级示范项目的通知》(鄂建文〔2016〕28 号）要求，通过各地踊跃申报，省住建厅组织专家评审、公示，经省住建厅、发改委、财政厅研究，确定 2016 年省级绿色生态城区示范创建项目4个，绿色建筑集中示范创建项目28个，高星级绿色建筑示范创建项目5个。

5.3.5 印发了《关于公布2016年度湖北省建筑业新技术应用示范工程立项项目的通知》(鄂建文〔2016〕64号)

据《湖北省建筑业新技术应用示范工程管理办法》（鄂建设规〔2016〕3号），省住建厅组织专家对全省立项申报的2016年度建筑业新技术应用示范工程进行了评审，确定“东航武汉公司天河机场基地建设一期”等65个项目为2016年度湖北省建筑业新技术应用示范工程立项项目。

5.3.6 印发了《关于印发《湖北省“十三五”建筑节能与绿色建筑发展目标任务分解方案》和《湖北省“十三五”建筑节能与绿色建筑发展年度工作目标责任考核管理办法》的通知》(鄂建墙〔2016〕3号)

为推动全省建筑节能与绿色建筑发展工作，切实加强目标责任考核，全面完成“十三五”工作目标，省建筑节能与墙体材料革新领导小组制定了《湖北省“十三五”建筑节能与绿色建筑发展目标任务分解方案》和《湖北省“十三五”建筑节能与绿色建筑发展年度工作目标责任考核管理办法》，确定了考核对象、考核内容、考核指标、考核方式、考核等次和奖惩办法五个方面。

5.3.7 印发了《关于下达2016年度湖北省建设科技计划项目和建筑节能示范工程的通知》(鄂建办〔2016〕347号)

根据《关于组织申报2016年度湖北省建设科技计划项目和建筑节能示范工程的通知》（鄂建办〔2016〕191号）要求，经各有关单位、企业、院校申报，省住建厅组织专家审查、公示，确定将“绿色建筑技术绿色建材与新型墙体材料”等80个项目列为2016年度湖北省建设科技计划项目，将“襄阳市文化艺术中心”等18个项目列为2016年度湖北省建筑节能示范工程。

5.4 绿色建筑标准和科研情况

5.4.1 绿色建筑标准

(1) 印发了《关于征求《蒸压砂加气混凝土精确砌块墙体自保温系统应用技术规程（征求意见稿）》意见的函》(厅字〔2016〕29号)

该规程是为了在建筑工程中推广应用蒸压砂加气混凝土高性能与精确砌块及墙体自保温系统，做到技术先进、安全适用、经济合理、确保质量。该规程适用于湖北省内采用蒸压砂加气混凝土高性能与精确砌块干法薄灰缝砌筑和薄抹灰施工工艺的墙体自保温系统的建筑工程。

(2) 印发了《关于征求《蒸压加气混凝土专用砌筑与抹面砂浆(地方标准征求意见稿)》意见的函》(厅字〔2016〕30号)

该标准规定了蒸压加气混凝土砌块干法施工专用砂浆的术语和定义、分类、原材料、技术要求、试验方法、检验规则、产品合格证和使用说明书、包装、运输和贮存。该标准适用于建筑工程用蒸压加气混凝土砌块干法施工专用砂浆。

(3) 印发了《关于印发《湖北省民用建筑能耗统计实施方案》的通知》(鄂建办〔2016〕31号)

根据《住房城乡建设部关于印发〈民用建筑能耗统计报表制度〉的通知》(建科〔2015〕205号)要求,结合湖北省实际情况,省住建厅组织编制了《湖北省民用建筑能耗统计实施方案》。该方案是基于住房城乡建设部编制并经国家统计局审核批准的《民用建筑能耗统计报表制度》(以下简称《报表制度》)形成的,并结合我省建筑节能工作情况,提出了相关能耗统计任务分配计划和工作要求。

(4) 印发了《关于征求《全轻混凝土建筑地面保温工程技术规程(征求意见稿)》意见的函》(厅字〔2016〕117号)

该技术规程用于规范全轻混凝土在建筑地面保温工程上的应用,提升生产与施工企业技术能力,保证工程质量,推动行业技术进步,满足日益提高的建筑需求。该规程适用于民用建筑地面采用全轻混凝土的保温工程。

(5) 印发了《关于征求《预制装配式混凝土构件生产与质量验收规程(征求意见稿)》、《预制装配式混凝土结构施工与验收规程(征求意见稿)》意见的函》(鄂建函〔2016〕82号)

《预制装配式混凝土构件生产与质量验收规程》是为了提升公司预制混凝土构件生产的技术水平,保障预制混凝土构件整体制作质量,实现生产管理工作的科学化、规范化、标准化,在认真总结国内外在预制混凝土构件生产实践中的经验和借鉴相关技术标准、成果,广泛征求设计、施工、生产、监理、质检、建设单位意见的基础上制定,该规程适用于预制混凝土构件的制作与质量检验,混凝土构件主要包括墙板、楼板、柱、梁、楼梯、阳台等,其他类型预制构件应参照本标准执行。《预制装配式混凝土结构施工与验收规程》是为了加强预制装配式混凝土结构施工的质量管理和质量控制,并指导预制装配式混凝土结构工程施工,统一预制装配式混凝土结构施工质量验收标准,保证工程质量,该规程适用于湖北省预制装配式混凝土结构工程的施工与质量验收。

(6) 印发了《关于印发《关于加快推进建筑产业现代化发展的实施方案》的通知》(鄂建〔2016〕4号)

该方案是为贯彻落实《省人民政府关于加快推进建筑产业现代化发展的意

见》(鄂政发〔2016〕7号),加快推进建筑产业现代化发展工作而制定。主要包含了总体要求、目标和任务、重点工作和工作要求四大方面的内容。

(7)印发了《关于印发《湖北省绿色建材评价标识实施细则(试行)》、《湖北省预拌混凝土绿色生产评价标识实施细则(试行)》的通知》(鄂建规〔2016〕1号)

为贯彻落实国家和省关于推进新型城镇化,加快发展绿色建筑,促进建材工业转型升级等工作要求,根据住房和城乡建设部、工业和信息化部联合印发的《绿色建材评价标识管理办法》、《绿色建材评价标识管理办法实施细则》和《预拌混凝土绿色生产评价标识管理办法(试行)》,结合湖北实际,省住房和城乡建设厅、省经济和信息化委员会制定了《湖北省绿色建材评价标识实施细则(试行)》、《湖北省预拌混凝土绿色生产评价标识实施细则(试行)》。

(8)印发了《关于征求《装配式建筑施工现场安全技术规程(征求意见稿)》意见的函》(厅字〔2016〕836号)

该规程是为了加强装配式建筑施工现场安全管理,并指导装配式混凝土结构建筑施工,保障工程安全生产。该规程适用于湖北省装配式混凝土结构建筑施工现场的安全管理。

(9)印发了《关于印发EPS模块现浇混凝土结构房屋保温技术导则的通知》(鄂建办〔2016〕291号)

该导则适用于湖北省行政区域内建造有低能耗和抗灾需求,并满足现行国家标准《住宅建筑规范》GB 50368中耐火等级三级及以下、抗震设防烈度7度及以下、建筑高度10m以下、地上建筑层数3层及以下、建筑层高不大于5.1m的装配式EPS模块混凝土或再生混凝土结构低能耗抗灾房屋和冷藏库及农业温室的设计、施工和质量验收。

5.4.2 科研情况

2016年,湖北省在绿色建筑方面开展了大量的研究,目前正在进行的科研课题如表4-5-1所示。

湖北省2016年绿色建筑相关科研情况 **表4-5-1**

序号	项目名称
1	绿色建筑技术、绿色建材与新型墙体材料
2	建筑墙体节能材料关键技术研究
3	微晶泡沫玻璃复合隔热装饰板应用研究
4	铁尾矿制备高劈压比装饰加气混凝土的技术与应用研究
5	建筑废弃物再生骨料强化改性与再生混凝土的研究
6	城市地下综合管廊部品生产基地研究

续表

序号	项目名称
7	推拉门窗高气密性密封胶条研究
8	湖北省城市年径流总量控制指标研究
9	滨水地区的生态建筑设计及其应用
10	医疗建筑绿色建筑技术发展体系研究
11	被动式低能耗建筑在夏热冬冷地区的适宜性技术研究
12	黄石地区既有住宅类建筑能耗调研
13	宜昌市建设领域绿色低碳发展规划研究
14	湖北省建筑节能适用技术研究
15	全轻混凝土楼地面保温层施工工法研究
16	轻钢—混凝土结构梁柱节点的构造研究
17	荆州市高层建筑太阳能热水系统与建筑一体化构造研究
18	基于海绵城市建设的 LID 设施关键技术研究及应用
19	海绵城市应用高性能陶粒透水砖技术开发研究
20	校园节能减碳策略研究及电力监控管理系统设计
21	湖北长江经济带绿色建筑发展专项规划（2016—2030 年）

作者：饶钢　唐小虎　丁云（湖北省土木建筑学会绿色建筑与节能专业委员会）

6　湖南省绿色建筑总体情况简介

6　General situation of green building in Hu′nan

6.1　绿色建筑总体情况

截至 2016 年 12 月，取得绿色建筑标识总数量 250 个（其中设计标识 247 个，运行标识 3 个；居住建筑 96 个，建筑面积约 1683.48 万 m^2，公共建筑 152 个，建筑面积约 1116.93 万 m^2，工业建筑 2 个，建筑面积约 113.70 万 m^2；一星级项目 190 个，建筑面积 2246.67 万 m^2，二星级项目 43 个，建筑面积 445.75 万 m^2，三星级项目 17 个，建筑面积 221.74 万 m^2），累计建筑面积约 2921.4 万 m^2。

截至 2016 年 12 月底，湖南获得绿色建筑评价标识的项目共计 120 个（其中设计标识 118 个，运行标识 2 个；居住建筑 45 个，建筑面积约 834.37 万 m^2，公共建筑 75 个，建筑面积约 532.33 万 m^2；一星级项目 108 个，建筑面积 1225.25 万 m^2，二星级项目 12 个，建筑面积 141.45 万 m^2），累计建筑面积约 1366.7 万 m^2。

截至 2016 年 12 月，湖南省累计立项“湖南省绿色施工示范工程”90 项，已验收评审 32 项。2016 年，完成中期检查 19 项，验收评审 15 项。

6.2　发展绿色建筑的政策法规情况

6.2.1　湖南省住房和城乡建设厅办公室印发《湖南省建筑节能与科技及标准化 2016 年工作要点》

2016 年 3 月 7 日，湖南省住房和城乡建设厅办公室印发《湖南省建筑节能与科技及标准化 2016 年工作要点》。全省建筑节能与科技及标准化具体目标中明确：提高新建建筑中绿色建筑所占的比例，全省所有新建政府投资的公共建筑、2 万 m^2 以上的大型公共建筑、保障性住房按照绿色建筑标准进行建设，全省城镇新建建筑中绿色建筑的比例达到 10%以上，长株潭两型社会试验区、省级新型城镇化试点地级市和试点县市、省直管县（市）等有条件的地区达到 30%以上。主要工作中指出：提高建筑节能标准。将绿色建筑基本要求纳入 65%节能设计标准，为推广应用单项绿色建筑技术、全面推进绿色建筑发展创造条件。完善绿色建筑管理。逐步推进绿色建筑评价向第三方评价方式转变，出台关于绿色建筑评价标识管理相关规定，修订《湖南省绿色建筑评价标识管理办法》，开展绿色建筑运营标识评价试点。逐步将绿色建筑纳入基本建设程序管理，加快制定湖南省绿色建筑设计规范、施工规程和验收标准，编制配套的要点、导则、图集和工法，制定出台绿色建筑项目管理规定。长株潭两型社会试验区、省级新型城镇化试点地级市和试点市县、省直管县（市）等有条件的地区逐步强制实施绿色建筑设计标准。推进绿色建筑集中示范区建设，在新型城镇化试点镇开展绿色农房集中连片试点示范。

6.2.2 《湖南省住房和城乡建设厅关于进一步加强可再生能源建筑应用和管理的通知》(湘建科〔2016〕56 号)

2016 年 3 月 24 日，湖南省住房和城乡建设厅办公室印发《关于进一步加强可再生能源建筑应用和管理的通知》。通知中指出：绿色建筑评价优先考虑可再生能源建筑。各地要充分整合政策资源，发挥资金整体效益，把可再生能源建筑应用与发展绿色建筑相结合，统筹推进。对应用可再生能源并综合利用节能、节地、节水、节材及环境保护技术，达到绿色建筑评价标准的项目，应优先列入创建计划。在绿色生态城区、绿色重点小城镇建设中，将可再生能源建筑应用比例作为约束指标，积极制定专项规划，集中推广，并按推广应用量相应享受财政补助。

6.2.3 《湖南省住房和城乡建设厅转发住房城乡建设部办公厅关于绿色建筑评价标识管理有关工作的通知》(湘建科〔2016〕105 号)

2016 年 4 月 15 日，湖南省住房和城乡建设厅印发《转发住房城乡建设部办公厅关于绿色建筑评价标识管理有关工作的通知》。通知中指出：湖南省将逐步推行绿色建筑第三方评价。自本通知印发之日起，本省范围内绿色建筑评价标识的申报、专家评价、证书和标识颁发由第三方评价机构负责。新修订的《湖南省绿色建筑评价标准》(DBJ 43/T 314—2015) 已于 2015 年 12 月 10 日起实施，评价机构应严格按新省标对项目进行评价，之前通过初步设计审查的项目，可仍按原省标进行评价。

6.2.4 印发《湖南省促进绿色建材生产和应用实施方案》(湘经信原材料〔2016〕234 号)

2016 年 5 月 17 日，湖南省经济和信息化委员会办公室印发《湖南省促进绿色建材生产和应用实施方案》，明确工作目标：到 2020 年，全省绿色建材生产比重明显提升，发展质量明显改善。绿色建材在行业主营业务收入中占比提高到25%，品种质 量较好满足绿色建筑需要，与2015年相比，建材工业单位增加值能耗下降10%，氮氧化物和粉尘排放总量削减10%；绿色建材应用占比稳步提高。新建建筑中绿色建材应用比例达到40%，绿色建筑中的应用比例达到60%，试点示范工程中的应用比例达到80%。

6.2.5 《湖南省住房和城乡建设厅关于民用建筑保温工程禁止使用无机轻集料保温砂浆的通知》(湘建科〔2016〕118号)

2016年6月12日，湖南省住房和城乡建设厅发布《关于民用建筑保温工程禁止使用无机轻集料保温砂浆的通知》。通知明确：①从2016年7月1日起，全省范围内，民用建筑的围护结构的节能设计禁止选用无机轻集料保温砂浆，2016年9月1日起禁止施工中使用无机轻集料保温砂浆。②从2016年7月1日起，湖南省住房和城乡建设厅不再受理无机轻集料保温砂浆的推广应用申请。已经进入《湖南省建筑节能技术、工艺、材料、设备推广应用目录》的企业，其有效期至2016年9月1日。③为确保建筑节能工程的施工及使用安全，鼓励建设单位按照国家标准、行业标准或湖南省地方标准优先采用保温结构一体化、保温装饰一体化等外墙保温技术，鼓励企业研发、引进技术进步、性能优越的新型节能材料（产品）。

6.2.6 《中共湖南省委 湖南省人民政府关于进一步加强和改进城市规划建设管理工作的实施意见》

2016年11月25日，《中共湖南省委 湖南省人民政府关于进一步加强和改进城市规划建设管理工作的实施意》发布。意见明确打造绿色宜居环境。提高建筑绿色化水平。提高建筑节能标准，实施湖南省居住建筑、公共建筑65%节能设计强制性标准。到2020年，全省各市州星级绿色建筑占新建建筑比例达到30%，长株潭地区达到50%。推动既有建筑节能改造，加大财政支持与金融、财税政策扶持力度，到2020年，全面完成党政机关及国有企事业单位既有建筑节能改造。省住房城乡建设部门会同省经信等部门研究制定绿色建材认证和评价管理制度，增加绿色建材的使用比例。加大太阳能光热、光电技术、浅层地源热泵技术以及其他可再生能源在建筑能源消费中的比重，到2020年超过13%。

6.3 绿色建筑标准和科研情况

6.3.1 绿色建筑标准

(1) 编制《保温免拆模板复合现浇混凝土体系应用技术规程》

根据《湖南省住房和城乡建设厅科学技术计划项目管理办法（试行）》（湘建科〔2011〕258号）要求，主编单位长沙理工大学会同相关单位编制了工程建设地方标准《保温免拆模板复合现浇混凝土体系应用技术规程（征求意见稿）》。本规程适用于湖南省非抗震设防区和抗震设防烈度为7度及7度以下的地区，采用植物纤维型复合保温免拆模板复合现浇混凝土体系的一般工业与民用建筑现浇混凝土工程的设计、施工及验收。为提高标准编制质量和便于技术人员使用。2016年4月12日，湖南省住房和城乡建设厅发布《保温免拆模板复合现浇混凝土体系应用技术规程（征求意见稿）》。

（2）编制《多层全装配式混凝土建筑技术规程》

根据《湖南省住房和城乡建设厅关于印发2014年度科学技术项目计划的通知》（湘建科函〔2014〕150号）要求，主编单位湖南大学、长沙远大住宅工业集团股份有限公司会同相关单位编制了工程建设地方标准《多层全装配式混凝土建筑技术规程（征求意见稿）》。本规程适用于民用建筑非抗震设计及抗震设防烈度为6度至8度抗震设计的设计、施工及验收。为提高标准编制质量，2016年4月25日，湖南省住房和城乡建设厅发布《多层全装配式混凝土建筑技术规程（征求意见稿）》。

（3）修订《湖南省居住建筑节能设计标准》和《湖南省公共建筑节能设计标准》

根据《中共中央国务院关于进一步加强城市规划建设管理工作的若干意见》精神，为进一步加大建筑节能工作力度，提高建筑节能标准，推广绿色建筑和建材，湖南大学等有关单位开展了《湖南省居住建筑节能设计标准》《湖南省公共建筑节能设计标准》修订工作。为提高标准编制质量，确保节能强制性标准规定符合省情实际，2016年7月22日，湖南省住房和城乡建设厅发布《湖南省居住建筑节能设计标准（修订）》（征求意见稿）和《湖南省公共建筑节能设计标准（修订）》（征求意见稿）。

（4）印发《湖南省装配式混凝土结构建筑质量管理技术导则（试行）》（湘建科〔2016〕199号）

根据《国务院办公厅关于大力发展装配式建筑的指导意见》（国办发〔2016〕71号）、《湖南省人民政府关于推进住宅产业化的指导意见》（湘政发〔2014〕12号）精神，为促进装配式混凝土结构建筑工程质量管理规范化、标准化，确保工程质量安全，湖南省建筑设计院牵头组织编制了《湖南省装配式混凝土结构建筑质量管理技术导则（试行）》。2016年11月8日，湖南省住房和城乡建设厅印发《湖南省装配式混凝土结构建筑质量管理技术导则（试行）》。

（5）编制工程建设地方标准《湖南省民用建筑信息模型设计基础标准》

为贯彻执行国家技术经济政策，规范和引导建筑信息模型（BIM）在工程设计中的应用，支撑湖南省工程建设信息化实施，提高信息应用效率和效益，制定本标准。该标准是湖南省民用建筑设计中 BIM 应用的通用原则和基础标准，适用于本省新建、改建、扩建的民用建筑中 BIM 设计。由中机国际工程设计研究院有限责任公司、湖南省建筑设计院主编，2016 年 11 月 21 日，湖南省住房和城乡建设厅办公室发布《湖南省民用建筑信息模型设计基础标准（征求意见稿）》。

6.3.2 绿色建筑科研情况

（1）湖南省绿色建筑关键技术及重点课题研究

本项目将为政府职能部门，设计、开发、建设单位等提供绿色建筑发展的相关技术支撑，使绿色建筑理念深入人心，为人们创造健康、舒适、节能、环保的生活环境，推动我省“资源节约、环境友好”的两型社会建设健康发展。目前正在编制以下子课题：《湖南省居住建筑节能 65%标准》，《湖南省公共建筑节能 65%标准》，《湖南省绿色建筑评价技术细则》（修订），《湖南省绿色生态城区评价标准》，《湖南省绿色建筑工程验收技术规程》，《湖南省建筑外遮阳工程技术规程》，《湖南省绿色建筑运营导则》，《湖南省建筑外遮阳技术研究报告》，《湖南省绿色建筑闭合式管理研究》，《湖南省建筑环境模拟技术研究》，《湖南省绿色住区使用后评价研究》，《湖南省建筑太阳能利用适宜性研究》，《湖南省住宅土建装修一体化设计研究》，《夏热冬冷地区（湖南）超低能耗被动房技术指南（居住建筑）》，《湖南省保障性住房绿色运营技术指南》，《湖南地区保障性住房绿色建筑应用技术评价体系》，已完成《湖南省绿色建筑评价标准》《湖南省绿色建筑设计导则》《湖南省绿色建筑适宜技术体系研究》《湖南省绿色施工标准化管理》《湖南省绿色建筑发展研究报告》等课题的编制工作。

（2）湘江新区相关科研课题

①《湘江新区公共建筑节能 65%设计规定》《湘江新区居住建筑节能 65%设计规定》：根据《公共建筑节能设计标准》GB 50189、《湖南省公共建筑节能设计标准》DBJ 43/003 和《湖南省绿色建筑评价标准》DBJ 43/T 004 的规定，编制组经广泛调查研究，参考国内外先进经验及兄弟省市的有关标准，在总结湖南省具体工程实践经验、广泛征求意见的基础上，制定本规定。由长沙绿建节能科技有限公司、湖南绿碳建筑科技有限公司、湖南省建筑设计院主编。

②《湘江新区绿色校园建设技术规定》：根据《绿色校园评价标准》CSUS-GBC 04、《绿色建筑评价标准》GB/T 50378、《湖南省绿色建筑评价标准》DBJ 43/T 004、《中小学校设计规范》GB 50099 和《长沙市两型创建示范学校建设标准》的要求，编制组广泛调查研究，参考国内外先进经验，在总结湖南省具体工程实践经验、并在广泛征求意见的基础上，制定了本规定。由长沙绿建节能科技有限公司、湖南绿碳建筑科技有限公司、梅溪湖投资（长沙）有限公司主编。

③《湘江新区绿色建筑工程验收技术导则》：湘江新区行政区域范围内新建建筑全部执行绿色建筑标准，但现状重设计、轻落实，绿色建筑尚未形成闭合式管理，绿色建筑发展实际效果与期望值相差甚远，《导则》编制迫在眉睫。编制单位为长沙市城市建设科学研究院，2016 年 6 月 1 日已结题。

④《湖南湘江新区绿色建筑运行效果后评估研究报告》：通过对区域内的 30 个后评估调研样本，选用、实施及运行情况较好的绿色技术进行汇总，形成该地区的绿色建筑绿色技术集成；对被选用次数频繁、实施效果较好、运行度高的绿色建筑技术进行总结，形成该地区的常规绿色技术；主要通过对绿色技术选用情况、绿色技术与建筑的一体化、绿色技术的运营情况进行评估，总结经验，找出存在的问题，分析原因，并提出改进建议。该课题已于 2016 年 8 月完成调研，并于 10 月完成文本编制。

作者：湖南省建设科技与建筑节能协会绿色建筑专业委员会

7　重庆市绿色建筑总体情况简介

7　General situation of green building in Chongqing

2016年，重庆市绿色建筑行业建设以“坚定可持续发展，全面推进绿色建筑”为发展理念，主要围绕绿色建筑评价标识、绿色建筑标准法规建设、科研创新发展、国际合作交流、推动区域绿色建筑发展等五个方面开展了卓有成效的工作，进一步促进了重庆市绿色建筑行业的积极蓬勃发展，为中国建筑业绿色化发展提供了坚定的技术支撑和行业服务。

7.1　建筑业总体情况

2016年，重庆建筑业保持健康有序发展。2016年前三季度，重庆市完成建筑业总产值4677亿元、同比增长12%，实现增加值1186亿元、同比增长15%，建筑业增加值率达到23.2%。其中，2016年1～10月重庆房地产开发投资2964.02亿元，同比下降0.8%，降幅比1～9月收窄0.5个百分点。住宅投资1826.45亿元，同比下降4.4%，降幅比1～9月收窄0.4个百分点，住宅投资占房地产开发投资的比重为61.6%。

新建绿色建筑方面，截至2016年11月，重庆市推动城镇新建建筑执行节能强制性标准的比例达到100%，全市累计建成节能建筑4.44亿 m^2，超过城镇建筑的50%。构建了单体建筑、住宅小区、生态城区三大绿色发展体系，促使重庆市成为第一个将国家一星级绿色建筑要求纳入建筑节能标准强制执行的省市，全市城镇各类新建公共建筑和主城区新建居住建筑已全面执行绿色建筑一星级标准。落实地方财政对高星级绿色建筑项目的资金补助政策，建立起强制推广与激励引导相结合的工作机制。组织实施绿色建筑近4100万 m^2 和绿色生态住宅小区近3800万 m^2，绿色建筑占新建城镇建筑的比例已接近25%，超额完成国务院确定的绿色建筑发展目标。

既有建筑节能改造方面，截至2016年11月，重庆市组织建成了重庆市国家机关办公建筑和大型公共建筑节能监管平台，并于2012年首批通过住房和城乡建设部验收，实现对全市377栋重点公共建筑能耗的实时监测；率先在全国引入合同能源管理的市场机制，大力推动既有公共建筑节能改造，引导社会资金投入近3亿元，完成公共建筑节能改造420万m^2，实现了单位建筑面积能耗下降20%的目标，率先超额完成国家下达的公共建筑节能改造重点城市建设示范任务；争取财政部、住房城乡建设部支持，为重庆市新增了350万m^2公共建筑节能改造示范任务，追加7000万元中央财政补助资金支持。

7.2 绿色建筑发展总体情况

7.2.1 绿色建筑评价标识

重庆市绿色建筑评价标识工作自2011年开始，其中2009版重庆《绿色建筑评价标准》自2011年12月执行到2015年4月，共完成69个项目，其中地方组织完成63个绿色建筑项目，国家标准组织完成6个项目，项目总面积为1049.14万m^2。2014版重庆《绿色建筑评价标准》自2015年5月执行至今，共完成37个项目，其中地方组织完成32个绿色建筑项目，国家标准组织完成5个项目，申报项目总面积为701.83万m^2。截至目前，重庆市绿色建筑标识申报项目数共106个，申报项目总面积为1828.53万m^2。

根据2013年9月中共重庆市委四届三次全会将重庆划分的都市功能核心区、都市功能拓展区、城市发展新区、渝东北生态涵养发展区、渝东南生态保护发展区五个功能区域的分布，都市功能核心区和都市功能拓展区是重庆市主城区，也是绿色建筑标识申报项目最多的功能区，已经组织完成了87个项目，其中银级项目30个，金级项目49个，铂金级项目8个；申报项目总面积为1547.07万m^2。城市发展新区已经组织完成了13个项目，其中银级项目8个，金级项目5个；申报项目总面积为225.79万m^2。渝东北生态涵养发展区已经组织完成了6个项目，其中银级项目3个，金级项目2个，铂金级项目1个；申报项目总面积为55.67万m^2。渝东南生态保护发展区暂时还没有项目申报。

2016年，重庆市绿色建筑评价标识项目共计18个项目、申报项目总面积为419.92万m^2。

7.2.2 培训研讨会

为进一步提升重庆市绿色建筑与建筑节能监管水平和实施能力，切实推动绿色建筑与建筑节能相关强制性标准的执行，重庆市组织开展了一系列培训研讨活动。具体如下：

2016年重庆市建筑节能与绿色建筑咨询专家培训会；

2016年《综合医院通风设计规范》标准解读会；

2016年重庆市绿色建筑评价标识执行问题研讨会；

2016年建材清洁生产审核与绿色建材培训暨室内绿色装修与建筑产业现代化进行培训；

2016年重庆市既有建筑节能改造技术专题培训会；

2016年重庆市建筑节能协会建筑涂料行业施工技术观摩会；

2016年重庆市南岸区绿色建筑与建筑节能专项培训暨新技术系列讲座。

7.2.3 交流宣传

为进一步促进绿色建筑的技术推广，扩大重庆市绿色建筑的发展影响，重庆市先后组织参与了一系列宣传推广和学术论坛活动，共同探讨现状、分享实施案例、开展技术交流。具体如下：

第十二届国际绿色建筑与建筑节能大会暨新技术与产品博览会；

绿色建筑与人居环境营造教育部国际合作联合实验室第一次学术委员会委员及专家会议；

第十二届全国建筑物理学术会议；

中国西部可持续建筑推广和主流化论坛；

西南地区绿色建筑基地交流工作会；

四川省绿色建筑创意竞赛；

2016绿色经济遂宁会议；

2016年第十七届全国医院建设大会；

2016年中国弱电行业发展暨建筑智能新技术研讨会；

首届西部智慧城市暨智慧照明高峰论坛；

第五届全国养老建设大会。

7.2.4 国际绿色建筑合作交流中心建设

为进一步推动我国绿色建筑国际化合作的深层次发展，2016年，重庆市进一步大力开展绿色建筑国际交流中心建设，并进行了多次国际合作与会议交流。

7.2.5 第12届全球暖通空调大会CLIMA

欧洲暖通学会（REHVA）主办的第12届全球暖通空调大会CLIMA 2016于2016年5月23～25日在丹麦奥尔堡召开。重庆大学城市建设与环境工程学院杜秀媛、李信仪、刘学、唐浩参加了本次国际会议，并发表了相关学术报告。重庆大学代表在本次会议上的演讲，进一步推动了国际间的学术交流与合作，有效促进了建筑节能与环境提升研究的发展，培养了良好的学术研究氛围。

7.2.6 2016年新加坡国际绿色建筑大会

2016年9月7～9日，应新加坡建设局邀请，重庆市绿色建筑专业委员会组织西南地区绿色建筑基地成员单位参加了 2016 年新加坡国际绿色建筑大会，并与新加坡建设局代表进行了亲切交流（图 4-7-1）。

图 4-7-1 与会人员现场合影

7.2.7 重庆大学 B 区第三教学楼改造工程国际研讨会

2016 年 11 月 6 日，召开了重庆大学 B 区第三教学楼改造工程国际研讨会。会议上国内外专家针对第三教学楼的建筑改造设计方案和绿化改造方案给予了充分的肯定，并给出了建议，对进一步优化改造方案具有重要意义（图 4-7-2）。

图 4-7-2 国际研讨会与会专家合影

7.2.8 重庆大学 SBE16 Chongqing（Sustainable Built Environment）国际会议

2016 年 11 月 5～6 日，由重庆大学联合科技部“国家级低碳绿色建筑国际联合研究中心”、教育部国际合作联合实验室、重庆大学城环学院以及中国建筑科学研究院共同举办的 SBE16 Chongqing（Sustainable Built Environment）国际会议在重庆顺利举行。来自 20 多个国家和地区、40 余家单位的 100 余名学者、研究人员及行业专家参加了会议。

开幕式大会上重庆大学刘汉龙副校长代表重庆大学致辞，并邀请五位专家做了特邀报告，三位专家做了专题报告。会议就技术创新、建筑与设计、经济与政策纬度和管理变化四个主题分别进行了专题研讨。闭幕式大会上参会代表就会议期间的一些关键问题进行了反馈和讨论，各抒己见。重庆大学李百战教授应大会主席邀请致闭幕词，对本次到会的各国专家学者表示衷心的感谢，对专业研究的前景进行了展望。

7.3 发展绿色建筑的政策法规情况

为了规范行业发展，牢固树立创新、协调、绿色、开放、共享的发展理念，加快城乡建设领域生态文明建设，全面实施绿色建筑行动，促进我市建筑节能与绿色建筑工作深入开展。

2016 年，重庆市先后发布了《关于发布〈既有居住建筑节能改造技术规程〉的通知》《关于印发〈重庆市建筑节能与绿色建筑设计专项论证工作程序〉的通知》《关于执行居住建筑节能 65%（绿色建筑）设计标准（DBJ 50—071—2016）有关事项的通知》《关于执行公共建筑节能（绿色建筑）设计标准（DBJ 50—052—2016）有关事项的通知》《关于加强绿色建筑评价标识管理有关事项的通知》《关于发布〈建筑通风器应用技术规程〉的通知》《关于开展 2016 年建筑节能与绿色建筑工作专项检查的通知》《关于发布〈公共建筑节能（绿色建筑）设计标准〉配套技术文件和设计分析软件的通知》《关于发布〈居住建筑节能 65%（绿色建筑）设计标准〉配套技术文件和设计分析软件的通知》《关于开展 2016 年绿色建筑与建筑节能产业化示范基地申报工作的通知》《关于编制建筑节能与绿色建筑“十三五”实施方案的通知》《关于印发〈重庆市绿色建材评价标识管理办法〉的通知》《关于印发〈重庆市建筑节能与绿色建筑“十三五”规划〉的通知》《关于授予强制执行绿色建筑标准项目绿色建筑评价标识有关事项的通知》《关于做好 2016 年建筑节能与绿色建筑工作的通知》《关于做好 2016 年度绿色建筑与建筑节能专项培训工作的通知》《关于印发〈2016 年建筑节能与绿色建筑工作要点〉的通知》等技术发展规范文件，不断完善评价体系，促进绿色建筑科学发展。

7.4 绿色建筑标准与科研情况

7.4.1 绿色建筑标准

为推动绿色建筑相关技术标准体系完善，为进一步加强绿色建筑发展的规范性建设，根据工作部署，2016 年重庆市组织完成了多部绿色建筑相关标准，具体包括《公共建筑节能（绿色建筑）设计标准》DBJ 50—052—2016、《居住建筑节能 65%（绿色建筑）设计标准》DBJ 50—071—2016、《绿色建材评价标准》《绿色建材评价与标识管理办法》《重庆市公共建筑节能改造示范项目和资金管理办法》《重庆市公共建筑节能改造技术及产品性能规定》《重庆市绿色建筑评价技术指南》《中置活动遮阳一体化门窗技术导则》《绿色建筑声环境质量控制标准》的编写与实施，正在组织实施《重庆市公共建筑节能改造节能量认定标准》的编写工作。同时参编行业协会标准《空气源热泵供暖工程技术规程》和《绿色港口客运站建筑评价标准》。

7.4.2 课题研究

2016 年以来，重庆市针对西南地区特有的气候、资源、经济和社会发展的不同特点，广泛开展绿色建筑关键方法和技术研究开发。

(1) 国家级科研项目

重庆市继承担完成了“十二五”多项科研以后，又主持：

“十三五”国家重点研发计划“长江流域建筑供暖空调解决方案和相应系统”；

“十三五”国家重点研发计划课题“既有公共建筑室内物理环境改善关键技术研究与示范”；

“十三五”国家重点研发计划子课题“基于实际运行效果的绿色建筑性能后评估方法研究及应用”等国家级科研项目。

其中，“十三五”国家重点研发计划“长江流域建筑供暖空调解决方案和相应系统”项目针对长江流域地区建筑室内热环境营造定量需求与能耗关系确定、上中下游各地区围护结构热工性能及构造标准、冬夏共用供暖空调统一末端产品和高效冷热源设备系统研发等问题，以中国能源消费总量控制及长江流域地区室内热环境改善为目标，围绕人—围护结构—末端设备—系统有机结合，确定多个重点研究任务，包括提出该地区适宜的热环境营造定量需求技术路径、构建围护结构性能改善构造准则、研发冬夏供暖空调统一末端产品技术和高效空气源热泵设备及系统等。

(2) 承担地方级科研项目

2016 年，重庆市先后进行了多项科研项目，包括：

重庆地区住宅供暖能源供应方式研究；

城乡统筹区村镇用能规划与关键技术研究与示范；

重庆市既有可再生能源建筑应用项目运行后评估；

绿色建筑实施质量与发展对策研究；

室内环境质量关键技术研究与示范；

重庆市国家机关办公建筑和大型公共建筑能耗监测平台数据分析报告；

重庆市办公建筑能耗限额研究与制定；

重庆市公共建筑节能改造节能核定 ；

开展绿色建材（蒸压加气砌块）构造技术的研究；

可移动式模块化立体绿化相关课题研究项目 5 项。

作者：李百战　丁勇　张永红　牟文瑶（重庆大学；重庆市绿色建筑专业委员会）

8 绿色建筑国际科技合作与交流情况简介

8 General situation of international cooperation and exchanges in scientific technologies of green building

8.1 国 际 会 议

8.1.1 举办第十二届国际绿色建筑与建筑节能大会

2016年3月30～31日，第十二届国际绿色建筑与建筑节能大会暨新技术与产品博览会在北京国家会议中心隆重召开（图4-8-1）。本届大会在国家住房和城乡建设部等国家部委支持下，由中国城市科学研究会、中国绿色建筑与节能专业委员会和中国生态城市研究专业委员会联合主办，并得到国内外多家政府机构、行业内相关协会和组织、知名企业的大力支持。大会已连续成功召开了十一届，是国内最具规模和影响力的绿色建筑与建筑节能行业盛会。

图4-8-1 第十二届国际绿色建筑与建筑节能大会会场

大会共安排了开幕1个主论坛、50个分论坛和1个博览会。

主论坛由中国绿色建筑委员会副主任委员和中国建筑科学研究院副院长王清勤主持，住房和城乡建设部总工程师陈宜明，加拿大驻华大使赵朴，英国对华可持续城镇化事务特使熊迈克爵士，世界银行集团国际金融公司局长及制造业、农业及服务业全球负责人塞尔吉奥·皮门塔，国务院参事、住房和城乡建设部原副部长、中国城市科学研究会理事长仇保兴，美国绿色建筑委员会（USGBC）首席运营官 Mahesh Ramanujam，世界绿色建筑委员会（WGBC）首席执行官 Terri Wills，美国旧金山市建设局局长 John S. Rahaim，中国工程院院士、清华大学建筑节能研究中心教授江亿出席开幕式并致辞。

仇保兴发表题为《老旧小区绿色化改造——我国绿色建筑发展的新领域》的主题报告（图 4-8-2），美国旧金山市规划局局长 John S. Rahaim 介绍了旧金山可持续发展规划，新加坡建设局国际开发署高级署长许麟济详细介绍了绿色建筑评估系统 Green Mark，中国工程院院士、清华大学建筑节能研究中心教授江亿分析了改变北方建筑供暖模式，缓解冬季雾霾现象的途径，世界绿色建筑委员会公司顾问委员会成员、萧氏工业集团全球市场总监 Todd Jarvis 介绍了可持续商业指导策略。万达商业地产股份有限公司高级总裁助理兼万达商业规划研究院院长叶宇峰进行了万达集团绿建节能工作综述。

图 4-8-2 国务院参事、住房和城乡建设部原副部长仇保兴主题报告

受邀出席开幕式的嘉宾还有国家发展和改革委员会原主任解振华、联合技术公司建筑及工业系统总裁戴杰儒、美国绿色建筑协会创会主席 Rick Fedrizzi、新加坡绿色建筑委员会主席戴礼翔、世界绿色建筑协会首席执行官 Jane Henley 等。以及住房和城乡建设部，科学技术部财政部，环境保护部，工业和信息化部，国家外国专家局，全球环境基金（GEF），欧盟委员会能源总司（DGENER，EC），英国贸易投资总署（UKTI），美国能源部（DOE），美国能源基金会（EF），德国联邦环境、自然保护、建设与核安全部（BMUB），法国生态、可持续发展、交通与住房部（MEDDTL），加拿大联邦政府自然资源部（NRCan），加拿大联邦住房署（CMHC），新加坡国家发展部建设局（BCA），印度建筑业发展委员会（CIDC），世界绿色建筑协会（WGBC）等共计 4000 余人。

30 日下午及 31 日全天，大会集中召开 50 场分论坛，全球范围内的 500 多位绿色建筑行业顶级专家齐聚，主要围绕“绿色建筑设计理论技术和实践”“绿色建筑智能化与数字技术”“绿色建筑与环境品质提升”“大型公共建筑的节能运行与监管”“公共建筑能耗及碳排放总量控制与总量下降”“绿色建材与外围护结构”“可再生能源在建筑中应用的最新发展”“建筑废弃物资源化利用”“绿色房地产业的健康发展”“以科技引领绿色施工”“绿色校园”“绿色生态城区”“绿色工业建筑”“绿色建筑中 BIM 技术的应用”“绿色建筑和海绵城市”“建筑工业化新技术与工程实践”“绿色小城镇评价标准专题论坛”“绿色建筑运营管理”“绿色建筑和地下综合管廊的开发与研究”“生态宜居环境营建”“技术创新 VS 绿色建筑性能提升”等专题展开研讨和交流。

本届大会主题为“绿色化发展背景下的绿色建筑再创新”，主要交流国内外绿色建筑与建筑节能的最新科技成果、发展趋势、成功案例，研讨绿色建筑与建筑节能技术标准、政策措施、评价体系、检测标识，分享国际国内发展绿色建筑与建筑节能工作新经验，促进我国住房和城乡建设领域的科技创新及绿色建筑与建筑节能的深入开展。

8.1.2 举办固体废弃物资源化国际论坛 2016（深圳）

2016 年 4 月 21 日，由深圳大学、深圳市土木建筑学会、中国绿色建筑与节能委员会建筑废弃物资源化学组、香港理工大学主办的“固体废弃物资源化国际论坛 2016（深圳）”在深圳大学国际会议中心顺利举行。

来自中国、美国、欧洲包括荷兰、法国、英国等国家及中国香港和台湾地区的国际知名专家分享了在固体废弃物资源化领域取得的经验。荷兰爱因霍温理工大学 Ir. H. J. H（Jos）Brouwers 教授、英国伦敦帝国理工学院 Chris Cheeseman 教授、法国图卢兹大学 Martin Cyr 教授和中国台湾科技大学黄兆龍教授等人分别作了题为“工业副产品和建筑废弃物在建筑材料中的应用”“Developing combustion residue processing in a circular economy”“回收废玻璃在土木工程中高附加值应用”和“台湾在建筑工程中应用废弃物的经验”的主题报告。报告结束，与会学者们进行了积极的互动，以期通过搭建一个国际化的交流平台，促进深圳固体废弃物资源化，实现可持续发展。

8.1.3 第四届国际低碳城论坛在深圳举行

第四届深圳国际低碳城论坛 6 月 17 日在深圳国际低碳城会展中心开幕，来自 40 多个国家和地区的近 2000 名嘉宾，就“绿色·创新：城市转型发展新动力”进行了积极探讨。

本届论坛共设有主论坛、平行论坛、专题研讨会、专题展览、配套活动五大板块。其中，平行论坛共有 13 个，专题研讨会 3 个。围绕主题，论坛重点探讨经济转型新思路、产业发展新方向、应对气候变化新挑战、大众参与绿色发展的新形式等话题，以此为城市绿色转型发展搭建交流平台、推动务实合作。

联合国前副秘书长沙祖康，国家气候变化专家委员会主任、中国工程院原副院长、院士杜祥琬，国务院参事、科技部原副部长刘燕华，国务院参事、住建部原副部长仇保兴，世界银行高级顾问、前首席知识官高尔捷思坦尼，巴黎副市长帕特里克·克鲁格曼等嘉宾，在论坛上就未来绿色创新、城市均衡协调发展等话题做了主旨发言，从全球角度阐述坚持绿色发展、循环发展、低碳发展的长远意义，坚持创新驱动的重要作用。

8.1.4 “健康建筑与室内环境”国际交流论坛在沪召开

7 月 7 日，由中国建筑科学研究院上海分院、国际 WELL 建筑研究所（IWBI）主办，美国 DELOS 公司、远洋集团、美国绿色建筑委员会（USGBC）、德国 FTA 建筑设计有限公司协办的“健康建筑与室内环境”国际交流论坛在上海绿地万豪酒店开幕。

来自国际国内的多名行业专家以及 60 余家知名开发单位的企业代表汇集一堂，围绕“健康建筑与室内环境”的最新理念、标准体系、技术应用、项目案例展开研讨。中国建筑科学研究院副院长王清勤指出，健康建筑作为绿色建筑发展深层次的需求已经愈发明显，健康建筑将成为绿色建筑发展的另一个重要的方向(图 4-8-3)。

图 4-8-3 论坛交流现场

8.1.5 举办可持续建筑环境 2016（SBE16）地区会议

2016 年 11 月 5～6 日，由重庆大学联合科技部“国家级低碳绿色建筑国际联合研究中心”、教育部国际合作联合实验室、中国绿色建筑与节能专业委员会西南地区绿色建筑推广示范基地以及中国建筑科学研究院共同举办的 SBE16 Chongqing（Sustainable Built Environment）国际会议在重庆融汇丽笙酒店顺利举行（图 4-8-4）。来自英国剑桥大学、牛津大学、美国佛罗里达大学、日本东北大学、英国驻重庆总领事官、中国香港大学、香港理工大学、中国建筑科学研究院、清华大学、重庆大学、浙江大学、同济大学、海尔集团、美的集团等 20 多个国家和地区、40余家单位的100余名学者、研究人员及行业专家参加了会议。本次会议还得到了International Initiative for a Sustainable Built Environment（iiSBE）、International Council for Research and Innovation in Building and Construction（CIB）、United Nations Environment Programme（UNEP）Sustainable Buildings and Climate Initiative、International Federation of Consulting Engineers（FIDIC）等国际组织和机构的大力支持。

图4-8-4 SBE16参会人员合影留念

11月5日，SBE16 Chongqing（Sustainable Built Environment）在重庆融汇丽笙酒店举行开幕式。开幕式由大会主席、国家外专千人计划专家、重庆大学Andrew Baldwin教授主持（图4-8-5）。随后，大会进行了主会场特邀报告与专题报告，五位特邀报告包括：中国绿色建筑与节能专业委员会委员、重庆大学千人计划专家姚润明教授作了题为《Challenges and Integrated Solutions to Heating and Cooling of Buildings in the Yangtze River region》的报告，对长江流域地区室内环境营造与人员行为特征及能耗之间的关系进行了探讨，介绍了目前正在承担的“十三五”国家重点研发计划项目“长江流域建筑供暖空调解决方案和相应系统”的研究进展。英国Cullinans Robin Nicholson教授作了题为《Towards Sustainable Communities》的报告，论述了建立可持续性社会及团体的重要性，分享了自己的研究心得。美国佛罗里达大学设计与工程学院院长、英国皇家工程院院士Chimay Anumba教授作了《Perspectives on Building Energy》演讲，就当下建筑能源应用中存在的问题，结合实例，分析现状，讲解了能源应用的新型节能方式。中国绿色建筑与节能专业委员会副主任委员、中国建筑科学研究院副院长王清勤教授作了题为《绿色建筑与绿色改造》的演讲，从国家政策、标准体系、新建及既有建筑绿色化等方面讲解了绿色建筑的相关知识和发展现状。英国雷丁大学资深专家 Derek Clements-Croome 教授作了题为《Intelligent Liveable Buildings: Health and Well-Being Perspectives》的演讲。

图 4-8-5 大会主席 Andrew Baldwin 教授致欢迎辞

8.1.6 参加第十五届世界可再生能源大会

2016 年 9 月 19～26 日，第十五届世界可再生能源大会（15th WREC）在印尼雅加达举办，此次大会由世界可再生能源联盟和印尼可再生能源学会联合主办。中国绿色建筑与节能专业委员会副主任委员、重庆大学教授李百战受邀出席了此次会议，并在会上领取了世界可再生能源联盟颁发给中国的“国家突出贡献奖（WREN World Award for the best country which promoted RENEWALBE ENERGY during the period of 2015 and 2016)”和颁发给李百战教授的世界可再生能源领域“先驱奖（WREN Pioneer Award)”（图 4-8-6）。

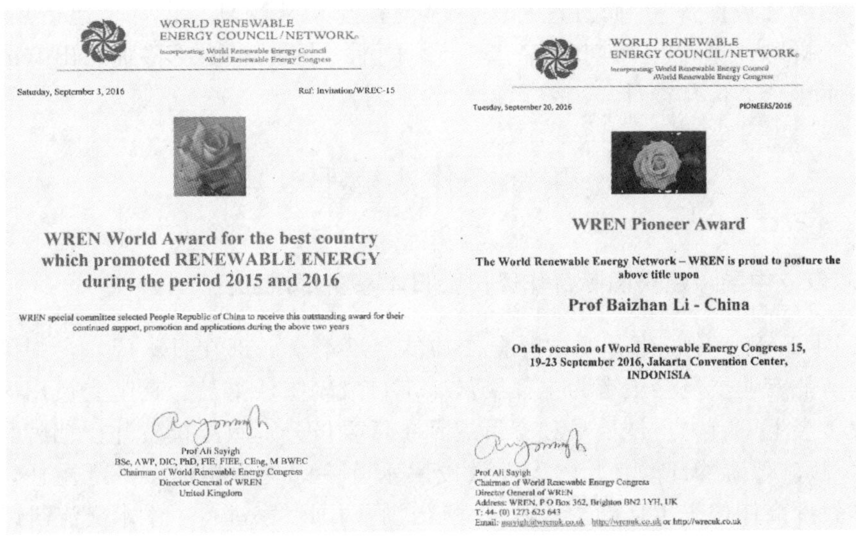

WORLD RENEWABLE
ENERGY COUNCIL/NETWORK
Incorporating: World Renewable Energy Council
World Renewable Energy Congress

Saturday, September 3, 2016 Ref: Invitation/WREC-15

WREN World Award for the best country which promoted RENEWABLE ENERGY during the period 2015 and 2016

WREN special committee selected People Republic of China to receive this outstanding award for their continued support, promotion and applications during the above two years

Prof Ali Sayigh
BSc, AWP, DIC, PhD, FIE, FIEE, CEng, M BWEC
Chairman of World Renewable Energy Congress
Director General of WREN
United Kingdom

WORLD RENEWABLE
ENERGY COUNCIL/NETWORK
Incorporating: World Renewable Energy Council
World Renewable Energy Congress

Tuesday, September 20, 2016 PIONEERS/2016

WREN Pioneer Award

The World Renewable Energy Network – WREN is proud to posture the above title upon

Prof Baizhan Li - China

On the occasion of World Renewable Energy Congress 15, 19-23 September 2016, Jakarta Convention Center, INDONISIA

Prof Ali Sayigh
Chairman of World Renewable Energy Congress
Director General of WREN
Address: WREN, P O Box 362, Brighton BN2 1YH, UK
T: 44- (0) 1273 625 643
Email: [illegible] http://wrenuk.co.uk or http://wrecuk.co.uk

图 4-8-6 “国家突出贡献奖（WREN World Award for the best county which promoted RENEWALBE ENERGY during the period of 2015 and 2016)”和世界可再生能源领域“先驱奖（WREN Pioneer Award)”

本届世界可再生能源大会是印尼会议举办史上“最绿色、最环保”的会议，来自国际社会可再生能源及节能减排领域的研究专家、企业总裁、政府官员、国际捐赠组织及相关民间团体组织均参加了此次会议。

本次世界可再生能源联盟授予的“国家突出贡献奖”和“先驱奖”是对中国在绿色建筑与建筑节能突出贡献的高度认可，彰显了中国科学家在国际舞台上的风采，也展现了我国在全球节能减排事业中“负责任大国”的形象。

8.1.7 中德建筑节能与恒氧新风应用国际交流大会举行

9月25日，第二届中德建筑节能与恒氧新风应用国际交流大会在北京举行，中国建筑设计研究院院长、中国建筑科技集团股份有限公司董事长、中国建筑学会理事长修龙先生，中国绿色建筑与节能专业委员会副主任委员中国建筑科学研究院副院长王清勤以及德国 Kaiser Slautem（凯泽斯劳滕）大学节能建筑物理系博士生导师托马斯莱希那教授等嘉宾出席大会。

会上，中德两国建筑节能、室内外环境治理领域的行业权威专家将室内空气品质、能源消耗与建筑节能的关系、新风行业相关标准化体系建设、城市汽车尾气排放净化解决方案、新风系统在绿色建筑的应用以及新风与净化关系等方面的最新技术、标准及专项研究项目成果和参会人员对话交流。

中国绿色建筑与节能专业委员会副主任委员王清勤教授在会上介绍我国绿色建筑与绿色生态城区发展现状与标准情况时提到，绿色建筑除了和传统建筑一样关注建筑的功能和安全之外，还特别关注“节地、节能、节水、节材、室内环境质量、室外环境保护”，而且这种关注体现在建筑从规划、设计、建造到运行、维护甚至拆除的整个生命期的各个环节。同时，绿色建筑还特别突出“因地制宜、技术整合、优化设计、高效运行”的原则。

8.2 国际合作基地平台建设

8.2.1 中国绿建委国际合作委员会日本事务部成立

11月24日，中国绿建委国际合作委员会日本事务部在日本成立，中国绿色建筑与节能专业委员会王有为主任委员、李百战副主任委员、葛坚委员出席了成立会议。会上王有为主任委员和李百战副主任委员分别致辞祝贺并授铭牌和证书（图4-8-7），聘请了日本北九州大学教授黑木莊一郎先生担任事务部主任，北九州大学教授高伟俊先生任副主任。成立仪式后两国专家进行了学术交流研讨。

8.2.2 教育部“绿色建筑与人居环境营造国际合作联合实验室”建设

2015年，重庆大学联合西南地区绿色建筑推广示范基地成立了教育部绿色

图 4-8-7 中国绿建委国际合作委员会日本事务部成立授牌

建筑与人居环境营造国际合作联合实验室。2016 年 11 月 7 日，绿色建筑与人居环境营造国际合作联合实验室第一次学术委员会委员及专家会议在重庆大学召开。会议由中国工程院院士、联合实验室学术委员会主任、重庆大学校长周绪红主持，联合实验室学术委员会委员及国际合作专家、教育部科技司、重庆市科委国合处、重庆大学相关部门代表，以及联合实验室主任主要负责人、联合实验室研究骨干等共 50 余人出席了会议（图 4-8-8）。与会委员和专家对联合实验室取得的成绩表示肯定，并对联合实验室的建设规划进行了交流与讨论，他们在人才培养、学术交流以及科研合作方面提出了可行性建议，提出联合实验室未来应进一步明确方向、强化特色，在对内和对外、对高校和企业上应更加开放，将联合实验室建设成为世界一流的科研创新和人才培养基地（图 4-8-9）。

图 4-8-8 “联合实验室”第一次学术委员会委员及专家会议

8.2.3 “中美低碳建筑与社区创新实验中心”

中美低碳建筑与社区创新实验中心是深圳市建筑科学研究院股份有限公司（IBR）与美国劳伦斯—伯克利国家实验室（IBNL）的联合研究中心，该实验中心以绿色建筑推广后的低碳社区示范为建设宗旨，中美低碳建筑与社区创新实验

图 4-8-9 “教育部国际合作联合实验室”世界合作单位

中心是 IBR 在十五年绿色实践的基础上，继 2009 年建科大楼落成后的又一探索。作为低碳技术创新和产业联盟平台和国际领先的净零能耗实验项目，本项目不仅在碳排放控制、环境质量提升、建筑工业化等方面进行技术创新和突破，同时是绿色低碳生活方式营造、社区绿色体系探索、智慧建造运营的样板。建成后，将会形成一个具有国际影响力的低碳城公共技术平台，为低碳城建设注入创新活力。

2016 年 10 月 12 日，中美低碳建筑与社区创新实验中心开工仪式在深圳国际低碳城会展中心荷池畔一隅隆重举行，中国绿色建筑与节能专业委员会副主任委员、深圳市建筑科学研究院有限公司董事长叶青，LBNL 中国能源组负责人周南，深圳市发改委副主任、深圳国际低碳城规划建设领导小组主任蔡羽与 IBR 股东单位等人一起见证了 IBR 绿色城市建设技术服务历程中新的里程碑。

8.2.4 中国绿建委“教育委员会”和“国际合作委员会”成立会

为更加深入、更有成效地推动绿建科普教育和国际合作工作的开展，调动各方面资源，2016 年 6 月 4 日，中国绿建委在无锡新城组织召开了“教育委员会”和“国际合作委员会”两个专门机构的成立会（图 4-8-10）。

首先，中国绿建委王有为主任介绍了成立“教育委员会”和“国际合作委员”的背景和已有的工作基础，对绿建委以往在开展青少年科普教育和国际合作与交流取得的成果进行了回顾并给予充分的肯定，对两个委员会成立的目的、功能、主要任务和工作机制的设想和要求作了宣讲。

图 4-8-10　“教育委员会”和“国际合作委员会”成立会参会人员合影留念

在国际交流与合作方面，王有为主任介绍：“中国绿建委在北美、德国、法国、东南亚、日本、澳大利亚等国家都有很好的关系和工作基础，成立国际合作委员会将开展更加深度的技术交流与合作，发展中国绿建委国际会员，目标是使中国的绿建更具影响力、权威性，夯实国际交流与合作。”

随后，教育委员会主任委员同济大学副校长吴志强、副主任委员上海市绿色建筑协会会长甘忠泽、沈阳建筑大学校长石铁矛及国际合作委员会副主任委员、中建科技集团董事长叶浩文分别发言。

8.2.5　与美国劳伦斯伯克利国家实验室签署合作备忘录

2016 年 3 月 30 日晚，中国绿色建筑与节能委员会（简称“中国绿建委”）第九次全体委员会议在国家会议中心顺利召开。在会上，中国绿建委与美国劳伦斯伯克利国家实验室签署合作备忘录，王有为主任和周南副主任（劳伦斯伯克利国家实验室副主任）分别代表双方单位完成签字仪式。双方将积极探索在绿色建筑、绿色生态城区、绿色建筑和城区的碳排放及建筑工业化领域加强交流，开展合作。

8.3　国际科技合作协议

2016 年 8 月，重庆大学与英国雷丁大学签署了双边合作协议，在绿色建筑领域的科研合作与双边联合培养学生方面达成了一致，重庆大学校长周绪红教授和英国雷丁大学校长大卫·贝尔（David Bell）爵士签署了重庆大学与雷丁大学双硕士学位合作协议

2016 年 10 月，中国建筑科学研究院上海分院与 WELL 标准的创建单位——

美国 DELOS 公司就双方于今年年中达成的初步战略合作意向进行进一步深化，并正式签署战略合作协议。

2016 年 11 月，中国建筑科学研究院与建设 21 国际联盟（Construction21 AISBL）签署“战略合作协议”，建立建设 21 中国平台。该信息平台用于宣传和推广国际绿色建筑和生态城市的理念、技术、经验等信息，增进行业内外相关方之间的交流、学习和合作，在联合国气候变化大会支持下积极推进节能、健康建筑的发展。

2016 年 10 月，中国建筑科学研究院西南分院与新加坡百思特公司签订了战略合作协议，同时中国建筑科学研究院与新加坡建设局达成了合作意向。

8.4 交 流 访 问

8.4.1 中国绿建委与新加坡建设局、新加坡绿色建筑协会的交流与合作

2016 年 9 月 7 日—9 日，中国绿色建筑委员会、深圳市绿色建筑协会、广东省建筑节能协会、福建省绿色建筑专业委员会、中国绿色建筑与节能（澳门）协会、中国绿色建筑与节能（香港）委员会、桂林市建筑设计院等单位代表应邀出席了新加坡举办的 2016 年国际绿色建筑大会。会议期间，新加坡建设局和中国绿建委联合举办了“中新绿色建筑研讨会”，两国专家就绿色建筑新发展、海绵城市规划等进行了交流，并组织参观了新加坡建设局专科学院零能耗大楼、天穹实验室和预制装配式住宅工程。王有为主任应邀出席了大会可持续建筑环境分论坛的嘉宾互动答疑活动，叶青副主任应邀在分论坛作了题为“气候变化：把思想转换为行动”演讲。在会议期间，新加坡建设局和中国绿建委还共同组织召开了“中新合作洽商会”，就中新在绿色建筑和生态城市建设方面进一步深入合作进行了探讨，初步达成共识，将围绕热带、亚热带地区的立体绿化、既有建筑绿色化改造、园区规划与建设等方面开展合作研究和工程示范。

8.4.2 访问英国和爱尔兰高校

应英国、爱尔兰部分合作院校邀请，2016 年 7 月 24～31 日，重庆大学校长周绪红院士、中国绿色建筑与节能专业委员会副主任委员重庆大学李百战教授等人访问了英国雷丁大学（University of Reading）、伦敦大学学院（University College London）、剑桥大学（University of Cambridge），以及爱尔兰都柏林大学（University College Dublin）。

期间，重庆大学“科技部国家级低碳绿色建筑国际联合研究中心”和“教育部绿色建筑与人居环境营造国际合作联合实验室”的授牌仪式在英国雷丁大

学隆重举行，重庆大学校长周绪红院士见证了授牌仪式，中国驻英国大使馆科技处蒋苏南公参到场见证并表示热烈祝贺。随后，重庆大学科技部国家级低碳绿色建筑国际联合研究中心和教育部绿色建筑与人居环境营造国际合作联合实验室向剑桥大学建筑系和可持续发展中心进行了授牌。该国际联合研究中心和国际合作联合实验室在英国成功挂牌是中英高校绿色建筑领域科研合作的重要里程碑。

8.4.3 应邀赴美参加了“推动净零”项目研讨会

2016 年 9 月 19～25 日，中国绿建委代表团一行 4 人，应邀赴美参加了“推动净零”项目研讨会，与世界绿建委就“净零建筑”的意义和实施计划等主题交换了意见。

8.5 人才培养

8.5.1 举办第三届“可持续建筑环境与管理”英国暑期培训项目

2016 年 8 月 1～8 日，国际化人才培养暨第三届“可持续建筑环境与管理”暑期培训项目在英国顺利举行。该项目是由西南绿色建筑推广示范基地、重庆大学国家级低碳绿色建筑国际联合研究中心、低碳绿色建筑人居环境质量保障“111”引智基地联合英国雷丁大学、剑桥大学、布里斯托大学、英国建筑科学研究院（BRE）等单位共同策划并顺利实施的培训项目（图 4-8-11）。

图 4-8-11 项目参与师生合影

此次培训由英国文化之旅和“可持续建筑环境与管理”课程培训两部分组成。

本次培训的理论学习课程部分主要为可持续建筑设计与管理进行专业性介绍，其中包含绿色建筑评估/建筑研究所环境评估法、可再生能源在建筑中的使用和建筑信息建模等，让同学们对可持续建筑有了更加深刻的了解和体会。

实践参观环节，让同学们来到了英国建筑研究院科技园（BRE）参观绿色建筑的设计模型，了解建筑的节能减排方式、资源循环利用的设计理念。

该项目对培养我国在绿色建筑领域具有国际化视野的人才培养提供了很好的平台，参与该培训项目的同学也获得了很大的收获，项目将在 2017 年暑期继续开展。

8.5.2　开展 2015 年国际化人才培养主题系列活动

2016 年 10 月 25 日～11 月 10 日，受中国绿色建筑与节能专业委员会副主任委员重庆大学李百战教授邀请，英国雷丁大学 Derek Clements-Croome 教授，重庆大学千人计划专家姚润明教授、英国雷丁大学 Emmanuel Essah 副教授等来到重庆大学，参加重庆大学 2016 年国际化人才培养主题系列活动。

英国皇家工程院院士 Nick Tyler 教授、美国佛罗里达州迈阿密大学助理教授、IBPSA 研究委员会主席 Wangda Zuo 博士、英国拉夫堡大学 Peter Guthrie 教授先后为建筑学部师生们做了精彩的学术报告，该系列讲座分别为“城市与环境”国际讲坛第 118 讲、第 121～123 讲。在该系列讲座中各位专家紧紧围绕“可持续建筑环境”这一主题，深入浅出地为在场的师生们讲解了该领域学术研究与工程应用的前沿，分享了国际领先的研究和应用成果与经验（图 4-8-12）。

图 4-8-12　“城市与环境”国际讲坛

8.5.3　合作开展 DGNB 认证体系宣传培训

合作开展 DGNB 认证体系宣传培训与咨询认证业务。在中国以中国建筑科学研究院为主，通过培训、论坛等形式宣传推广 DGNB 认证体系，并通过权威渠道发布研究成果；同时，DGNB 为中国建筑科学研究院提供前期培训或咨询顾问类服务。

作者：李百战[1]　王清勤[2]　喻伟[1]　丁勇[1]　张颖[1]　曹博[2]（1. 重庆大学；2. 中国建筑科学研究院）

9 绿色建筑（北方）基地总体情况简介

9 General situation of green building base (North China)

9.1 北方绿色建筑基地建设主体

中新天津生态城是中国、新加坡两国政府战略性合作项目。2009 年，中新天津生态城在国内率先提出实现绿色建筑 100%的目标。天津生态城的绿色建筑建设工作得到了包括中国建筑科学研究院、清华大学、天津大学以及天津生态城相关建设开发主体等单位的相关支持，并联合发起成立天津生态城绿色建筑研究院，天津生态城通过标准制定、核心技术攻关、示范项目建设、成立协会联盟等方式与上述单位建立了紧密的合作关系，形成了以区域化绿色建筑集群建设为特色、跨产业链的绿色建筑探索实践平台（图 4-9-1）。因此，为更好地发挥参与北方绿色建筑示范基地建设主体的能动性，基地采用政府领导、产学研联合、企业化运作模式，将参与天津生态城绿色建筑集群建设的各主体单位，通过明确各自责任权利关系，利用市场化手段紧密地联系在一起。

图 4-9-1 基地授牌仪式

在具体操作方式上，绿色建筑北方基地在生态城管委会领导下，采用市场化机制、企业化运作的模式建设研发中心、培训中心、展示中心、国际交流中心。中心由企业实体负责，并联合相关单位组成联合体。同时由生态城管委会直接负责基地内绿色建筑项目的建设，将生态城建设成为绿色建筑集群示范中心。

9.2 北方绿色建筑基地建设成果

9.2.1 大力推动绿色建筑示范工程项目建设

作为国内首个国际合作的绿色生态城区，天津生态城从 2009 年开始，即开展绿色建筑建设探索实践，并进行了工业化、被动房、零能耗建筑等多元化探索。

围绕绿色建筑和生态城区目标的实现，生态城突破了以单体建筑为对象的绿色建筑管理方法，开展了以城市系统为背景的绿色建筑探索。

（1）制定了《中新天津生态城绿色建筑评价技术规程》《中新天津生态城绿色建筑设计标准》《中新天津生态城绿色施工技术管理规程》《中新天津生态城绿色建筑选用材料和产品目录》和《中新天津生态城绿色建筑运营导则》等技术标准，制定了《天津生态城能耗基准线试行标准》，成为国内首个基于城市节能减排目标的绿色建筑定量化能耗标准（图 4-9-2）。同时，形成了从设计、建造、验收、运营的绿色建筑全过程评价方法。

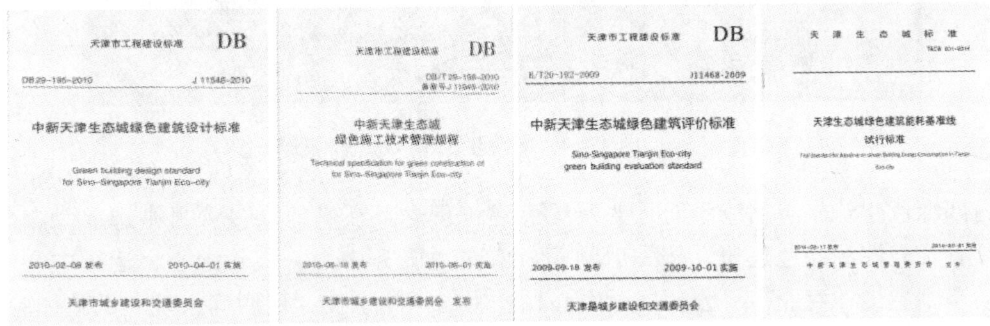

图 4-9-2　中新天津生态城相关标准规范

（2）围绕定量化的绿色建筑标准，创新了绿色建筑定量与定性相结合的评价方法，建立了与绿色建筑评价为核心的规划建设管理体系，结合项目实践，探索了围绕绿色建筑定量化性能的设计方法以及运营管理体系，制定了配套的激励政策，形成了生态城特色的绿色建筑管理模式，为生态城绿色建筑发展建设奠定了重要的基础。

（3）在国内率先探索绿色建筑的第三方评价模式，组建了绿色建筑评价的专业队伍——天津生态城绿色建筑研究院，为天津生态城绿色建筑领域的规范标准、管理流程、技术体系的制定以及新技术的研发提供了有力的支撑。

截至 2016 年 10 月底，生态城累计开工总面积 1038 万 m^2，其中总竣工建筑面积 502 万 m^2（包括产业项目 125 万 m^2，公建项目 70 万 m^2，住宅项目 307 万 m^2），所有项目均满足绿色建筑标准要求，并获得相应的绿色建筑标识（图 4-9-3）。

9.2.2　绿色建筑集群建设成效、技术和产品多元化展示

不同类型、不同特点的绿色建筑集群建设是北方基地的最大特色，为了推广绿色建筑建设经验，由天津生态城组织基地建设相关方编制了北方绿色建筑基地

图 4-9-3 天津生态城实景

内部绿色建筑旅游路线手册，普及绿色建筑理念，在基地众多项目中选取 16 个具有代表性的绿色建筑。按先后顺序，依次为服务中心、城管中心、运维中心、动漫园主楼、商业街、公屋展示中心、公屋、国际学校、代谢病医院、低碳体验中心、污水处理厂、第一中学、二号能源站、二号垃圾站、环卫之家、第三社区中心。以简洁明了、突出数据的方式，从各项目概况、绿建星级、技术特点、节能效果、投资和建设方等全方位向大众介绍基地绿色建筑的性能特点。

同时，北方绿色建筑基地十分重视绿色建筑项目建成效果数据的采集、展示与应用，由管委会牵头建成区域绿色建筑与生态城市能源管理平台，覆盖了绿色建筑、交通、产业、市政等主要用能领域节能减排的实施情况，汇集了各种能源的实时大数据，真正起到提升建筑及园区能源管理水平、提高可再生能源利用效率，降低建筑综合能耗的作用。探索了基于能源大数据的城市管理模式，通过能源管理平台实现能源系统一体化运作和集中管理，实现能源管理的可视化和预警，建立客观的以数据为依据的能源消耗评价体系。探索了效果导向的节能服务模式，节能服务团队可以利用平台收集到的海量数据作为能源顾问咨询服务的依据，对项目能耗进行深入的数据挖掘，为存在节能潜力并有节能意愿的客户提供能效优化服务，从而推动节能服务产业发展。实现了天津生态城在能源基础设施规划、建设，以及运营管理的全过程探索实践的“可实行、可推广、可复制”。

目前，北方基地正在开展绿色建筑、技术与产品的线下与线上展示系统建设，启动绿色建筑、绿色建材产品数据库搭建工作，将形成以绿色建筑性能需求为导向的系统、设备、产品大数据中心及绿色建筑示范项目性能数据中心。

9.2.3 依托基地联合开展绿色建筑关键共性技术攻关

依托基地绿色建筑示范项目集群建设、运营优势，天津生态城联合国内外绿色建筑领域知名研究机构及新加坡、德国等跨国公司和机构，申报国际合作、国家、省部级等多项课题研究。同时，鼓励企业、高校、科研院所等各方积极参与，整合相关资源，大力推动由管委会政府搭台，多家企业实体参与的面向绿色建筑应用的关键技术研发工作，形成绿色建筑研发联合体，并引入国际智力支持，建成绿色建筑技术与产品综合研发基地。

目前，北方绿色建筑基地已先后受到世界银行清洁发展基金（GEF）、“十二五”国家科技支撑计划、“十三五”国家重大科技专项、国家“水专项”、住建部等多项科技计划的支持，研究领域覆盖了绿色建筑规划、设计、建造、运营、绿色技术和产品开发应用、绿色生态城区、被动房、工业化等多个国家绿色建筑建设面临的关键共性难点和问题。形成绿色技术产品、软件、标准规范等具有自主知识产权的核心产品，发表文章、专著多部，为区域绿色建筑的建设起到了重要的推动作用（图 4-9-4）。

图 4-9-4 出版的专著

此外，由生态城管委会与新加坡国家发展部就在绿色建筑及相关领域开展合作研发共同签署的合作协议，协议三年内双方将共同拿出 6000 万元人民币支持双方合作进行绿色建筑领域的科技研发。目前，已开展了三期共十几项重大课题的研究，承担单位也基本覆盖北方基地主要参与成员单位。该项研究已成为北方绿色建筑基地开展技术攻关的重要载体。

9.2.4 建成区域性绿色建筑教育培训中心

北方绿色建筑基地结合区域性绿色建筑建设核心议题，开展了多项绿色建筑教育培训活动，初步成为区域性绿色建筑教育培训中心。

在实施路径方面，重点基于北方地区绿色建筑建设共性需求，结合天津生态城绿色建筑完整的实践技术体系，为北方地区及全国提供绿色建筑人才技术培训服务。初期针对北方地区绿色建筑开发、设计、施工等企业的技术人员与管理人员展开。远期将建成常态化的绿色建筑教育培训中心，采用包括长期的固定课程培训、短期的制定专业技术培训、各种专家论坛讲座、网络授课等多种方式。结合天津生态城绿色建筑示范基地与技术展示中心，将培训中心真正建成北方地区绿色建筑从业人员的实训基地。

图 4-9-5 绿色建筑培训

基于生态城实践经验，先后举办绿色建筑设计、性能模拟、可再生能源应用、绿色建筑选材、绿色运营等多种科目的培训（图 4-9-5）。组织多次绿色建筑性能模拟软件培训，针对模拟基础知识、详细的模拟操作流程、不同空调系统的设置方法以及建筑节能优化方法等作了详细的介绍。

为帮助北方区域绿色建筑项目建设主体发现新技术、新产品，完善落实建设项目实施过程中相关要求，推广生态城绿色建筑及适宜技术、产品选用经验，同时落实国家《“十二五”绿色建筑科技发展专项规划》关于以建筑需求为导向的新技术、新产品应用的精神，由北方绿色建筑基地与汉能全球光伏应用集团联合组织“天津生态城绿色建筑技术系列沙龙——光伏与再生能源利用”，取得了良好的效果（图 4-9-6）。

2016 年 5 月，北方绿色建筑基地与美国 EMSI 环境管理咨询有限公司联合举办了《Well 建筑评价标准》的培训，生态城内外从事绿色建筑项目开发建设、设计、设备供应、施工的数十名负责人、相关专业技术人员齐聚绿建院共同接受了相关培训（图 4-9-7）。

图 4-9-6 天津生态城绿色建筑技术系列沙龙——光伏与再生能源利用

结合被动房项目建设，北方基地邀请德国被动房研究所专家到生态城进行被动式建筑技术讲座。考夫曼教授详细介绍了被动房从设计到施工、产品选择及竣工验收阶段认证要求等内容，并就生态城目前建设两栋被动房示范项目的情况，与北方地区相关单位进行了进一步的交流，探讨未来双方合作的可行性。

图 4-9-7 Well 建筑评价标准

此外，受中国绿建委等上级单位委托，举办了《绿色建筑评价标准》GB/T 50378—2014 宣贯培训会。来自中国建筑科学研究院、清华大学等国家标准编制专家对此次新修订发布的《绿色建筑评价标准》进行了深入浅出的介绍，进一步推动了我国北方地区绿色建筑整体发展水平的提高。

9.2.5 建设地区性绿色建筑交流合作中心

区域性的绿色建筑交流是推动绿色建筑发展的重要手段。2015 年初，结合基地运营工作需要，为摸清各地区绿色建筑建设工作现状，推动绿色建筑发展和推广，北方绿色建筑基地受中国城市科学研究会绿色建筑与节能专业委员会委托，针对黑龙江省、吉林省、辽宁省、内蒙古自治区、北京市、河北省、山西省、河南省、陕西省、宁夏回族自治区、甘肃省、青海省、新疆维吾尔自治区等地在绿色建筑、建筑节能及建筑工业化等方面的建设情况、存在的困难和问题进行调研，形成北方地区绿色建筑建设推广情况研究报告，使得下一步开展绿色建筑专题培训、技术研究、展示、交流等工作更有针对性（图 4-9-8）。

图 4-9-8 区域性绿色建筑交流

2015 年 6 月，应加拿大绿色建筑委员会和美国绿色建筑协会的邀请，天津生态城代表团赴加拿大、美国两地参加绿色建筑交流合作活动。参加加拿大国际绿色建筑大会合作论坛。同时，与加拿大 UBC 大学和多伦多大学交流有关绿色建筑的研究与实践成果，商讨有关开展绿色建筑与生态城区建设领域的学术与技术研究和工程示范、联合办学和教育交流等具体合作事宜。在参观美国绿色建筑协会总部、考察美国芝加哥绿色建筑项目时，与美国绿色建筑协会进行交流并考察其公司总部，探讨在生态城投资以及开展学术与技术研究等团队合作。

图 4-9-9 绿色建筑设计与运营技术论坛现场

2015 年 7 月，北方绿色建筑基地和中国建设科技集团、《暖通空调》杂志社、中国绿色建筑与节能青年委员会等单位共同主办的“绿色建筑设计与运营技术论坛”共吸引了全国各地绿色建筑相关单位的专家学者近 300 人参加，围绕绿色建筑政策、设计案例、运营优化方法等方面做了专题报告和交流（图 4-9-9）。

2015 年 11 月，由中国城市科学研究会绿色建筑与节能专业委员会主办，北方绿色建筑基地承办的“第四届严寒、寒冷地区绿色建筑联盟大会暨绿色建筑技术论坛”在天津生态城隆重召开。论坛围绕绿色建筑综合技术、被动房及建筑工业化、绿色建筑发展经验交流等主题进行研讨交流。邀请到来自中国城市科学研究会、新加坡建设局、德国被动房研究所及北方地区各省市建设主管部门领导，从事绿色建筑和建筑节能的专家、学者到会。此外，还吸引来自绿色建筑行业相关科研机构、大专院校、绿色建筑项目设计和建设单位、房地产开发、勘察设计、施工监理、物业运营等有关企业、相关建材产品和设备生产商等代表共计 300 余人参加大会。大会围绕绿色建筑综合技术、被动房及建筑工业化、绿色建筑发展经验交流等主题进行了研讨交流（图 4-9-10）。

图 4-9-10 第四届严寒、寒冷地区绿色建筑联盟大会暨绿色建筑技术论坛

2016 年，结合国内绿色建筑发展的新形势，基地成员先后围绕“健康建筑”“建筑工业化”“BIM”等绿色建筑多元化发展态势，深入开展交流、合作，在示范项目建设、标准编制、会议论坛等方面开展多种形式的深度合作，并在天津生态城等区域进

行了深度示范。

天津生态城先后参加了《健康建筑评价标准》《天津市超低能耗居住建筑》等标准的编制，2016 年 4 月，北方绿色建筑基地、天津生态城绿色建筑研究院以及新加坡建设局等联合主办了“绿色建筑标准研讨会”，对生态城内外从事绿色建筑项目开发建设、设计、设备供应、施工的数十名负责人、相关专业技术人员齐聚绿建院共同听取了中新双方两国在绿色建筑技术标准、建筑发展上的经验。2016 年 10 月，北方绿色建筑基地与欧特克软件（中国）有限公司在天津生态城开展 BIM 技术交流，双方围绕 BIM 在绿色建筑中的应用进行了深入分析，并探讨了广泛合作的可行性。

9.3 总　　结

北方绿色建筑基地运营即将满三年，在中国绿建委等机构的领导下，围绕北方地区绿色建筑示范基地运营责任书，认真落实建设五大示范中心，探索全新的绿色建筑全过程管理体系，并不断深入挖掘绿色建筑内涵，在被动房、建筑工业化、绿色工业建筑、建筑碳排放等领域开展了大量前瞻性的探索和实践。通过示范工程总结分析北方气候区不同建筑类型的绿色技术需求，展示适用于北方气候特点的绿色建筑解决方案及其设计、建造和运营等各阶段的配套适宜的新技术、新产品、新材料和新工艺，以加快绿色建筑相关共性关键技术推广应用。针对北方区域地区气候、资源、经济和社会发展的共性特点，围绕对绿色建筑的建设起到明显示范带动作用的技术领域进行深入研究，推动绿色建筑相关技术标准体系完善，编制了覆盖绿色建筑全过程的标准体系，并完成绿色建筑运营导则。通过交流、会议、论坛等多种形式，积极将生态城绿色建筑建设经验对外进行推广复制，推进北方地区绿色建筑规模化、集群化、多元化发展。

下一步，北方绿色建筑基地将吸收北方区域更多绿色建筑实践，联合国内外绿色建筑先锋单位，总结形成北方绿色建筑基地“能实行、能复制、能推广”的成果，发挥创新主体作用，探索绿色建筑集群建设的模式，成为绿色建筑探索实践先锋的典范，为我国北方区域开展绿色生态城区和绿色建筑集群建设提供借鉴指导，从而保障绿色建筑健康、快速推广，推动北方绿色建筑可持续发展。

作者：北方地区绿色建筑基地

10　绿色建筑（华东）基地总体情况简介

10　General situation of green building base (East China)

华东地区绿色建筑基地由上海市绿色建筑协会牵头，协同同济大学、上海市建筑科学研究院（集团）有限公司、华东建筑设计研究院有限公司、上海朗诗建筑科技有限公司、上海国际航运服务中心开发有限公司、中节能实业发展有限公司共同组建，旨在打造绿色建筑理念推广、技术研发、项目展示、培训教育、合作交流的平台。

10.1　组织宣传与展示

10.1.1　组织宣传

(1) 组织参加“第十二届国际绿色建筑与建筑节能大会暨新技术与产品博览会”

受上海市住房城乡建设管理委员会和市建筑建材业市场管理总站的委托，组织上海市建筑科学院（集团）有限公司、上海华东建筑集团股份有限公司、上海城建物资有限公司等多家单位联合参展。对上海市建设领域在绿色建筑方面的工作成效、典型工程案例、前沿科技产品、装配式建筑等亮点进行集中展示。原住房和城乡建设部副部长仇保兴、住房和城乡建设部科技与产业发展中心副主任姜中桥等领导亲临会场参观指导。

(2) 开设绿色科普选修课，宣传绿色理念

2016 年上半年，继续开展了“上海市市民低碳行动——绿色建筑进校园系列活动”，在学生中宣传绿色建筑知识理念。2016 年 3 月 4 日～6 月 20 日，以学期选修课的形式在同济大学附属中学存志中学六年级学生中开展了“绿色科技与低碳生活”系列讲座。授课结合视频教学、创新实践的教学模式，得到了选课同学的好评。选修课的开设得到同济大学的大力支持。

(3) 承办“2016 上海国际城市与建筑博览会”

2016 年 10 月 31 日～11 月 2 日，2016 年“世界城市日”主题活动“2016 上海国际城市与建筑博览会”在上海展览中心盛大开幕。

2016年“世界城市日”围绕2015年度中央城市工作会议精神与2016年度住房城乡建设部的年度工作重点，结合联合国2015年后全球发展议程以及第三届联合国住房和可持续城市发展会议的相关议题，主题定为“共建城市、共享发展”。本届“城博会”由联合人居署、上海市住房和城乡建设管理委员会、中国城市规划学会、中国建筑学会共同主办，上海世界城市日事务协调中心协办，上海市绿色建筑协会承办。活动为期三天，主要包括一个展览盛会，两大主题论坛和八场专业论坛。

本届“城博会”展出面积达18000m^2，现场共设12个主题展区，包括：“城市日”主题展示区与城市综合建设、城市安全、城市住宅、城市建筑建造、城市规划与建筑设计、城市绿色生态、城市环境保护、城市园林绿化、城市交通和城市转型、城市历史风貌保护。案例多样，覆盖城市建设和管理的全过程，展出了城市设计、装配式建造技术、地下综合管廊、低碳示范区、海绵城市等建设管理项目的精彩案例，加强和促进了中外城市与国内省市间的相互交流和学习。

值得一提的是，此次展会与市民日常生活密切相关的城市规划、综合交通、旧区改造、保障房建设、园林绿化、绿色建筑等占总展出面积的三分之二，参展企业把最新研制能够促进天蓝、水清、地绿、宜居、宜业的新技术、新材料、新设备、新工艺向社会大众一一呈现，可以让市民清楚的了解我们的住宅是如何从传统式的遮风挡雨的建筑，走向节能、环保、舒适的。

10.1.2 示范项目展示

(1)“长兴朗诗基地”示范与展示

朗诗长兴研发实验基地是朗诗集团的产品、技术以及建筑集成解决方案的研发、实验平台，朗绿科技负责其日常运营管理，长兴研发基地位于浙江省湖州市长兴县太湖之滨，紧临宁杭城铁长兴站，占地面积60亩，建成后将具备五大功能：①产品研发、品牌推广、会议培训的载体和平台；②对外交流合作、资源共建、共同研发的载体和平台；③健康、环保、舒适、节能建筑产品服务博览平台；④绿色产品、技术、设备、服务的展示和交易平台；⑤国内外绿色相关专业研讨、交流、会议举办平台。

基地已竣工并投入使用的功能区有会议培训楼、布鲁克被动房精品酒店、基地配套楼、建筑实验室，人工气候室等，即将建成的有低密度实验别墅等。

截至2016年11月底，长兴基地全年共接待了110场次，人数1387人，包括国家住建部领导、长兴县县长等。

(2)“中国节能绿色建筑科技馆”示范与展示

中节能实业发展有限公司围绕“绿色生态技术与服务”目标，加强节能环保新技术合作研究，提升科技成果转化率及科技贡献率，力争在地产行业走出差异化竞争之路。基地加强绿色技术宣传示范效应，全年共接待省市各级领导 31 批 246 余人次，开展培训十余次。依托中国节能绿色建筑科技馆的示范效应，公司成功锁定了绍兴、嘉善、泰州、诸暨、贵安等多个优势项目。

(3)“莘庄园区”示范与展示

莘庄园区中莘庄综合楼自建成后，成为上海市建科院的区域总部，定位于夏热冬冷地区绿色示范办公楼，以节能为前提，营造健康、舒适、高效的人性化办公环境，在技术经济分析的基础上，集成应用土壤源热泵 VRV 空调、雨水利用、能源分项计量、环境品质监控、天然采光等多项绿色建筑技术，以满足本项目的建设要求和功能定位。

2016 年，莘庄园区作为华东基地绿色建筑科普示范基地接待总人数超过 300 人次。

(4)“上海国际航运服务中心”示范与展示

2016 年 1 月 18 日，上海国际航运服务中心西块工程申报住建部绿色建筑示范工程的验收会召开，住建部领导、上海市建筑建材业市场管理总站领导及专家对项目进行考察。上海国际航运服务中心西块项目获颁“住房城乡建设部绿色建筑示范工程”荣誉。

2016 年 6 月，葛洲坝地产、金茂绿建等企业相关人员对上海国际航运服务中心项目进行参观考察。

(5)“华东基地绿色建筑展示馆”示范与展示

2016 年 9 月，上海市绿色建筑协会与上海科技馆洽谈了华东基地绿色建筑展示馆事宜，双方初步确定由上海科技馆提供占地约 $200m^2$ 的场地。根据展馆建设计划，11 月初，由华东建筑设计研究院有限公司负责完成展馆的方案设计。该展馆将以“家居”的形式集中展示绿色建筑四新技术相关成果。上海科技馆巨大的人流量，将有效推广绿色建筑生活理念，展示绿色建筑技术，扩大绿色建筑的影响力。

10.2 参与技术研究与开发

10.2.1 科学技术进步奖

华东建筑设计研究院有限公司组织申报了上海科学技术进步奖——“面向运营实效的绿色建筑集成设计优选方法研究与应用”，成功入围三等奖。

10.2.2 《华东地区绿色建筑适用技术目录》

2016 年，由上海市建筑科学研究院（集团）有限公司主编的《华东地区绿色建筑适用技术目录》已编制完成，该技术目录包括节地与室外环境、节能与能源利用、节水与水资源利用、节材与材料资源、室内环境质量、施工管理和运营管理方面，甄别适用技术并形成初步形成华东地区绿色建筑适用技术清单。

10.2.3 国家科技支撑计划课题及市级课题

2016 年，华东基地各单位积极开展国家科技支撑计划课题及市级课题研究。

（1）承担“十二五”国家科技支撑计划项目“绿色建筑规划设计关键技术体系研究与集成示范”，2016 年 4 月份，该课题“绿色建筑群规划设计应用技术集成研究”已通过验收。

（2）参与“十三五”国家重点研发计划课题“绿色建筑性能后评估技术标准体系研究”及“长江流域建筑供暖空调解决方案和相应系统”。

（3）承担“十二五”国家科技支撑计划课题“工业建筑绿色化改造技术研究与工程示范”，该课题顺利完成验收；

（4）参加了“十三五”国家重点研发计划课题“长江流域建筑供暖空调解决方案和相应系统”和“既有公共建筑综合性能提升关键技术研究与应用”。

（5）承担市级课题《建筑节能与绿色建筑评估》、《建筑节能与绿色建筑趋势分析》、《上海市建筑节能和绿色建筑示范项目专项扶持办法》，并顺利完成结题验收。

（6）启动或完成了包括上海市工程建设标准体系查询系统开发、绿色建筑增量成本测算系统 V1.0、绿色建筑能源管理平台研究与开发、上海市公共建筑节能改造技术数据库的研发等项目。

（7）开展“上海市绿色城区评价技术体系”课题研究工作，编制了《上海市绿色生态城区评价导则》和《关于推进上海市绿色生态城区建设的指导意见》。

（8）完成了《上海市绿色建筑发展报告（2015）》和《2016 上海市建筑信息模型技术应用与发展报告》的编制工作，两份《报告》分别对本市绿色建筑和 BIM 技术应用与发展的政策环境、推进力度、标准编制、技术成果和发展瓶颈等内容进行了总结梳理。

（9）开展“绿色建筑运行标识的推进机制研究”，形成上海推进绿色建筑运行标识发展的建议，为促进本市绿色建筑整体水平质量提升提供意见建议。

（10）开展“2016BIM 技术应用能力评估研究”，提出基于企业技术、过程组织、战略维度的 BIM 应用能力评估体系，为提高和改进 BIM 技术应用提供参考机制。

10.2.4 绿色建筑相关国家标准与地方标准

2016 年，华东基地各单位共完成多部绿色建筑相关的国家、地方标准。

（1）参编国家标准《绿色医院建筑评价标准》GB/T 51153—2015。

（2）主编上海市《绿色建筑检测技术标准》DG/TJ 08—2199—2016。

（3）参编国家标准《绿色商店建筑评价标准》。

（4）参编国家标准《既有建筑绿色改造评价标准》。

（5）参编行业标准《既有社区绿色化改造技术规程》，完成送审稿。

（6）主编上海市地标《既有工业建筑绿色民用化改造技术规程》，完成报批稿。

（7）主编国家标准《绿色校园评价标准》。

（8）编写了浙江省《民用建筑绿色设计评价标准 2016 版》，该标准已公布执行。

（9）主编《住宅建筑热反射隔热涂料应用技术规程》已完成并公布，6 月 1 日起执行。

（10）主编《改性聚苯板外墙保温系统应用技术规程》，完成报批稿。

10.3 参与绿色建筑立法调研

2015 年，上海市人大常委会和上海市住房和城乡建设管理委员会正式委托上海市绿色建筑协会开展了《上海市绿色建筑条例》的立法调研工作，在立法调研工作的基础上，2016 年 3 月，上海市绿色建筑协会又承担了《上海市绿色建筑条例》的立法研究工作，条例编制团队经过和相关政府主管部门、科研单位、检测单位和物业管理单位等的讨论和商议，基本形成《上海市绿色建筑条例（草案）》并于 2016 年 4 月正式启动编制工作，历经半年，已基本形成了条例初稿。条例编制过程中充分听取了行业主管部门、研究单位、法律专家和行业协会等条例涉及的相关单位的意见，据统计，累计召开近 40 次条例编制讨论会，近 35 轮次的条例修改，对近 300 条的外部意见进行意见收集和处理工作，并对先期出台绿色建筑条例的江苏省和浙江省开展了调研工作，将上述两省在条例编制工作中的好经验加入到条例的条文编制中来。

10.4 国际交流与合作

10.4.1 德国合作机构（GIZ）和同济城市发展战略研究院举办“城市创新与领导力实验室”第三单元活动

“城市创新与领导力实验室”项目为期 6 个月，至 2016 年 3 月结束，由德国经济合作与发展部资助，德国国际合作机构德国总部负责实施，全球领导学院和

IMPACT SOLUTION 两家机构负责具体执行。学员共 24 名，分别来自南非、墨西哥、印度、阿尔巴尼亚、埃塞俄比亚等 11 个国家的政府部门、研究机构和社会团体。授课专家 10 位，主要来自德国。在此次上海同济第三模块之前，已经于 2015 年 9 月及 11 月分别在南非德班和德国柏林开展了两个模块的活动。

3 月 8～12 日的第三模块的学习建立在前两次活动的基础之上，同时增加对上海城市发展创新的讨论主题。为期 4 天的培训结束，GIZ 负责人 Dr. Wiebe Koenig 表示合作非常愉快，并于 13 日早上与同济大学吴志强副校长商谈了长期合作办学的模式。

10.4.2 参加第四届中德创新大会

2016 年 4 月 13 日，第四届中德创新大会在柏林举行，中国科技部部长万钢和德国联邦教研部国务秘书许特出席会议并致辞。同济大学吴志强副校长被邀请在城市化平台作为主要组织人，邀请了 6 名专家赴德参会。中德未来城市联盟代表出席会议。

10.4.3 2016 国际学生环境与可持续发展大会高峰论坛

2016 年 6 月 6 日世界环境日庆祝期间，来自全球 30 个国家和地区的近 300 名青年学子齐聚同济大学一二九礼堂，参加主题为“可持续生产与消费”的 2016 国际学生环境与可持续发展大会高峰论坛，共同聚焦“能源转型与气候变化、生态系统与野生动植物、生态城市、绿色生活方式”四大重要议题，分享最新实践与思考。

10.4.4 第二届中加水环境可持续发展研讨会

2016 年 7 月 1～2 日，中加环境与可持续发展中心组织承办的“第二届中加水环境可持续发展研讨会”在同济大学举行。同济大学和加拿大女王大学的环境科学专家及校外相关领域嘉宾学者出席会议。会议由赵建夫教授、加拿大女王大学 Stephen Lougheed 教授、世界自然基金会长江项目总监任文伟博士等分主题主持，环境学院戴晓虎教授、尹大强教授，农业部长江流域渔政监督管理办公室资源环境保护处处长赵依民等出席会议。

10.4.5 中日节能环保综合论坛系列活动暨中日绿色发展（节能）交流会

中节能实业发展有限公司绿色建筑基地参加了“中日节能环保综合论坛系列活动暨中日绿色发展（节能）交流会”，以促进中日间务实合作为目的，公司主要对接了住友电气、三菱东芝、三菱电机三家企业。在建筑能源管理系统、全钒液流电池和粉煤锅炉节能及热效率改善方面进行了一对一的深入交流，不仅在节能技术上进行了交流，也在业务合作内容和模式方面进行了积极探讨，为双方进一步合作奠定了一定的基础。

10.4.6 绿色城市可持续发展论坛

10月31日下午，由上海市绿色建筑协会和美国驻上海总领事馆联合主办的“2016上海国际城市与建筑博览会”主题论坛之一“绿色城市可持续发展论坛”顺利召开。来自中美两国城市与建筑规划领域的知名企业、专家学者和上海市绿色建筑协会会员单位代表参加了此次论坛。论坛由协会会长甘忠泽主持。

作为“2016上海国际城市与建筑博览会”主题论坛之一，论坛为中美企业搭建了一座交流的平台，一座传输信息的桥梁。论坛着眼于思索在推进城市发展的同时如何对环境负责、缓解社会压力、创造更多的社会效益，促进企业达成共识，共谋发展之路。

10.5 组织专题研讨与培训

2016年，华东基地各单位共完成19次专题研讨会。

10.5.1 专题研讨

(1) 上海市建筑科学研究院（集团）有限公司

① 2016年6月23日，由上海建筑科学研究院、中国被动式联盟和上海万耀企龙展览有限公司联合举办的“被动式建筑”圆桌沙龙活动。本次活动汇聚了来自住建部科技与产业化发展中心项目合作处、被动式低能耗建筑产业技术创新战略联盟、中国新风行业联盟及中国被动式集成建筑产业联盟、美国驻上海总领事馆、比利时驻上海总领事馆、德国Econet商会、同济大学、业主开发商以及门窗系统、新风系统、外墙保温10强企业的精英人士。

② 上海市建科院参展“2016重庆城博会”（6月），并与重庆市建筑技术发展中心合作举办“绿色建筑与海绵城市”技术论坛，本次活动也是与西南绿色建筑基地互动。

③ 由中国城市科学研究会和长沙市人民政府主办的“2016（第十一届）城市发展与规划大会”在长沙举行。上海市建筑科学研究院参加了城科会主办的第十一届规划大会并承办分论坛“生态城市规划建设与管理”，邀请了江苏省住建厅、世博发展集团、湖南长沙梅溪湖等华东华中区域的管理者及同行与会发言交流。

“2016（第十一届）城市发展与规划大会”于8月17日落幕，由上海建筑科学院主办、同济绿色建筑协会协办的“生态城市的规划建设与管理”分论坛也圆满落幕。

(2) 同济大学

① 同济大学举办可持续发展沙龙系列研讨课，邀请国内外专家针对“可持续的城乡交通发展策略”“可持续的区域能源综合规划”“生态河流与城市生态文明”“德国智慧城市——城市发展挑战的再思考”“绿色建筑和绿色校园——发展、技术及实践”等专题，举办讲座和交流。

② 2016 年 1 月，“面向新一轮发展的生态路径与规划创新上海论坛”在同济大学举行。

③ 调整能源结构，是改善环境质量的重要措施；增加可再生能源，可有效帮助改善空气质量。2016 年 6 月 7 日，聚焦“可再生能源利用与城市空气环境”这一重要议题的 2016 “城市生态与节能论坛”在同济大学举行，来自联合国环境规划署、意大利环境部，住建部、中国可再生能源学会，中外高校、研究机构的专家学者与会，共同探讨可再生能源的合理开发利用，以推动生态环境质量的总体改善。

(3) 上海国际航运服务中心开发有限公司

2016 年 7 月，2016 国际绿色建筑建材（上海）博览会召开，北外滩基地参与主题论坛——“2016 绿色建筑前沿技术发展高峰论坛”，介绍了项目在可持续发展及智能化领域的实践应用。

(4) 华东建筑设计研究院有限公司

在全市组织绿色建筑方面的技术论坛一次，邀请了中国绿色建筑与节能委员会王有为主任作“国标《绿色生态城区评价标准》解析”和美国能源部劳伦斯伯克利实验室终身科学家及中国研究室副主任周南博士作“中美绿色建筑比较及中美清洁能源合作计划项目”的精彩报告。

(5) 上海市绿色建筑协会

① 2016 年 3 月 28 日下午，由上海市绿色建筑协会和中冶宝钢技术服务有限公司共同主办召开了“钢渣绿色建筑材料——海绵生态路面系统应用技术研讨会”。

与会专家认为，上海正在积极研究海绵城市的建设，海绵城市建设的理念主要是通过“渗、滞、蓄、净、用、排”六项措施来实现。其中“渗”就是通过铺装透水材料实现雨水就地下渗，减少路面径流，相信钢渣绿色建筑材料——海绵生态路面系统的研究对城市道路建设是一次创新。

② 2016 年 4 月 27 日下午，由上海市绿色建筑协会和金邦防火保温新材料（上海）有限公司主办的“硅岩防火保温板新材料应用技术研讨会”在建科大厦顺利召开。本市部分建筑设计研究院、施工图审查公司及房地产开发商共 80 余人参加了本次研讨会。

③ 2016 年 6 月 7 日，由上海市绿色建筑协会主办的“2016 上海绿色建筑国

际论坛”在锦江饭店小礼堂隆重举办。此次论坛主题为“绿色建筑区域化发展”，邀请了上海市住房和城乡建设管理委员会副主任裴晓，莱布尼茨生态城市与区域发展研究所所长 Bernhard Mueller（本纳德·穆勒）、上海市奉贤区区委书记庄木弟、中新天津生态城绿色研究院院长戚建强、上海虹桥商务区管理委员会党组书记、常务副主任闵师林从绿色生态城区发展的推进方向、绿色建筑区域化发展的成功案例及区域性绿色建筑发展经验作了分享。

④ 2016 年 7 月 8 日，由上海市绿色建筑协会节水和水资源利用专业委员会主办、上海轻工业研究所有限公司协办的“AOP 技术在循环冷却水处理中的应用专题新技术研讨会”顺利召开。

会上，上海轻工业研究所有限公司教授级高工杨小萍做了专题报告，详细介绍了以臭氧为主的高级氧化循环冷却水处理技术（简称 AOP 技术）的原理、应用优势和国内外应用实例，并对自 2016 年 5 月 1 日起实施的国标《臭氧处理循环冷却水技术规范》GB/T 32107—2015 进行了解读。

⑤ 2016 年 7 月 14 日，上海市绿色建筑协会绿色建材专业委员会与上海宇培特种建材有限公司联合主办了“反射隔热涂料组合脱硫石膏轻集料砂浆保温系统应用技术研讨会”。

⑥ 2016 年 8 月 2 日，上海市绿色建筑协会绿色建造专业委员会主任单位上海建工集团召开了主题为“科技创新引领绿色发展，两化融合建设智慧城市”的院士专家论坛。本市工程建设领域近 400 人参加了本次会议。

论坛聚焦绿色化、工业化、信息化等创新主题和重点专项技术研究，邀请了沈祖炎院士、林元培院士等业内专家莅临现场分别围绕“新型建筑工业化的发展策略”“装配式桥梁设计若干问题”“基于 BIM 的工程仿真全生命周期管理”“城市地下综合管廊技术进展”“绿色超高层上海中心大厦工程建造关键技术”等主题作了精彩报告。

⑦ 2016 年 9 月 12 日，在上海市绿色建筑协会举办的第一期“双月谈”沙龙活动上，浦东新区建设工程安全质量监督站站长潘平为与会者带来了主题为《发挥浦东区域优势，强化绿色建筑质量监管》的主旨发言。

潘平站长在发言中指出，自今年 8 月 1 日起，浦东新区正式实施了绿色建筑的质量监管工作。同时，为实现对绿色建筑工程施工过程的有效监督，浦东新区从监督程序、监督模式和监督内容三个方面来推进该区绿色建筑的实效化发展。

⑧ 2016 年 9 月 18 日，上海市绿色建筑协会组织召开了“绿色建筑品质生活——好房子不漏水”专题活动，通过搭建互动交流的平台，分享建筑建材业内先进的技术发展经验，提高社会对绿色建筑、绿色建材的认识与了解。市住建委节能处、市市场管理总站、市安质监总站、市绿色建筑协会等领导出席此

次活动，并邀请了建工集团、中建八局、大华集团、东方雨虹等优秀企业出席交流。

10.5.2　专业培训

2016 年华东基地共开展以下 5 次绿色建筑方面专业培训，培训人数总计 806 人。

（1）“营改增”政策免费培训

培训时间：2016 年 4 月 29 日

参会人数：212 人

（2）上海市部分大型国有企业建筑信息模型技术应用培训会

培训时间：2016 年 5 月 19 日

参会人数：319 人

（3）上海市绿色建筑评价标识评审专家（工业建筑）培训

培训时间：2016 年 4 月 20 日

参会人数：53 人

（4）上海市绿色建筑评价标识评审专家（民用建筑）培训

培训时间：2016 年 5 月 27 日

参会人数：166 人

（5）2016 年上海市绿色建筑协会建筑信息模型（BIM）培训

培训时间：2016 年 9 月 10 日～12 月

培训人数：56 人

作者：华东地区绿色建筑基地

11　绿色建筑（南方）基地总体情况简介

11　General situation of green building base (South China)

南方绿色建筑基地依托深圳国际低碳城，通过低碳城会展中心和建科大楼两个绿色建筑理念、知识和技术研究、展示、交流的核心平台，整合南方地区资源，促进适宜南方地区气候环境的绿色建筑体系和成套技术的形成与推广，发挥基地五大功能中心作用，推动地区绿色建筑的发展。依托深圳市建筑科学研究院股份有限公司及深圳市绿色建筑协会两个重要平台载体，互相借力，资源共享，按计划策划、开展了一系列绿色建筑、低碳环保推广活动，

南方基地共迎来129个国家和地区的嘉宾参观交流；完成7次国际会议和活动的组织及交流；完成62次国内会议和活动的组织及服务；接待国内11个省27个市的嘉宾交流；年度共计完成15510人次参观交流。承担起为社区居民提供科普服务的任务，为宣传低碳发展理念，倡导绿色生活方式作出了积极贡献。

11.1　策划、组织各类学术活动，交流绿色、低碳成果

11.1.1　第十二届绿色建筑大会绿色生态城区分论坛

以科学的发展观促进生态城市的发展为核心，从政府机构出台政策、科研机构生态城市体系研究、生态城市发展的国内外实证案例来全方位讨论城市发展。

11.1.2　第十二届绿色建筑大会绿色建筑运营管理分论坛

探讨绿色建筑运行维护存在问题及其对策，介绍《绿色建筑运行维护技术标准》，绿色建筑运行维护情况调研及后评估，综合效能调适技术体系建立，绿色建筑运行维护应用技术，绿色运营管理监测平台，绿色运营制度创新等及相关运营技术实践案例

11.1.3　与美国雪城大学开展学术交流活动

与美国雪城大学进行交流，雪城大学计划以建科大楼作为绿色建筑基地，开展雪城深圳校友会和招生会，以及开展设计工作坊工作（图4-11-1）。

图 4-11-1　与美国雪城大学开展学术交流活动

11.1.4　龙岗对话新加坡：低碳城镇可持续发展技术研讨会

2016 年 11 月 19 日，“龙岗对话新加坡：低碳城镇可持续发展技术研讨会”在深圳国际低碳城会展中心 C309 成功举办（图 4-11-2）。

图 4-11-2　低碳城镇可持续发展技术研讨会

本次研讨会由新加坡建设局、深圳市龙岗区人民政府联合主办，由深圳市龙岗区发展和改革局、深圳市建筑科学研究院股份有限公司承办，由深圳市绿色建筑协会、中国南方地区绿色建筑基地协办。

本次研讨会邀请了中国和新加坡建设领域的专家学者、企业代表，就龙岗与新加坡在海绵城市建设、绿色建筑及低碳城运营管理等领域进行交流探讨，同时展示了龙岗打造东部中心的开发建设前景，也为借鉴新加坡在城市建设中的先进理念与技术，吸引新加坡优秀企业参与龙岗建设，为本土优秀企业品牌宣传与技术推广搭建了交流合作平台。来自新加坡建恒集团、新加坡 CPG 集团、深圳市建筑科学研究院股份有限公司、哈尔滨工业大学（深圳）、深圳市中航楼宇科技有限公司、利康亚联私人有限公司等机构的高管及技术专家作了主旨发言。

11.1.5 2016“一带一路”生态环保国际高层对话会

本次大会于 2016 年 12 月 11～12 日在深圳国际低碳城会展中心举行，主题为“构建‘一带一路’生态环保对话交流平台，宣传中国生态文明理念，促进绿色发展共识，推动共建绿色‘一带一路’（图 4-11-3)。

图 4-11-3 “一带一路”生态环保国际高层对话会

来自 24 个国家和地区的 300 余名嘉宾出席了本次大会。其中，国内代表约 250 人，国外嘉宾及国际机构代表 51 人。

中国核工业集团公司、中国石油天然气集团公司、中国铁建股份有限公司、比亚迪股份有限公司、深圳市建筑科学研究院股份有限公司等 19 家首批主动加入的企业承诺将在对外投资和国际产能合作中遵守环保法规、加强环境管理，展示中国企业的绿色形象。

11.1.6 参与组织高交会绿色建筑展主题论坛

2016 年 11 月 18 日，第十八届中国国际高新技术成果交易会（简称高交会）绿色建筑展主题论坛——“绿色发展，城市建设的创新与融合”，在会展中心六楼会议室成功举办。本次论坛分为上午“绿色发展政策与实践”和下午“中新绿色技术与产品”两个部分，分别由深圳市建筑科学研究院股份有限公司总经理陈泽广、深圳市建设科技促进中心副主任唐振忠主持。来自国内外建筑领域的 300

余位行业人士参加了会议（图 4-11-4）。

图 4-11-4　高交会绿色建筑展主题论坛

本次论坛得到了新加坡建设局的大力支持。新加坡建设局国际开发署高级署长许麟济先生亲率近 20 人的代表团赴深参加交流活动。

11.2　组织、参与各类展会，积极宣传、推广绿色理念与技术

11.2.1　第十二届国际绿色建筑大会展览

2016 年 3 月 30～31 日，在第十二届国际绿色建筑大会上举办以“科技创新助力生态运营”为主题的展览，全面展示了深圳建科院打造生态城镇的技术创新，分别展示规划、园区、建筑、公信、运营等产品和实践。主要分为以下四大版块的内容：

检测实证探寻人居环境生态基线（公信平台）；

综合运营营造绿色孵化聚变载体（运营平台）；

数据分析实现生态城市平衡规划（数据平台）；

技术研究发挥绿色技术核心价值（研究基地）。

11.2.2　全国大众创业万众创新活动周暨第二届深圳国际创客周活动

2016 年 10 月 12～18 日，作为深圳市属 21 家国资企业代表亮相于双创周，深圳市建筑科学研究院股份有限公司参加了 2016 全国大众创业万众创新活动周暨第二届深圳国际创客周活动，展位位于“A1 双创成果展区”（图 4-11-5）。此次参展得到了深圳市国资委、深圳市远致投资有限公司的大力推荐和支持。

图 4-11-5 双创周深圳建科院展位

深圳建科院主要展示了“低碳城市、绿色园区”创新发展模式和不同项目中的技术手段的创新应用，首次在创客周上展示了探索未来的低碳生活工作模式的“中美低碳建筑与社区创新实验中心”。“中美低碳建筑与社区创新实验中心”是IBR与美国劳伦斯伯克利国家实验室的联合研究中心在中国的落地载体，主要针对绿色建筑规模化推广后的低碳社区示范，是低碳技术创新和产业联盟平台，是国际领先的净零能耗实验。本项目不仅在碳排放控制、环境质量提升、建筑工业化等方面进行技术创新和突破，同时是绿色低碳生活方式营造、探索社区绿色体系、智慧建造运营的样板。

11.2.3 第十八届高交会

2016 年 11 月 16～21 日，在第十八届高交会上，深圳建科院以“一起探索未来的低碳生活与工作”为主题，突出“中美低碳建筑与社区创新实验中心”项目及技术体系征集咨询，以展板、模型、宣传片展示中美中心建设计划；向公众展示了深圳建科院科技创新产品、室内环境预评价系统和 HOME＋室内空气监测仪等产品体验（图 4-11-6）。

图 4-11-6 第十八届高交会展位宣传

11.3 加强各类培训，普及绿色、低碳知识

2016年，南方基地在绿建委的统一领导下，继续扩大基地的平台作用，完善组织架构，推动绿色建筑规模化发展，培育并推动绿色建筑示范项目对外展示；加大专业培训范围，加强国际交流与合作；同时注重科研能力建设，为中国面向2020年后应对气候变化战略和实施温室气体排放总量控制，推动新型城镇化绿色低碳发展做出努力和贡献。

11.3.1 洛阳生态集训营

为了向大众普及绿色低碳生态理念，受河南省洛阳市栾川县委委托，深圳建科院为栾川县选拔的60多名年轻干部做培训，时长21天。此次培训目标是提升栾川县优秀中青年人才的职业化水平，以培养与栾川县发展定位、目标相匹配的人才队伍，造就一批能够担当重任的领导人才，是设立栾川县重点培养干部深圳培训班的初衷和目标（图4-11-7）。

图4-11-7 洛阳生态集训营

在此次培训中，深圳建科院建科学院设置了城市规划管理和旅游产业发展内容，通过邀请知名专家授课，增长学员在城市规划、园区建设、美丽乡村等领域的知识，通过黄埔拓展、管理者素质讲座等课程安排，通过参观深圳博物馆、图书馆等特区发展历程的重要载体，体验深圳城市建设发展史，切身体验内地与沿海发达城市在企业创新发展、城市建设管理方面的差距；通过参观本地绿色建筑，实地体验绿色建筑的技术创新和实际魅力。

部分课程内容详见表4-11-1。

洛阳生态集训营部分课程内容　　表4-11-1

城市规划管理	低碳生态城市规划管理创新与探索
	生态城市与城镇化思考

续表

城市规划管理	绿色 & 节能的实践、思考与分享
	绿色生态城市的欧洲案例与洛阳探索
	山水森林、旅居城市特色街区改造
	美丽乡村案例分享
	水生态专题
绿色视野	莲花山—深圳规划馆、市民中心、工业博览馆、深圳博物馆、音乐厅和图书馆等参观
	广东自由贸易试验区深圳前海片区，蛇口老工业区
	中英街壹号、万科中心参观
	华侨城片区参观
	甘坑客家文化小镇、大芬油画村参观
	建科大楼、深圳国际低碳城参观

11.3.2 建科大讲堂

建科大讲堂是由深圳建科院 2005 年创办，是深圳建科院秉承“绿色人文”的理念，坚持“思想性、学术性、公众性”，邀请建设领域各行业的资深专业人士、业内知名专家面向建设行业各个领域和社会大众的系列讲座活动（图 4-11-8）。《建

图 4-11-8 建科大讲堂

科大讲堂》是思想的盛宴，学术的殿堂，这里没有任何偏见，强调“独立之精神，自由之思想”。每年都会举办 4 场左右的讲座，免费向大众开放。同时利用建科大讲堂举办场所、绿色建筑三星级示范项目——深圳建科大厦向参加者展示和体验绿色建筑。

11.3.3 深圳市坪山新区“田园都市绿色生态”专题培训

深圳市坪山新区 43 名行政干部于 2016 年 6 月 28 日在建科大楼参加了“田园都市绿色生态”的专题培训，增加了有关绿色建筑、生态城市的知识和技能。干部学员们认真听讲，热烈讨论，积极参与培训活动（图 4-11-9）。通过培训，增强了他们对于生态环境和城市的认知和思维方式，激发了他们对建设生态城市的兴趣和积极性。

图 4-11-9 “田园都市绿色生态”培训学员们合影

11.3.4 全国绿色生态城市青年夏令营

2016 年 7 月 23～31 日，绿色建筑行业的品牌活动——“2016 年度第六届绿色生态城市青年夏令营”在深港澳三地举行（图 4-11-10）。

本届夏令营共 8 天行程，跨越深圳、香港、澳门三地，通过考察建科大楼、国际低碳城、南海意库、万科住宅产业化研发基地、香港中文大学、香港大学、梁黄顾建筑师事务所、零碳天地、牛头角上村公共房屋、澳门大学、澳门大三巴等项目，让学生们体验生态城市的魅力，领略人、建筑与自然之间的和谐关系，树立绿色价值观和生活观。夏令营也是新一代绿色建筑和生态城市建设接班人的实战训练营。

此外，夏令营还专门组织了“素食大赛”“谁是我的绿色天使”等主题互动

图 4-11-10 夏令营成员合影

活动，丰富学生的营地生活，提升学生的理解与沟通能力，加强学生之间团结互助、和谐共享的意识，培养绿色的生活观和价值观。夏令营还与大企业联合举办“名企 HR 沟通会”，为优秀学生提供实习与就业的机会，让夏令营的学员赢在绿色建筑事业的起跑线上。

11.4 成立绿色低碳主题图书馆，搭建绿色传播平台

在深圳建科院的倡议下，与福田区公共图书馆合作“绿色低碳主题图书馆”(图 4-11-11)。结合当下低碳生活的时代潮流，搭建绿色低碳知识交流平台，向广大市民普及绿色低碳生活知识。不仅有效完善了上梅林周边的文化配套设施，同时极大地丰富了院职工及周边居民的文化生活。

“绿色低碳主题图书馆”设于建科大楼负一楼，馆舍面积 285.70m^2，目前藏

图 4-11-11 绿色低碳主题图书馆

书5687多册，计划藏书2万册，倡导低碳生活理念，是汇集规划、建筑、景观、室内、平面、摄影等各类设计学科书籍的主题图书馆。馆内书籍免费借阅，全市公共图书馆均可通借通还，并设有图书阅览区、少儿阅览区，提供阅览座位80个。

2016年7月23日上午，福田区图书馆分馆“绿色低碳主题图书馆”揭牌仪式在建科大楼负一楼举行，向广大市民正式宣告“绿色低碳主题图书馆”对外提供服务，服务时间与图书馆一致。

11.5　策划、开展各类低碳科普活动

2016年共迎来129个国家和地区的嘉宾参观交流；完成7次国际会议和活动的组织及交流；完成62次国内会议和活动的组织及服务；接待国内11个省27个市的嘉宾交流；年度共计完成15510人次参观讲解交流。

11.5.1　低碳科普活动周

2016年9月20日，为期5天的深圳国际低碳城会展中心2016年度科普活动周拉开序幕（图4-11-12）。来自坪西、坪东学校的300多名学生观参观了深圳国际低碳城会展中心，学习了解了绿色建筑、海绵城市、低碳环保等相关知识；作为低碳使者，同学们写下了自己的低碳宣言，承诺“奉行低碳生活，珍爱地球家园，让青山绿水常驻人间，让健康和谐永驻心间。”

图4-11-12　低碳科普活动周

11.5.2　低碳进社区

2016年9月22日，“低碳进社区”走进龙岗区坪地街道坪西社区。活动现场，社区居民踊跃参加低碳知识问答，工作人员耐心讲解绿色低碳知识。“什么是碳?”“什么是低碳?”“为什么废旧电池要回收、集中处理?”“为什么要推广使

用节能灯?”“如何一水多用?”如此一些科普小疑问在现场得以一一解答。通过发放节能常识宣传册、低碳知识宣讲、低碳知识有奖竞答、环保酵素现场制作、废旧电池及白炽灯以旧换新等形式，增强了社区居民的低碳环保意识，提高了社区居民对人居环境的关注度（图 4-11-13）。

图 4-11-13 低碳进社区

11.5.3 绿色生活，健康呼吸

2016 年 1 月 16 日，深圳市绿色建筑协会借助福田区社会建设资金，在基地的支持下，以“绿色生活，健康呼吸”为主题开展社区科普公益活动，提升居民的健康生活意识，为居民免费检测室内空气质量（图 4-11-14）。

图 4-11-14 社区科普公益活动

南方基地将在绿建委的统一领导下，继续扩大基地的平台作用，完善组织架构，推动绿色建筑规模化发展，培育并推动绿色建筑示范项目对外展示；加大常规展厅建设，发现并大力推广切实可行的绿色建筑技术及产品；加大专业培训范围，加强国际交流与合作；同时注重科研能力建设，为中国面向2020年后应对气候变化战略和实施温室气体排放总量控制，推动新型城镇化绿色低碳发展作出努力和贡献。

作者：南方地区绿色建筑基地

12 绿色建筑（西南）基地总体情况简介

12 General situation of green building base (Southwest China)

西南地区绿色建筑基地自成立以来，围绕与中国城市科学研究会绿色建筑专业委员会签订的西南地区绿色建筑运营责任书，积极致力地区性绿色建筑示范中心、技术产品展示中心、研发中心、教育培训中心、国际交流与合作中心的建设与推动，开展了扎实的推进工作，对于提升西南地区建设品质、建设宜居城市做出了突出的贡献，拥有了一大批先进技术人才和优越的硬件条件。

12.1 完善基地组织构架

为更好地促进地区绿色建筑的发展，西南地区绿色建筑基地根据《关于申报地区性绿色建筑推广示范基地的通知》和《绿色建筑推广示范基地管理暂行办法》的要求，发布了西南地区绿色建筑基地建设制度（图 4-12-1）、西南地区绿色建筑基地成员单位招募通知、关于推进西南地区绿色建筑基地建设工作的通知等文件，完成了基地成员招募、基地建设制度制定和分部建设工作，逐渐形成了汇聚一方行业领军企业、引领一方绿建发展的态势。

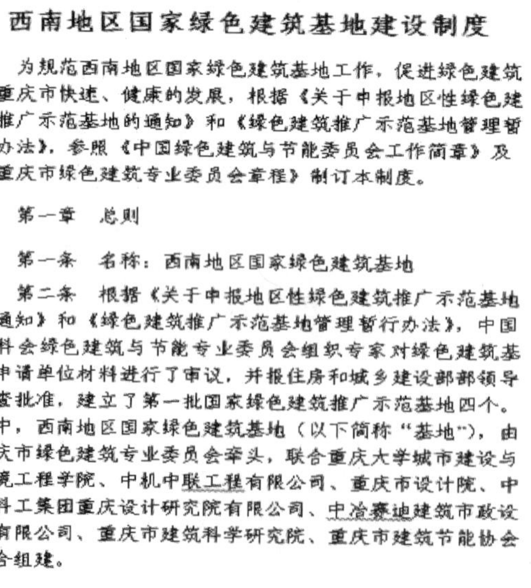

西南地区国家绿色建筑基地建设制度

为规范西南地区国家绿色建筑基地工作，促进绿色建筑在重庆市快速、健康的发展，根据《关于申报地区性绿色建筑推广示范基地的通知》和《绿色建筑推广示范基地管理暂行办法》，参照《中国绿色建筑与节能委员会工作简章》及《重庆市绿色建筑专业委员会章程》制订本制度。

第一章 总则

第一条 名称：西南地区国家绿色建筑基地

第二条 根据《关于申报地区性绿色建筑推广示范基地的通知》和《绿色建筑推广示范基地管理暂行办法》，中国城科会绿色建筑与节能专业委员会组织专家对绿色建筑基地申请单位材料进行了审议，并报住房和城乡建设部部领导审查批准，建立了第一批国家绿色建筑推广示范基地四个。其中，西南地区国家绿色建筑基地（以下简称“基地”），由重庆市绿色建筑专业委员会牵头，联合重庆大学城市建设与环境工程学院、中机中联工程有限公司、重庆市设计院、中煤科工集团重庆设计研究院有限公司、中冶赛迪建筑市政设计有限公司、重庆市建筑科学研究院、重庆市建筑节能协会联合组建。

图 4-12-1 西南基地制度部分图

西南地区绿色建筑基地，已拥有完善的组织构架。基地是由中国城市科学研究会及中国绿色建筑与节能专业委员会批准，由重庆市绿色建筑专业委员会牵头，联合重庆大学城市建设与环境工程学院、中机中联工程有限公司、重庆市设计院、中煤科工集团重庆设计研究院有限公司、中冶赛迪工程技术股份有限公司、重庆市建筑科学研究院、重庆市建筑节能协会联合组建，设置四川、贵州、云南三个基地分部。形成了西南地区绿色建筑基地联络表，建立了基地成员 QQ 群（162291910），发布了微信公众号（图 4-12-2）。西南地区绿色建筑基地由中国绿色建筑与节能委员会副主任委员、重庆市绿色建筑专业委员会主任委员、重庆大学城市建设与环境工程学院院长李百战教授任主任委员（图 4-12-3）。

图 4-12-2 微信公众号二维码

西南地区绿色建筑基地已完成了四川、贵州、云南三处基地分部构架建设，并签署了基地分部责任书。西南地区绿色建筑基地四川分部由四川省建筑设计研究院牵头，联合 3 家单位组成；云南分部由云南省绿色建筑协会牵头，联合 10 家单位共同组建；贵州分部以贵州大学绿色建筑节能研究中心牵头，联合 7 家单位共同组建，各分部组成单位见表 4-12-1。

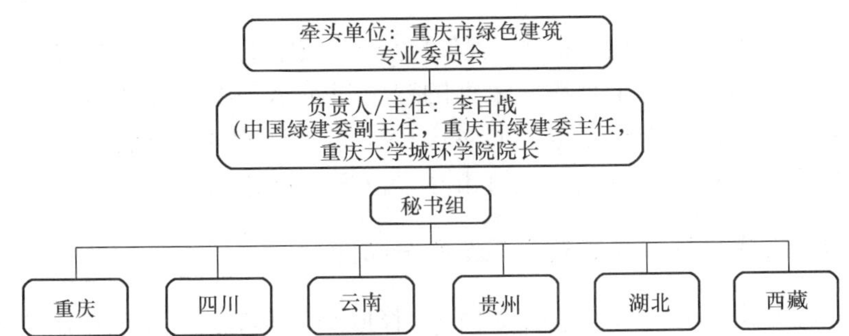

图 4-12-3 西南基地组织结构图

四川、云南、贵州分部成员单位表 **表 4-12-1**

四川	四川省建筑设计研究院
	中国建筑西南设计研究院有限公司
	四川省大卫设计公司
云南	云南省绿色建筑协会
	昆明万科房地产开发有限公司
	云南省城乡规划设计研究院
	昆明市规划设计研究院有限责任公司
	昆明理工大学设计研究院
	云南省建筑材料科学研究设计院

续表

云南	昆明有色冶金设计研究院股份公司
	云南省玉溪市太标太阳能设备有限公司
	玉溪恒兆热水器有限公司
	昆明深绿节能科技有限公司
	云南广厦规划建筑设计院有限公司
贵州	贵州大学绿色建筑节能研究中心
	中天城投集团股份有限公司
	贵州新能源开发投资股份有限公司
	贵州中建建筑科研设计院有限公司
	绿建联创（贵州）科技有限公司
	贵州绿晨能源科技有限公司
	贵州清逸环境科技发展有限公司

12.2 组织绿色建筑工程示范，成为地区性绿色建筑示范中心

西南地区绿色建筑基地为推动适宜绿色建筑技术的应用，结合地区绿色建筑项目，广泛征集筛选整理了具有代表性的绿色建筑示范项目和技术内容，组织完成了西南地区绿色建筑工程示范。同时，积极推动西南地区节能改造，其中重庆市国家公共建筑节能改造重点示范城市建设已通过住建部验收。

12.2.1 西南地区绿色建筑示范工程分布图

根据“可参观、可感知、可实践”的选择原则，西南地区绿色建筑基地已整理完成首批示范项目和技术内容，并发布了西南地区绿色建筑示范工程首批分布图（图 4-12-4），完成了西南地区绿色建筑基地首批示范项目展示路线图。分布图附有对各项目的简介，帮助参观者初步了解项目的关键绿色建筑指标和绿色建筑技术，以加快绿色建筑相关共性关键技术推广应用，提升绿色建筑技术集成水平，带动地区绿色建筑产业的发展从而保障绿色建筑健康、快速的推动绿色建筑发展。

2016 年西南地区绿色建筑第二批示范工程征集工作已基本结束，第二批地图涵盖了重庆、四川、贵州、云南地区的绿色示范工程，扩大了西南地区绿色建筑示范工程的覆盖范围，将更有利于推动基地绿色建筑示范展示中心的建设。

12.2.2 积极推动西南地区公共建筑节能改造。

截至 2016 年 6 月，重庆市已完成公共建筑节能改造示范项目 113 个，改造

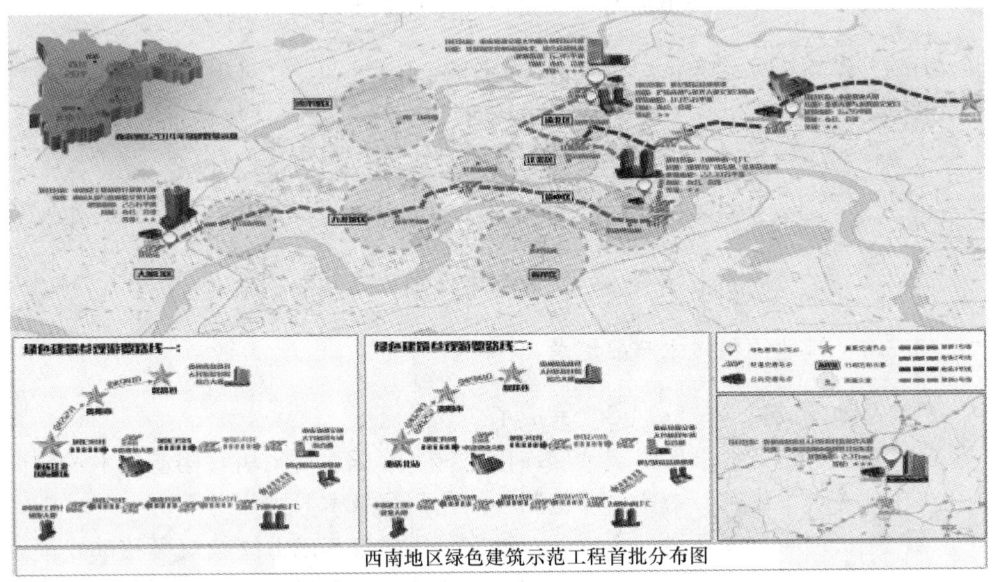

图 4-12-4 西南基地绿色建筑示范工程分布图

面积约为 420 万 m^2，各改造项目单位面积节能率基本达到 20%及以上。

12.3 组织绿色建筑技术、产品展示，成为地区性绿色建筑技术产品展示中心

对西南基地覆盖区域内绿色建筑技术和产品进行分类筛选，初步建立了本地区适用技术、产品推荐目录；筹备建立绿色建筑技术产品数据库。

12.3.1 编制《重庆市绿色建筑评价标识乡土植物推荐目录》

根据重庆市《绿色建筑评价标准》DBJ 50/T—066 的要求，为统一规范关于乡土植物的选择与计算，重庆市绿色建筑专业委员会组织行业专家在参考相关资料的基础上整理完成了适合于重庆种植和生长的常见乡土植物推荐名录，进一步促进重庆市绿色建筑评价技术的切实实施。

12.3.2 编制《重庆市绿色建筑推荐材料及制品》

整理完成了《重庆市绿色建筑推荐材料及制品》目录，按照建筑、结构、暖通、建材、电气、给排水、园林、智能化系统等各专业方向分别罗列推荐新型建筑材料、设备及制品，其目的是引导绿色建筑实施过程中对新型建筑材料、绿色建筑材料及制品的应用。

12.3.3 编制《重庆市绿色建筑室内车库技术要求》

编制并发布了《重庆市绿色建筑室内车库技术要求》。对申报重庆市绿色建筑评价标识项目的配套室内车库在满足重庆市《绿色建筑评价标准》的基础上，针对性地提出应满足的具体要求，包括基本要求和更高要求两部分。

12.3.4 编制《昆明市建筑能效测评技术导则》

组织编写了《昆明市建筑能效测评技术导则》及其实施细则。

12.3.5 其他绿色技术产品汇总

西南基地各成员单位分别参与完成了：

（1）重庆市建筑科学研究院开展绿色建材（蒸压加气砌块）构造技术的研究并获得两项专利，编制《中置活动遮阳一体化门窗技术导则》；

（2）重庆市风景园林科学研究院在已有科研成果基础上继续对可移动式模块化轻型立体绿化最佳基质进行调查研究、适生植物筛选研究、施工工艺优化、建筑节能和环境效益、对屋顶雨水径流的调控作用以及屋顶绿化综合价值评估，并多次组织参观立体绿化产品展示基地和立体绿化工程示范点；

（3）重庆德易安科技发展有限公司完成了绿色建筑能源与环境监控系统软硬件产品的研发生产，完成了建筑能源与设备运维综合管理平台的开发，平台已在合肥滨湖中心、2016（唐山）世园会展馆等多个项目中应用展示。

12.4 组织绿色建筑关键方法和技术研究开发，成为地区性绿色建筑研发中心

西南地区绿色建筑基地依托基地成员重庆大学、云南理工大学、贵州大学的优势，针对西南地区气候、资源、经济和社会发展的不同特点，广泛开展绿色建筑关键方法和技术研究开发。

12.4.1 承担国家级科研项目

西南地区绿色建筑基地根据西南地区特有的气候、资源和经济条件，组织完成了多项科学技术研发。

其中，重庆大学主持：

“十三五”国家重点研发计划项目“长江流域建筑供暖空调解决方案和相应系统”；

“十三五”国家重点研发计划课题“既有公共建筑室内物理环境改善关键技

术研究与示范”；

“十三五”国家重点研发计划子课题“基于实际运行效果的绿色建筑性能后评估方法研究及应用”。

已完成：

“十二五”国家科技支撑计划课题“建筑室内空气污染监测及运营管理技术研究”；

“十二五”国家科技支撑计划子课题“夏热冬冷地区能源自维持住宅示范工程建模、测试及技术集成”“高原建筑室内环境模式与控制技术研究”“建筑室内健康环境控制与改善关键技术研究与示范”；

（973 计划）课题“座舱空气质量与热舒适的系统试验评估准则”；

国际科技合作计划项目“适宜长江流域分散式采暖关键技术合作研究”；

中美清洁能源合作项目“面向山地城镇气候特性的高反射涂料屋顶的碳减排机理研究”“建筑围护结构体系关键技术研究”等。

12.4.2 承担地方级科研项目

西南地区绿色建筑基地各成员单位主持多项地方级及企业项目，包括：

(1) 重庆市科研项目

重庆市可再生能源建筑应用系统性能监测控制系统研发与应用；

重庆市建筑太阳能热水系统一体化应用适宜技术研究；

重庆市太阳能光伏发电和太阳能空调应用前景及相关技术研究；

重庆市可再生能源区域供冷供热项目能源管理优化与节能运行关键技术；

重庆地区住宅供暖能源供应方式研究 ；

绿色建筑实施质量与发展对策研究；

可再生能源区域供冷供热项目运行模式、定价机制与实践；

城乡统筹区村镇用能规划与关键技术研究与示范；

重庆市既有可再生能源建筑应用项目运行后评估；

室内环境质量关键技术研究与示范；

开展绿色建材（蒸压加气砌块）构造技术的研究；

可移动式模块化立体绿化相关课题研究项目 5 项；

“绿色建筑节能环保技术适应性研究”子课题中绿色建筑立体绿化和地道风技术适应性研究任务。

(2) 昆明市科研项目

《昆明市推进建筑节能和绿色建筑发展对策研究》（昆明市决策咨询研究课题）。

12.4.3 修编绿色建筑相关标准

推动绿色建筑相关技术标准体系完善，为进一步加强绿色建筑发展的规范性建设，根据工作部署，组织参加编写完成了多部绿色建筑相关标准。具体如下：

(1) 行业协会标准

《空气源热泵供暖工程技术规程》

《绿色港口客运站建筑评价标准》

《公共建筑节能改造评价导则》

《既有建筑绿色改造技术规程》

(2) 地方标准

《公共建筑节能（绿色建筑）设计标准》DBJ 50—052—2016

《居住建筑节能 65%（绿色建筑）设计标准》DBJ 50—071—2016

重庆市《绿色建材评价标准》

重庆市《绿色生态住宅（绿色建筑）小区建设技术规程》

重庆市《绿色低碳生态城区评价标准》

重庆市《绿色工业建筑技术与评价导则》

重庆市《绿色建筑声环境质量控制标准》

《昆明市建筑能效测评技术导则》及其实施细则

《昆明市建筑节能与绿色建筑管理办法》

12.5 组织各种专题研讨、培训活动，成为地区性绿色建筑教育培训中心

为进一步提升西南地区绿色建筑与建筑节能监管水平和实施能力，切实推动绿色建筑与建筑节能相关强制性标准的执行，西南地区绿色建筑基地组织了一系列培训研讨活动。

12.5.1 组织开展培训研讨活动

西南地区绿色建筑基地组织的培训研讨活动包括：

(1) 重庆市

2014 年重庆市《绿色建筑评价标准》宣贯培训会；

2015 年重庆市绿色建筑评价标识培训会；

2015 年《绿色建筑评价标准》（新国标）西南地区培训会；

2015 年重庆市南岸、九龙坡、渝北区的建筑节能和绿色建筑培训会；

2016 年重庆市建筑节能与绿色建筑咨询专家培训会；

2016 年《综合医院通风设计规范》标准解读会；

2016 年重庆市绿色建筑评价标识执行问题研讨会；

2016 年建材清洁生产审核与绿色建材培训暨室内绿色装修与建筑产业现代化进行培训；

2016 年重庆市既有建筑节能改造技术专题培训会；

2016 年重庆市建筑节能协会建筑涂料行业施工技术观摩会；

2016 年重庆市南岸区绿色建筑与建筑节能专项培训暨新技术系列讲座。

(2) 四川分部

2015 年德阳市绿色建筑技术应用培训；

2015 年《四川省绿色建筑设计施工图审查技术要点》宣贯培训会；

2015 年宜宾市绿色建筑技术应用培训；

2016 年德阳市第一期绿色建筑设计审查技术培训；

2016 年德阳市第二期绿色建筑设计审查技术应用培训；

2016 年第一期绿色建筑模拟技术应用培训；

2016 年公共建筑节能改造建设工作推进暨《公共建筑节能设计标准》宣贯培训会。

(3) 云南分部

2016 年《昆明市绿色建筑设计导则》培训会；

2016 年《昆明市太阳能热水系统与建筑一体化设计导则》培训会。

12.5.2 组织、参与交流研讨会

西南地区绿色建筑基地先后组织参与的交流研讨会有：

第三届严寒、寒冷地区绿色建筑联盟大会；

第四届严寒、寒冷地区绿色建筑联盟大会；

全国绿色建筑基地第一次工作交流会议；

第十九届全国暖通空调制冷学术年会；

夏热冬冷地区绿色建筑联盟大会；

西南地区绿色建筑基地交流工作会；

2015 年度中国建筑 HVAC 系统节能解决方案论坛总第十二站；

2015 房地产业与门窗幕墙行业高峰论坛

2015 第七届中国地源热泵行业高层论坛暨 2015 第二届中国地源热泵行业产品与技术博览会；

2015 年智能建筑行业新发展论坛；

第六届海内外中华青年材料科学技术研讨会暨第十五届全国青年材料科学技术研讨会；

沪渝两地绿色建筑技术发展论坛；

第十届国际绿色建筑与建筑节能大会暨新技术与产品博览会；

第十一届国际绿色建筑与建筑节能大会暨新技术与产品博览会；

第十二届国际绿色建筑与建筑节能大会暨新技术与产；

品博览会；

绿色建筑与人居环境营造教育部国际合作联合实验室第一次学术委员会委员及专家会议；

第十二届全国建筑物理学术会议；

2016 绿色经济遂宁会议；

2016 年第十七届全国医院建设大会；

2016 年中国弱电行业发展 & 建筑智能新技术研讨会；

首届西部智慧城市暨智慧照明高峰论坛；

第五届全国养老建设大会。

12.6 利用各种渠道，组织开展国际交流和合作活动，形成地区性开展国际交流与合作的场所中心

西南地区绿色建筑基地与重庆大学低碳绿色国际联合中心协同合作，共同开展绿色建筑国际交流中心建设。已组织完成国际会议与论坛、国际互访、国际专家讲座等多种国际交流活动，不断吸取国外先进经验，扩大国际影响。

12.6.1 重庆大学“既有建筑节能改造”国际研讨会议

国际化人才培养主题活动之一的重庆大学“既有建筑节能改造”国际研讨会议顺利举行。本次会议由重庆大学城市建设与环境工程学院、国家级低碳绿色建筑国际联合研究中心、低碳绿色建筑人居环境质量保障“111”创新引智基地和西南地区绿色建筑基地联合主办。中国建筑科学研究院副院长王清勤，重庆大学国家级国际联合研究中心主任、城环学院院长李百战教授及联合研究中心副主任刘红教授出席了会议。会议与国际专家学者建立长期有效的学术交流机制，以持续推动我国既有建筑的改良扩建或重新构造，并在“十二五”发展规划的基础上，为“十三五”的规划编制提供思路，将我国绿色建筑的发展之路推向一个新的高度。

12.6.2 加拿大国际绿色建筑大会暨博览会

2016 年 6 月，西南地区绿色建筑基地参加了 2016 年加拿大国际绿色建筑大会暨博览会。

12.6.3　西南基地成员单位大卫建筑设计有限公司组织参与了一系列国际会议、国际互访等多种国际交流活动

2016 年 8 月 3 日，以色列驻成都总领事蓝天铭在总领馆会见大卫设计董事长刘卫兵、总经理卢晓川和大卫驻以代表朱立安，双方就加强与中国在设计、规划和可持续研究方面的合作和交流进行了深度沟通（图 4-12-5）。

2016 年 9 月 24～25 日，大卫设计驻以色列代表朱立安出席在特拉维夫举行的第二届中以创新投资大会，作为“一带一路”的重要部分，大会获得了中以两国政府的鼎力支持（图 4-12-6）。

图 4-12-5　现场合影（一）

图 4-12-6　现场合影（二）

2016 年 6 月 20 日，“中美现代木结构的应用与绿色建筑推广”西南地区研讨会在成都召开。大会由美国工程木材协会、美领馆和四川省住建厅共同举办，在川各设计机构和高校代表与会。大卫设计副总建筑师黄向春等出席会议，了解和学习现代木结构的发展和应用。

12.7　西南地区绿色建筑基地宣传情况

西南地区绿色建筑基地利用北京国际绿色建筑大会、夏热冬冷地区绿色建筑联盟论坛平台等多种渠道，宣传展示基地，扩大影响力。

12.7.1　第十二届国际绿色建筑与建筑节能大会

2016 年 3 月 30～31 日西南地区绿色建筑基地组织 7 个单位、20 余人参加了“第十二届国际绿色建筑与建筑节能大会暨新技术与产品博览会”。中国绿色建筑与节能委员会委员、重庆大学姚润明教授，中国绿色建筑与节能委员会委员，重庆大学绿色建筑与建筑节能研究所所长、重庆市绿色建筑专业委员会常务副秘书长丁勇教授，以及来自重庆大学的刘猛教授、喻伟副教授在分论坛上积极分享建筑绿色化推进的经验与成果，得到了与会人员的热烈反响（图 4-12-7）。

图 4-12-7 大会现场

12.7.2 四川省绿色建筑创意竞赛

2016 年 8 月 6 日，第一届四川省绿色建筑创意竞赛（天府新区“麓湖杯”）总决赛暨颁奖仪式在天府新区麓湖艺展中心举行。此次第一届四川省绿色建筑创意竞赛（天府新区“麓湖杯”）是“四川省绿色城乡宣传年”十二大主题活动之一，是西南地区绿色建筑推广示范基地就四川省绿色建筑推动的系列活动之一。活动于今年 5 月 4 日正式对外发布，最终吸引了 114 支来自省内外相关设计单位、科研院校、个人团体等 350 余名人员参赛。在本届竞赛开展的网络投票活动中，短短 10 天时间取得了 320 万的点击率，引起社会对绿色建筑的广泛关注。

12.7.3 绿色经济遂宁会议

2016 绿色经济遂宁会议由民盟中央、全国政协人口资源环境委员会、政协四川省委员会主办，会议分别就绿色建筑发展、海绵城市建设、智慧城市建设进行了研讨。中国绿色建筑与节能委员会委员、重庆市绿色建筑专业委员会常务副秘书长、重庆大学教授丁勇参加了交流。

12.7.4 2016 年第十七届全国医院建设大会

为推广绿色建筑在医院建设行业的发展，西南基地代表重庆市海润节能研究院参与了 2016 年第十七届全国医院建设大会，设置企业展台，海润节能研究院童学江副院长并在绿色建筑分会场上做相关专题报告。

12.7.5 中国西部可持续建筑推广和主流化论坛。

为在中国西部地区开展可持续建筑发展的能力建设与技术支持，促进建筑业产业化发展、绿色发展和可持续发展，由欧盟资助项目“中国西部可持续建筑的推广和主流化”将于2016～2019年在西部地区实施。重庆市被确定为该项目的重点推广示范城市，从地方层面开展建筑产业现代化、绿色建筑和绿色装修等方面的研究和示范，并将实施经验和项目成果推广至中国西部地区。2016年4月11～13日，中国西部可持续建筑的推广和主流化论坛暨项目启动会在綦江区成功召开，来自欧洲及辽宁、北京、浙江、陕西、云南、四川、贵州、广西等省市的嘉宾，以及德国的10余家企业和重庆市相关机构、企业、专家齐聚重庆，分享可持续建筑发展的经验和成果。

随着2016年的工作告一段落，西南地区绿色建筑基地工作也逐步进入了高速发展的阶段，在接下来的时间里，西南地区绿色建筑基地将本着发展绿色建筑、服务行业发展、促进技术革新、强化监管职责的工作思路，积极发挥建设领域各行业、各企业的优势作用，广泛开展合作共建，大力发挥行业引领和指导作用，共同促进西南地区绿色建筑的发展。继续深入完善绿色建筑系列标准体系化建设，以更高昂的斗志、更加坚定的信心、更加扎实的工作，全面推动绿色建筑与建筑节能工作，切实履行工作职责，不断开拓创新，强化自身建设，发挥行业作用，促进绿色建筑的发展。

作者：李百战　丁勇　张永红　牟文瑶（西南地区绿色建筑基地；重庆大学；重庆市绿色建筑专业委员会）

13　深圳市绿色建筑专业工程师评审情况简介

13　Review of green building engineers of Shenzhen

2014年，在深圳市人力资源和社会保障局的大力支持和推动下，建筑工程（绿色建筑专业）的职称立项和评审成为当年度深圳市人才工作的创新试点；深圳市绿色建筑协会（以下简称“协会”）作为“深圳市建筑工程（绿色建筑）高、中级专业技术资格第八评审委员会日常工作部门”，在专业人才培养方面敢于打破常规、大胆设想、注重实践，建立并不断完善评审制度、流程；中国城科会绿色建筑与节能专业委员会（以下简称“中国绿建委”）高度关注，积极组织专家参与、辅导评审工作，使得评审工作起点高、质量好。绿色建筑工程师的职称工作开展，结束了绿色建筑从业人员无职称可评、无专业技术地位的尴尬境地，对提升和促进绿色建筑领域的职业水平、填补绿色建筑技术人才培养和评定的空白、培养一批优秀的建筑行业新型和实用型人才具有重要意义，其创新性、领先性和示范作用巨大，对绿色建筑发展具有划时代的意义。

绿色建筑工程师职称评审在深圳已经开展三年，有121人通过了初、中、高级的职称评审，他们是全国第一批绿色建筑方面有专业认定的技术人员，必将成为绿色建筑事业的中流砥柱。2016年是该项工作在体系搭建、制度建立、流程完善等方面取得突破性成果的一年，为将此项工作在全国进行推动，拉通绿色建筑人才培养和评定的渠道，为绿色建筑发展夯实人才基础，积累了经验。

13.1　绿色建筑工程师职称评定工作的立项创新

13.1.1　绿色建筑从业人员发展现状和职称评定的必要性

随着绿色建筑快速发展，传统的建筑人才已经无法满足新形势下建筑行业对绿色技术知识的需求，从而衍生出“绿色建筑咨询”这一新兴行业，有一批绿色建筑咨询企业和一大批从事绿色建筑咨询的从业人员，配合传统设计单位为新型生态城镇化建设提供新的技术帮助。这是一个跨专业、跨学科的人才团队，他们涉及的专业面广，强调的是按照绿色建筑的评价要求进行各专业之间的衔接，新技术、新材料、新产品应用技术的掌握，他们在原有专业技术知识的基础上，学习掌握了建筑领域中有关绿色发展的新方法、新技术。从事这种专业技术工作的人才还包括了公共节能服务行业、社会公益组织（NGO）、政府和事业单位中的绿色建筑方面的专家和技术人员。他们在推动绿色建筑发展中的工作业绩和贡献，在传统的职称评定体系中无法得到认可。例如，他们主持的项目参评绿色建筑评价星级认证，获得政府设立的“全国绿色建筑创新奖”等方面的专业奖励，含金量很高，但这些认证和荣誉并没有纳入传统的建筑工程师评定条件中去。根据建筑行业的发展，在传统的建筑工程师职称评审中增设绿色建筑专业工程师，并制定职称评定的办法和流程意义重大且尤为必要。

13.1.2 深圳人事改革契机促成绿色建筑工程师职称设立

随着社会经济的发展，新兴行业的专业技术人才对职称评审需求强烈，深圳市人社局顺应行业发展和改革的需要，近几年一直积极开展新兴行业职称评审试点工作。2014 年，深圳在全国率先实现全面社会化职称评审，将职称评审工作100%移交给社会组织。目前共有 30 余家行业组织承接了 40 多个专业的职称评定工作。

深圳市绿色建筑协会作为全国首家市一级绿色建筑行业社会团体，多年来积极关注行业人才培养。在政府相关部门的支持下，协会在社会人才评价工作向行业组织转移的过程中紧紧抓住机遇，积极向深圳市人社局汇报行业发展情况，分析开展“绿色建筑专业工程师”职称评定工作的必要性和可行性，并于 2014 年初提出承接职称评定职能的申请。经过数月的行业调研和走访，协会随后正式提出增设“绿色建筑专业工程师”职称评定的思路与建议。该提议得到深圳市人社局高度重视，当年 6 月 5 日专业技术人员管理处（以下简称“专技处”）处长亲自带队，前往协会秘书处听取了承接职称评定职能工作的汇报和思考；随后，专技处多次组织行业协会进行交流和座谈，解读政策，了解需求。经深圳市人社局领导办公会慎重研究决定，7 月 23 日印发了《关于深圳市职称评定职能向行业组织转移工作的通知》，8 月 6 日印发了《深圳市人力资源和社会保障局关于开展深圳市 2014 年度专业技术资格评审工作的通知》，列明深圳市绿色建筑协会为深圳市建筑专业高、中级专业技术资格第八评审委员会——至此，绿色建筑专业工程师职称评审工作正式立项。

深圳市人社局不仅将人才评价工作向行业组织转移，还扶上马送一程。8 月 14～15 日组织全体承接该项工作的协会工作人员开展了“2014 年度职称业务培训”，人社局领导围绕职称评审日常工作部门的工作开展办法和政策要求、专业技术人员管理信息系统操作方法等进行了详细的解读，并以大量的工作实践案例给予现场辅导，帮助各协会工作人员基本掌握了评审工作的要求和要领（图 4-

13-1，图 4-13-2）。8 月 31 日～9 月 5 日，作为 2014 年度新增加的承接深圳市职称评定工作的社会组织代表之一，协会代表参加了市人社局组织的为期 6 天的“香港专业职称社会化评价经验”第一批赴港班，通过课堂学习和实地考察，初步了解了香港职业资格的宏观情况和香港各学会、议会等社会组织在该方面所做的工作，学习、分享他们的成功经验。学习与考察为协会更好承接职称评定工作的职能转移做好了理论和思想上的准备。

图 4-13-1 “2014 年度职称业务培训”现场

图 4-13-2 市人社局组织职称评审信息系统操作培训

13.2 评审工作体系搭建、制度建立、流程完善

13.2.1 建立专家库，组建专家团队

为保障职称评审工作高水准、有序开展，自 2014 年立项以来，协会两次发布了“关于征集深圳市建筑工程（绿色建筑）专业技术资格评审委员会评委的公告”，并长期挂网面向行业征集评审专家，每年评审会召开前进行统计，经严格审查、甄选，报批人社局审核入库，截至目前，绿色建筑工程师职称评审委员会入库专家总人数 43 人，初步形成了一支专业水平高、行业影响力大、评审业务熟练的绿色建筑工程师职称评审专家团队，为评审工作持续发展做好储备。

13.2.2 不断总结摸索，优化流程，建立和完善各项评审制度

每年评审会结束后，协会积极总结经验，建立了完善的职称评审档案和电子流程体系，为下一年度的职称评审工作顺利开展提供参考。2016 年协会全面修订、完善了“绿色建筑工程师职称评审工作流程及相关附件”，逐步形成了一套较为成熟的工作体系，编制《建筑工程（绿色建筑）高、中级专业技术资格职称评审会议制度及流程（暂定）》文件；9 月 1 日，协会补发了“关于开展 2016 年度建筑工程（绿色建筑）专业技术资格评审工作的通知说明”，自本年度起，绿

色建筑工程师职称评审在综合类基础上，新增“绿色施工”评审方向，使评审工作不断精细，更加科学合理。除此之外，协会还建立了“专家及工作人员保密协议”签署制度、申报人员送审资料存档管理制度等。日常工作机构在管理上严格要求，夯实评审工作基础。流程优化方面，协会根据评委会专家在评审过程中提出的修订意见和建议，每年不断优化评审纪实表，调整考核指标及各部分权重。2015 年，专家根据新颁布的国标修订了打分表的考核指标；2016 年，协会根据中国绿建委专家的建议，将纪实表的格式修订成与国家住建部用的打分表格式一致，更加简洁和明了，大大提高评审效率。

13.2.3 建立测试题库，提升专业测评能力

2014 年 8 月绿色建筑工程师职称设立，9 月开始第一批申报。因评审工作筹备时间紧，任务重，没有设置绿色建筑本专业的知识测评。为了支持绿建工程师评审，市人社局指示，首次初、中级绿色建筑专业工程师职称评审可借用建筑工程系列其他专业的专业知识考试结果。但在实践操作中，申报者反馈其他专业的考试试题用于绿色建筑专业技术人员，一是反映不出绿色建筑工程师的真实水平，二是通过了其他专业的考试也没必要再来申报绿色建筑工程师职称，直接影响到申报的积极性，造成申报人数偏低的结果。

为解决绿色建筑专业职称申报人员无题可考的尴尬局面，2015 年，协会组织行业专家启动了绿色建筑工程师的测评试题库的编制工作，起草《绿色建筑工程师职称题库建设工作方案》，报深圳市人社局专技处及协会领导审批，成立了职称测评试题库建设专家小组，先后三次会议，两次校对，以新国标及深圳市绿色建筑相关的政策法规等资料为依托，完成编制了“绿色建筑工程师职称专业知识测评试题库”，经严格审核和甄选，有效总体量 120 余道，从此摆脱了无题可考、借分参考的局面。

为进一步充实和完善测评试题库，提升测评的全面性、科学性，2016 年协会根据行业发展需求，再次组织评委会专家在完善测评试题库的基础上，新增建筑工业化、绿色施工以及部分新国标等相关试题。至今，绿色建筑工程师职称评审专业知识测评试题库已涵盖了绿色建筑相关政策、绿色建筑国家及地方评价标准、建筑工业化、绿色施工等内容，总题量已超过 200 道。

为保障测评结果的效度和信度，协会努力探索，大胆突破，今年实现了上机考试，由原来的手工抽题组合试卷、抽签选择考卷变为由电脑软件随机抽取试题，试卷即时组合，考完当场即可看到成绩并能了解错题，成绩当场打印签字确认，真正实现了客观、公正、严谨、实用、高效的目标。申报人员参加测评，全程摄像监控，工作人员监考，执行过程严谨，测评成绩真实有效（图 4-13-3，图 4-13-4）。

图 4-13-3 测评辅导培训

图 4-13-4 上机专业知识测评

13.3 积极发动，扩大影响——申报人数逐年递增

绿色建筑工程师职称评审工作开展三年，在日常工作机构、上级主管部门和相关行业组织的支持下，影响逐年加大，申报人数快速成倍增长。2014 年因为通知发布时间紧，仅有 18 人申报；第二年申报人数迅速上升到 41 人；第三年发动更加充分、细致，申报人数已达到 103 人。

13.3.1 日常工作机构加强动员、宣贯

新生事物的出现总要有个被接受的过程，绿色建筑工程师在推出伊始同样引起关注和质疑，“这个职称评审收费吗?”“这个职称与其他职称一样吗?”“这个职称如何申报?”……更多的人是持观望态度。为了打消从业人员顾虑，为申报人员答疑解惑，协会每年都举办“建筑工程（绿色建筑）专业技术资格评审政策宣讲会”，协会的会长、秘书长为大家作申报动员，讲解评审工作开展情况和要求；市人社局专技处的领导每年都到场针对职称申报政策进行解读并现场答疑，贴近性的服务得到行业的一致好评（图 4-13-5）。

图 4-13-5 职称评审政策宣贯会现场

2016年，为了将发动工作做得更加到位，在协会会员单位的要求下，协会秘书处深入企业，有指向性地登门为申报人员进行解读，现场服务大受欢迎。因为资料准备到位，也有效提高了企业的专业技术人员的申报率和评审成功率（图4-13-6）。

图4-13-6 2016年深入企业进行讲解

为了加强与申报人员的沟通，2016年初协会创建了“绿建职称2016”专用QQ咨询交流群，半年不到的时间，群成员突破200人，至今已达到310多人，工作人员第一时间为大家解答问题，辅导申报。协会的网站、微信等公共平台也都为职称工作开辟了专门的版面，在宣传和服务上加大力度。

13.3.2 上级管理部门通过组织平台、媒体向社会力推

绿色建筑工程师职称的设立在深圳市人才供给侧改革实践中是最具代表性的案例之一，在全国属首创。深圳市人社局通过组织平台、媒体等向社会力推该项工作的代表性和示范作用，提出“专业的事由专业的人去做”的鲜明观点。深圳的职称评定职能下放，是行业发展的必然趋势，也是政府职能转移的结果；基于政府管理部门的信任，社会组织敢于打破常规、勇于创新，将更加用心为行业发展奉献，可以承担更多、可以做得更持久。

在“深圳市2015年度职称评定工作交流会”上，协会作为30多家日常工作部门中挑选出的四家最具创新性单位代表之一作经验分享；2016年4月13日，协会被市人社局推举为职称改革试点单位，协会秘书长王向昱及绿色建筑工程师代表——深圳市建筑科学研究院股份有限公司郭顺智分别接受了中央电视台焦点访谈栏目记者的采访；6月12日，深圳卫视“新闻30分”栏目首条新闻——“下放职称评审权，改革人才供给机制”，协会被市人社局推举为职称改革试点单位，接受记者采访（图4-13-7）。媒体宣传极大提高了绿色建筑工程师的知名度，扩大了社会影响力，提高了技术人员的专业地位；而上级主管单位的肯定，指明了工作方向，更加坚定了日常工作机构持续开展评审工作的信心和做好评审工作的决心。

13.3.3 中国绿建委和各地方组织在交流平台上给予宣传推广

中国绿建委作为中国绿色建筑行业的权威社会组织，不仅组织专家团队给予评审工作直接支持，还多次在行业交流活动和总结会上指出，全国各地方绿色建

图 4-13-7　日常工作机构管理人员和通过评审的绿色建筑工程师代表接受媒体采访

筑社团组织要大力推广深圳“绿色建筑工程师职称”工作的经验，为更多的高层次、技术型绿色建筑行业人才提供晋升渠道，并动员各地方机构来深圳交流、学习，着力将该项工作在全国推广，建立人才培养网络。

协会与浙江、广东、甘肃、上海、重庆、沈阳、大连、惠州、佛山、东莞、温州等省市的绿色建筑及建筑节能行业组织一直保持着密切而友好的联系，在协会互访和座谈中，“绿色建筑工程师职称评审”始终是重要的介绍内容之一，协会积极与大家分享工作经验，热情与各地方组织切磋交流（图 4-13-8，图 4-13-9）。

图 4-13-8　与大连绿色建筑协会签订“共建友好协会协议书”

图 4-13-9　惠州绿色建筑与建筑节能协会到深圳交流

13.4　推动评审工作公平高效、持续发展的两点心得

深圳绿色建筑工程师职称工作开展三年，体制、制度、流程等方面的不断完

善，离不开专家团队的支持和帮助，而日常工作机构严谨认真的工作作风，更使得评审工作公平高效地开展。

13.4.1 高端配置的专家团队是评审工作高效开展的“法宝”

2014年从绿色建筑工程师职称评定工作立项起，中国绿建委就给予高度关注，王有为主任亲自带队，与其他3位国家级专家——中国建筑科学研究院副院长王清勤、重庆大学城市建设与环境工程学院院长李百战、浙江大学建筑工程学院副院长葛坚一起，会同深圳本地7位专家——深圳市建筑设计研究总院有限公司执行总工王启文、中国建科院深圳分院常务副院长张辉、深圳市建筑科学研究院股份有限公司总建筑师王欣、原招商地产技术总监林武生、深圳市建筑科学研究院股份有限公司电气总工刘勇、深圳市同济人建筑设计有限公司结构总工徐钢组成评审专家团队，负责首次评审（图4-13-10）。11位评审专家中有5位博士、6位教授级高工，专业水平极高，行业权威性强，属于地方职称评审中不常见的“高配”。

图4-13-10　首次绿色建筑工程师评审会专家合影

外地专家与深圳参评人员没有交集，评审中不存在打关系分、印象分等情况，更加客观、公正，而且几位外地专家评审经验丰富，均参加过教授级高工评审，在专家团队的一致推举下，分别担任评委会召集人、评委会小组组长，成为评审工作中值得信赖的中坚力量。几位外地专家认真与日常工作机构的工作人员一起沟通情况，探讨最优评审方案（图4-13-11，图4-13-12）。

外地专家不仅为评审工作“保驾护航”，在评审工作中以经验应对突发情况，为评审流程的不断优化出谋划策，同时也带动了深圳本地专家的水平提升。在评审中大家相互切磋，加强交流，外地专家的工作经验在“绿色建筑工程师”这个创新性的职称评审工作中发挥了巨大的作用。

图 4-13-11　2016 年度评审会现场，专家们在紧张忙碌地审阅资料

图 4-13-12　2016 年度评审专家、协会领导及工作人员合影

13.4.2　严谨认真的日常工作机构是评审工作有序开展的“基石”

评委会召集人——中国绿建委主任王有为曾表示，绿色建筑工程师职称评审工作高效、严谨、公正，很圆满，协会作为日常工作机构，在深圳市人社局、住建局的指导下，将准备工作做得充分扎实、严谨认真，是顺利完成三年评审任务的基础保障。

职称评审工作是协会贯穿全年的常态化工作，从年初的宣贯发动、题库建设，到优化评审制度和流程，发布通知网上申报，接收并验核资料，培训辅导，专业测评，专家评审，公式并发布结果，颁发证书及资料归档等一系列工作，每一步都倾注了工作人员的心血，而且不能有半点闪失。专家评审会作为其中的重要环节，从前期筹备开始，工作人员就要耐心、细心核对并准备申报人资料，并就其中的问题不断与上级主管部门沟通，为评审工作顺利进行提供保障；领导及专家的通知与接待，现场的会务安排，申报人员的组织等，每一个细节都要精心准备，甚至提前排练；评审过程不仅有同步会议纪要，还全过程摄影、摄像，力求做到公平、公开、公正，随时接受管理部门、申报人和行业的监督检查；评委们不但在评审结果上签字确认，还为每一位未通过评审的申报人填写原因和建议，为未来继续参加申报指明改进方向；在评审专家的紧密配合下，每次评审的时间节点都把控得都非常好，按时保质完成评审工作（图 4-13-13）。

三年的评审工作均采取了抽签、回避等措施，充分体现了公正、公平、公开，整个评审过程光明磊落，实现并保持了“零投诉”的考核目标，更为未来评审工作的可持续发展积累经验和创造条件。

图 4-13-13　工作人员在评审现场配合专家整理资料、进行记录等

作者：深圳市绿色建筑协会

第五篇 实践篇

近年来，我国的绿色建筑逐渐由单一的居住、办公建筑发展到展览馆、博物馆、工业厂房、传统工业区改造等多种建筑类型，绿色建筑“四节一环保”的理念已经深入到了建筑的各个领域，并且从规划、设计、施工到运营管理，全方位、多角度地指导着我国的建筑产业的可持续发展。

本篇从 2016 年获得绿色建筑运营标识、绿色建筑设计标识项目以及绿色生态城区项目中，遴选了 9 个绿色建筑标识项目和 2 个绿色生态城区案例，分别从项目背景、主要技术措施、实施效果、经济效益等方面进行介绍。

绿色建筑标识项目（包括设计标识与运行标识）涉及办公建筑、博览建筑、居住建筑、工业建筑等建筑类型。其中包括深圳证券交易所营运中心，该项目在注重形态设计的同时兼顾了资源节约，是一座绿色、节能、舒适、具有代表性的高品质超高层办公建筑，荣获了 2014 年度中国建筑工程鲁班奖；中组部和国务院国资委确定的全国四家未来科技城之一“武汉未来科技城”起步区一期 A 区的新能源研究院；结合了新加坡的绿色建筑理念、经验，具备面向公众展示功能与办公需求的中新天津生态城低碳体验中心；在设计规模、展品存量、展示手段都名列国内三大自然博物馆前茅的上海自然博物馆（上海科技馆分馆）项目，该项目荣获 2015 年度中国建筑工程鲁班奖、上海市优秀工程设计一等奖等多个奖项；体现绿色居住建筑特点及现代化住宅设计风格的北京市上第 MOMA 住宅项目、北京市长辛店北部居住区一期（南区）B53 地块 1～6 号住宅楼项目和青岛金茂湾 A1-A3、A5-A7、B1-B3、B5-B6 号楼项目；以及大陆汽车系统（常熟）有限公司厂房和苏州三星第 8.5 代薄膜晶体管液晶显示器项目一期主厂房两个绿色工业建筑。

绿色生态城区案例包括新首钢绿色生态示范区和洋湖生态新城，前者为北京中心城规模最大的传统工业改造区，后者为中部地区第一个国家级新区“湖南湘江新区”的核心区起步区，在延续城市文脉、科学有机的城市更新、高标准建设、高效能管理等方面均具有积极的指导意义。

由于案例数量有限，本篇无法完全展示我国所有绿色建筑技术精髓，以期通过典型项目案例介绍，给读者带来一些启示和思考。

Part Ⅴ Engineering practice

In the past few years, China's green buildings have evolved from simple residential and office buildings to diversified building types such as exhibition halls, museums, industrial plants and retrofitting traditional industrial districts. The concept of green building has been applied in all fields of the building industry and guided the sustainable development of China's building industry in a all-around way from planning, design, construction till operation management.

This part selects 9 green building label projects and 2 green ecological urban districts from projects awarded with green building operation label, green building design label or as green ecological urban districts in 2016. This part introduces these projects from such aspects as project background, main technical measures, implementation results and economic benefits.

Green building label projects (including design label and operation label) cover such building types as office building, museum and exhibition building, residential building and industrial building. These projects include Shenzhen Stock Exchange Square, which pays attention to both shape design and resources saving and is a typical green, energy-efficient, comfortable and high-quality tall office building, rewarded the Luban Prize for Construction Projects in 2014; New Energy Research Institute (Area A of Starting Zone Phase Ⅰ) of Wuhan Future City, which is one of the four future national science and technology cities approved by the Organization Department of the Central Committee of the CPC and the State-owned Assets Supervision and Administration of the State Council; Low Carbon Living Lab in Sino-Singapore Tianjin Eco-city, which integrates the concepts and experiences of Singapore green building and can be used to demonstrate functions to the public and as offices; Shanghai Natural History Museum (Branch of Shanghai Science and Technology Museum), which is among the top national museums in terms of design scale, exhibition stock and display methods, and is rewarded several prizes including the Luban Prize for Construction Projects in 2015 and the 1st Prize for Shanghai Outstanding Project Design; Residential Project of Beijing Shangdi MOMA, Residential Building No. 1-6 (Block B53 of Phase Ⅰ south) of Changxindian North in Fengtai District of Beijing, and Buildings(A1-A3, A5-A7, B1-B3, B5-B6)of Qingdao Jin Mao Bay, which represent the feature of green residential buildings and modern residential building design style; two green industrial buildings of the factory of Continental Automotive Systems (Changshu) Co. Ltd; Main Plant (Phase Ⅰ) of Suzhou Samsun No. 8. 5 TFT-LCD Project.

The cases of green ecological urban districts include New Shougang Green Eco-Demonstration Area and Ecological City of Yanghu. The former is the largest traditional retrofitting area in the center city of Beijing and the latter is the 1st initial area of the core district of the national "Hu'nan Xiangjiang New District". Both projects have active guiding significance in culture inheritance, scientific and organic city renewal, high-standard construction and high-efficiency management.

With limited numbers of cases, this part may not fully demonstrate the essence of China green building technologies but nevertheless manages to introduce some typical cases, which may provide some inspirations and ideas for readers.

1 深圳证券交易所营运中心

1 Shenzhen Stock Exchange Square

1.1 项 目 简 介

深圳证券交易所营运中心（以下简称“深交所营运中心”）坐落在深圳市，周边市政配套完善，交通便利，是一座集现代办公、证券交易运行、金融研究、庆典展示、会议培训、物业管理等为一体的垂直多功能综合办公大楼（图 5-1-1、图 5-1-2）。

深交所营运中心设计方案由世界著名建筑设计大师雷姆·库哈斯担任首席设计师的荷兰大都会建筑事务所（OMA）设计。建设用地面积 3.92 万 m^2，建筑基底面积 1.4 万 m^2，总建筑面积 26.7 万 m^2，其中地上建筑面积 18.3 万 m^2，地下建筑面积 8.4 万 m^2，建筑结构为型钢混凝土框架—钢筋混凝土核心筒混合结构。地上部分 46 层、地下部分 3 层、建筑总高度 245.8m。大楼外观为立柱形，大厦底座被抬升至 36m 形成一个巨大的“漂浮平台”（图 5-1-3），平台东西向悬挑 36m 、南北向

图 5-1-1 建筑效果图

图 5-1-2 建筑实景图及各层功能分布

悬挑 22m，面积达 1587m^2、是世界上最大的空中花园；平台的“腰部”由一条鲜亮的红色光带“缠绕”，整体造型犹如一个漂亮的烛台。

深交所营运中心新大楼于 2010 年 6 月 26 日正式封顶，2012 年 10 月获得绿色建筑设计三星级标识，2013 年 11 月正式投入运营，2017 年 1 月获得绿色建筑运行三星级标识。深交所营运中心新大楼的投入运营，标示着它将承载起深圳这座金融城市服务的新使命，也将为更多的上市公司、中小企业提供优质的服务，并以全球顶级标准、配备国际化智能设备建造的大楼成为深圳地标（图 5-1-4）。

图 5-1-3 抬升裙楼效果图

图 5-1-4 建筑主体实景图

1.2 主要技术措施

深圳证券交易所营运中心项目在设计阶段达到了绿色建筑设计三星级的要求。在施工中阶段解决了高难度悬挑平台施工难题，攻克了世界上最大空中悬挑平台施工难关，创造了“立体流水作业施工工艺”，在建设阶段推广应用了“建筑业十项新技术”中的十大项三十子项，推广应用其他新技术四项，自主创新技术四项，并荣获 2014 年度“鲁班奖”。在运营管理阶段，从专业角度出发，对各项系统和设备精心维护，积极探索和总结，精益求精，在每一个细节做到更节能，更绿色。从方案、设计、施工到运营，该项目绿色建筑的理念伴随着项目建设的全周期，并采用多项绿色建筑技术措施，打造了一座绿色、节能、舒适、具有代表性的高品质超高层办公建筑。

1.2.1 节地措施与室外环境优化

(1) 室外环境优化

项目在设计之初先通过模拟手段考虑室外风、室外声、日照等环境因素影响，优化建筑形体设计和开窗设计，实现室内自然通风、室内音质和自然采光良好效果。

(2) 空间利用

大楼地下层主要作为地下车库使用，空调设备、给排水设备等部分机械设备室也包含其中，地下空间建筑面积与建筑占地面积之比为 592%。大楼引领了一个建筑上的新创造，建筑上设计有一个抬升基座（裙楼），它解放了空间，并同时支撑和创造了另一个空中的空间（图 5-1-5）。裙楼东西向悬挑 36m，南北向悬挑 22m，该平台面积达到 1.58 万 m^2，是世界上最大的悬挑结构，成为“世界上最大空中花园”（图 5-1-6）。

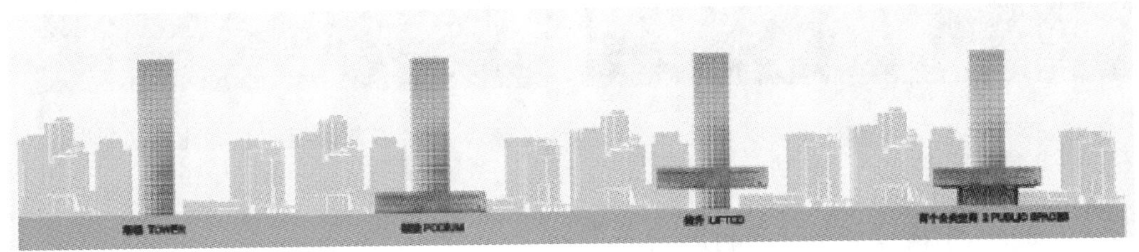

图 5-1-5　抬升裙楼设计思路演变图

图 5-1-6　抬升裙楼效果图

(3) 屋顶绿化和垂直绿化

该项目在抬升的裙楼屋顶打造空中花园，采用了大面积的绿化（图 5-1-7），选择本地植物通过不同种类的拼接，形成一幅精美的植物画卷，在加强屋面隔热效果的同时也为大楼使用者提供了一个舒适、绿色的活动空间。

在首层庭院热带花园营造有垂直绿化景观墙，采用了多种植物搭配，营造多元化的立体绿化效果（图 5-1-8）。

图 5-1-7 空中花园绿化实景图

图 5-1-8 首层庭院垂直绿化墙实景图

1.2.2 节能措施与能源利用

(1) 空调系统节能措施

大楼主要采用变风量全空气空调系统，全楼设置 2000 台变风量末端装置。空调系统通过末端装置调节一次风送风量，跟踪负荷变化，维持室温。由于南方气候湿度大，空调季节长，所以潜热交换率高，故选用可实现全热交换的转轮热回收装置。考虑到热回收效率，选用大风量回收机组，在 16 层和 32 层设备层各设置 4 台转轮热回收装置（图 5-1-9），单台处理风量在 1.80～3.24 万 m^3/h 之间，分为 4 个小系统，对塔楼办公层的排风进行冷量回收，预冷新风。

图 5-1-9 热回收机房实景图

大楼全空气系统采用了全新风运行和可调新风比技术，新风在设备层与排风进行热交换，在通过新风管送至各层空调机组。各层空调机组设置独立变频器，可根据空调冷负荷要求调节送风量。过渡季节最大限度利用天然冷源，在室外温湿度合适的情况下，各空调系统均可实现全新风运行或可调新风比的新风运行策略。

(2) 冰蓄冷制冷系统

冰蓄冷制冷系统对电网有移峰填谷的作用，深圳供电局为鼓励用户使用冰蓄冷系统，提供冰蓄冷的优惠电价，峰谷电价差值可达到 4∶1；冰蓄冷系统在运行中可大大降低年耗电量，减少运行费用，同时增加系统运行的可靠性。

冰蓄冷制冷系统的工作原理是制冷主机在夜间的电价低谷时段（晚 11:00～早 7:00）运行制冷，并将冷量以冰的形式储存起来，在次日需要时再通过融冰方式将冷量释放出来供末端使用（图 5-1-10）。该项目冰蓄冷系统采用串联一主机上游式一单泵系统，乙二醇循环泵采用变频泵，备用方式为 N＋1（图 5-1-11）。通过采用冰蓄冷制冷系统，将提高电网用电负荷率，改善电力投资综合效益和减少二氧化碳、硫化物排放量。

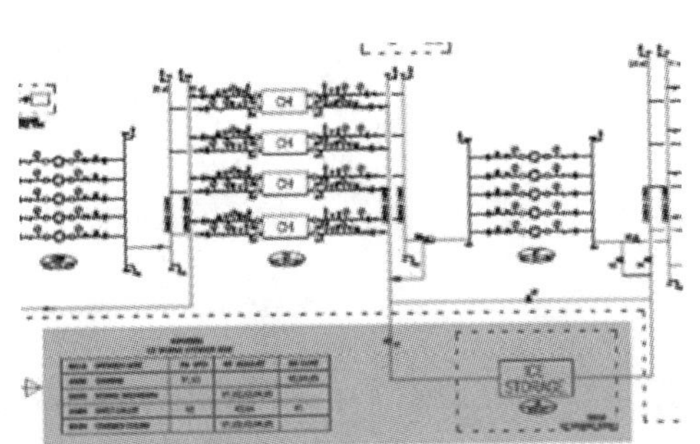

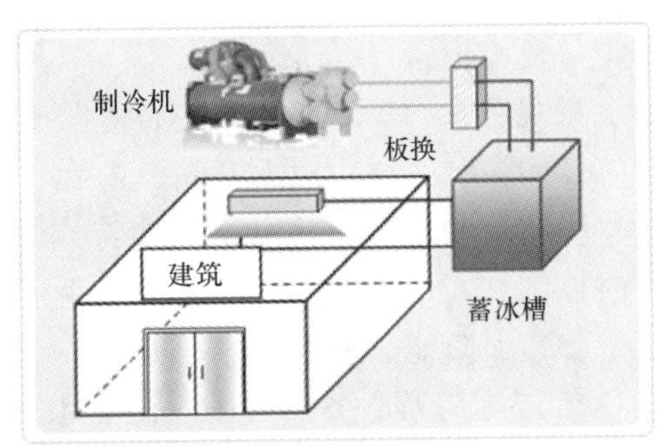

图 5-1-10 冰蓄冷技术原理图及系统图

图 5-1-11 项目蓄冰机房及蓄冰槽实景图

(3) 空气源热泵采暖系统

典藏中心、档案中心及高管办公楼层的采暖热源为风冷热泵热水机组，机组设在 16 层和屋顶（H＋242.8m）机电层内，采暖供回水温度为 50℃/45℃。采暖管道为双管制，与冷冻水管道共用末端，形成两管制系统。

采暖末端设备：高管办公区、档案库、典藏区、客房采用带热水加热段的四管制空调机组送热风方式供暖，顶楼餐厅、影院和大堂吧采用两管制风机盘管供暖。

采暖热源选用4台风冷涡旋式热泵热水机组，单台制热量217kW，采暖供回水温度为50℃/45℃，水流量10.4L/s。采暖管道为双管制，与冷冻水管道共用末端，形成两管制系统。

(4) 智能照明控制技术

楼宇设备控制系统对公共区照明及室外照明进行控制，其他区域的照明采取手动开关，照明设计与自然光照明合并，通过综合控制设备以实现节能目标。高管办公室、30人以上会议室、上市大厅、中厅等处的照明采用智能照明控制系统，主要为分散控制系统FCS，以便控制除照明外，还整合控制本房间内的电动窗帘等机电设备。

景观照明、车库照明采用智能照明控制系统，可按时段作场景化调节；采用智能照明控制系统，对大开间、走廊、门厅、楼梯间、室外立面及环境等照明进行集中监控和管理，并根据环境特点，分别采取定时、分组、照度/人体感应等实时控制方式，最大限度地实现照明系统节能。

(5) 太阳能热水系统

45层客房及服务员工用淋浴热水，45～46层公共卫生间热水，采用集中热水供应系统，由太阳能热水为一次热源，备用热源采用空气源热泵机组供应，热水箱内置电加热器作为空气源热泵辅助加热设备。太阳能集热板设置于塔楼屋顶。

图 5-1-12　裙楼太阳能光伏板安装部位实景图

(6) 太阳能光伏发电系统

为有效节约能源，该项目合理利用可再生能源技术，在屋顶及抬升裙楼安装了太阳能集热板（图5-1-12）。

屋顶光伏发电系统，采用180Wp单晶硅双玻璃光伏组件共154块，系统额定总功率24.48kWp，钢结构区域采取14串×5并的接线方式接入一台12kW并网逆变器；两边机房T07～T10轴屋面区域采取13串×5并的接线方式接入一台12kW逆变器；整个屋顶光伏发电系统年平均发电量约为2.8万kWh。系统安装在深交所的屋顶标高+246.30m钢结构和两边机房屋面，光伏系统电能输出供给大厦本身负载使用。太阳能光伏发电系统设计参数具体见表5-1-1。

光伏发电系统设计参数　　表 5-1-1

光伏发电部位	额定总功率	年发电量
塔楼屋顶	24.48kWp	2.8 万 kWh
抬升裙楼楼梯顶	52.2kWp	4.14 万 kWh
抬升裙楼遮阴亭顶部和女儿墙外围地面	89.4kWp	9.62 万 kWh

1.2.3 节水措施与水资源利用

(1) 中水回收再利用

深交所营运中心大楼中水回收再利用系统将大楼的淋浴、盥洗优质杂排水及空调冷凝水全部收集，设专用废水立管重力流排至地下三层中水处理机房，经处理达标后用于 1～43 层冲厕用水，中水处理采用膜生物反应器（MBR）工艺，是活性污泥法与膜分离技术的有机高效结合（图 5-1-13）。

(2) 雨水集蓄再利用技术

雨水集蓄系统将塔楼屋面雨水、抬升裙楼屋面雨水收集至室外 1010m^3的雨水蓄水池，处理能力 50m^3/h，采用柱式膜处理工艺；将室外广场雨水收集至室外 320m^3的雨水蓄水池，处理能力 25m^3/h，采用柱式膜处理工艺，雨水经处理后用于抬升裙楼屋面、室外地面的冲洗和绿化浇洒以及地下车库地面冲洗。雨水机房实景图见图 5-1-14。

图 5-1-13　中水水池实景图

图 5-1-14　雨水机房实景图

(3) 给排水系统综合智能控制技术

项目采用 DDC 在楼宇自控系统（BAS）的现场设备上集成监控和管理生活水泵、热水泵、中水泵、排污泵、减压阀等设备。

绿化灌溉监控系统提供标准通信接口，建筑设备管理系统（BMS）能通过通信接口对绿化灌溉设备进行不少于以下状态监控：启停控制、运行状态显示、故障报警等。

1.2.4 节材措施与材料再利用

(1) 钢结构应用

深交所营运中心大楼主塔楼采用框架-核心筒结构体系。塔楼外框柱采用型钢混凝土（SRC）柱、核心筒采用钢筋混凝土结构，核心筒与外框筒间的楼盖采用压型钢板组合楼盖。抬升裙楼采用矩形钢桁架结构，由塔楼结构以及外围桁架筒支承。桁架筒由东西向的 8 根斜撑及角部的 4 根角柱构成。

裙楼结构综合采用了大跨度、大悬挑结构，此结构形式在工程中十分罕见，在裙楼钢施工过程中，包括吊装设备的选择、空间钢桁架的施工模拟分析、裙楼悬挑部分临时支撑的设计使用、复杂构件吊装定位、巨型节点现场制作、巨型桁架厚板焊接、桁架整体焊接施工、裙楼整体卸载、巨型悬挑桁架楼板裂缝防治等均是该项目施工的特点。

项目借鉴桥梁工程施工中常用的标准化的贝雷架技术设计出针对裙楼结构的支撑胎架；通过引入桥梁工程的砂箱装置，加以改造用于裙楼钢结构的整体卸载；借鉴央视 M1280D 塔吊的内爬经验，研发了针对该项目塔吊长距离外附的施工技术；通过模拟分析空间桁架的安装步骤，采用反变形法控制桁架的起拱，达到卸载后满足设计位形的要求；通过楼板与钢梁相对脱开方式消除 10F 楼板的附加拉应力等。

该项目采用的巨型悬挑空中平台施工的成套技术，为今后类似工程提供参考，同时也荣获了钢结构金奖。

(2) 可循环材料应用

在保证安全和不污染环境的前提下，深交所营运中心大楼采用可循环钢材和玻璃。可再循环材料使用重量占所用建筑材料总重量约 16.9%。围护结构、楼板应用压型钢板。

1.2.5 室内环境改善措施

(1) 室内综合环境优化

通过模拟分析表明，办公楼层的建筑平面设计有利于自然采光，外窗的内遮阳系统与照明系统联动智能化控制；提升裙楼内设有两个采光天井，有助于自然光投入裙楼内部；大楼东西两旁的两个中庭亦大量利用自然光，以节省照明用电及改善室内环境质量（图 5-1-15 和图 5-1-16）。

根据塔楼典型办公室的二维平面图，结合玻璃幕墙立面下悬窗的设置位置（图 5-1-17），对项目的室内自然通风情况进行了模拟分析，结果显示室内通风效果良好（图 5-1-18）。

图 5-1-15　大厅及中庭自然采光实景图

图 5-1-16　室内自然采光实景图

图 5-1-17　可开启部位实景图

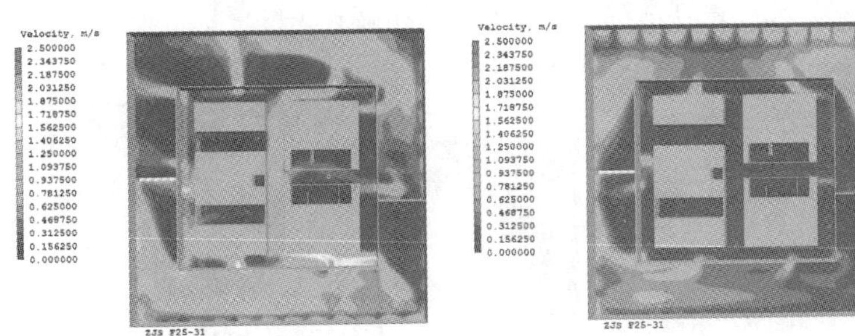

图 5-1-18　室内自然通风分析图

(2) 综合遮阳技术

项目采用多种遮阳形式（图 5-1-19），在外窗遮阳对深交所营运中心建筑能耗影响的模拟中发现，当外窗综合遮阳系数降低时，建筑的制冷能耗也大幅度降低，因此良好的遮阳技术可以降低空调负荷，节省空调的运行费用。不仅如此，

图 5-1-19 项目外遮阳措施示意图

遮阳还对提高室内居住舒适性有显著的效果，避免过强的日光对办公人员视觉和精神上的影响。

项目外设梁柱构造的立面设计形成整体有效的外遮阳系统。现有设计的外露横梁和立柱，会比相同窗墙比条件下传统构造的太阳辐射得热减少 60%（图 5-1-20）。

外窗设计内遮阳帘，通过楼宇设备控制系统对公共区照明及室外照明进行控制，照明设计与自然光照明合并，根据室外自然光的强度调节遮阳帘的开启面积，通过综合控制设备实现节能目标。

(3) 室内环境质量监控系统

深交所营运中心大楼环境监控系统包括室内空气质量监控和室外环境的监视两个方面。楼宇设备管理系统会对室内环境的温度、湿度、二氧化碳、空气质量进行监控分析，并以自动通风调节保证室内控制质量良好健康。

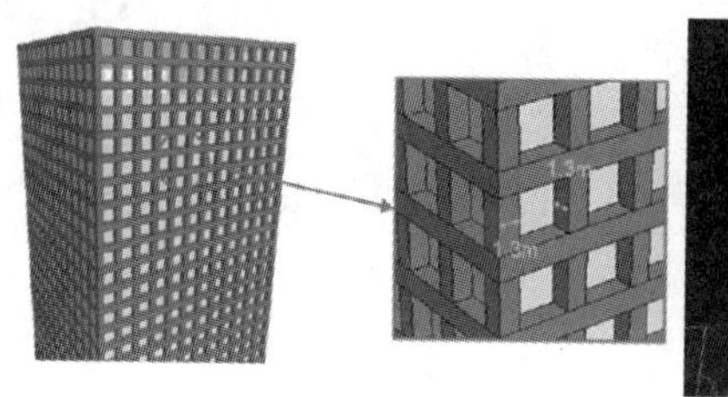

图 5-1-20 大楼外设梁柱构造遮阳示意与实景图

部分区域（车库、空调机房等）设置二氧化碳及重要空气污染物的监测系统，对室内主要功能空间的二氧化碳、空气污染物浓度进行数据采集和分析。

(4) 地下采光优化

大楼东西两旁的两个中庭亦大量利用自然光，以节省照明用电及改善室内环境质量。同时使用光导照明系统。光导照明自动控制系统应用在装有光导照明系统的场所，可以根据室内照度的变化自动控制该区域室内灯具的开启和关闭，使工作环境保持稳定的正常照明状态并达到节约能源的目的（图 5-1-21～图 5-1-23）。

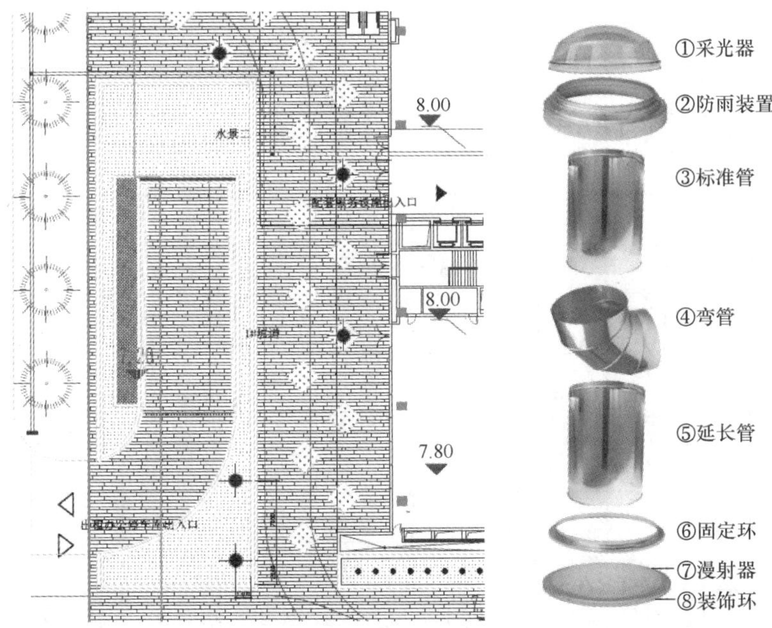

图 5-1-21　光导管位置分布图

图 5-1-22　地上光导管实景图

图 5-1-23　地下采光井实景图

1.3 实 施 效 果

通过采用绿色建筑技术和措施，同时在项目运行时进行精细化物业管理，绿色运营制度完善、人员配备齐全，智能监控系统运行良好，实现了绿色建筑运行过程中节能、节水的要求。据统计，扣除数据机房用电后，该项目全年用电量统计如表 5-1-2 所示。单位建筑面积用电量约为 87kWh/m^2，实现了节能的目标。

全年用电量（单位万 kWh） **表 5-1-2**

统计月	B 系统空调用电	空调风机用电	弱电井、机房用电	幕墙及景观照明用电	电梯用电	车场照明用电	深交所及出租单位用电	总用电量
2015 年 10 月	40.91	7.05	5.89	2.21	3.71	5.14	126.03	190.94
2015 年 11 月	38.31	8.06	5.78	2.59	3.59	5.27	103.49	167.09
2015 年 12 月	11.15	7.84	5.92	2.76	3.77	5.51	127.30	164.25
2016 年 1 月	9.68	6.41	5.94	2.88	3.63	5.24	106.81	140.58
2016 年 2 月	6.68	5.16	5.47	2.62	2.73	4.49	127.60	154.76
2016 年 3 月	14.26	7.33	5.74	2.73	3.84	5.81	122.20	161.91
2016 年 4 月	42.70	8.57	5.79	2.50	4.10	5.56	129.65	198.88
2016 年 5 月	71.00	10.00	5.99	2.46	4.34	5.66	120.41	219.87
2016 年 6 月	97.36	10.90	5.89	2.53	4.45	5.36	127.13	253.62
2016 年 7 月	105.09	11.43	6.19	2.71	4.40	5.41	100.58	235.80
2016 年 8 月	89.77	11.70	6.11	2.23	4.41	5.66	110.23	230.11
2016 年 9 月	77.59	10.15	5.89	2.30	3.93	5.37	117.66	222.88
合计	514.14	81.66	53.02	22.96	35.82	48.55	1419.09	2340.71

项目采用了冷凝水回收、雨水收集利用、中水处理回用系统，全年用水量如表 5-1-3 所示，扣除空调冷却塔用水后，年总用水量 6.89 万 m^3，其中非传统水源用量 4.37 万 m^3，非传统水源利用率达 63.5%，节约了大量水资源。

全年用水量（单位 m^3） **表 5-1-3**

	雨水用量	中水用量	非传统水源用量	总用水量	非传统水源利用率
2015 年 1 月	655	2755	3410	6258	54.50%
2015 年 2 月	376	2357	2733	4965	55.00%
2015 年 3 月	212	2846	3058	5784	52.90%
2015 年 4 月	2002	2461	4463	6722	66.40%
2015 年 5 月	1160	2111	3271	4255	76.90%

续表

	雨水用量	中水用量	非传统水源用量	总用水量	非传统水源利用率
2015 年 6 月	1297	2423	3720	5683	65.50%
2015 年 7 月	1205	2646	3851	5601	68.80%
2015 年 8 月	898	2366	3264	5046	64.70%
2015 年 9 月	1083	2464	3547	5508	64.40%
2015 年 10 月	1975	2090	4065	5771	70.40%
2015 年 11 月	1748	2416	4164	6440	64.70%
2015 年 12 月	1346	2836	4182	6858	61.00%
合计	1.40 万	2.98 万	4.37 万	6.89 万	63.5%

1.4 成本增量分析

该项目总建筑面积 26.7 万 m^2，为实现绿色建筑而增加的初投资成本约 1602.6 万元，平均每平方米增长成本为 60 元，项目年可节约运行费用 735.1 万元/年，静态回收期为 3.2 年，动态回收期为 3.8 年。具体结果见表 5-1-4。

绿色建筑增量成本列表 **表 5-1-4**

为实现绿色建筑而采取的关键技术/产品名称	相较普通建筑的增量成本
太阳能热水系统	98.50 万元
雨水收集利用系统	99.44 万元
冰蓄冷系统	490.00 万元
全热回收轮	144.70 万元
空气源热泵采暖系统	109.62 万元
太阳能光伏建筑一体化技术	589.89 万元
中水回收再利用系统	70.46 万元
合计	1602.62 万元

1.5 总结

深圳证券交易所营运中心项目采用绿色建筑综合技术，遵循可持续发展原则，体现绿色平衡理念，通过科学的整体设计（自然通风、自然采光、低能耗围护结构、太阳能利用、雨水利用、多层次绿化、可调节外遮阳、智能化控制、空调系统节能等技术），绿色施工控制，绿色运营管理，实现我国绿色建筑示范工程所倡导的节能、节地、节水、节材及环境保护等要点，同时结合项目自身特色，突显项目“节能减排”、“资源低消耗”、“健康舒适的建筑环境”三方面的示范效果，值得今后超高层绿色建筑借鉴和推广。

作者：谢士涛[1] 周荃[2] 周祁[1] 丁可[2] 彭向[1] 程瑞希[2] 李百钢[1] 周全[2] 圣超[1] 余书法[2]（1. 深圳证券交易所营运服务与物业管理有限公司；2. 广东省建筑科学研究院集团股份有限公司）

2 武汉未来科技城起步区一期 A区新能源研究院

2 New Energy Research Institute (Area A of Starting Zone Phase Ⅰ) of Wuhan Future City

2.1 项 目 简 介

武汉未来科技城位于中国中部战略支点城市武汉，依托第二个国家自主创新示范区——中国光谷。武汉未来科技城规划面积66.8km^2，是中组部和国务院国资委确定的全国四家未来科技城之一。整体按照“土地利用集约化、产业发展高端化、城市功能智能化、工作生活人性化”的理念，以建设国家创新发展新引擎，打造世界级科技创新中心、高端人才聚集区和新兴产业高地为目的。武汉未来科技城是光谷发展的核心区。

起步区位于东湖国家自主创新示范区东部，南侧为高新大道，高新大道南为光谷生物城农业园。东侧为外环高速路，北侧紧临九峰国家森林公园的自然山体和龙山水库。规划在理解城市发展和自然环境的关系上，提出“共生城市”的城市规划设计理念，希望充分尊重自然，创造人与自然和谐共生的城市形态。起步区由A01～A09九个地块组成，分3期建设，总用地面积40.09万m^2，总建筑面积59.97万m^2；地上建筑面积45.60万m^2，地下建筑面积14.27万m^2。

项目参评部分为A08地块B楼和D楼。A08地块规划总用地面积8.74万m^2，总建筑面积6.85万m^2，其中地上面积5.67万m^2，地下面积1.18万m^2。B楼（主塔楼）是一座具代表性的中心建筑，是武汉新能源研究院的办公楼，建筑下部为钢筋混凝土框架结构，上部为钢结构，共17层。面积1.93万m^2。D楼为地下停车库，位于基地东南方向总体绿化的下面，以满足基地停车需要，并在此设计人防区域，D楼建筑面积1.18万m^2，项目鸟瞰图见图5-2-1。

图5-2-1 武汉未来科技城起步区一期A区新能源研究院

项目总体于2011年6月开工，2014年5月获得绿色建筑（设计）三星级标识，2014年8月竣工。

2.2 主要技术措施

2.2.1 生态环境

项目进行了整体化的总体规划，充分考虑了景观、生态、健康和节能的设计理念。项目用地大致呈不规则矩形，由A01～A09共九个地块组成，其中研发办公、办公及商业配套（A07、A08、A09地块）主要分布于场地南侧，靠近高新大道一端，便利的交通环境满足了企业办公生产的要求，同时也能在高新大道和外环沿线创造现代美观的城市形象。场地自北向南有一条排水渠经过，该排水渠北接龙山水库，南接豹澥湖。主要承担该区域排水任务，考虑到项目分布及景观环境的需要，通过保留并改造现有的排水渠营造出生态湿地的景观公园。同时，在东西方向上规划设计一个文化产业办公建筑轴线，并依附于中心的中央绿地公园。华为武汉公司配套设施（A01～A03地块）坐拥良好的景观视野和环境。便利环保的公共交通，齐全的配套设施，营造出一个“花园城市”所具备的健康和多元化的园区生活。

水作为重要的自然和生态的元素，从城市湿地公园到社区雨水景观池塘创建有层次的景观水系统，项目在设计中保留并展现“水”对于武汉城市形态和生活的有力影响，传承武汉的地貌特征及文化和生活的脉络，最大程度地保留了园区周边和内部的水资源，并在设计中科学地利用并增加水系和涉水景观，不仅维持了园区原有的地貌特征，创造出宜人的微气候环境，同时也有效缓解地表径流，在保持排水泄洪容量的同时，横向拓宽成湿地公园，形成城市绿色开放空间，给园区的用户提供了一个优美的休憩娱乐场所。配合园区地形场地高差起伏变化，整合整体景观简单、大气。在城市的地面层，湿地公园在科技新城起步区东西两侧创造出两条自然景观带，中央绿地地处整个园区中部，形成了绿色开放空间，实际使用阶段景观效果宜人。

2.2.2 集中能源站

未来城起步区A区建有集中能源站一座（图5-2-2），冷水机组、换热机组位于A05地块的地下室，冷却塔位于A05地块办公楼裙房的屋面，控制系统位于A05地块内。能源站采用“水蓄冷+电动制冷机+热电厂蒸汽”技术，为武汉未来科技城起步区一期相关地块建筑群进行区域能源供应，通过接入高新热电管网蒸汽，根据实际生产需要自行设置终端调压站来满足园区采暖热水的需求。同时

图 5-2-2 园区能源站

采取“水蓄冷”空调，在夜间电网低谷时间，同时也是空调负荷很低的时间，制冷主机制冷并由蓄冷设备将冷量以低温冷水的方式蓄存起来，待白天电网高峰用电时间，同时也是空调负荷高峰时间，再将冷量释放出来满足高峰空调负荷的需要或生产工艺用冷的需求。制冷系统的大部分耗电发生在夜间用电低谷期，而在白天用电高峰期只有辅助设备在运行，实现用电负荷的“移峰填谷”。水蓄冷系统可提供5℃低温冷水，从而实现大温差低温供冷水，降低冷水输送费用和输送管网系统投资。将水蓄冷技术和大温差低温送水与低温送风相结合，充分利用了电力峰谷差价和蓄冷能力，降低蓄冷空调初期投资和运行费用。同时在停电的情况下，也能保证园区的空调供给，提高了能源供应安全。由于能源站供应热水，所以建筑冬季空调供热和热水供应全部由板式换热器实现，节省了供热空调的设备投资和运行能耗。

2.2.3 中水回用

《武汉市建设项目配套建设节水设施管理规定》鼓励建筑面积在10万m^2以上的居住区及其他有关民用建筑配套建设中水设施。项目采取节水及中水回用措施，中水回用设计包括污水、废水、雨水（包含屋面雨水、地面雨水等）资源的综合利用；开发区建有污水处理站，提供市政中水，因此项目充分利用这一有利条件大量使用中水。作为市政中水的补充，还设有雨水收集利用系统。

图 5-2-3 主楼外景效果图

主楼的建筑外形为牵牛花（图5-2-3），下部由600多m^2过渡到10层以上1000多m^2，屋顶花园达到2200多m^2，最上部的太阳能光伏板斜坡屋面为6060m^2，屋面面积大决定了该项目设计雨水收集回用系统利用率很高。主楼年中水用量6296m^3，冷却塔补水采用市政中水，年市政中水使用量6810m^3。地下停车库面积为1.03万m^2，根据《民用建筑节水设计标准》GB 50555—2010，停车库地面冲洗用水定额，2～3L/m^2/次，取2L/m^2/次，每周冲洗一次，用水量为$2\times54\times11825/1000=$

1277.1m³，全部采用中水。场地中绿化面积3.38万m²，根据《民用建筑节水设计标准》GB 50555—2010，暖季型草坪按照一级养护灌水定额取0.28m³/m²·a，绿化用水33817×0.28=9468.76m³。道路面积1.06万m²，浇洒道路用水定额综合考虑当地气象条件，道路浇洒按照一周一天，每天一次计算。根据《民用建筑节水设计标准》GB 50555—2010，道路浇洒用水0.2～0.5L/m²/次，取0.3时，道路用水10623.31×0.3×54/1000=172.1m³。

项目16层设100m³雨水蓄水池，雨水经10m³/h一体化雨水处理设备处理后泵入18层238m³屋顶中水池，供11层及以上中水系统；16层雨水蓄水池溢流的雨水进入300m³地下雨水蓄水池，经10m³/h一体化雨水处理设备处理后泵入150m³地下中水池，由变频加压泵供10层及以下中水，雨水池均设中水补水。主楼设计年用水量17545m³，年雨水用量6296m³，市政中水用量6810m³；地下车库年用水量1277.1m³，100%使用中水；场地绿化及道路浇洒年总用水量为9640.86m³，雨水使用量8840.67m³。合计项目参评部分设计年用水量2.85万m³，年中水用量2.32万m³，中水使用率81.59%。

2.2.4 绿色施工

该项目以“鲁班（国优）奖”为质量目标，但项目专业分包多，专业工序交叉作业多，总承包管理难度较大。该项目施工过程中还将陆续引入多个专业分包，各专业工程之间的穿插协作频繁，总分包管理、协调量大，弱电安装等分包商对整个工程施工质量的成败起着极为关键的作用，因此施工阶段应加强总包协调管理能力的把控。该项目对绿色环保要求高，项目施工要求确保英国Breeam优秀级认证，绿色建筑三星认证。

除了常规的光污染、噪声、粉尘、垃圾、环境等绿色施工手段外，施工组织中特别注意了对材料的利用和再利用。在施工方案中均对所需材料及数量进行明确，材料进场前需技术人员填写材料计划单并经项目经理审核后方能组织进场。项目组对现场临建设施、安全防护设施应定型化、工具化、标准化已节约材料使用。临建设施按活动板房标准尺寸进行设计搭设；安全防护设施均根据《武汉建筑施工现场安全质量标准化达标实施手册》要求采用标准化的防护设施；现场卸料平台均采用由公司统一设计制作的可周转的钢卸料平台；框架柱、高支模及悬挑架均使用公司统一设计制作的槽钢，以便于周转使用。对于建筑材料，更是“锱铢必较”：数据机房满堂架支撑体系部分采用碗扣式脚手架，减少损耗；加气块、PVC管、装饰石材、面砖、吊顶等材料运输时采取有效措施进行保护，石材、面砖等材料进场后用叉车转运代替人工搬运，降低运输损耗率；钢筋翻样通过广联达软件进行优化，机电管线通过BIM软件进行优化设计；面砖、石材全部提前进行排版，根据排版尺寸进行定尺加工，装饰铝板石材主要为工厂定制，减少现场加工和切割；加强对脚手架材料的保养，现场钢管及扣件定期由公司料具租赁站进行保养，以延长使用寿命，料具周转次数达5～6次 。对于可回收利用的材料绝不放过，大到钢筋板材，小到复印纸包装袋无一遗漏：对落地灰进行收集并重新过刷搅拌后用作砌筑砂浆，经送检其强度达到8.2MPa，满足设计要求“M5”；施工过程中的板材、块材、管道废料等全部进行专业回收，并形成台账；钢筋、型钢、机电管道等余料合理利用，如钢筋余料用作马凳筋、模板内撑，机电管道短料用作较小型号管道的穿墙套管；现场办公用纸均双面打印、复印，废纸设置回收盒由保洁员进行回收；现场材料包装袋、包装箱等均由相应材料商进行回收再利用（小部分破损的除外），如图5-2-4～图5-2-6所示。此外。还和工程局内部其他项目部联合，将混凝土碎块、碎砖、石材及面砖废料等土石方类固体垃圾用于场地路基等回填施工，施工中产生的混凝土碎渣、砖渣等主要用于该项目环形道路软土地基换填、加固，临时通道基础处理等，多余的外送至其他工地充分利用。

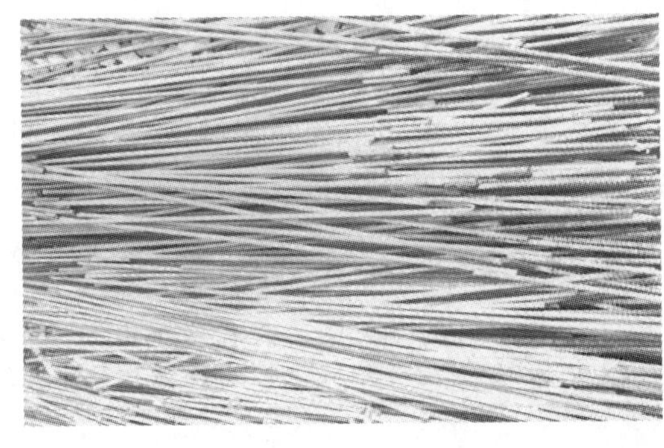

图5-2-4 余料用于对拉螺杆

图5-2-5 余料用作马蹬

图5-2-6 废旧模板做洞口封闭

项目机电安装涉及通风空调、给排水、建筑电气专业，其中包括了空调新风系统、生活给水系统、变配电及应急电源系统、智能照明控制系统、综合布线系统、广播电视布线系统、有线电视系统等35个系统的施工。系统管线非常复杂，对综合管线的布置的合理性要求很高。因此在机电安装阶段应用BIM技术进行深化设计。项目部与设计院配合，利用BIM软件在原有施工图上进行优化，即对原施工图设计没有或表示不清楚的部分，管线、设备密集区域，较复杂的系统的排布，管井、各设备房综合排布，在图纸施工图对接完成后，项目部内部又对机电安装工程的管线排布提前进行排版和深化设计，并进行相应洞口及线槽的预留工作，以避免开洞（槽）产生固体垃圾。

由于项目所在场地自然条件好，存在天然水体，项目部根据工程特点，利用场地原有水塘及消防水池，收集雨水及地表水。生活用水、生产用水优先使用现场收集的雨水或地表水，项目部邀请检测单位对收集的雨水进行检测，结果显示收集的雨水符合施工生产用水的要求。因此喷洒路面、绿化浇灌、车辆冲洗等均使用收集的雨水及地表水，整个施工过程中未采集地下水。

由于坚持绿色施工，效果突出，且该项目质量、安全情况良好，获得了湖北省建筑业新技术应用示范工程、湖北省武汉市结构优质工程奖、安全文明施工获得“黄鹤杯”等多项奖项。

2.3 实 施 效 果

项目空调系统的实际COP值高达4.7，采用高效冷冻水循环泵和冷却水循环泵，冬季采暖和热水供应采用换热器利用余热制热，通风系统采用高效风机，照明功率密度全部低于照明规范目标值要求，采用了节能电梯和设备，利用雨水收集系统满足部分新水要求，并采用了太阳能光伏发电等技术，能耗较国家现行标准有很大降低，详见表5-2-1。

武汉未来科技城起步区一期A区新能源研究院能耗对照表　　表5-2-1

	实际建筑能耗（kWh）	参照建筑能耗（kWh）
冷源能耗	18.06万	21.70万
冷冻水循环泵和冷却水循环泵	12.65万	12.65万
冬季热源	0	12.98万
制热循环泵	3.91万	3.91万
通风	10.09万	10.09万
照明	19.32万	27.40万
设备	14.60万	14.60万
电梯	2.65万	3.13万
新水	1360.62	7391.83
生活热水	0	5.63万
合计	81.42万	112.83万

2.4 成 本 增 量 分 析

作为地标建筑，对建筑本身品质的要求较高，该项目绿色建筑技术的成本增量也较高。其中投资最大的是太阳能光伏系统，合计1535.84万元；其他有外遮阳系统449.58万元；雨水收集、利用系统及管网66.8万元；节水灌溉系统33.8万元；导光筒系统31套19.7万元；智能电网示范系统200万元。绿色建筑所列技术措施总成本2306.68万元，绿色建筑单位建筑面积增量成本739.61元，年节约运行费用140万元，静态回收期约16年。

2.5 总　　结

未来科技城整体按照绿色低碳的理念打造，建设了良好的生态环境、水系、能源站、市政中水、绿色交通、充电桩系统、园区智能化监控系统等基础条件，为新能源研究院创建绿色三星提供了坚实的支撑。高效的制冷系统以及余热利用系统大大降低了项目的供冷、供热能耗，项目主要绿色建筑技术可节约运行成本140万/年。其中，智能电网系统是项目最大亮点，实施了能耗自动化监控，数据自动采集和分析系统可以实时对园区用能进行分析和反馈，对设备系统运行管理过程中运行状态、故障状态等信息的即时反馈以及系统响应等方面，必将发挥积极的作用。

作者：杨晓龙[1]　周海泉[2]　刘秀会[2]（1. 浙江科技学院土木与建筑工程学院；2. 浙江联泰建筑节能科技有限公司）

3 中新天津生态城低碳体验中心

3 Low Carbon Living Lab in Sino-Singapore Tianjin Eco-city

3.1 项 目 简 介

中新天津生态城低碳体验中心项目位于中新天津生态城起步区科技园西南端的013a地块，是中新天津生态城投资开发有限公司，在新加坡建设局、新加坡国际企业发展局、生态城管委会大力支持下投资开发的项目。它的主旨在于展示及验证生态城在可持续发展、绿色建筑技术和商业应用等方面的最佳实践和成就，并期望这些经验成果在生态城其他项目及绿色建筑领域得以推广应用。项目已于2015年12月获得中国绿色建筑（设计）三星级标识，且是中国及温带地区的首座新加坡建设局绿色标识（BCA Greenmark）白金建筑，2015年3月正式通过了新加坡建设局绿色标志白金级全过程认证，并获得2015年全国绿色建筑创新奖一等奖。

该项目为5层办公建筑（详见图5-3-1、图5-3-2），地下一层为车库及设备用房，地上首层为陈列展示区，二至五层均为办公室。总建筑面积为1.29万m^2，地上建筑面积为9808.11m^2，地下建筑面积为3070.35m^2。

图5-3-1 北立面实景图

图5-3-2 南立面实景图

3.2 主 要 技 术 措 施

该项目以降低运营碳、最大化清洁能源为理念，在设计上回归自然，呼应气候、资源与环境，实现了生态科技与社会文脉的完美结合。综合的计算机仿真模拟技术和建筑信息建模技术（BIM）在方案设计阶段被引入项目作为建筑/系统设计和绿色战略整合分析的创新工具。大量的绿色特征都被纳入了该项目来实现和展示可持续开发的可能性。大楼还创新性地设置了绿色特征的体验之旅，以让使用者和参观者更直接地体验各种绿色技术的效果。该项目以减少建造周期的碳排放和提高可再生能源利用作为设计策略，采取了主动和被动节能综合设计措施，通过两方面共同降低建筑在建造和使用过程中对环境的影响。

3.2.1 被动节能设计

（1）呼应气候设计

项目采用气候导向的设计理念，夏季风盛行方向多开口设计，将夏季风引入室内中庭；冬季盛行风方向为坚实的北立面设计，能阻挡冬季寒冷风。体型系数仅为0.19，总窗墙比控制在0.3左右，最小化热散失面积，最大化自然通风及采光（图5-3-3）。

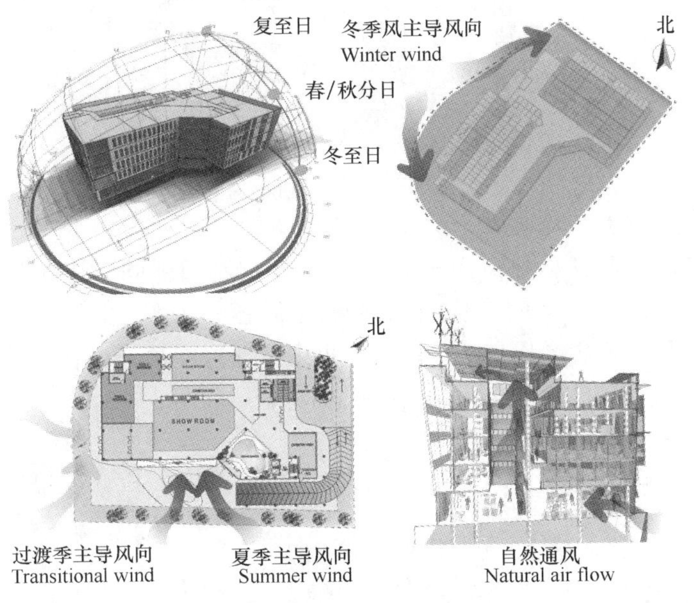

图5-3-3　建筑体型及朝向

（2）外围护结构增强保温性能

项目采用优异热工性能的幕墙结构及外墙、屋顶保温材料等，降低热传导。建筑外墙采用200mm厚蒸压加气混凝土砌块（局部为500mm厚钢筋混凝土柱），外贴100mm厚岩棉板，平均传热系数为0.33W/(m^2·K)；屋面铺设120mm厚岩棉板，传热系数为0.35W/(m^2·K)；幕墙的玻璃部分采用断桥铝＋TP6mm（双银Low-E）＋12A（氩气）＋TP6mm钢化中空玻璃，整体传热系数为1.8 W/

$(m^2 \cdot K)$，屋顶天窗采用三层中空充氩气双银低辐射膜天窗，传热系数小于1.8 $W/(m^2 \cdot K)$，气密性达到6级。

项目在建筑的西北及东北向，创新性地设置了一个双层表皮空间（详见图5-3-4），使得北向空间保温及采光良好，并且住户可以任意打开内侧窗通风而不受冬季室外冷风的影响。同时双表皮之间的空间为使用者营造了一个室内绿色共享空间。

图5-3-4 建筑双表皮结构

（3）加强自然采光与通风

建筑可开启外窗占总外窗面积的47%。外窗遮阳板同时也是导光板，可将自然光导入主要的办公空间，从而加强自然采光，同时减少外围空间过强的眩光。房间上部利用天窗增强自然采光，中央中庭通过屋顶天窗自然采光，为北面的室内空间引入更多自然采光，从而降低照明能耗（图5-3-5，图5-3-6）。

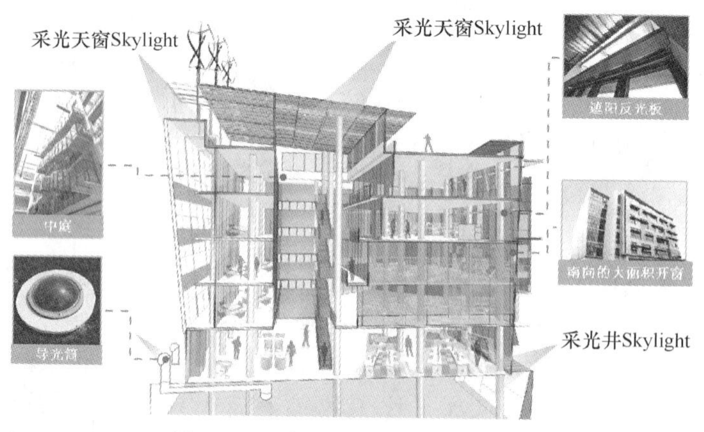

图5-3-5 建筑中庭自然采光设计

通过充分的场地主导风向分析，以及详细的计算机流体仿真（CFD）模拟，该项目开口设计合理，保证室内中庭、首层大空间在过渡季及夏季均有良好的自然通风，夏季和春秋季主要采取自然通风。地下车库有屋顶天窗和导光筒，起到自然采光和通风的作用（图 5-3-3）。

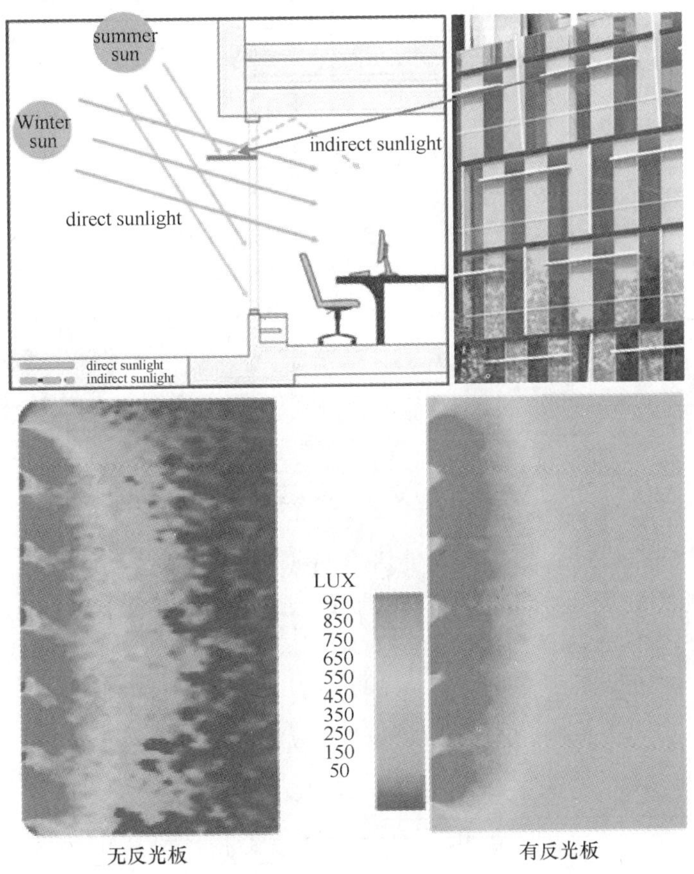

图 5-3-6 遮阳及反光板设计

3.2.2 主动节能设计

（1）高效通风空调及电气系统

项目的空调系统采用风机盘管＋新风系统，各空间可独立控制。水泵及风机均采用变速设备，并在人员密集区设置二氧化碳感应器，联动控制新风系统；地下车库采用一氧化碳感应器与通风系统联动。设置全热回收的新排风热回收机组，让新风与排风进行充分热交换，利用废热资源（图 5-3-7）。

（2）高效照明及控制系统

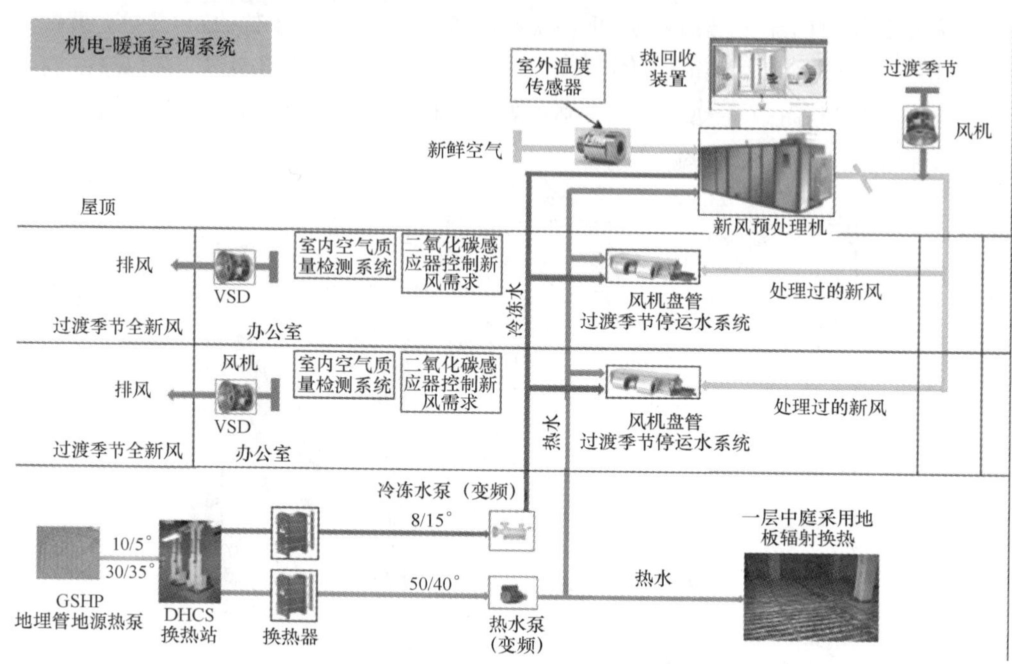

图 5-3-7 暖通空调系统示意图

通过优化回路设计，项目按功能区合理划分照明分区及回路；办公、教室、设备用房等场所采用更加节能、高效的 T5 或超高频高效节能荧光灯，电梯前厅、楼梯间及卫生间采用 LED 照明，展览区采用 LED 灯具（照明功率密度值详见表 5-3-1）。所有照明均采用智能照明系统集中控制，智能照明控制器可实现照明定时开启、关闭等控制。不同场所采用相应的控制方式。

不同区域照明设计 **表 5-3-1**

房间类型	设计照度值（Lx）		照明功率密度（W/m²）	
	实际值	标准值	实际值	现行值
办公室	321	300	5.3	11
档案室	193	200	5.5	8
系统控制室	302	300	6.6	11
中水泵房	95	100	3.3	5
弱电机房	512	500	12.7	18
变电室	196	200	2.8	5
地下车库	76	100	2.5	6

（3）综合能源管理系统

项目把若干个相互独立、相互关联的系统集成到一个统一的、协调运行的智能化系统中，实现建筑物设备的自动检测与优化控制，实现信息资源的优化管理和共享，为使用者提供最佳的信息服务，创造安全、舒适、高效、环保的工作、生活环境。

项目安装了分项计量装置，对建筑内各用能部门如冷热源、照明、电力和水耗等实现独立分项计量，并安装能耗监测系统，对用水、用电、用热等各项能耗进行监测分析，同时可以将监测数据传输至楼宇设备自控（BA）系统，对各类耗能设备进行相应的控制，以达到节能的目的。

3.2.3 可再生能源集成应用

该项目结合场地条件及建筑造型，设置了地源热泵、太阳能热水、太阳能光伏及微型风力发电系统，用于建筑自身冷、热、电、热水各项需求（详见图 5-3-8）。

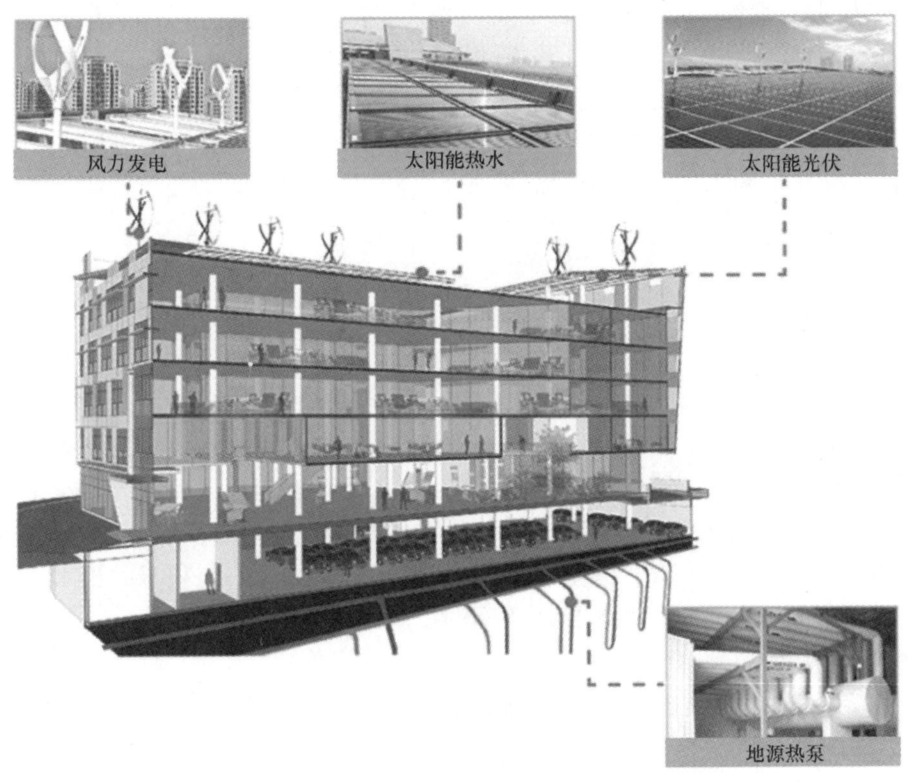

图 5-3-8 可再生能源综合利用

（1）太阳能热水系统

该项目在屋顶安装 U 型管集中式太阳能热水系统，太阳能集热器面积约 $184m^2$。太阳能热水系统每年产出热水量占生活热水用量的 88%。

（2）太阳能光伏系统

该项目结合屋面造型，在钢结构框架上铺设太阳能光伏发电板，装机容量约为94kW，采用分块发电、集中侧并网的方案。电池组件采用多晶硅电池组件，每串20个组件，20串并联，每串组件通过直流防雷汇线箱汇流，再经过逆变器逆变后送出。该项目光伏系统预计投入使用25年内，年平均发电量为11.81万kWh。

（3）风电系统

该项目风电装机容量4.2 kW，选用7台600W的微风力发电装置。每台风机接入风机汇流箱汇流，分别通过7台风机逆变器，输出单相220V，与光伏部分所输出的交流电接入同一并网电源柜，实现并网。全年发电量预计为1.33万kWh。

（4）地源热泵系统

该项目建筑室外周围地面设置地埋管收集地源热能，孔深120m，孔间距4m，地热源打井数量70口，打井占地面积为$2000m^2$。每年可提供可再生能源1.07万kWh，所有地源热能将供给邻近的区域能源站，再由能源站供回到低碳体验中心。该项目可再生能源利用量为30.17万kWh/a，可再生能源利用率为31%，全年节能为3.7万吨标准煤。

3.2.4 节水及节材技术应用

（1）雨水收集利用

室外地面除道路广场用地以外全部为绿地，可渗透地面率达到70%以上。室外雨水全部就地入渗，屋面的雨水全部回收至位于地下室的中水/雨水机房内，设置雨水箱$25m^3$，年收集雨水量达到$875m^3$，收集后的雨水经连续膜过滤（CMF）工艺处理后，出水水质满足《建筑中水设计规范》以及《天津市再生水设计规范》的标准要求，送至中水箱作为中水补充水源，回用于冲厕、绿化、室外景观等。经过绿地入渗、绿化屋面入渗和雨水收集回用，该项目的雨水不外排率达到80%，有效降低了市政雨水管网的负荷。

（2）材料节约

项目设计及建造中大量采用了标准化模数和预制构件，造型简约，降低建设、营运成本，减少材料需求、产生的污染物和建筑垃圾。大规模的使用可回收利用的钢材作为建筑的主结构，可再循环材料率达到30%，减少了材料使用，节约了建设工期。

3.2.5 生态环保技术应用

（1）良好的室内空气质量保证

项目新风系统设置了MERV13过滤器，能有效过滤PM2.5 90%以上，大大提高了室内空气品质。人员密集区及回风总管上设置二氧化碳浓度探测器，可实时检测室内空气质量。

(2) 先进的垃圾回收系统

项目场地设置了气动垃圾输送系统，按可回收和不可回收分类进行垃圾收集，并经气力输送管道送至中央垃圾处理站集中处理，有效隔绝了对场地环境的影响。

(3) 屋顶绿化

屋顶花园降低了屋面热岛效应，优化了屋顶空间，提高绿化覆盖率。同时屋顶花园创造了良好的绿色体验和社交空间，增加了建筑的活力（图 5-3-9）。

图 5-3-9 屋顶绿化实景图

2016 年 3 月，项目开发商对屋顶花园进行了改造升级，旨在高密度发展的城市群中创造活力绿色体验空间，引导人们对于食品安全及健康生活方式的关注。同时也在单调的传统办公空间中创造出亲密的社区氛围，加强人们之间的互动沟通，为科技园区员工提供一个自然、乐享的活力空间。提升后的屋顶花园更名为 U-farm，它延续了低碳体验中心的低碳生态理念，实现了可持续农业种植设计、雨水回收利用、一体化水肥灌溉、循环堆肥以及环境友好材料的利用，形成了一个复制性、通用性、简单化的种植系统，能够快速地在各类建筑屋面上推广（图 5-3-10）。

图 5-3-10 提升后 U-farm 实景图

(4) 室内绿化

大楼设置了室内冬季花园及绿色植被墙面垂直绿墙，作为建筑的“绿肺”，形成绿色微气候核，提高了室内空气质量，并给人以舒适的视觉体验，营造四季常绿的活力空间，促进建筑使用者的交流沟通（图 5-3-11）。

图 5-3-11 冬季花园及垂直绿化实景图

（5）宣传展示及生态技术体验

大楼实现了生态教育的体验和互动功能，创新地引入了体验旅程的概念，设计了多层次、贯穿整个建筑的体验旅程，让人群充分体验项目中采用的低碳技术和设计手法，大楼入口设置了一部能源展示及互动触摸屏，将整个建筑的产能耗能情况呈现给用户。鼓励用户与建筑环境的积极互动。首层的绿色生态展厅，将整个楼的生态技术体系进行了一个完美的展示，起到了示范性和教育性的作用。

3.3 实 施 效 果

该项目的建设目标为“低碳建筑”典范，是生态城第一个具有体验性，互动性和教育性的绿色建筑示范项目。项目与国家要求的节能率 50%的同类项目相比每年可节约能源 108.46 万 kWh，相当于节约 13.3 万 t 标煤和减排二氧化碳 604t。其中可再生能源系统年节能量为 30.15 万 kWh，相当于年节约 3.7 万吨标煤，年减排二氧化碳 199t。

项目现已建成投入运行一年多时间，项目管理团队始终密切追踪运营中的能耗、水耗数据，及时诊断运营过程中存在的问题，不断挖掘节能潜力。通过优化照明控制方式、调整能源系统运行模式等措施，不断提升建筑运行能效。

3.4 成 本 增 量 分 析

为了考察绿色建筑运营管理所带来的经济效益，对该项目开展绿色建筑运营管理工作一年以来的投入成本进行了初步测算（表 5-3-2）。在绿色建筑的全生命周期成本中，建设费仅占 15%，而其余 85%的费用基本都是在运营阶段产生的。绿色建筑的运行成本大致为以下 7 类：设施维护费、设施更新费、设施运行消耗、养护费、清洁费、垃圾分类收集与处理费、检测费。针对该项目而言，由于投入运行仅一年，设备均在维保期内，暂未产生设施维护、更新费用。

绿色建筑运营管理投入增量成本测算　　**表 5-3-2**

序号	项　目	成本核算（万元）
1	计量监测系统整改	30
2	人力成本	12
3	检测费	8
总计		50

注："人力成本"的核算是指增加设备运行记录抄录频率、设备巡检工作、特殊设备清洗保养（新风机组、光伏板等）、绿化养护督导、垃圾分类等，按新增 2 个人考虑。新增人工费按每月每人 5000 元考虑。

对绿色建筑运营管理带来的节能效益进行测算。经能耗监测系统统计，该项目入住率 48%，建筑年总能耗 38.85kWh/（m^2·a），与天津生态城办公建筑能耗基准线 110kWh/（m^2·a）相比，该项目每年节省的运行资源消耗费用为 33.2 万元。可见，通过绿色建筑运营管理带来的经济效益显著。同时，从绿色建筑全生命周期角度看，良好的运营管理可以有效地提升设备设施的使用寿命，降低维修更换的频率，经济效益更为可观。

3.5　总　　结

综上所述，该项目为可持续设计应用的范例，在建设过程中借鉴了新加坡政府和企业在开发绿色建筑的实践经验，以低碳的建设和低碳运营为目标。设计采用了简约、标准化的手法，以雕塑性的立面效果、创新性的空间设计吸引人群，并将教育性、互动展示和体验性融入整栋建筑中。通过最大化空间和能源的利用、增强空间的灵活性和互动性、增加绿地景观、使用可回收材料等，来实现真正低碳的目标。总结该项目的实践经验及推广价值如下：

（1）被动优先，主动为辅，再生能源作补充的绿色建筑设计理念。

（2）坚持以人为本，将人与自然、建筑三者有机结合。

（3）通过项目建设，充分发挥绿色示范、展示、教育、宣传的作用。

（4）中新两国绿色建筑理念的完美融合与实践。

作者：王颖[1]　戚建强[2]　邹芳睿[2]　黄雅贤[1]　李宗岩[1]　王立芹[1]（1. 中新天津生态城投资开发有限公司；2. 天津生态城绿色建筑研究院有限公司）

4　上海自然博物馆（上海科技馆分馆）

4　Shanghai Natural History Museum (Branch of Shanghai Science and Technology Museum)

4.1　项　目　简　介

上海自然博物馆（上海科技馆分馆）项目（以下简称“自然博物馆”）位于上海市静安区，山海关路大田路交界处，静安雕塑公园北部。（图 5-4-1～图 5-4-4）作为市级大型博物馆，自然博物馆在设计规模、展品存量、展示手段都名列国内三大自然博物馆的前茅，2015 年 4 月底试运行至今，参观人次约 400 万。该项目业主为上海科技馆，设计方为同济大学建筑设计研究（集团）有限公司和美国 PERKINS&WILL 公司联合体。

图 5-4-1　建筑整体鸟瞰图

图 5-4-2　建筑南立面

图 5-4-3　建筑北立面

图 5-4-4　建筑侧面

自然博物馆占地面积 6411m^2，用地面积 2.83 万 m^2，总建筑面积 4.51 万 m^2，其中地上建筑面积 1.21 万 m^2，地下建筑面积 3.30 万 m^2；地上总高度 18m，总埋深 22m，地上三层、地下二层。建筑主要功能为展厅、藏品库房、前厅服务区、报告厅、Imax 影院、行政管理服务区及配套纪念品商店、咖啡厅、员工餐厅、车库等。地下二层展厅下方为地铁十三号线区间，两者整体建构（表 5-4-1）。自然博物馆于 2016 年 12 月获得绿色建筑运行三星级标识，还获 2015 年度国家优质工程鲁班奖、2015 年度上海市优秀工程设计一等奖、2015 年度上海市绿色建筑贡献奖、上海市建筑学会科技进步奖二等奖等多个奖项。

主要技术经济指标 表 5-4-1

主要技术经济指标		
建筑类型		公共建筑
建筑层数		地上三层，地下二层
用地面积		2.83 万 m^2
总建筑面积		4.51 万 m^2
其中	地上建筑面积	1.21 万 m^2
	地下建筑面积	3.30 万 m^2
建筑占地面积		6411m^2
绿地率		60.4%
建筑高度		18m
结构体系		钢筋混凝土框架—剪力墙
总投资		7.2 亿元

4.2 主要技术措施

4.2.1 节地与室外环境

(1) 总体规划

建筑的整体形态灵感来源于绿螺的壳体形式，螺旋上升的绿色屋面从雕塑公园内升起建筑中作为围合花园的玻璃墙体的支撑结构和遮阳体系，体现了传统中国园林设计中的岩石、土地、水、植物、墙体、建筑和光之间的互动。

(2) 立体绿化

自然博物馆采用了绿化屋面和绿化墙面的组合绿化方式。屋顶的绿化有助于营造观景平台的局部环境，增大人员活动区域。同时，立体绿化可改善局部地区小气候环境，缓解城市热岛效应；保护建筑防水层，延长其使用寿命；降低空气中飘浮的尘埃和烟雾；减少降雨时屋顶形成的径流，保持水分；提高屋顶的保湿性能，节约资源；降低噪声等作用。

① 外墙绿化

东立面设置模块式外墙绿化，此墙体及其下部出挑楼板界定出一个连接着城市街道和公园入口的拱“骑楼”街道；同时为东侧办公区的窗户提供了天然遮阳。外墙绿化总绿化面积约 960m^2，穿插配置了深浅不一的瓜子黄杨 44%；扶芳藤 41%；金森女贞 10%；红叶南天竺 5%。外墙绿化采用先进的滴灌装置，通过干管、支管和毛管上的滴头，在低压状态下向土壤缓慢的滴水，绿化墙节点直接向土壤供应已过滤的水分、肥料等（图 5-4-5）。

② 屋顶绿化

屋顶绿化与场地绿化自然过渡无缝衔接，屋顶可绿化面积 7470m^2，屋顶绿化总面积 5966m^2，占屋面面积的 79.9%。物种配置种类为：瓜子黄杨 70%；扶芳藤 41%；金森女贞 20%；银姬小蜡 10%。灌溉系统采用地埋式旋转喷头和自动控制系统，实现定点定量浇灌。喷头工作时升出草坪，停止喷洒时缩入草坪（图 5-4-6、图 5-4-7）。

图 5-4-5 外墙绿化

图 5-4-6 屋顶绿化（一）

图 5-4-7 屋顶绿化（二）

（3）旧建筑利用

项目基地内有原淞浦特委办公旧址（山海关路 387 弄 5 号，原山海关路育麟里 285 号），位于基地的中北部，主体结构为两层砖木结构。落架迁移前对旧址进行了结构测绘、完损勘察、沉降倾斜测量、构建耐久性检测、抗震性能分析等相应勘察工作。实施方案为“顶升平移”法：将旧建筑整体向西北方平移约 125m 后再抬高 50cm。迁移后，按历史原貌修复破损的室内装饰及外立面、加固结构体系、提升设备性能。修缮后，已作为向市民开放的引入展览、纪念品销售功能的爱国主义教育场所，实现了旧建筑的保护和利用（图 5-4-8）。

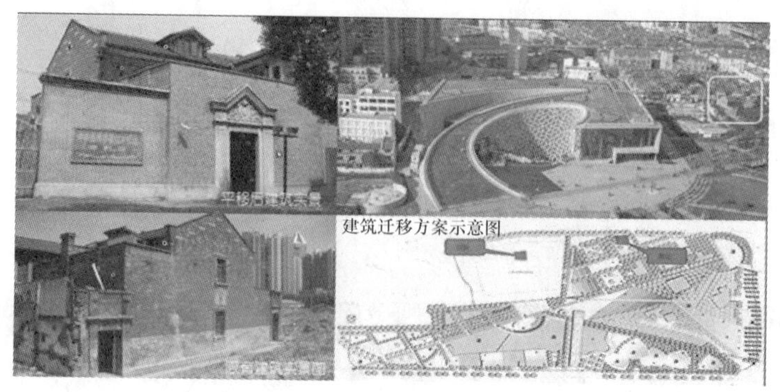

图 5-4-8 旧建筑迁移前后位置及实景图

（4）地下空间利用

自然博物馆地下建筑面积 3.30 万 m^2，建筑占地面积 6411m^2，地下建筑面积为建筑占地面积的 5.14 倍。地下空间主要功能为展厅、藏品库房、后勤设备用房、地下车库等，大部分展览空间及设备均设于地下一至二层（图 5-4-9～图 5-4-11）。

图 5-4-9 展厅空间

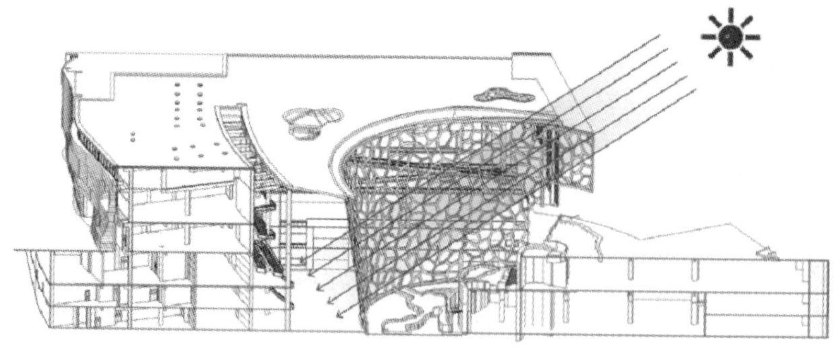

图 5-4-10 地下空间采光

图 5-4-11　地下恐龙厅

自然博物馆南侧中庭结合下沉庭院设计了通高仿生细胞玻璃幕墙，细胞状构架在保证展厅采光要求的同时还具有天然遮阳效果。幕墙上还设置了面向庭院的门窗开启，优化了地下通风环境。

4.2.2　节能与能源利用

(1) 地源热泵系统

地源热泵系统采用了灌注桩埋管与地下连续墙埋管相结合的埋管形式（其中地下连续墙又分为外围地下连续墙和地铁连续墙两部分）。地源热泵系统灌注桩埋管 393 个，有效深度 45m；地下连续墙埋管中外围地下连续墙内埋管总计 266 个，有效深度 30～38m；地铁连续墙内埋管 186 个，有效深度 18m。2016 年通过了可再生能源建筑应用示范项目验收。

冬季供热模式下，全部采用地源热泵系统作为展厅部分的热源，制热量为 2290kW，占热需求比例为 100%。夏季供冷模式下，结合地埋侧热平衡以及机组效率确定热泵和冷水机组的运营策略。展厅部分空调系统冷热源由 2 台螺杆式冷水机组和 2 台螺杆式地源热泵机组组成，总制冷量 5636kW，地源热泵系统制冷量为 2274kW，占冷需求比例为 40%。5 月、6 月以地源热泵机组为主，可以满足场馆冷负荷的需求；7 月、8 月冷负荷较高期，以冷水机组为主，并结合地埋侧热平衡情况配合使用地源热泵系统；9 月、10 月地源热泵系统则基本可满足使用要求。

(2) 光伏发电系统

太阳能光伏板有效面积 348m^2，采用 245 块光电转化率较高的透光单晶硅 BIPV 太阳能电池板。全年发电量：51000kWh；光电转换率 11.5%，直流/交流转换率 90.5%。全年二氧化碳减排量：45.5t。

(3) 能量回收系统

报告厅和数字化影院设置全热交换机组，利用排风对新风进行预冷、预热。

职工淋浴间设集中供热水系统，热水主要热源由带热回收功能的冷水（热泵）机组供应，热源主要为冷凝器余热（夏季）及地源热泵制热（冬季），辅助热源为电热水炉。

4.2.3 节水与水资源利用

（1）雨水调蓄措施

雨水调蓄通过三个途径：屋顶绿化率、中心景观水池、雨水收集处理系统。中心庭院设跌落式景观水池，在降雨时可积蓄部分雨水，减少洪峰流量；雨水收集设于场地西北角。屋面及收集池雨水经处理后回用于植物浇灌以及中央水池的补水。景观水体采用循环水处理系统，可循环使用。

（2）雨水收集处理利用系统

雨水收集处理利用系统收集屋顶雨水，经屋顶绿化初期过滤后汇至场地西北角的地下蓄水池(200t)中，经生态过滤器、加药、紫外线消毒处理后储存于清水池(66t)。在清水池出水管上加设紫外线消毒装置进行消毒，景观水体另设循环处理装置。该系统的设计生活用水总量 39296m^3/a，设计非传统水源利用率 10.8%(图 5-4-12)。

图 5-4-12 雨水处理装置

（3）节水浇灌

绿化灌溉采用滴灌与喷灌两种方式。垂直绿化采用滴灌，屋顶花园采用喷灌（图 5-4-13）。

图 5-4-13 滴灌、喷灌装置

4.2.4　节材与材料资源利用

（1）细胞墙幕墙

细胞墙的构成包括三个层面：最大尺度的中层钢结构支撑建筑墙体和屋面；较小尺度的外层金属构件起遮阳作用；中间尺度的内层框架式玻璃幕墙为提供建筑保温隔热的外围护结构（图 5-4-14、图 5-4-15）。

图 5-4-14　细胞墙空间杆系钢结构（一）

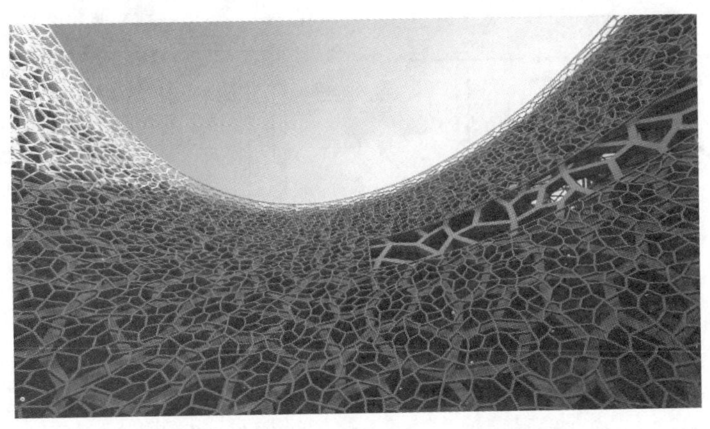

图 5-4-15　细胞墙空间杆系钢结构（二）

（2）拉索幕墙

拉索幕墙运用在入口大厅。采用了夹板式单向索结构玻璃幕墙，索网左右两边钢索通过预张拉并固定在主体结构上，索网竖索主要承受竖向玻璃幕墙自重；横向拉索主要承受水平风荷载和地震作用，以及对结构整体起到稳定作用。

（3）结构优化设计

① 预应力构件

对地下室顶板的部分大跨、重载区域采用预应力混凝土大梁，施加预应力后裂缝宽度减小，改善构件的耐久性，节约钢材用量。

②“两墙合一”技术

地下室外墙设计运用了“两墙合一”新技术，考虑到地下室外墙和围护结构的协同作用，共同承担水、土压力和地面超载等侧向荷载，充分利用了地下连续墙的抗侧力的能力，降低内衬墙的厚度，减少混凝土的消耗量。

③ 下穿地铁“明挖法”方案

经深入对比研究，对穿越博物馆下区间段的轨道交通 13 号线选用了明挖法施工方案，使建筑板底与轨道结构成为一个整体，尽可能减小了区间隧道振动和噪声影响，同时大大节约材料用量（图 5-4-16）。

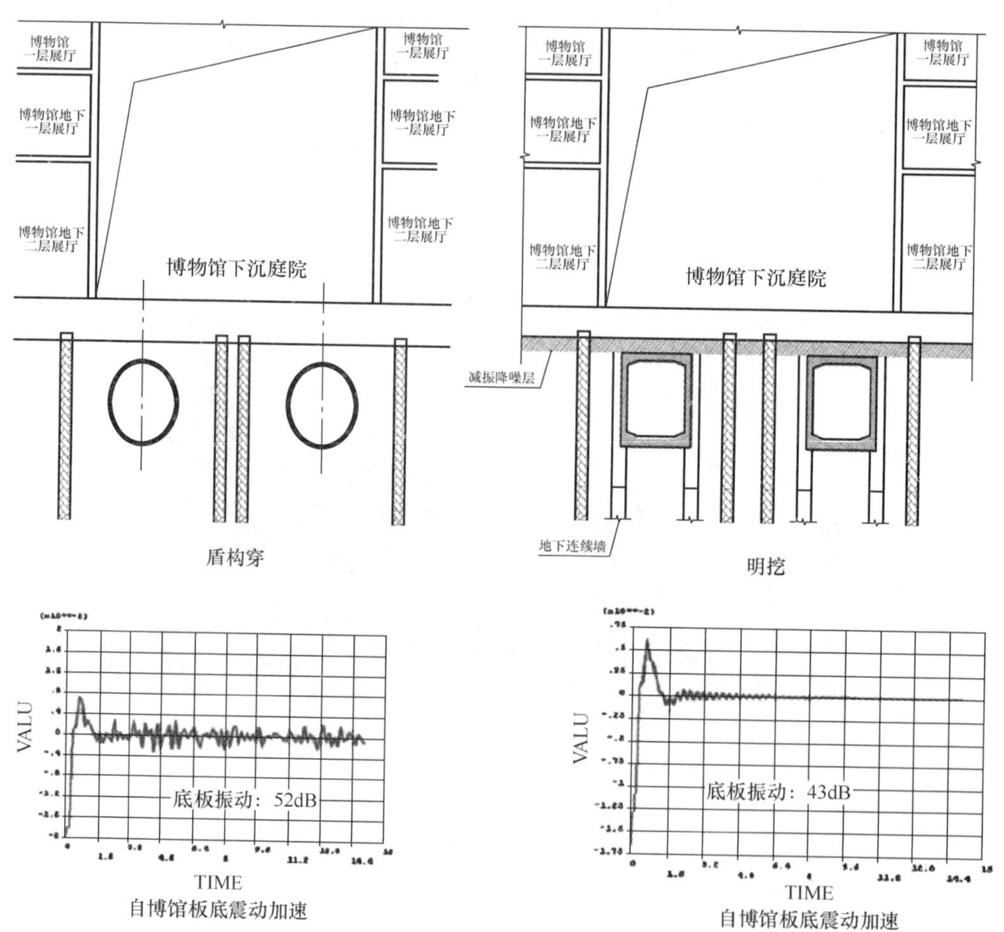

图 5-4-16 下穿地铁施工方案对比

（4）材料利用

项目中各类纸面石膏板全部采用以脱硫石膏为原料生产的石膏板制品；拆迁及施工过程中制订了废弃物管理计划及材料记录制度并严格执行记录。

4.2.5 室内环境质量

（1）自然通风与辅助通风

建筑整体造型呈南低北高螺旋上升状分布，有利于在春夏季组织低进高出的室内气流；南侧通高玻璃幕墙，与主导风向一致同时充分获得冬季日照；北侧高处设较小外窗，有效避免了西北风。外窗可开启比为 39.4%，透明幕墙可开启比为 3.8%（图 5-4-17）。

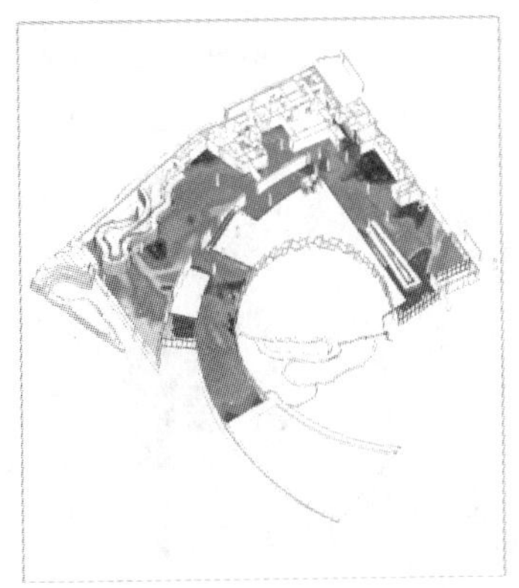

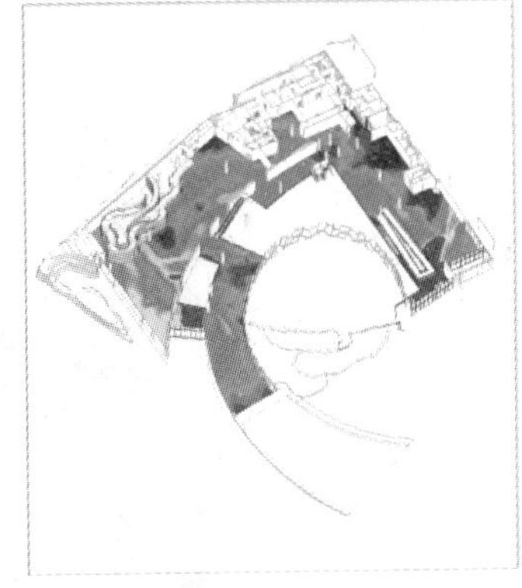

图 5-4-17 春季工况一层水平风速模拟图春季工况一层水平风速实测图

春季利用东西立面及南向上的细胞墙通风口开启进风、顶部天窗及恐龙厅上部的通风口开启排风；秋季利用东面及西立面的通风口开启进风，顶部天窗开启排风（图 5-4-18）。

图 5-4-18 天窗开启通风

合理促进自然通风的同时配备机械通风以改善不利工况下的通风条件。屋顶设轴流风机 4 台，风量为 5880CMH/台。

（2）自然采光与人工照明

自然博物馆 70%的展览空间设于地下，却通过三大措施的实施使得这个地下空间跳脱了常规桎梏，成为一个光的王国。

① 细胞墙自然采光

南侧中庭结合下沉广场设置通高细胞玻璃幕墙，自然光线通过玻璃幕墙照亮了大部分地下空间，主要功能房间自然采光达标比例为 80.1%，其中地下二层中庭的达标比例为 100%（图 5-4-19）。

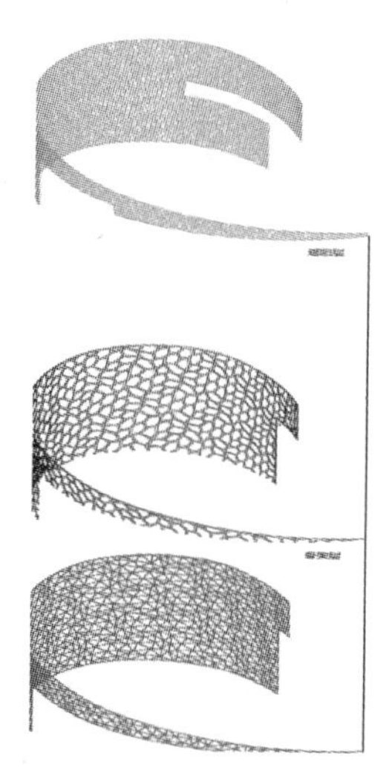

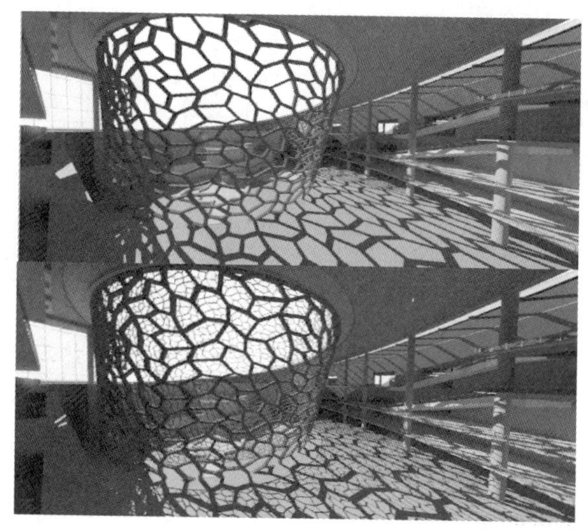

图 5-4-19 中庭玻璃幕墙

② 顶部天窗及细胞天窗自然采光

项目顶部 466m^{2}的弧形天窗上复合了 100m^{2}光伏膜＋233m^{2}开启扇，兼具采光、通风、遮阳、发电多种功能 。三层公共空间顶部的细胞天窗，大大改善公共区域的光环境（图 5-4-20）。

③ 主动式导光系统

三层西侧办公区进深较大，该区域设置了 39 套管道式主动导光系统。正常白天不需开灯，即可实现室内采光系数及照度要求。每年节电费用总计约 4.15 万元（图 5-4-21）。

④ 室外 LED 灯光设计

为了凸显南侧细胞幕墙的通透，项目采用了 LED 洗墙（蓝色）下照式。在细胞“分裂”处，有机点缀 LED 点光源，夜间可加强细胞结构的轮廓，又不会造成对广场人群及周边的光污染干扰（图 5-4-22～图 5-4-24）。

顶部天窗

细胞天窗

图 5-4-20 天窗

图 5-4-21 主动式导光系统

图 5-4-22 建筑整体夜景图

(3) 一体化遮阳系统

自然博物馆遮阳系统采用了三大类方法：形体自遮阳、细胞墙外遮阳和可调节外遮阳，遮阳形式与建筑功能一体化设计。

图 5-4-23 建筑主入口夜景图

图5-4-24 建筑侧面夜景图

① 建筑自遮阳体系

自然博物馆东侧主入口采用形体自遮阳的形式。清水混凝土结构体从入口地面侧挺立而上，延续至 6m 标高，横向出挑约 6.5m 宽，形成天然的水平挡板遮阳（图 5-4-25、图 5-4-26）。

图 5-4-25 建筑自遮阳（一）

图 5-4-26 建筑自遮阳（二）

② 细胞墙外遮阳体系

南立面弧形玻璃幕墙面，采用仿生细胞形态，通过三个层次的构造，将结构、造型、遮阳、节能融为一体。建筑幕墙玻璃选用透光率较高、反射率较低的低辐射镀膜 Low-E 中空玻璃。Low-E 中空玻璃遮阳系数为 0.44～0.46，控制自然光入射的同时，将可见光的外部反射率控制在 15 % 以下，确保建筑不对周边环境造成光污染（图 5-4-27）。

图 5-4-27　细胞墙外遮阳

（4）室内空气质量

① 空气质量监控

项目对主要展厅、会议室等房间的二氧化碳浓度进行数据采集、分析及浓度超标报警，并与通风系统联动，控制新风量的大小。地下停车库设置一氧化碳浓度监控系统，并与通风系统联动。

② 污染物控制

室内游离甲醛、苯、氨、氡和 TVOC 等空气污染物浓度符合现行国家标准《民用建筑工程室内环境污染控制规范》GB 50325 中的有关规定。

4.3　实　施　效　果

4.3.1　节能效果

（1）分项计量

建筑用能监测系统联网，可根据上级数据中心要求自动、定时发送能耗数据信息。用电分项计量包括照明系统用电、空调系统用电、动力系统用电和特殊系统用电，每日 8 点自动抄表并形成 excel 文档（图 5-4-28）。

（2）综合能耗平台

自然博物馆的设计能耗、实测能耗分别为基准能耗的 77%和 72%，均低于

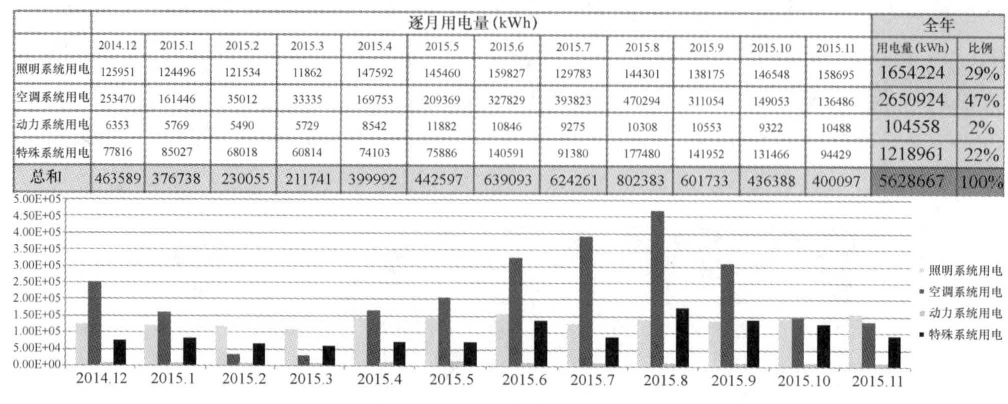

	逐月用电量(kWh)												全年	
	2014.12	2015.1	2015.2	2015.3	2015.4	2015.5	2015.6	2015.7	2015.8	2015.9	2015.10	2015.11	用电量(kWh)	比例
照明系统用电	125951	124496	121534	11862	147592	145460	159827	129783	144301	138175	146548	158695	1654224	29%
空调系统用电	253470	161446	35012	33335	169753	209369	327829	393823	470294	311054	149053	136486	2650924	47%
动力系统用电	6353	5769	5490	5729	8542	11882	10846	9275	10308	10553	9322	10488	104558	2%
特殊系统用电	77816	85027	68018	60814	74103	75886	140591	91380	177480	141952	131466	94429	1218961	22%
总和	463589	376738	230055	211741	399992	442597	639093	624261	802383	601733	436388	400097	5628667	100%

图 5-4-28 分项计量表

国家批准或备案的节能标准规定值的 80%（表 5-4-2）。

能源消耗对比表 **表 5-4-2**

分项	单位	参照建筑设计值	设计建筑设计值	设计建筑实测值
空调	MWh	3390.96	2442.25	2650.92
	kWh/m²	75.2	54.16	58.80
照明	MWh	2630.53	2197.65	1654.22
	kWh/m²	58.34	48.76	36.69
动力	MWh	145.26	145.26	104.56
	kWh/m²	3.23	3.23	2.32
特殊	MWh	1633.09	1633.09	1218.96
	kWh/m²	36.24	36.24	27.04
空调照明能耗	MWh	6021.49	4639.90	4305.15
	kWh/m²	133.54	102.92	95.49
总能耗	MWh	7799.84	6418.25	5628.66
	kWh/m²	173.01	142.39	124.84
能耗比例	—	100%	77%	72%

（3）地源热泵系统

从项目运营日起，地源热泵系统运行良好，展厅内温湿度均能达到设计的要求，与锅炉系统相比，年节约用能约 20%左右，大大减少了运营费用及二氧化碳的排放。

（4）排风热回收

报告厅和数字化特种影院采用全热回收器，经检测，全热交换效率达到 61.3%，系统静态回收周期约为 4.4 年。

（5）建筑设备监控系统

空调机、新风机室外新风量合理取值，设置合理的开启时间和关闭时间，设置送、排风机的合理开启时段，冷热源设备群控，设定合理的全新风换气时段，合理控制照明，减少能耗的浪费（图 5-4-29）。

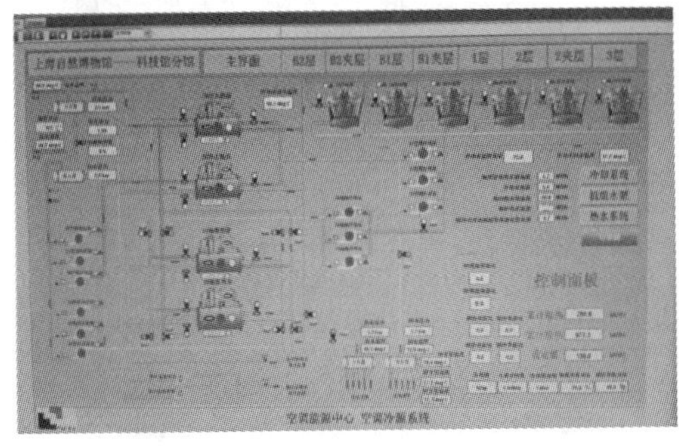

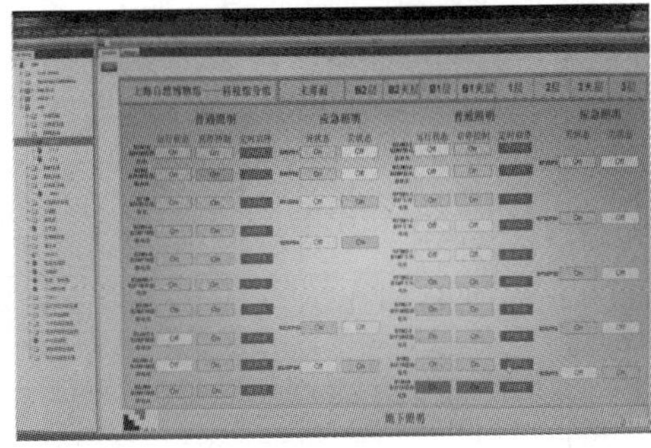

图 5-4-29　BA 空调系统、BA 照明系统

（6）用电分析

空调及照明年用电量 4305.185MWh，较参照建筑物节约用电量 1716.34 kWh，按上海商业用电 1.0 元/度计算，可减少运行费用 171.6 万元。相应 50 年全寿命周期的经济收益为 8580 万元。

4.3.2　节水效果

项目设置了雨水收集系统，2015 全年雨水实际利用量 4357m^3，非传统水源利用率达到了 11.0%。运行阶段，第三方检测机构对清水池的雨水水质进行了检测，检测结果如图 5-4-30 所示。

2015 全年的用水量计量结果见表 5-4-3。

主要计量水表及运营阶段水量　　　　表 5-4-3

水表编号	测量水量	安装位置	运营阶段水量（2015 全年）
1	生活总用水量	给水引入管	3.97 万 m^3
2	供水低区用水量	低区供水管	9158m^3
3	供水高区用水量	高区供水管	6942m^3
4	景观初次给水	景观初次给水管	3373m^3
5	厨房用水量	厨房给水管	1720m^3
6	1868 咖啡馆用水量	咖啡馆给水管	251m^3

项目年雨水回用总量 4357m^3，按上海单位用水 5.13 元/m^3 计算，可减少水费 2.26 万元，相应 50 年全寿命周期的经济收益为 112 万元。

检 测 报 告

报告编号　ADT20151211007 (4)　　　　第 5 页　共 5 页

雨水检测结果

检测项目	单位	检测结果	参考GB 18920–2002城市污水再生水及杂水水质标准最高要求限值
		雨水回收水	
pH	/	7.12	6.0-9.0
色度（铂钴色度单位）	度	10	30
浑浊度	NTU	1.5	5
臭和味	/	无异臭	/
五日生化需氧量	mg/L	4.8	10
铁	mg/L	<0.02	0.3
锰	mg/L	<0.01	0.1
溶解性总固体	mg/L	550	1000
悬浮物	mg/L	28	/
阴离子表面活性剂	mg/L	0.031	0.5
溶解氧	mg/L	6.0	>1.0
总磷	mg/L	0.023	/
余氯	mg/L	0.22	/
总氯	mg/L	0.30	>0.2
氨氮	mg/L	0.384	10
总氮	mg/L	1.52	/
石油类	mg/L	<0.01	/
总大肠菌群	个/L	<2	3
备注	<代表未检出，数据为检出限		

图 5-4-30　水质检测报告

4.3.3　节材效果

（1）可循环材料

项目外立面采用了大量钢框架玻璃幕墙，局部空间采用钢结构体系，石膏板全部采用以废弃物生产的脱硫石膏板，可循环材料总用量占建筑材料总重量的比例可达 10.61%。

（2）施工废弃物

① 分类回收

施工阶段，对建筑施工时产生的固体废弃物进行回收利用，可再利用、可循环材料的重量比例达 87.92%。

② 现场利用

钢筋——在场外工厂化成型加工，直螺纹连接技术代替传统绑扎搭接，利用回收的旧钢筋。节约钢筋104t，节约型材16.456t。

木材——通过合理周转木模、木方，合理利用废旧模板，节约木模3256m^2，节约木方22m^2。

混凝土——合理利用原有废弃道路作为一部分施工道路，利用回收的破碎混凝土块，共节约混凝土350m^3。

4.4 成本增量分析

工程总投资7.2亿，为实现绿色建筑而增加的初投资成本1567.08万元，单位面积增量成本347.57元/m^2，绿色建筑可节约的运行费用171.634万元（表5-4-4）。

绿色技术增量成本表 **表5-4-4**

<table>
<tr><th colspan="2">关键技术/产品名称</th><th>单价（元）</th><th>标准建筑采用的常规技术和产品</th><th>应用量</th><th>应用面积（m^2）</th><th>增量成本（万元）</th></tr>
<tr><td colspan="2">屋面绿色系统</td><td>620</td><td>无</td><td>—</td><td>5966m^2</td><td>391.1</td></tr>
<tr><td colspan="2">外墙模块式植被系统</td><td>3620</td><td>无</td><td>—</td><td>960m^2</td><td>399.6</td></tr>
<tr><td colspan="2">屋面绿化喷灌系统</td><td>98200</td><td>人工漫灌</td><td>1项</td><td>—</td><td>9.82</td></tr>
<tr><td colspan="2">外墙绿化滴灌系统</td><td>99600</td><td>人工漫灌</td><td>1项</td><td>—</td><td>9.96</td></tr>
<tr><td colspan="2">东立面可调外遮阳</td><td>1550</td><td>无</td><td></td><td>70m^2</td><td>20.9</td></tr>
<tr><td colspan="2">雨水处理及回收系统</td><td>734000</td><td>无</td><td>1项</td><td>—</td><td>73.4</td></tr>
<tr><td rowspan="2">公共空间自然/混合通风系统</td><td>开启扇（含传感器）</td><td>8000元/扇</td><td>开启扇（不含传感器）</td><td>约合230扇</td><td>417m^2
50m^2</td><td>172.9</td></tr>
<tr><td>轴流风机（屋顶）</td><td>6800</td><td>无</td><td>26台</td><td>—</td><td>9.5</td></tr>
<tr><td colspan="2">地埋管地源热泵系统</td><td>—</td><td>无</td><td>845个</td><td>—</td><td>375.1</td></tr>
<tr><td colspan="2">空调全热回收机组</td><td>68000</td><td>无</td><td></td><td>2台</td><td>13.6</td></tr>
<tr><td colspan="2">新风阀与CO_2联动装置</td><td>500000</td><td>无</td><td>1项</td><td>—</td><td>50</td></tr>
<tr><td colspan="2">主动式导光系统</td><td>23000</td><td>无</td><td>18套</td><td>980m^2</td><td>41.2</td></tr>
<tr><td colspan="6">合　计</td><td>1567.08</td></tr>
</table>

4.5 总 结

上海自然博物馆项目关注于特定建筑的适宜性设计，项目因地制宜：未大面积铺设太阳能光伏板，而是还给城市一方绿地，师法自然且回馈自然；未盲目加设可调节外遮阳，而是结合建筑造型及功能需要，灵活组织与建筑一体化的综合遮阳方式；未设置“双层皮”，而是构筑出兼具功能与构造之美的细胞墙；未设置中水回收系统，而是因地制宜地设置规模合理的雨水收集处理系统。经整合设计确定的技术框架如下：

（1）环保舒适技术：立体绿化、自然通风、自然采光、主动式导光、一体化遮阳。

（2）节约资源技术：节水灌溉、本地化建材、可循环可再利用材料。

（3）绿色能源系统：地源热泵系统、非传统水源系统、智能化监控及分项计量系统。

（4）绿色展陈技术：展陈流线与建筑空间一体化设计、智能化监控及分项计量系统。

（5）绿色结构技术：建筑结构与地铁轨道一体化构筑。

上海自然博物馆的建设为长江三角洲地区同类型的建筑建设提供了实践参考样板，为达到减少同类建筑的研究成本及建设资源、创造节能减排低碳社会的绿色目标起到有力推进作用。

作者：车学娅[1]　汪铮[1]　徐晓红[2]　沈戈[2]　李晓璐[1]（1. 同济大学建筑设计研究院（集团）有限公司；2. 上海科技馆）

5 北京市上第 MOMΛ 住宅项目

5 Residential Project of Beijing Shangdi MOMΛ

5.1 项 目 简 介

上第 MOMΛ 住宅项目位于北京市海淀区上地安宁庄路，于 2005 年 4 月开始建设，2008 年 9 月竣工。原址为北京市物资局清河仓库南库区，经过场地平整修复后进行建设，规划用地面积为 6.45 万 m²，共包含 22 栋住宅楼（地上层数 9～10 层），总建筑面积为 19.58 万 m²，其中地上 14.18 万 m²，地下 5.40 万 m²，总建筑密度为 25%，容积率为 2.2（图 5-5-1～图 5-5-3）。

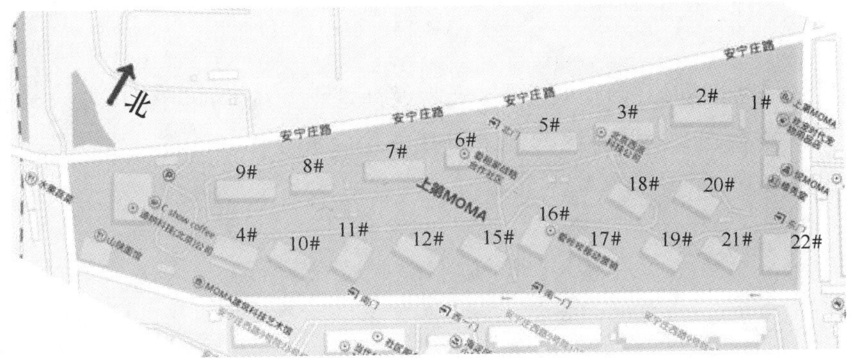

图 5-5-1 上第 MOMΛ 住宅项目总平面图

图 5-5-2 上第 MOMΛ 住宅项目建筑效果图

图 5-5-3 上第 MOMΛ 住宅项目实景照片

项目建设时期即以绿色可持续发展为设计理念，统筹应用多项低碳节能建筑技术，打造高舒适度、低能耗的先进科技住宅，并于 2016 年 4 月获得绿色建筑运营二星级标识。

5.2 主要技术措施

5.2.1 节能型围护结构体系

该项目各住宅楼体型方正，体形系数为 2.0，各朝向窗墙比均控制在 0.2～022。外墙主体结构为现浇钢筋混凝土墙（200mm），保温为聚苯板（120mm），传热系数 K=0.36W/（m^2·K）。屋顶主体结构从上至下依次为现浇钢筋混凝土楼板（200mm），保温为挤塑聚苯板（120mm），传热系数 K=0.21W/（m^2·K）。外窗采用塑钢框+内充氩气 Low-E 玻璃（6+12+6），传热系数 K=1.8 W/（m^2·K）。外窗外安装了可滑动外遮阳系统，夏季可以起到一定的遮阳隔热作用。

围护结构性能参数与节能标准比较如表 5-5-1 所示，可见围护结构在当时进行了超前设计，不仅传热系数优于当时的节能标准，也优于现行节能标准。外墙构造详图如图 5-5-4 所示，外立面照片如图 5-5-5 所示。

该项目围护结构与标准限值对比表 **表 5-5-1**

	传热系数（W/（m^2·K））		
	该项目	设计时标准限值[1]	现行标准限值[1]
外墙	0.36	0.6	0.4
屋顶	0.21	0.6	0.45
外窗	1.8	2.8	东、西、南 2.0，北向 1.8

注 1：数据来自北京市《居住建筑节能设计标准》DBJ 11—602—2006。

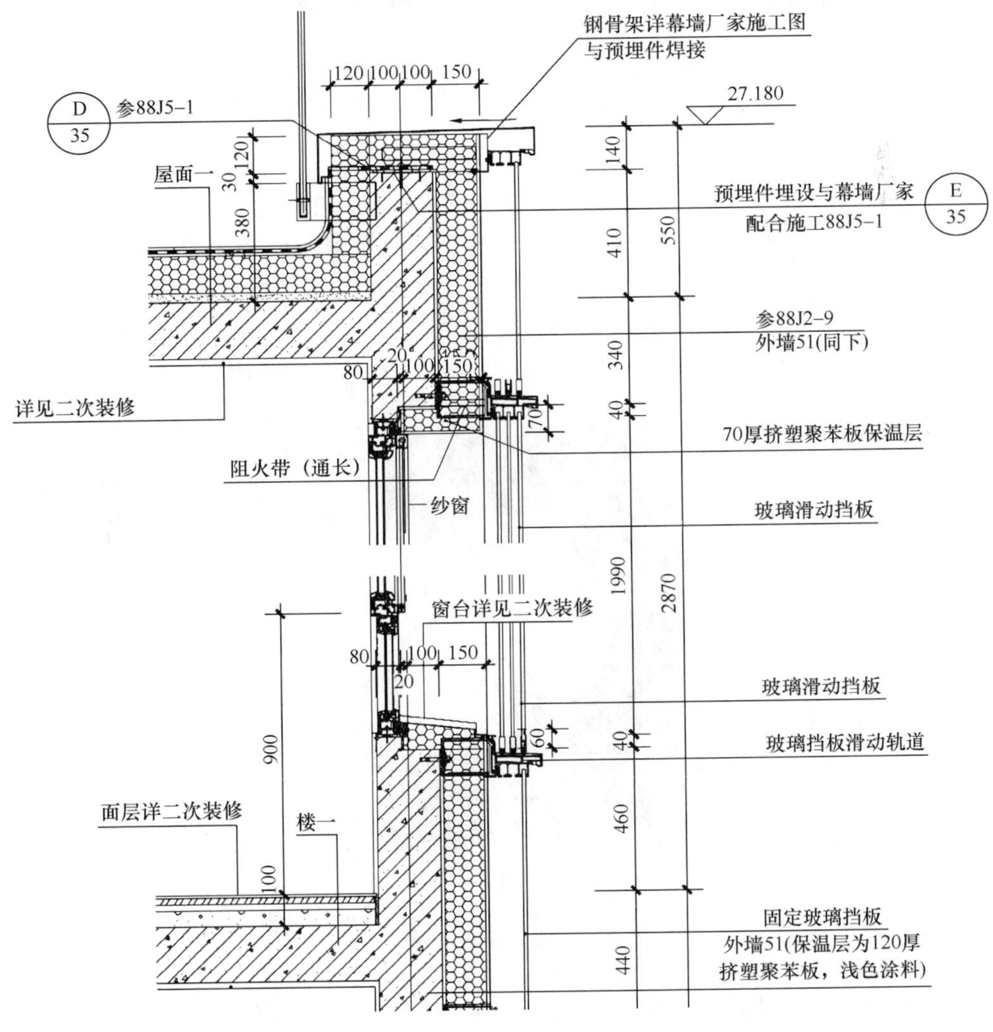

图 5-5-4 外墙构造详图

图 5-5-5 住宅外立面照片

5.2.2 自然采光与自然通风

光是建筑环境的重要组成部分，优秀的采光设计可以提高建筑的使用舒适度，减少照明和空调能耗。经过对窗地比计算，大部分房间满足自然采光所需要达到的窗地面积比估算值 16.67%。通过对典型住宅主要功能空间进行自然采光模拟计算可知（图 5-5-6），靠近窗口位置的采光效果较好，采光系数基本在 2% 以上。

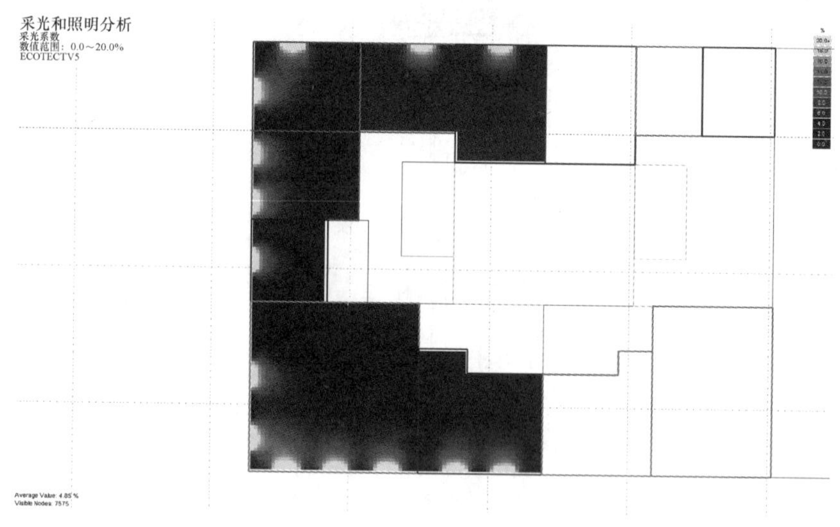

图 5-5-6 典型户型自然采光模拟

自然通风可以提高居住者的舒适感，有助于健康。在室外气象条件良好的条件下，加强自然通风还有助于缩短空调设备的运行时间，降低空调能耗，绿色建筑应特别强调自然通风。建立通风计算模型，根据室外风环境模拟计算结果得出各功能房间通风口压力，作为室内自然通风边界条件。

通过对典型户型夏季自然通风模拟计算可知（图 5-5-7），在东南主导风向下，各户型室内通风效果非常好，气流组织分布也较好，进风口速度稍大，可通过开启面积调节风速，项目非常适合在夏季进行开窗自然通风；过渡季节东北风主导下，各户型室内通风效果较好，换气次数、气流组织分布也满足要求。

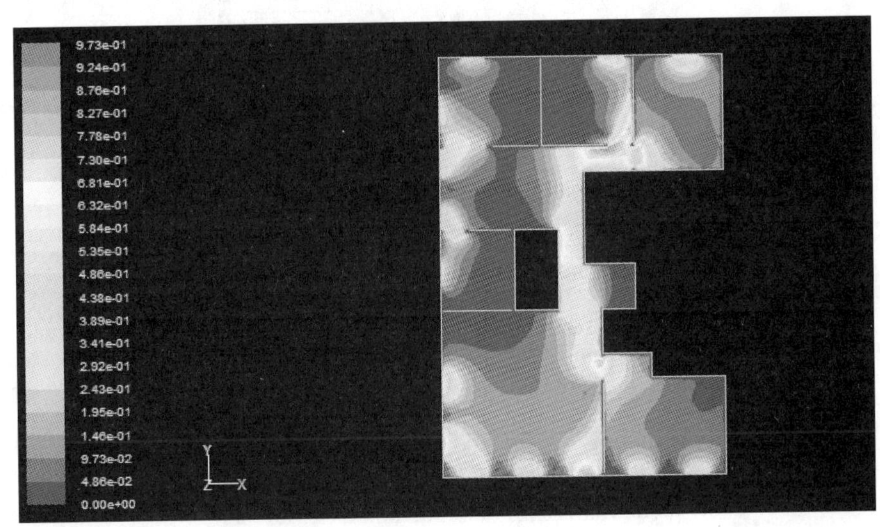

图 5-5-7 典型户型自然通风模拟

5.2.3 天棚辐射加新风供冷供热系统

上第 MOMΛ 住宅项目采用集中式空调系统，末端配备天棚辐射加独立新风末端，具有安静、节能、舒适度高、卫生条件好、不占用室内使用面积等优点，在室内舒适性、节能性及健康保障性具有明显优势。

天棚辐射加独立新风控制室内温湿度的原理是：将专用工程塑料管埋设在结构楼板中，夏季管内循环 18～20℃冷水，冬季管内循环 28～30℃热水，以低温辐射的方式调节室内温度。典型户型的天棚辐射布置图如图 5-5-8 所示，楼板浇筑混凝土前的天棚辐射施工现场如图 5-5-9 所示。

天棚辐射在冬季供热工况与夏季供冷工况时，天花板温度分布较为均匀（红外热成像图如图 5-5-10 所示），不会像地面辐射供暖一样被家具、地毯遮挡。而室内温度分层也能够使人员处于舒适区间。一般认为冷气下沉，热气上浮，冬季供热是天棚辐射的不利工况。对冬季供热室内温度分层情况进行测试，结果如图 5-5-11 所示，可知天棚辐射末端室内不同水平面上温度相差较小，0.5m 处和 2.3m 处温度相差 2.2℃，温度梯度为 1.2℃/m，标明天棚辐射在冬季供热工况下的人员活动区能够保持较好的温度均匀性。

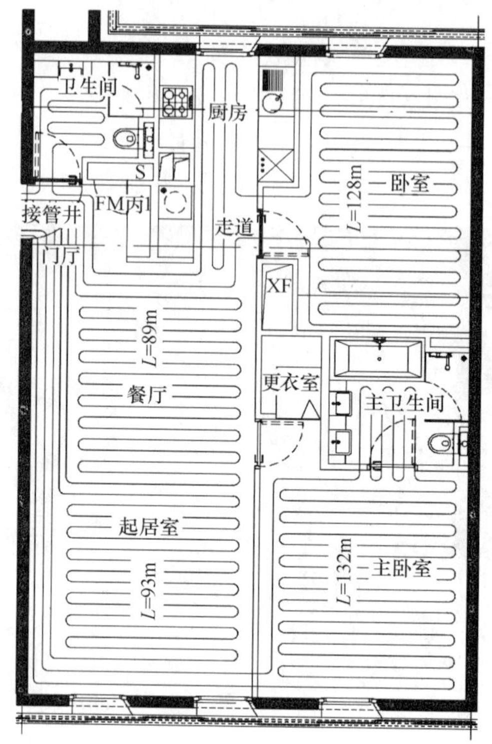

图 5-5-8 典型户型天棚辐射盘管设计布置图

图 5-5-9 楼板浇筑混凝土前的天棚辐射施工现场

为保证住户健康并防止夏季室内结露，需要向室内送入经过过滤及处理后的室外新风。新风用独立的空气处理单元处理，热湿分离处理有利于节能。户内气流组织采用起居室和卧室上侧送、卫生间和厨房上侧回风或吊顶上回风的形式。典型户型新风与排风设计如图 5-5-12 所示，户内新风口实拍照片如图 5-5-13 所示。

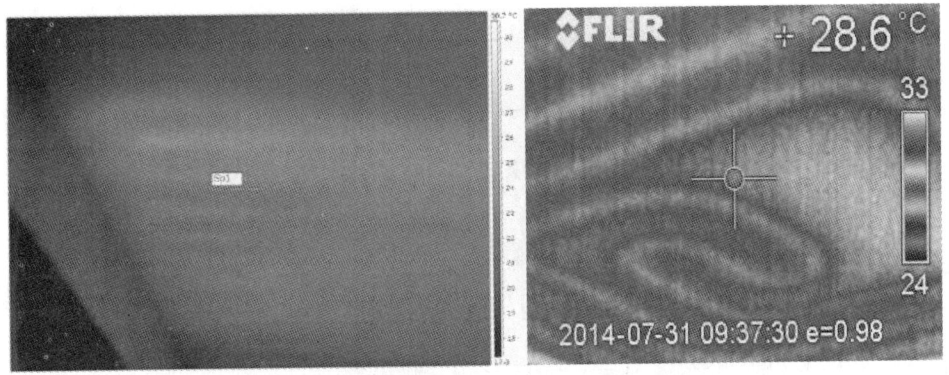

图 5-5-10 冬季供热（左图）与夏季供冷（右图）天棚辐射温度分布红外热成像图

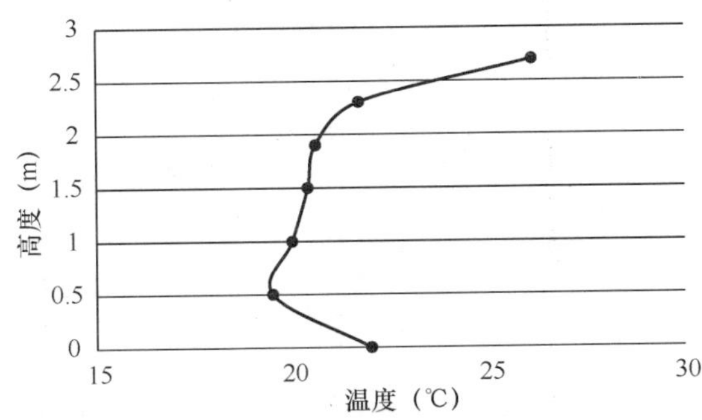

图 5-5-11 冬季供热室内温度分层测试结果

住宅新风与空调水系统图如图 5-5-14 所示。由于住宅新风需求量较大，采用热回收新风机组经济效益和节能效益较好。热回收新风换气机组设在每栋住宅楼楼顶，包括过滤段、热回收段、消声段。新风承担室内全部湿负荷。室外空气通过设置在每栋住宅楼楼顶的热回收新风换气机组与室内回风进行热量交换，再经热泵空调机组冬季加热、加湿、夏季降温、除湿等处理，送至室内。热回收机组包括过滤段、热回收段、消声段，新风机组带高效板式全热回收机器，新、排风无交叉污染，热回收效率为60%以上。新风机组冷热源由屋顶空气源热泵提供。

住宅天棚辐射的冷热水由地下设备机房内的直燃机组提供，空调水经水泵送至本楼地下一层，经立管供本栋各层住宅天棚辐射盘管，分集水器设置在热计量管井内。

住宅工程的冷热源由地下设备机房内的直燃机组提供，制冷工况下直燃机组的性能系数为 1.34，制热工况下直燃机组的性能系数为 0.92，均满足《公共建筑节能设计标准》GB 50189—2015 的限值要求。采暖系统热水循环水泵的耗电输热比为 0.0407，空调系统输送能效比 0.0356。

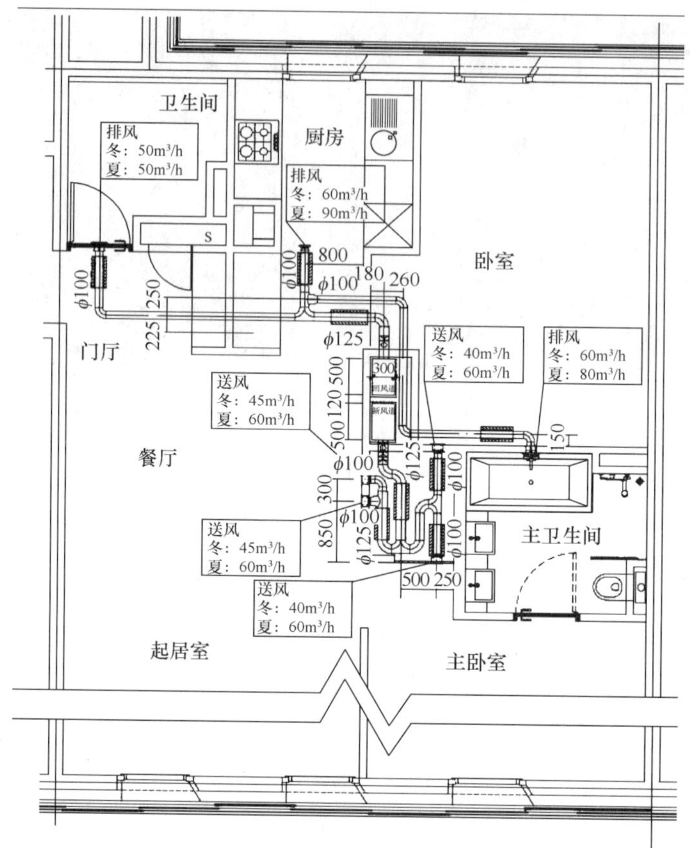

图 5-5-12　典型户型新风与排风设计布置图

图 5-5-13　户内新风送风口照片

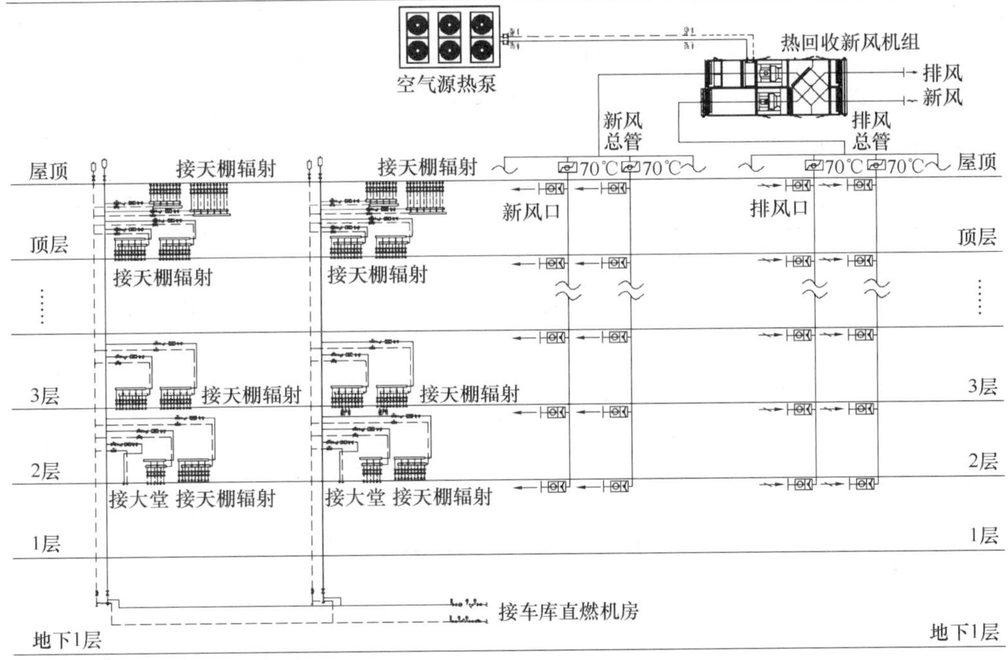

图 5-5-14 住宅风与空调水系统图

5.2.4 一体化装修及功能涂料

上第 MOMA 住宅项目均为精装修项目，采用土建装修一体化施工，交房标准如图 5-5-15 所示。室内装修采用了功能涂料。功能涂料环保性能优越，具有抗污耐擦洗、调湿防水防潮、抗菌防霉等功效。

图 5-5-15 住宅精装交房标准

5.3 实 施 效 果

5.3.1 节能

根据 2015 年能源系统运行记录，供热、供冷消耗电力、天然气量如表 5-5-2

所示。全年供热、供冷累计消耗电量为 270.51 万 kWh，消耗天然气 84.80 万 Nm^3；单位面积消耗电量为 13.81kWh/m^2，消耗天然气 4.33 Nm^3/m^2。

由于该项目综合采用了增加围护结构保温、节能型空气源热泵和直燃机组，经过计算，其能耗为满足现行标准参照建筑的 79.2%。

2015 年供热供冷能耗统计 **表 5-5-2**

供 热 季		
能耗类别	能耗量	单位面积能耗量
耗电（kWh）	158.03 万	8.07
耗气（Nm^3）	69.43 万	3.55
供 冷 季		
能耗类别	能耗量	单位面积能耗量
耗电（kWh）	112.48 万	5.74
耗气（Nm^3）	15.37 万	0.78
全 年		
能耗类别	能耗量	单位面积能耗量
耗电（kWh）	270.51 万	13.81
耗气（Nm^3）	84.80 万	4.33

5.3.2 节水

该项目周边有完善的市政中水管网，因此接入市政中水来利用非传统水源，中水主要用于住宅室内冲厕、绿化浇灌、景观补水、地下车库冲洗及道路广场浇洒等。户内中水采用插卡式水表计量。

根据物业部门提供的水表读书及中水购买记录，将自来水和中水用水总量进行统计：该项目 2015 年实际自来水用水总量为 8.44 万 m^3，非传统水源总用水量为 4.04 万 m^3，项目总用水量为 12.48 万 m^3，非传统水源利用率为 32.4%。

5.3.3 节材

该项目 HRB400 及以上钢筋使用质量占受力钢筋总质量的比例达 77.9%；项目使用金属、木材、铝合金型材、石膏制品等可循环材料总总量为 20.69 万吨，可再循环材料使用重量占所有建筑材料总重量比例达到 10.21%。

5.4 成本增量分析

该项目应用的各项绿色节能建筑技术增量成本统计如表 5-5-3 所示。应用绿色建筑节能技术后，年节约电力、燃气、自来水费用共计 204.36 万元/年，静态回收期为 5.69 年。

绿色节能建筑技术增量成本统计表 **表 5-5-3**

实现绿建采取的措施	单价		标准建筑采用的常规技术和产品	单价		应用面积（m^2）	增量成本（元）
节能围护结构体系	145.49	元/m^2	《居住建筑节能设计标准》的最低设计要求	127.84	元/m^2	141802（住宅）	2502805
建筑智能化系统	28.18	元/m^2	《智能建筑设计标准》的最低设计要求	16.5	元/m^2	195849（住宅+地库）	2287516
中水系统	15.01	元/m^2	无中水系统	0	元/m^2	141802（住宅面积）	2128448
新风热回收系统	16.94	元/m^2	无新风热回收系统	0	元/m^2	141802（住宅）	2402126
高效辐射供冷热末端	59.32	元/m^2	散热器系统	43.07	元/m^2	141802（住宅）	2304283
合计							11625178

5.5 总结

上第 MOMΛ 住宅项目在建设初期即以绿色可持续发展为设计理念，在设计过程中综合考虑了建筑节能、节水、节材、节地、运营管理、室内环境，符合绿色建筑的相关要求。综合应用了适宜且效果明显的多项技术：外围护结构性能参数采用了超前设计，优于现行节能标准；应用先进的计算机软件模拟技术，对室内自然采光、自然通风环境、室外风环境等进行模拟；采用天棚辐射加独立新风末端的空调系统，具有安静、节能、舒适度高、卫生条件好、不占用室内使用面积等优点，在室内舒适性、节能性及健康保障性具有明显优势；采用土建装修一体化施工，室内装修采用了功能涂料。

上第 MOMΛ 住宅项目，以达到提高人员居住舒适、节能降耗、环境优美的目标，为住户创造积极的居住空间做出贡献，达到绿色建筑的相关要求，使其成为一个自然与人文、环境与生活有机结合的和谐空间，真正体现绿色建筑的现实意义。

作者：王嘉（当代节能置业股份有限公司）

6 北京市长辛店北部居住区一期（南区）B53 地块 1～6 号住宅楼

6 Residential Building No. 1-6 (Block B53 of Phase Ⅰ south) of Changxindian North in Fengtai District of Beijing

6.1 项 目 简 介

北京市丰台区长辛店北部居住区一期（南区）居住项目位于北京市丰台区长辛店镇张郭庄村地区，杜家坎环岛西北方约 3km 处，其规划功能以居住与配套服务设施为主，力求建设高品质、生态化居住区；项目东侧为梅市口路、南侧为郭庄路、北侧与芦井路相邻。

北京市丰台区长辛店北部居住区一期（南区）居住项目 B53 地块 1～6 号（以下简称“该项目”）住宅楼包含 6 栋高层住宅楼。该项目已于 2013 年 1 月获得“三星级绿色建筑设计标识证书”、2016 年 5 月获得“三星级绿色建筑标识证书”。

北京市丰台区长辛店北部居住区一期（南区）居住项目 B53 地块用地面积为 30421.2m^2，该项目的总建筑面积为 83441.23m^2，其中地上建筑面积 63629.74m^2、地下建筑面积 19811.49m^2；6 栋住宅楼地上层数为 18/19 层，地下为 2 层；B53 地块鸟瞰图和实景图见图 5-6-1，高层住宅楼的单栋实景图见图 5-6-2。

图 5-6-1　B53 地块实景图

图 5-6-2　B53 地块高层建筑实景图

6.2 主要技术措施

项目所在的长辛店生态城获得了国家“绿色生态示范城区”，长辛店生态城在前期的规划设计时，就提出了生态导则的要求；落实到 B53 地块的生态指标有：微风通廊≥30m、植林地比例≥40%、绿色屋顶面积率≥70%、透水铺装率≥70%、下凹式绿地率≥50%、建筑节能指标≥21%。

该项目在建设实施过程中，按照长辛店生态城的生态指标和绿色建筑运营标识三星级技术要求，以“因地制宜”为原则，采取了一系列的绿色建筑技术措施。

6.2.1 节地与室外环境

住区内生态环境优越，大面积的绿地（绿地率达到了 45.71%）栽植有多种类型的植物，乔木、灌木、地被构成有层次的植物群落，并设计有屋顶绿化，所有植物均采用乡土植物，创造区域微生态环境（图 5-6-3）；项目室外透水地面面积比高达 66.08%，并且结合透水砖、透水混凝土的铺装，增加雨水就地入渗（图 5-6-4）。

图 5-6-3 住区绿化

项目区域交通便利、配套齐全。距离主要出入口步行距离 500 米以内有 1 个地铁站（张郭庄地铁站）和 1 个公交站（地铁张郭庄站），共有 4 条公交路线：地铁 14 号线、574 路、830 路、565 路。同时，社区配套建有卫生服务站、文体活动站、商业服务、社区服务中心、社区居民委员会和幼儿园等，满足居民对日常公共服务设施的需求。

图 5-6-4 透水铺装

在场地规划之初，场地内有一棵大约八十年树龄的大槐树，为了保留这棵古树，建设方划定了保护范围，以确保建筑布局为槐树的生长留出足够的空间。在施工过程中还在周边树立了围挡，以避免无意间的伤害。项目建成至今，这棵槐树依旧茁壮成长（图 5-6-5）。

图 5-6-5　住区内槐树

6.2.2　节能与能源利用

根据长辛店生态城的生态指标的要求，住区内住宅楼围护结构在现行国家及地方节能标准的基础上至少节能 21%，即围护结构节能率需≥72.35%。其中，外墙采用 120m 厚岩棉板；屋顶采用 180mm 厚憎水保温砂浆；南向所有外窗设置与建筑一体化设计的固定遮阳板（图 5-6-6），遮阳板 0.9m 宽，经日照模拟分析，其日影可在处暑、大暑日满窗遮阳；统一的遮阳构件既形成立面个性化元素，又根据南向太阳入射变化统一遮阳，降低建筑能耗。

图 5-6-6　南向固定遮阳板

该项目采用集中供暖、供冷形式，地下车库内设置冷热源机房，夏季采用 1 台螺杆式地源热泵机组（制冷量 725.2kW，COP 为 6.73）联合 2 台螺杆式水冷冷水机组（单台制冷量 894kW，COP 为 5.57）复合供冷，冬季采用 1 台螺杆式地源热泵机组（制热量 713.5kW）联合 2 台燃气锅炉复合供热。地源热泵机组见

图 5-6-7、冷水机组见图 5-6-8。

图 5-6-7 地源热泵机组

图 5-6-8 冷水机组

该项目室内采暖空调末端形式：位于不采暖地下室上部的房间采用地板和顶板辐射供暖、供冷系统（下层为电气设备用房的除外）；其余房间顶板辐射供暖、供冷系统；18 层挑空的房间除采用顶板辐射供暖、供冷系统外，地面垫层内另敷设地板辐射供暖、供冷系统管道。同时，该项目采用地板送风系统，由 18 台转轮式全热热回收机组向室内提供新风，热回收系统均在 70%以上，该机组具有供冷、供热、加湿和除湿功能，新风承担室内全部潜热及湿负荷；客厅、餐厅和卧室通过垫层内风管获得新鲜空气，房间之间回风通过门上方正中位置安装的透风槽（该透风槽只能过风，不传递声音），最后通过卫生间吊顶回风口经热回收新风机组热交换后排至室外。新风热回收机组、地板送风口、房间透风槽分别见图 5-6-9、图 5-6-10 和图 5-6-11。

图 5-6-9 新风热回收机组

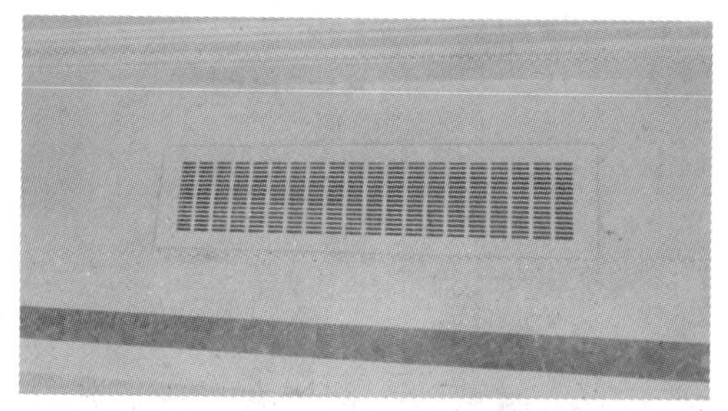
图 5-6-10 地板送风口

所有住户均采用太阳能热水系统，该系统采用集中集热分户储热的形式（图 5-6-12），集热器面积约 1080m^2。系统通过屋顶集中放置的太阳能集热器收集热量并储存在热媒中，然后通过热媒将热量带到分户储热水箱，通过分户储热水箱中的换热装置加热自来水供用户使用；当太阳能光照不足时用户可以通过分户储热水箱中内置电辅热加热装置加热自来水，以保证用户生活热水供应。

图 5-6-11 房间透风槽

该项目公共场所的照明选用高效光源和高效节能灯具，采用声控、红外线感应的照明节能控制方式，采用电子镇流器或节能型高功率因数电感镇流器，住户室内的照度值及照明功率密度均满足标准要求。

建筑能耗方面，借助 eQUEST 能耗模拟软件对项目全年的采暖空调系统能耗进行了模拟，模拟结果显示该项目全年空调采暖能耗占北京市节能标准规定值（节能标准执行《北京市居住建筑节能设计标准》DBJ 11—602—2006 的要求）的 78.4%，低于 80% 的要求，即该项目全年采暖空调系统节能率达到了 72.56%。

屋顶集中设太阳能集热器

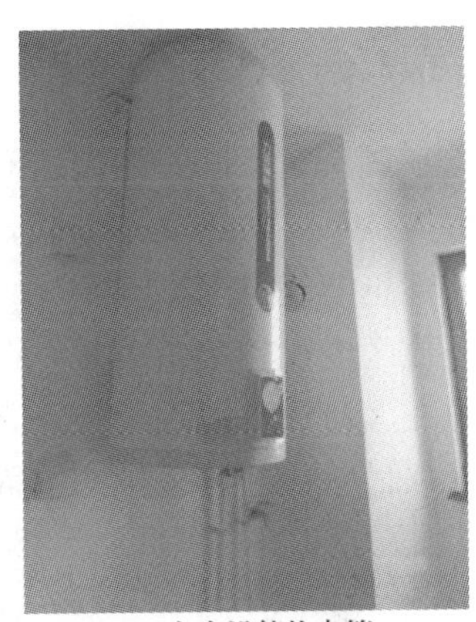
户内设储热水箱

图 5-6-12 集中集热—分户储热太阳能热水系统

6.2.3 节水与水资源利用

项目所在地 B53 地块的生活用水由市政生活给水直接供水，分别引入两根 DN200 的市政给水管在建筑红线内成环状布置；同时由河西污水处理厂引入市政中水水源，用于住区内的入户冲厕、景观水体、绿化浇洒和场地冲洗，但因为市政中水水源未到位，为保证用水需求物业部门暂时将中水管网转换到了市政给水供应，待市政中水水源达到后再切换到市政中水使用；而景观水体水源则由天然降雨提供。市政自来水和市政中水的供水压力均为 0.20MPa。

该项目生活给水和中水系统的竖向分区一致：低区（1F～3F）用水由市政管网直供；高区（4F～顶层）用水由地下的给水泵房提供。为节约用水，在 4F～11F 各层的给水支管处设减压阀，阀后压力为 0.2MPa。

为保证中水用水安全，中水管网和自来水管网涂刷不同颜色予以区分；公共管井的中水管道悬挂警示标牌，防止误用；工程验收时逐段进行检查，防止误接；景观水池旁设警示牌；地下车库中水取水口处设带锁龙头。

该项目 6 栋高层住宅楼为精装修交房，卫生器具选用节水器具，坐便器、水嘴、淋浴器用水效率等级均为 2 级节水等级。

为了增加场地内的雨水就地入渗能力、减少外排量、有效补给地下水源，该项目设置大面积的绿地和透水铺装（透水砖和透水混凝土），且设计有屋顶绿化，以降低地表径流；且采用微喷灌的节水灌溉方式。

6.2.4 节材与材料资源利用

该项目建筑造型简约，未采用装饰性构件，且女儿墙高度未超过规范要求的 2 倍。项目装修采用的石膏全部是以废弃物为原料的脱硫石膏。

6.2.5 室内环境质量

项目所有东向、西向所有外窗均设手动可调外遮阳卷帘，住户可根据需求进行可控调节，防止夏季太阳辐射透过窗户玻璃直接进入室内，提高舒适性的同时降低建筑能耗。

住区内设置集中采暖空调系统，末端形式为顶棚辐射采暖供冷＋地板送风系统，在客厅设置温控面板，住户可根据需求自行调节室温。

项目室内装修采用的墙面漆具有甲醛净化功能，可改善室内空气质量。

6.2.6 运营管理

项目物业管理公司为北京兴邦物业管理有限责任公司，该公司通过了 ISO 14001 环境管理体系认证和 ISO 9001 质量管理体系认证。物业单位建立了完善的节能、节水、耗材等资源节约与绿化、垃圾管理制度，明确各工作岗位的任务和责任，使管理制度化、落实到人。

为营造绿色建筑的良好的环境氛围，增强住户节约资源的意识，达到垃圾“减量化、资源化、无害化”目的。项目在住区内设分类的密闭垃圾桶（图 5-6-13），对厨余垃圾、可回收垃圾、其他垃圾及危废垃圾分别收集，生活垃圾进行日产日清，每日消杀，无异味、无遗撒。并向小区住户宣传生活垃圾袋装化、分类投放垃圾等。

设置可生物降解垃圾处理房，对收集的小区厨余垃圾桶内的厨余垃圾进行分拣，通过处理设施将分拣的厨余垃圾在源头进行减量化、无害化的就地处理。垃圾处理房设置排风机，并定期对其进行清洁，保证垃圾处理房不污染周边环境。

图 5-6-13 分类垃圾桶

6.3 实 施 效 果

6.3.1 用能情况

该项目住户用电由住户自行缴费，故只统计公共区域用电情况。公共区域用电主要包括公共照明、电梯、新风机组和冷热源机房（包括地源热泵机组、冷水机组、锅炉和水泵），全年逐月各分项用电量见表 5-6-1。

该项目用电情况（kWh） 表 5-6-1

月份	公共照明	电梯	新风机组	冷热源机房	合计
1 月	3253	14322	27726	117410	162711
2 月	2989	10588	27726	109330	150633
3 月	3408	13682	27726	11580	56396
4 月	2827	9309	27726	0	39862
5 月	2754	12493	27726	0	42973
6 月	2754	12493	27726	0	42973
7 月	2863	34741	27726	133000	198330
8 月	2751	24788	27726	140240	195505
9 月	2991	79267	27726	37270	147254
10 月	2819	8763	27726	0	39308
11 月	4576	9824	29512	57650	101562
12 月	3326	15512	28512	82210	129560
全年	37311	245782	335284	688690	1307067

注：冬季冷热源机房除为该项目提供热源，还为 B53 地块的其他 6 栋建筑提供热源。

该项目年总用电量为 1307067kWh，其中全年用电量最大的为冷热源机房：占总用电量的 52.7%，新风机组占总用电量的比例为 25.7%，电梯占总用电量的比例为18.8%，用电量最小的为公共区域的照明：占总用电量的2.9%，见图5-6-14。

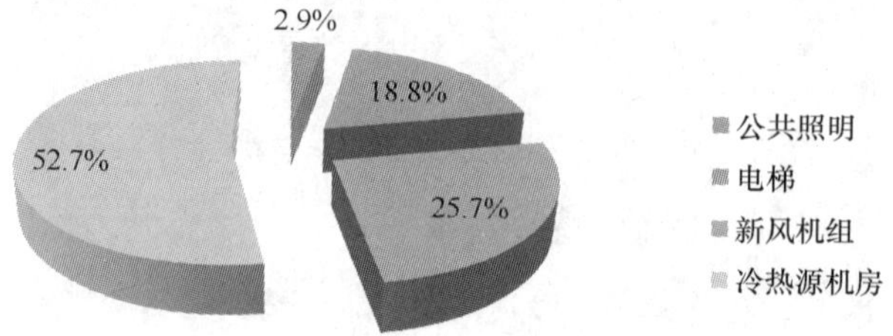

图5-6-14 用电分类比例

6.3.2 用水情况

该项目年中水总用量为12820m³，年自来水总用量为34899m³，年总水量47719m³，非传统水源利用率为26.9%，见表5-6-2。

该项目水资源消耗表（m³） 表5-6-2

月份	自来水	中水
1月	2640	438
2月	2150	459
3月	3107	1651
4月	1904	1265
5月	2383	1494
6月	3101	860
7月	3719	1078
8月	3787	893
9月	3323	1132
10月	2909	1771
11月	2724	1265
12月	3152	514
全年	34899	12820

该项目用水比例最大的为居民生活用自来水，占总用水量的62.9%，绿化浇洒用水比例为14.6%，冲厕用水比例为11.6%，空调系统设备补水用水比例为10%，太阳能系统补水用水比例为0.7%，见图5-6-15。

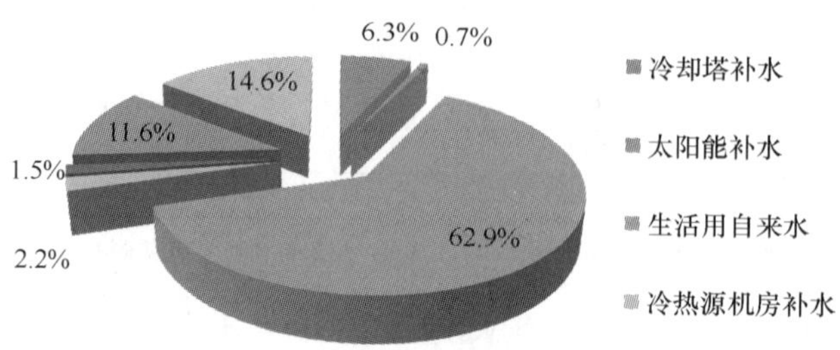

图5-6-15 用水分类比例

6.4 成本增量分析

该项目较常规的技术措施，具有成本增量的技术措施主要包括节水灌溉系统、改善室内空气质量的功能材料、可调外遮阳系统、透水混凝土铺装、太阳能热水系统、可生物降解垃圾房、高效围护结构、高效冷热源及空调系统等，绿色建筑总增量成本约为 2166.32 万元，单位建筑面积增量成本约 276 元/m^2。该项目绿色建筑技术措施的实施，可节约的运行费用约 286 万元/年，静态回收期约为 7.6 年，见表 5-6-3。

该项目绿色建筑增量成本表　　表 5-6-3

序号	为实现绿色建筑而采取的关键技术/产品名称	单价（万元）	应用量	应用面积（m^2）	增量成本小计（万元）	备注（是否有政府补贴/优惠政策及依据）
1	土壤氡检测	0.03	105	0.00	3.15	否
2	透水混凝土铺装	0.06	0	2092.00	62.76	否，增量为 300 元/m^2 铺装面积
3	太阳能热水系统	0.23	0	1080.00	248.40	否
4	节水灌溉系统	0.01	0	13905.70	69.53	否，增量为 50 元/m^2 绿地面积
5	功能材料	0.00	27782	0.00	27.78	否，增量为 10 元/L 涂料用量
6	可生物降解垃圾房	15.00	1	0.00	15.00	否
7	现场检测费用	30.00	1	0.00	30.00	否
8	围护结构-屋顶保温	910.00	779	0.00	31.49	否，基准建筑为满足北京市最低节能要求，基准建筑的应用量为 433m^3
9	高效冷热源及空调系统：冷水机组＋地源热泵机组＋锅炉＋顶棚辐射采暖供冷＋新风系统	0.00	0	0.00	827.64	否，基准建筑为分体空调＋锅炉＋地暖
10	地源热泵系统（不包括地源热泵机组费用）	0.00	0	0.00	834.49	否
11	可调外遮阳系统	0.04	0	402.00	16.08	否
12	合　计			/	2166.32	/

6.5 总　　结

该项目将可持续发展的理念贯穿于规划设计、建筑设计、建材选择、施工、物业管理过程，营造出人与自然、资源与环境、人与室内环境的和谐发展。

针对该项目所处位置、资源情况等特点，采用了大量的绿色生态技术。通过该项目经验成果的扩散，以及项目的公开展示和宣传作用，为绿色住宅的绿色运营和管理提供了可借鉴的经验；同时也让人们更形象、更深刻地认识到绿色建筑能带来的舒适性的提高，从而引导建筑设计向良性、环保、可持续方向发展；推进国家建筑业的技术革新，为绿色建筑技术的推广起到积极的作用，对促进绿色建筑技术的健康发展起到重要的技术示范作用。

作者：刘闪闪[1]　李建民[2]　武弢[2]　赵雪平[3]（1. 深圳市建筑科学研究院股份有限公司；2. 北京万年基业房地产开发有限公司；3. 中国生态城市研究院有限公司）

7 青岛金茂湾 A1-A3、A5-A7、B1-B3、B5-B6 号楼

7 Buildings A1-A3, A5-A7, B1-B3, B5-B6 of Qingdao Jin Mao Bay

7.1 项 目 简 介

青岛金茂湾 A1-A3、A5-A7、B1-B3、B5-B6 号楼项目位于青岛市市南区，东临四川路，西临滨海规划路，北临西藏路。紧邻青岛火车站、中山路商业区及小港区域，背倚老城旧区，面向胶州海湾，与青岛西海岸经济新区隔海相望。近胶州湾隧道口、8 公里可达青岛西海岸经济新区，同时经新开通的新冠高架，10 公里可至青岛北站和胶州湾大桥，交通十分便利。

青岛金茂湾项目分 A～H 共 8 个地块进行建设（图 5-7-1），集住宅、商业、办公、休闲娱乐于一体，具备优质的人居环境以及商贸旅游、文化娱乐等功能。项目申报范围用地面积 39068m^2，A1-A3、A5-A7、B1-B3、B5-B6 号楼建筑总面积 191826.53m^2（图 5-7-2）。采用剪力墙结构，最高为 33 层，住宅总户数 1324

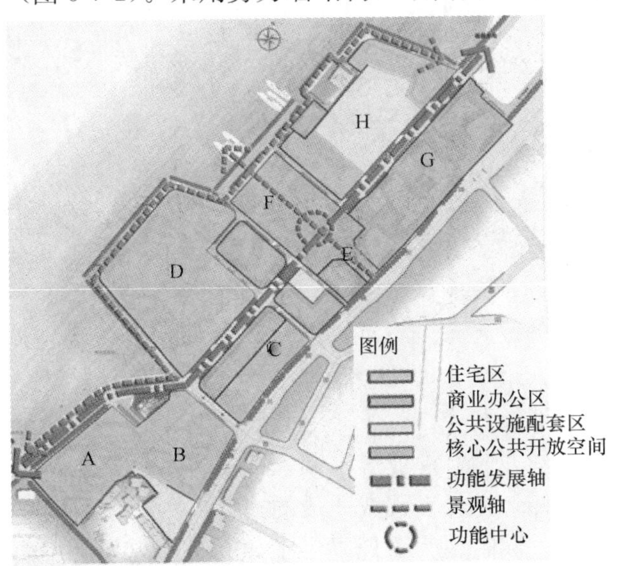

图 5-7-1 青岛金茂湾项目 A～H 的 8 个地块分布

户，绿地率 34.75%。项目于 2012 年 5 月 23 日开工建设，2014 年 3 月 30 日正式移交业主使用，小区平均入住率达到 63.75%，最高入住率为 86.3%。该项目于 2012 年 12 月获得绿色建筑三星级设计标识认证，于 2016 年 6 月获得绿色建筑三星级运行标识认证。

图 5-7-2 该项目总平面图效果图

7.2 主要技术措施

7.2.1 节地与室外环境

（1）人均居住用地指标

该项目共 11 栋高层建筑，主要户型建筑面积为 90m^2，占总户数的比例为 52.00%，住区用地面积 39068m^2，居住人口（按每户 3.2 人计算）为 4237 人，人均居住用地指标为 9.22m^2/人。

（2）住区绿化环境

该项目住区绿地面积 13578m^2，用地面积 39068m^2，绿地率 34.75%，住区总公共绿地面积 7946m^2，人均公共绿地面积 1.87m^2。

（3）住区公共服务设施

项目周边公共服务设施齐全（图 5-7-3），主要包含了商业服务、社区服务、教育机构、医疗卫生、市政管理、金融邮电、文化体育七大类。

（4）住区公共交通便利

项目根据住户、幼儿园、商业等不同人群将出入口分类设置，并将公共广场设置在住区出入口外侧，在保证视线通透的前提下，减少了城市共享空间与保障社区安全之间的矛盾，同时也为管理提供了便利。距离住区主要出入口 500m 范围内共有 2 个公交站点（轮渡站、团岛站），距离项目主要出入口距离分别为

图 5-7-3　周边公共服务设施

80m 和 119m。经过周边公交站点共有 3 条公交线路（304、312、217 路），使居民能够享受到便利舒适的交通服务。

（5）室外透水铺装

室外透水地面面积共 14217.07m^2，室外地面面积 30512.11m^2，室外透水地面面积比为 46.59%。室外透水地面主要由绿地、植草砖组成（图 5-7-4），其中植草砖面积为 928.98 m^2，透水砖面积为 4726.47m^2。

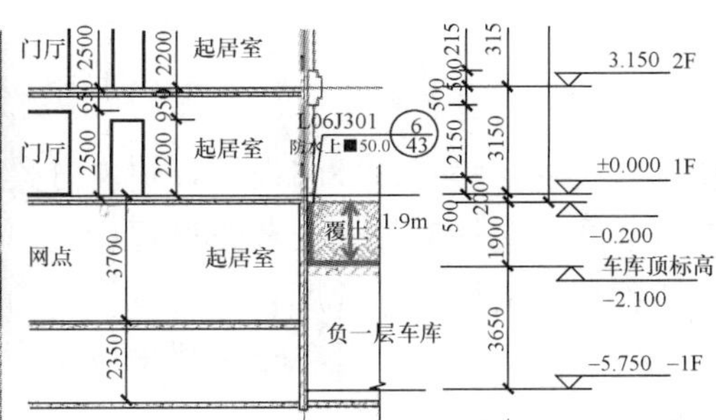

图 5-7-4　室外透水铺装

（6）室外声环境

该项目所在区域噪声执行《声环境质量标准》GB 3096—2008 中的 2 类标准，临四川路侧噪声执行 GB 3096—2008 中的 4a 类标准。沿项目场界布设 6 个噪声监测点位 1～6 号（图 5-7-5）。按照《声环境质量标准》GB 3096—2008 的要求进行，于 2015 年 12 月 17 日，按昼、夜分别进行监测。检测结果表明，该项目满足《声环境质量标准》GB 3096—2008 的要求。

7.2.2　节能与能源利用

（1）热量计量设施

该项目各楼卫生间设置散热器采暖，其余部分采用低温热水地板敷设采暖方式，热源为污水源热泵。立管位于户外管井内，系统形式为双管异程式。住宅地

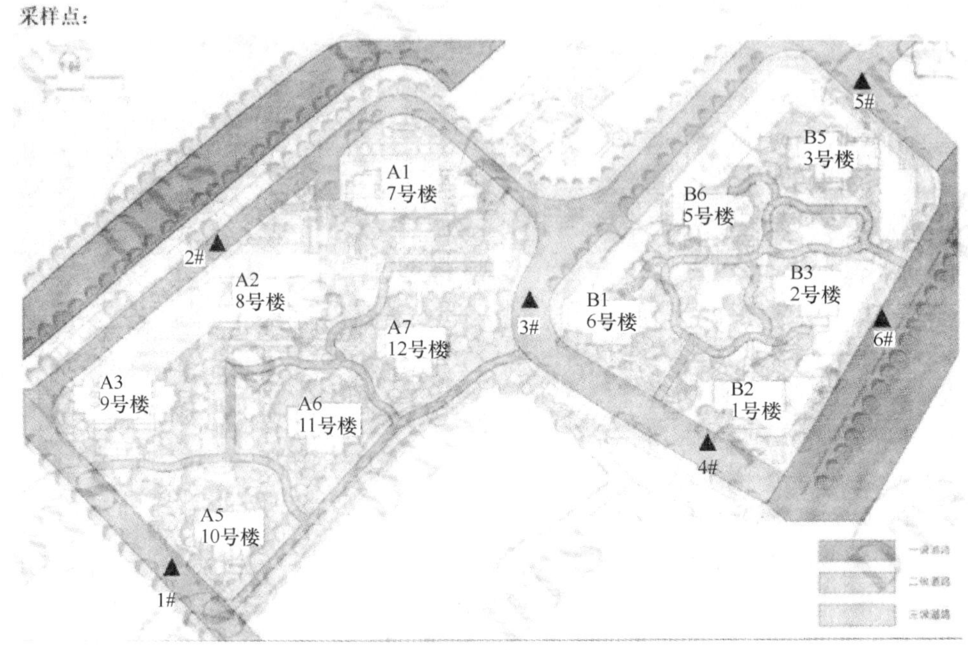

图 5-7-5 室外声环境质量监测点

暖盘管按主要房间分环路设置，户内分集水器处各环路回水上设置可预设定阻力的调节阀。在每户各主要环路设置房间温度控制器，与照明开关并行安装，自动调节各环路电热阀的开度，楼道管道井内设置远传热计量表（图 5-7-6），实施监测户内热量消耗，小区冬季采暖采取按热量收费。

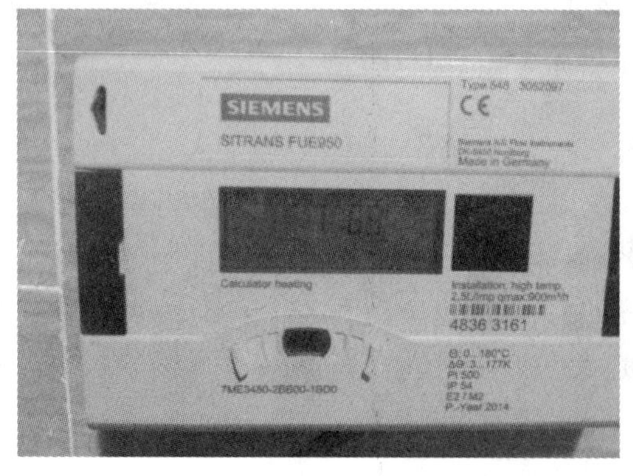

图 5-7-6 热量计量设施

（2）高效率的空调设备

A1、A2＃楼采用户式中央空调系统，设置不同型号室外机各两台（QL＝14.0kW、QR＝16.0kW；QL＝15.5kW、QR＝18.0kW），同时均设置室内机天花板内置薄型风管机。A3、A5、A6、A7、B1、B2、B3、B5、B6 采用分体式空调，由业主自理，但在购房合同中增加了分体空调能效级的约束条款。

该项目采用污水源热泵技术。能源站机房内采用 5 台离心式热泵机组，包括制热量为 6750kW 的 1 号热泵机组 4 台，制热量为 3000kW 的 2 号小机组 1 台，其中 2 号热泵机组可以满足低负荷时系统的高效运行。能源站水源热泵系统采用附近团岛污水处理厂以一级 A 标准排放的污水作为低位冷热源。水源水夏季设计供回水温度为 28℃/35℃；冬季工况下供回水温度 13℃/6℃。详细设备参数见表 5-7-1。

设备性能参数 表 5-7-1

编号	设备类型	额定制冷量（kW）	性能参数（W/W）	
			实际设备	标准要求
1	RAS-140FSVN1Q 室外机	14.0	4.5	2.6
2	RAS-160FSVN1Q 室外机	15.5	4.45	2.6
3	水源热泵机组	6790	5.6	5.1
4	水源热泵机组	3014	5.6	5.1

（3）节能照明

该项目车库照明以 LED 灯为主的方式，风机房等处选用壁装节能荧光灯。走廊、楼梯间以及前室等采用 LED 节能灯（图 5-7-7）。照明控制：①电梯前室、户内等处的照明采用就地设置照明开关控制；②楼梯间应急疏散照明采用红外感应开关节能自熄控制，火灾时由消防联动控制强制点亮。

图 5-7-7 LED 节能照明

7.2.3 节水与水资源利用

该项目市政给水为双路供水：一路引自磁山路，一路引自西藏路，管径均为 DN200，压力均为 0.35MPa。生活总用水量为 125370m^3/a，中水总利用量为

38203m^3，其中水景补水用水 190m^3，道路浇洒及绿化灌溉用水 8513m^3，地下车库冲洗用水 694m^3，中水冲厕 28806m^3。

给水系统分为低、中、高区三个区。低区由市政管线直接供水，中、高区分别由对应的无负压稳流供水设备供水，入户支管压力超过 0.2MPa 的楼层设分支管减压阀。

中水管道外壁涂绿色色环，并在其外壁模印明显耐久的“中水”标志，阀门、水表、给水栓、取水口均设明显“中水”标志，并在工程验收时逐段进行检查，防止误接。中水在储存、输配等过程中保证水质、水量安全，并且不会对人体健康和周围环境产生影响，并采取有效措施对管材和设备进行防腐处理。

（1）节水器具

该项目选用节水型卫生洁具及配水件。住宅各户均设置水表，便于计量用水量。卫生洁具均选用符合《节水型生活用水器具》CJ 164 标准的节水型产品，节水率不低于 8%。

（2）分项计量

该项目用水点均按用途分别设置水表计量。根据水平衡测试标准安装分级计量水表，安装率达 100%，选用高灵敏度计量水表。经计算，自来水管网漏损率为 1.15%，中水管网的漏损率为 1.01%，均满足住宅区管网漏失率不高于 8%的要求。

7.2.4 节材与材料资源利用

（1）建筑材料中有害物质含量

该项目建筑材料中未使用国家及当地政府禁止或限制使用的建筑材料及制品。室内装修材料中有害物质含量均符合现行国家标准 GB 18580～18588 和《建筑材料放射性核素限量》GB 6566 的要求。

图 5-7-8 建筑外立面实景图

检测结果：挥发性有机化合物含量（TVOC）检测结果为 0.214～0.308mg/m^3，标准要求为≤0.5mg/m^3；通过对该项目室内空间（卧室、客厅、餐厅、厨房、卫生间）有害物质含量的检测，所有检测点的氡、甲醛、氨、苯和总挥发性有机物（TVOC）浓度均符合国家标准《民用建筑工程室内环境污染控制规范》GB 50325—2010 规定的住宅Ⅰ类民用建筑工程污染物浓度限量要求。

（2）建筑装饰性构件

建筑造型要素简约，无大量装饰性构件（图 5-7-8），主要装饰性构件为外立面 GRC 构件造型，装饰性构件的总造价为 453.23 万元，工程总造价为 52413.78 万元，装饰性构件造价占工程总造价比例：0.86%，低于总造价的 2%，女儿墙高度 2.1m，未超过规范要求的 2 倍。

（3）户内精装修设计施工

该项目所有户型都采取精装修（图 5-7-9），并采取多种成套化的装修设计方案。在毛坯房设计施工阶段综合考虑精装修的施工方案及各种管线布排走向，避免了毛坯房业主自行装修对房屋内部结构及原有管线的重新变更产生的浪费，以及对房屋结构可能造成的损伤，提高了户内面积的使用率。

图 5-7-9 户内精装修实景照片

7.2.5 室内环境质量

（1）室内空气质量

国家建筑工程质量监督检验中心对该项目的各个建筑进行了室内污染物浓度检测，经现场抽样检验，根据《民用建筑工程室内环境污染控制规范》GB 50325—2001，各栋房中氨、氡、甲醛、苯、TVOC 浓度均符合 1 类民用建筑工程室内环境污染物浓度限量的要求。

（2）室内新风措施

住宅分户设置新风换气系统，该系统为机械式排风加自然进风的自平衡式（窗式通风器）通风系统。初运行阶段要求新风系统一天 24 小时连续运行，以持续排除室内挥发的有害气体和异味。新风系统的启动与风速调节由风机专用调速双联开关控制，相线控制风机一档二档。开关位置在风机房间与照明开关平行并列（图 5-7-10）。

（3）室内温度调节

该项目各住宅楼采用低温热水地板敷设采暖方式，其中卫生间设置散热器采暖。户外管井内采暖共用立管为双管异程系统。住宅地暖盘管按主要房间分环路设置，户内分集水器各环路回水上设置了带阻力预设定的调节阀。在每户主要环

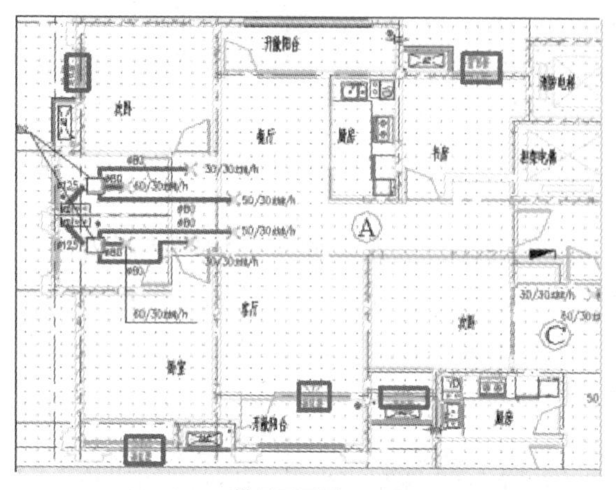

排风平面图

窗式进风器

图 5-7-10 室内新风系统实景照片

路设置房间温度控制器，与照明开关并行安装，自动调节各环路电热阀的开度。

A1、A2 号楼采用户式中央空调系统，室内机均为天花板内置薄型风管机，配单独温度控制器。A3、A5、A6、A7、B1、B2、B3、B5、B6 采用分体式空调，由业主自理，但在购房合同中增加分体空调能效级的约束条款，可采用室内机控制面板或遥控器方式对室温进行调控（图 5-7-11）。

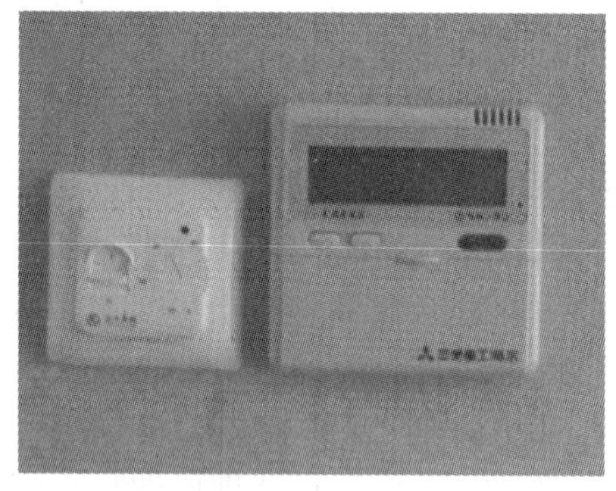

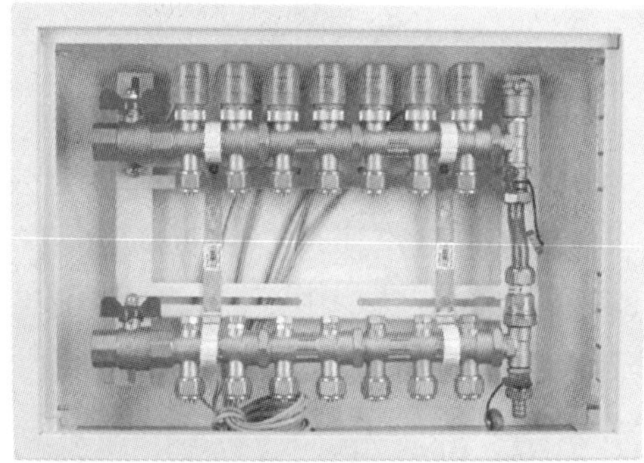

图 5-7-11 室温调节设施

7.2.6 运营管理

（1）垃圾分类收集处理

制定专门的垃圾管理办法，引导业主在室内对垃圾进行分类；垃圾清运人员在清运时，对垃圾进行简单分类，分类装运；小区每三个单元前设 2 处垃圾存放点，每处存放点设置三种不同颜色的垃圾桶：黄色垃圾桶代表厨余垃圾，绿色垃圾桶代表不可回收垃圾，蓝色垃圾桶代表可回收垃圾，方便业主进行垃圾的丢放

（图 5-7-12）。

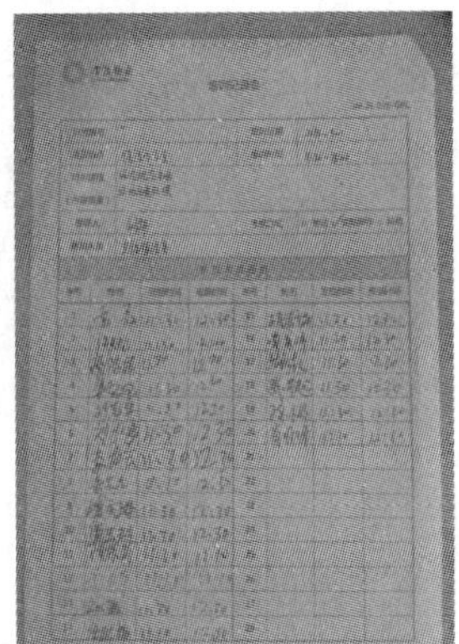

图 5-7-12 垃圾分类收集

（2）可生物降解垃圾处理

该项目设置生物降解垃圾处理机房，对可生物降解垃圾进行单独收集，垃圾处理房设有排风、冲洗和排水设施，处理过程无二次污染（图 5-7-13）。

图 5-7-13 可生物降解垃圾处理

7.3 实 施 效 果

7.3.1 污水源热泵

该项目采用污水源热泵技术，污水源热泵为 AB 两区内全部住宅提供采暖热源，采用按热量计量收费（图 5-7-14，图 5-7-15）。

据技术支持单位提供热计量数据，12～4 月份，A、B 区住宅区供暖热计量数据为 7232340kWh，能源站总设计热负荷为 30MW，A、B 区住宅区供暖热量占能源站总热负荷的 6.63%，A、B 区住宅 100%住户供暖均由污水源热泵提供，可再生能源的使用量占建筑总能耗的比例大于10%。

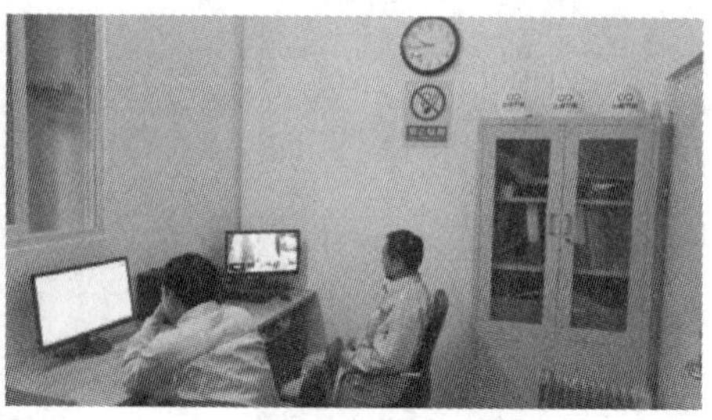

图 5-7-14 污水源热泵机房及值班室

2014-2015年度团岛能源站供热收费明细表

附表1

楼号	已缴费户数	实测面积	每平方米应用热量kwh	应用热量kwh	实际流量总计	已交费金额	热量计价	应退费	退费比例 （按使用面积收费金额）
1号楼	91	5410.28	139.7756	756225	803859	164,472.80	316,306.47	7,045.57	4.28%
2号楼	95	6093.39	139.7756	851707	990647	185,238.11	206,391.78	4,659.42	2.52%
3号楼	84	5593.23	139.7756	781797	835854	170,035.31	178,264.01	10,913.32	6.42%
5号楼	99	6622.34	139.7756	925642	1008992	201,020.05	214,008.72	8,671.98	4.31%
6号楼	92	5901.41	139.7756	824873	969706	179,401.92	200,862.38	4,638.33	2.59%
9号楼	48	4282.72	139.7756	598620	658381	130,196.20	139,292.96	6,248.13	4.80%
10号楼	82	4842.69	139.7756	676890	775477	147,218.30	161,382.86	4,771.82	3.24%
11号楼	86	5046.44	139.7756	705369	691296	153,412.30	151,269.20	13,323.30	8.68%
12号楼	79	4585.22	139.7756	640902	751644	139,390.90	156,250.34	5,011.48	3.60%
物业	1					6,329.70			-
合计	757	48377.72		6762025	7485856	1,476,715.59	1,724,028.73	65,283.35	4.42%

注：基本热价按使用面积计费的30%核算，居民采暖用热分户计量价格具体标准为：9.12元/平方米使用面积，计量热价42.29元吉焦。计量单价为0.152244元/kwh

1. 2014-2015年度团岛能源站供能面积为11万m²，开通面积为7.57万m²，占比69%；缴费户数为757户，占总户数的69%。

2. 按面积收费金额为147万元，依据青岛市物价局供热价格管理通知的规定，居民用户按照热量收费数额超过按照供热面积收费数额的，供热企业暂按供热面积收费的规定。2014-2015年度供暖退费金额为6.52万，占面积收费总额的4.42%，退费户数为252户。

图 5-7-15 污水源热泵供热收费明细表

7.3.2 非传统水源利用

该项目住宅冲厕、车库冲洗、绿化浇灌、道路冲洗、景观水体补水采用市政中水作为水源，中水系统分区情况同给水系统，低区由市政管线直接供水，中、高区分别由对应的变频供水设备联合水箱供水。每户设置中水计量水表，水表设置于管道井内（水量统计图 5-7-16)。项目非传统水源利用率 30.47%（图 5-7-17)。

市政中水的使用可降低小区公共用水费用。该项目市政中水费为 1.0 元/m^3，青岛市物业自来水费为 3.85 元/ m^3，则每使用 1m^3 中水可节约水费 2.85 元。该项目中水年利用量 3.82 万 m^3，因此每年可节约水费 10.89 万元。

图 5-7-16 中水机房及入户计量

月份	自来水总计量水量（m^3）	中水总计量水量（m^3）	中水总水用水量（m^3）	中水冲厕量（m^3）	水景补水中水用量（m^3）	绿化灌溉及道路冲洗中水用量（m^3）	地下车库冲洗量（m^3）	总中水占总用水量比例（%）
2014年12月	6283	2063	2043	2021	0	0	22	24.48%
2015年1月	6292	2066	2041	2015	0	0	26	24.42%
2015年2月	6684	2265	2241	2209	0	0	32	25.04%
2015年3月	7213	3409	3385	2102	13	1232	38	31.87%
2015年4月	7190	3292	3257	2156	22	1035	44	31.07%
2015年5月	7077	3215	3184	2178	18	936	52	30.94%
2015年6月	7592	3557	3525	2541	25	856	103	31.62%
2015年7月	7684	3675	3642	2782	28	727	105	32.06%
2015年8月	7809	3888	3857	2906	33	812	106	32.97%
2015年9月	7521	3545	3511	2577	20	836	78	31.73%
2015年10月	7630	3585	3652	2556	17	1023	56	32.28%
2015年11月	7842	3893	3865	2763	14	1056	32	32.94%
总计	86817	38553	38203	28806	190	8513	694	30.47%

图 5-7-17 中水计量统计

7.4 成本增量分析

项目为实现绿色建筑而增加的初投资成本为 1600.79 万元（表 5-7-2），单位面积增量成本为 83.45 元/m^2，绿色建筑可节约的运行费用为 89.25 万元/年，静态回收期约为 18 年。

增量成本统计 **表 5-7-2**

实现绿建采取的措施	单价	标准建筑采用的常规技术和产品	单价	应用量	应用面积（m^2）	增量成本（万元）
滴灌系统	300 元/m^2	人工漫灌	0	320m	—	9.60
节能灯具	28 元/m^2	普通灯具	8 元/m^2	—	52882	105.76
透水铺装	70 元/m^2	硬质铺装	20 元/m^2	—	928.98	4.6
污水源热泵能源站工程	交配套费形式	无	—	—	—	322.03
户内新风系统	880 元/台	换气扇	200 元/台	1324 台	—	90.03
中水管道	312 元/m	无	—	8150m	—	354.28
垃圾生物降解机	32 万/台	无	—	1	—	32.00
节能电梯	85.06 万元/部	普通电梯	68.21 万元/部	24 部	199181.59	404.40
节水器具	5500 元/套	普通洁具	3400 元/套	1324 套	199181.59	278.04
合计						1600.79

7.5 总　　结

该项目因地制宜地采用项目周边团岛污水处理厂的市政中水用于住宅冲厕、绿化浇洒、道路冲洗、地库冲洗、景观水补充，此外采用了污水源热泵、新风系统、户式中央空调系统等技术手段。主要技术措施总结如下：

（1）景观绿化设计合理；

（2）合理开发利用地下空间；

（3）利用市政中水进行住宅冲厕、绿化浇洒、水景补水、道路和地库冲洗；

（4）合理采用高强度钢；

（5）对室内环境进行优化设计，提升室内舒适性；

（6）采用污水源热泵技术；

（7）住宅分户设置新风换气系统；

（8）设置可生物降解垃圾处理房；

该项目在设计阶段，根据自身特点，在充分理解绿色建筑理念的基础上，合理地选用了适宜的绿色生态和建筑节能技术，达到了国家绿色建筑三星级指标的要求，在节地、节能、节水、节材、室内环境质量、运营管理六方面都有突出表现，并且极大地改善了居住环境、提升了生活品质。

作者：张崟　邵文晞　冯伟　薛磊磊（中国建筑科学研究院上海分院）

8 大陆汽车系统（常熟）有限公司厂房

8 The factory of Continental Automotive Systems（Changshu）Co. Ltd

8.1 项 目 简 介

大陆汽车系统（常熟）有限公司厂房工程项目，位于常熟市东南经济技术开发区东南大道和银丰路路口。室外地面主要有绿地、道路、广场等场地，该项目用地面积 73338.64m²，建筑占地面积 38497.82m²。项目共两层，厂房一层分为机修办公室、装配区、电镀区、装配区、机加工区，生产部办公室，厂房二层分为质量办公室、IE 办公室、物流办公室、会议室、餐厅。该项目已于 2016 年 4 月获得绿色建筑运行二星级标识，其整体效果如图 5-8-1 所示。

图 5-8-1 整体效果图

8.2 主要技术措施

8.2.1 节地

该项目所在地为常熟东南经济开发区，该开发区功能定位为“长江三角洲沿江地区重要的轻型加工业产业发展基地，重要的物流发展基地。该项目位于中心组团，该组团内主要设置开放性农业基地、生物医药产业园、机械制造基地和开发区管理服务等，项目为汽车制动钳和总泵助力器生产制造，属于机械制造业，符合开发区用地规划要求。

项目内部设置各类公用设施，如为员工服务的公用设施守卫室、自行车棚、室外停车场、办公楼等。各辅助设施统一规划，一期建设水泵房、守卫室及自行车棚，二期建设办公、仓库、配电房，三期建设新的仓库以备发展需要。根据企业发展逐步建设配套设施，结合需求设置避免了重复建设。

项目主体厂房为2层，办公楼为2层，其他均为1层。项目采用多种高度建筑形成阶梯式建筑。一期建设主厂房、守卫室、自行车棚均布置在场地西南侧，水泵房布置在项目北侧，分期规划阶段注重空间布局，整合了零散空间，有助于空间合理利用。该项目的场地参数如表5-8-1所示

建设场地参数 **表5-8-1**

控制指标	该项目	规范要求
投资强度	11475	≥2485
容积率	0.81	≥0.7
建筑系数	52.49%	≥30%
行政办公及生活服务设施用地所占比重	3.47%	≤7%
绿地率	28.32%	≥20%（地方要求）

项目场地临近公路、铁路、码头及空港。公路方面，距离高速出入口15km内有苏嘉杭高速公路、常嘉高速公路等8条高速公路，距离出入口25km以内的有锡张高速公路、沪宜高速公路等；铁路方面，周边有无锡站、无锡新区站等10个铁路站点，途径京沪铁路、沪宁铁路、沪宁城际铁路、沪汉蓉高速铁路等；码头方面，项目地处常熟港及太仓港辐射范围内；航空方面，项目周边有无锡苏南硕放国际机场、上海虹桥机场、上海民航龙华机场、上海浦东机场。

该项目生产车间内部主要空间为生产区，生产区西侧设置了铸件仓库，厂区东侧设置仓库。货物储存实行立体货架，通过智能化、自动化管理模式，高效利用有限空间资源。

物流仓储方面，供应商运送过来的原材料分铁铸件及组件，分别存放进项目的1、2、3号仓库，且需扫码入库。由仓库出货到项目的加工区域或者到装配区域时，SAP系统与仓库发货同步进行数据转移。加工完的货物进入半成品仓库时，SAP系统会有一个反冲动作，数据与货物入库保持同步。装配完成的成品最后都进入成品仓库，此时SAP系统也会有一反冲动作，与入库同步。整个内部物流过程都会经过SAP系统的数据记录，实现整个内部物流过程的数据化管理。

节能运输方面，项目内部货物运输主要采用电动叉车，电瓶车具有高效、环保、便捷性等优点，可以有效减少化石燃料的使用、减少CO_2排放，有助于节能减排。

项目室外地面主要有绿地、道路、广场等场地，用地面积73338.64m^2，建筑占地面积38497.82m^2，室外总面积为34840.82m^2，其中绿地面积共20769.50m^2。该项目透水地面主要由绿地组成，透水地面总面积20769.50m^2。占室外地面总面积比例为59.61%。

项目未设置地下室，绿化下方覆土充足。项目绿化种植，有助于增加天然降水的渗透量，补充地下水资源，增加地下水涵养量；减少表层土壤肥力丧失和水土流失，减少因地下水位下降造成的地面下陷现象；减少雨水高峰径流量，改善排水状况，减轻场地对市政基础设施排水系统的负荷。

8.2.2 节能

该项目设置能耗管理系统，监控中心服务器连接至各设备。项目根据使用功能及设备位置进行分区，共设置8条线路，分别为2号busbar、1号busbar、Air compressor busbar、Plate Line busbar、new workshop busbar、3号busbar、Air conditioner busbar、4号busbar等，分别联通至项目各设备上，由终端SWITCH实现各设备的计量。此外，设备及用能采用集成化管理，可实现整个厂区设备监控及计量。全年照明系统能耗1226400 kWh，供暖、空调机组2412938 kWh，新风系统38544 kWh，冷冻水泵系统302400 kWh，电梯系统16500 kWh，达到同行业先进水平。

所有照明灯具的功率因素均达到0.9以上，I类灯具均加设PE线，荧光灯均配用电子镇流器。对项目照明系统进行改造，采用LED节能照明灯具，节约了建筑内部区域照明能耗的同时改善了室内照明效果。项目内部照明根据使用功能及时间分区域设置，依据不同时间照明需求调节灯具开启。办公部分设置人体感应灯，仓库区域根据功能及位置，设置定时控制，傍晚17时开启照明灯具，减少照明能耗浪费。

该项目合理设计空调新风系统，新风机组设置变频器，可以实时调节项目新风量，利用室外天然冷源，减少空调能耗。当室外温度接近人体舒适温度范围时，通过变频器调节风机，增大新风量，充分利用室外冷源给内部人员提供舒适的工作及办公环境。根据实际使用情况，项目提高了空调机组供回水温度，供水温度设置在8℃，设备实际运行供水温度7.9℃，回水温度达到13.0℃，减少了冷水机组能耗。此外，蒸发器供回水温度8/13℃，冷凝器供回水温度改善至30/34℃，提高了机组效率。

该项目施工完毕后，对空调系统、通风系统等均进行调试，结果如下：

项目通风机、空调机组中风机、叶轮旋转方向正确、运行平稳、无异常振动与声响；系统无生产负荷的联合运转及调试时，系统总风量调试结果与设计风量偏差不大于10%；系统无生产负荷试运转及调试时，空调冷热水、冷却水流量测试结果与设计流量偏差不大于10%；系统无生产负荷的联合运转及调试时，舒适空调的温度、相对湿度应符合设计的要求，恒温、恒湿房间室内空气温度、相对湿度计波动范围负荷设计规定；各种自动计量检测元件和执行机构的工作正常，满足建筑设备自动化系统对被测定参数进行检测和控制的要求；通风与空调工程的控制和检测设备，与系统检测元件和执行机构正常沟通，系统状态参数能正常显示，设备连锁、自动调节、自动保护能正常动作。

8.2.3 节水

该项目废水处理系统采用独立间歇处理系统（图5-8-2）。该系统依次对废水中的含铬废水、不含铬废水进行处理，最终实现达标排放。项目采用表面处理系统，系统通过避免或减少使用自来水、生产过程循环使用处理废水、避免产生废水和减少化学品用量等几个方面达到节水和避免水污染的目的。生产工艺中采用静止清洗、三层串联式清洗（利用计算机控制入水量）和喷洒系统，利用三级逆

图5-8-2 数控机床

流方式可比二级逆流方式节省78%用水；生产工艺中采用电镀药水循环再用系统，和二级清洗比较，三级清洗配合二级逆流的清洗方式可节省78%的用水量；采用加强对电镀线和清洗缸的检查频度、采用包裹式挂架和自动控制下滴时间等措施达到减少废水产生的目的；用工艺中碱性含COD废水（除油废水）和碱性清洗废水，中和酸性含COD废水（酸洗废水）和酸性清洗废水，定期检查电镀缸和清洗缸，确保适当填补药水。另外该项目还采用溢出液保留和消防用水收集等措施来进一步节约用水。

项目机对加工车间使用的切削液进行了循环利用，回用率能达到97%左右，采用了直接过滤回用和隔油分离回用两种方式。用于直接过滤回用的废水，主要为只有较为简单去除的杂质（如铁屑）的废水，经由机台附属过滤机过滤，使用滤纸将切削液中的铁屑去除，过滤后的切削液再打回机台回用；隔油分离回用指将切削液中混入的油（液压油，导轨油，润滑油）分离出来，分离后将切削液打入机器回用（图5-8-3）。

图5-8-3 切削液回收桶

室内生活生产冷水管采用冷水型CPVC管，粘接连接；热水采用热水型CPVC管，粘接连接；消防给水管、喷淋管、内排水雨水管（DN≤100）均采用镀锌钢管，丝口连接；DN>100采用镀锌钢管，卡箍连接；虹吸雨水管为HDPE管，焊接；厨房排水采用离心铸铁管；室内生活污水排水管采用UPVC管，粘接连接。

该项目主要为工业生产厂房，场地内主要包含地面清洗、办公洗具等冲洗。地面清洗采用节水洗地机，选用tenant清洗设备，通过EC-H20电解水技术，利用电解水洗刷地面，无须采用清洁剂与清水混合制成清洁液对地面进行清洗，且大幅减少因反复加水、排水造成的浪费。一次加水清洁地面面积提高70%。洗具冲洗主要采用节水龙头。

8.2.4 节材

该项目设计之初即充分考虑了工艺设备布置形式，工艺及建筑、结构、设备一体化设计及施工，避免了二次装修带来的材料浪费。项目外立面设置银灰色金属板，无大量装饰性构件，造型简约。内装布置与外立面设计配套考虑，风格简约，一体化施工。

项目采用钢结构厂房，其优点为：一是可干式施工，大幅度缩短施工周期，同时节约用水，施工占地少，施工噪音小；二是由于采用钢梁，自重减轻，基础施工取土量少，对土地资源破坏小；三是减少了混凝土和砖瓦的使用量，减少了城市周边的开山挖石，有利于环境保护；四是建筑使用寿命到期，结构拆除产生的固体垃圾少，废钢资源回收价格高。对于有大空间要求的厂房，采用轻钢结构既经济又实惠，还可再利用。该项目单位面积用钢为 45.34kg/m^2，小于常规有吊车钢结构厂房单位面积用钢量值，优于同行业类型厂房的全国平均水平。

项目大量采用工厂化生产的建筑制品，包括拌混凝土、预拌砂浆、预制夹芯彩钢板、预制雨棚、预制钢结构件。

8.2.5 环保

（1）室外环境与污染物控制

废弃物方面，该项目主要从事汽车制动钳和总泵助力器的生产制造，其产生的废弃物包括：生产过程中产生的电镀废液、制冷乳化液、各种废包装材料、孔屑等废金属、机械加工边角料等，废水处理过程中产生的废活性炭，含重金属污泥，以及生活垃圾。其中含重金属的污泥和各种生产废液为危险废物，其处理须严格按照国家有关危险废物储运及处理的各项法规，委托有资质的固废废物处理单位处理。项目对于生活垃圾及生产垃圾分别设置独立的设施场所。生活垃圾设置了垃圾房，生产垃圾设置专门堆放场所。全厂员工产生的办公和生活垃圾由环卫部门负责定期清运。生产过程中产生的边角料及孔屑等废金属进行回收利用。项目合理地采用固体废弃物处理方式，对废弃物进行分类收集，可回收部分进行集中处理。项目年回收固体废弃物 4740.33t，固体废弃物总量 5216.52t，项目废弃物回收利用率为 90.87%。

废气方面，项目产生的主要大气污染物为电镀酸雾。车间内部设置洗涤塔处理，同时屋顶高空排放，排气筒高度 15m。排放废气中污染物浓度控制合理，处理后污染物浓度远小于排放标准限值，废气排放符合国家污染物总量控制规定要求。

废水方面，项目主要生产废水包括电镀前处理的酸碱废水（W1- W7）、含锌电镀废水（W8、W9）、钝化含铬废水（W10），经厂内生产废水处理站处理后，达到《污水综合排放标准》GB 8978—1996 中表 4 的一级及表 1 第一类污染物最高允许排放浓度后，经电子信息产业园统一排口排入北闸湓。生活污水接入开发区管网进入古里污水处理厂处理，达到《污水综合排放标准》GB 8978—1996 中表 4 的一级标准后排入白茆塘。此外，项目对水中的锌和铬进行实时检测，经过该项目的处理系统后均不超标，满足国家及地方对于工业废水排水水质要求。

（2）室内环境与职业健康

该项目对厂房内温度、湿度及风速均进行监测，空调系统设计合理，各项指标均满足标准要求。项目对生产建筑及辅助生产建筑室内空气质量均进行了检测，室内氡浓度、氨浓度、甲醛浓度、苯浓度、TVOC 等室内污染物浓度均满足国家及地方对于室内空气质量标准要求。

项目室内照明按照《建筑照明设计标准进行设计》，照度、统一眩光值、一般显色指数等指标均满足标准要求，符合工作人员工作需求。该项目主要工艺为铸件、电镀、组装、包装等环节，工作场所内部振动部件较少，不会产生噪声污染。项目工作场所职业病危害、警示标识完善，主要工艺设备上均粘贴警示标识，其他危险区域（如危废场地等）均设置警示标识。

该项目主要工艺为铸件、电镀、组装、包装等环节，工作场所内部振动部件较少，工作人员不会接触到具有振动危害的设备。

8.3 实 施 效 果

该项目年能耗为 26615397 kWh，运行一年工业增加值为 328498.11 万元，工业增加值能耗为 0.0327t 标煤/万元，与江苏省、苏州市以及《机械行业清洁生产评价指标体系（试行）》（国家发改委 2007 年 41 号公告）等地方及国家规定的能耗要求进行比较，项目单位工业增加值能耗远小于上述要求，到达国内同行业的领先水平。

项目年水耗量为 93618m³，运行一年工业增加值为 328498.11 万元，万元工业增加值新鲜水耗量为 0.285t/万元（图 5-8-4、图 5-8-5）。

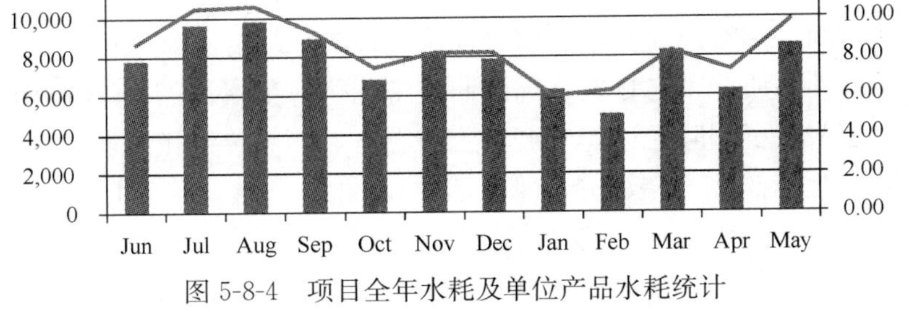

图 5-8-4 项目全年水耗及单位产品水耗统计

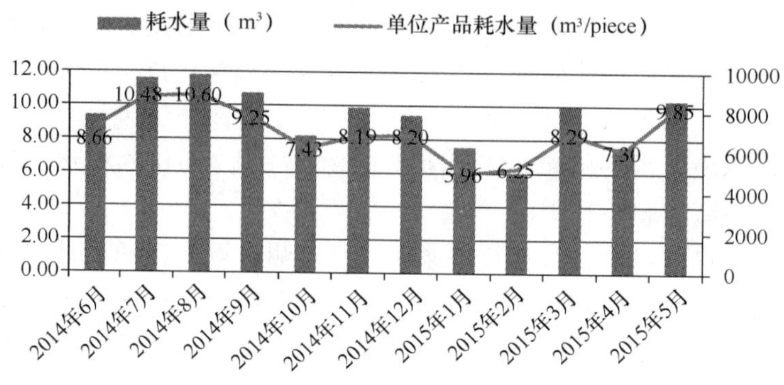

图 5-8-5 项目全年废水量排放统计

8.4 成本增量分析

该项目采用多项绿色节能技术，结合常熟市自然气候条件，合计节约建筑设计、建设和运行过程中的能源资源消耗。通过使用立体仓储和信息化管理，合理规划场地交通物流，充分利用公共交通等方式，降低单位产品的交通运输能耗。场地合理采用透水地面，增加雨水下渗，防止地下水污染，减少雨水排放对于市政管网的压力，产生了较好的环保和社会效益。项目利用自然采光、自然通风和围护结构保温等方式，降低空调负荷。合理采用了多项绿色建筑技术，综合太阳能热水利用、智能照明控制、能源系统等多项技术总投资为 299.60 万元，为项目照明能耗、热水能耗带来明显节约，年可节约费用约 19 万元，回收期约 15 年。

8.5 总 结

项目采用了多项绿色技术措施，如在镀锌生产过程中采用了锌酸盐镀锌，后处理采用三价铬钝化均可减少废物排放，减轻对环境的危害；生产中采取了多项优化、改进生产工艺的措施，如工艺溶液的控制、合理的电镀过程、适当延长镀件出槽停留时间、多级逆流漂洗、多级回收、及时取出掉在镀槽中的镀件、改进制程、减少毒性物质产生与排放、纯水回收工艺等，项目清洁生产处于国内先进水平；项目还采用了国际先进的生产工艺及设备，如和传统工艺相比，该项目的机械加工工艺生产设备具有节能、低污染物、低噪、自动化程度高、加工精度高、生产效率高、采用技术先进等优点。

项目地处江苏省常熟市，周边临近上海、苏州、无锡等地，地理位置优越，绿色建筑技术体系设计合理，在绿色、环保等理念方面有较深远的考虑，绿色建筑普及力度较大。项目虽为外资工厂，但引入了我国“四节一环保”的技术理念，采用《绿色工业评价标准》GB 50878—2013 进行评价，实施效果良好。

作者：魏本钢　邓帅（中国建筑科学研究院上海分院）

9 苏州三星第 8.5 代薄膜晶体管液晶显示器项目一期主厂房

9 Main Plant (Phase Ⅰ) of Suzhou Samsun No. 8.5 TFT-LCD Project

9.1 项 目 简 介

苏州三星第 8.5 代薄膜晶体管液晶显示器项目一期主厂房项目，由苏州三星电子液晶显示科技有限公司投资建设，位于苏州工业园区方洲路 338 号。项目总用地面积 57.20 万 m^2，一期厂房总建筑面积 34.53 万 m^2，容积率 1.73，建筑密度 47.93%。

厂区内将新建第 8.5 代薄膜晶体管液晶显示面板（TFT-LCD）生产线，月投入 7.5 万张玻璃基板，建设工程包括生产设施、动力设施、环保设施、安全设施、消防设施、管理设施、生活服务设施，相应的建（构）筑物包括厂房、动力站、特气站、废液储存间、化学品库、门卫室、变电站、餐厅等（图 5-9-1）。该项目已于 2016 年 1 月获得绿色工业建筑设计三星级标识。

图 5-9-1 俯瞰厂区实景图

9.2 主要技术措施

9.2.1 可持续发展的建设场地

（1）产业政策

该项目建设的第8.5代TFT-LCD生产线，属于高技术产业，其建设符合国家、江苏省、苏州市、苏州工业园区的产业发展政策。薄膜晶体管液晶显示器项目属于国家发展与改革委员会、科学技术部、商务部、国家知识产权局2007年第26号令《当前优先发展的高技术产业化重点领域指南（2007年度）》“新型显示器件”项目，属于《江苏省工业结构调整指导目录》（苏政办发［2006］140号）鼓励发展类第一项目信息产业类第29款“新型显示器件、中高分辨率彩色显像管/显示管及玻壳制造及技术开发”项目，属于《苏州市产业发展导向目录》（2007年本）鼓励类第三项电子信息产业中第十二款中“新型显示器件、中高分辨率彩色显像管/显示管及玻壳制造及技术开发”项目。该项目的建设将促进中国本土彩电企业转型和结构调整，进一步完善长三角地区TFT-LCD产业链，带动区域经济发展，提高国内研发能力。

（2）总平面图布置

根据工艺生产特点和后期进一步发展的需求，该项目总平面按“以生产系统为核心、按功能分区、物流优化和环境美化”原则进行布置，整个地块从功能上由南往北规划成三个区，分别为：厂前区、生产区、生产辅助区（图5-9-2）。由餐厅、门卫、自行车棚、VIP停车棚、班车停车位及人行道雨棚等组成厂前区，也是人流的密集区域。用地中部主要布置生产厂房，为厂区的核心生产区，该布置有利于厂区内物流运输的统一协调、管理。综合动力站、220kV变电站、20kV变电站、气体供应站、气房室、柴发机房等布置于地块北部，构成了辅助生产区，为生产厂房提供了所需的动力辅助及生产支持，同时又不影响办公区域。厂区的西部预留空地作为发展区，以满足以后企业扩建需求。

（3）物流运输

厂区共设七个出入口：一个主入口及六个次入口。主入口设置在厂区的南侧，正对榭雨街道路的中心位置，与方洲路相连接。主入口西侧两个次入口专供一期的小车、巴士、非机动车专用出入口。厂区西侧锦溪街设置一个预留入口，为预留发展区的活动流通提供了方便。另外在正对兆佳巷道路的中心位置设置一个临时道路开口，方便工程施工。另外两个货运次入口设置在厂区北侧与钟园路相接（图5-9-3）。主入口主要为厂前区域提供服务，物流及辅助区的运输设计时考虑通过北侧钟园路的次入口完成，避免影响办公区域，合理形成货流及人流的

图 5-9-2 厂区总体布置图

分流管理。

整个厂区交通运输便捷顺畅。各主要建筑物周围均设有环形道路，满足厂区运输及消防车通行的要求。厂区道路主要分为 4～25m 等不同宽度的道路，局部为大面积广场。内部道路与市政道路连接顺畅，满足运输及消防要求。厂区内车行道路采用城市型沥青混凝土路面，小汽车停车位采用植草砖连锁砌块铺砌路面。对有货物运输装卸要求的生产主厂房，在其一侧设有专用调车装卸场地，装卸码头与场地建设有 1.4m 的高差，便于货物装卸。同时在生产主厂房北侧设有集装箱堆场满足货运车辆周转及货运仓储的需要。厂区货物通道装卸场地按行驶 12.19m 大型货柜车布置，货运道路转弯半径最小 9m，消防通道最小转弯半径 6m，既满足生产运输要求又满足消防车行驶要求。

（4）社会交通

苏州位于长三角地理中心，社会交通运输体系完善。该项目所在的苏州工业园区，公路/铁路/航运/航空均较为便利，以发达的高速公路、铁路、水运及航空网与世界主要城市相连。该项目距苏南国际机场 20km、南京 198km、上海虹桥国际机场 61km、杭州 112km、南通 70km，轨道交通 20 分钟到达上海、60 分钟到达南京。

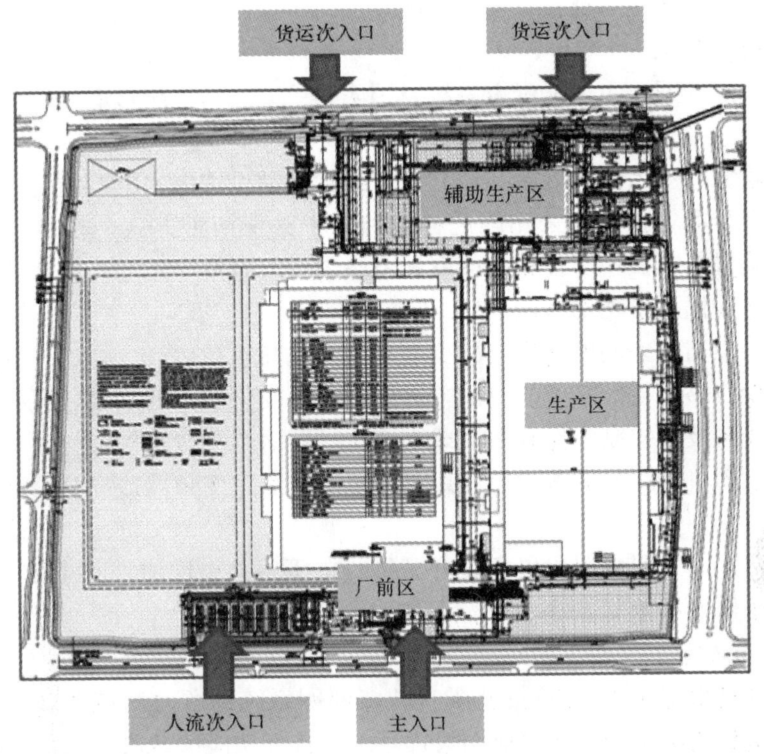

图 5-9-3 厂区出入口设置情况

9.2.2 节能与能源利用

(1) 被动节能

该项目主厂房整体考虑了被动节能设计，整体造型简约。围护结构整体考虑了保温隔热性能，项目外门窗气密性均满足规范要求，并进行了围护结构内表面结露温度验算。建筑体形系数为 0.08，窗墙比 0（东）/0.37（南）/0.40（西）/0（北），屋面采用细石混凝土（内配筋）（100.00mm）＋挤塑聚苯板（60.00mm）＋防水卷材、聚氨酯（6.00mm）＋水泥砂浆（20.00mm）＋钢筋混凝土（180.00mm），太阳辐射吸收系数 0.50，传热系数 0.64 $W/m^2 \cdot K$；外墙采用铝（4.00mm）＋矿棉、岩棉、玻璃棉板 1（50.00mm）＋一般空气层（垂直空气间层）（200.00mm）＋石膏板（25.00mm），太阳辐射吸收系数 0.50，传热系数 0.8$W/m^2 \cdot K$；采暖、空调地下室地面采用钢筋混凝土（200.00mm）＋砾石，石灰石（300.00mm）＋碎石，卵石混凝土 1（300.00mm），地面热阻 R_o= 0.46 $m^2 \cdot K/W$；外窗采用断热铝合金普通中空玻璃窗（6 蓝＋12A＋6），传热系数 2.80$W/m^2 \cdot K$，玻璃遮阳系数 0.57，气密性为 6 级。经权衡计算，满足《江苏省公共建筑节能设计标准》DGJ 32/J96—2010乙类建筑节能标准要求。

（2）设备节能

主动节能方面，主要从配电系统、照明系统、空调系统考虑。

① 电气系统

配电系统采用高低压混合补偿方式，设置自动投切电力电容器柜，有效减少变压器的空载电力损耗。采用就地补偿和集中补偿两种方式，380V/220V供电系统补偿装置集中设置于各相应的变配电站内。所有集中无功补偿装置均带自动投切功能，补偿后平均功率因数达0.95以上。

项目选用高效率的电动机，减少电动机轻载和空载运行，并进行就地电容器补偿以减少线路损耗。在电气控制方面，对负荷变化较大的水泵、风机等采用节能的交流变频技术控制，使其在负载率变化时自动调节转速使得与负载变化相适应以提高电动机轻载时的效率。使用谐波滤波器消除变频器造成的谐波，提高用电设备效率。

经计算，本工程由用户单相负荷引起的电压不平衡度值均小于1.3%，最不利点的电压偏差小于4.22%，均满足国家规范要求。

② 照明系统

照明灯具全部采用LED灯并配置智能照明系统，所有区域照度、统一眩光值、显色指数均满足现行建筑照明设计规范，且各功能区域或房间的照明功率密度值达到建筑照明设计规范的目标值。

③ 空调系统

该项目冷热源为3台2800冷吨水冷离心式制冷机组、2台2200冷吨水冷离心式制冷机组、以及1台2430冷吨水冷离心式制冷机组，能效比分别为6.35、6.30、6.28，均属于一级能效的节能产品。

输配系统中增加温差控制器、变频器控制冷冻水泵，温差控制器对中央空调冷媒水、冷却水的进出口水温进行检测，并根据实际的温差值控制变频器调整冷却泵的工作状态，使系统冷媒流量跟随负荷的变化而同步变化，以此降低系统能源消耗，提高供能效率。

9.2.3　节水与水资源利用

（1）水资源规划

该项目引入市政中水和自来水，市政中水来源于苏州工业园区为该项目专门设置的配套废水处理厂，市政中水引入园区后用于洗涤冷却塔、冲厕、地面冲洗、绿化等，市政自来水用于生产和生活用水。生产给水系统主要供给纯水生产原水、车间生产、冷却塔、洗涤塔等。由于工艺需要，设置超纯水处理系统，用于工艺清洗用水。纯水制备成本较高，对较为清洁的清洗排水进行回收再利用，用于纯水原水（图 5-9-4）。

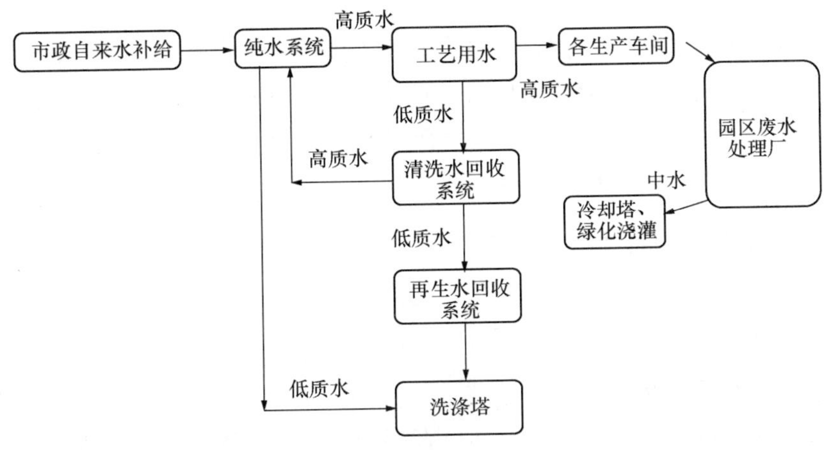

图 5-9-4　水资源利用示意图

（2）非传统水源利用

项目发展废水处理回用技术，采用中水进行厂区和厕所冲洗，非传统水源利用率达到 79.57%。

（3）水重复利用

该项目用水量最大的是工艺用水，工艺用水水质要求高，需制备超纯水用来清洗光刻、剥离工序、成盒工序、显影清洗、湿法刻蚀等。在给排水系统设计中尽可能将直流用水系统改为循环用水、循序用水或串联用水。工艺纯水设置回收处理系统，工艺用水中除去有机废水、无机废水、酸碱废水后进行回收，处理后达到自来水水质标准的水进入纯水系统进行再处理用于工艺，其他废水进入清洗水回收系统，处理达标后用于废气洗涤塔等。

根据水量平衡表，纯水回用水量为 1656400m^3/a，总用水量 20900927m^3/a，水重复利用率 79.21%。目前 TFT-LCD 行业尚未有清洁生产标准，参照类似行业《印制电路板制造业清洁生产标准》中一级指标工业用水重复利用率大于 55%可知，该项目水重复利用率达到了国内同行业先进水平。

（4）分级计量

该项目按《节水型企业评价导则》GB/T 7119—2006 完善厂区三级计量水表。在厂区的东北部总管对生产、生活、消防用水进行 1 级水表总量，在纯水系统、气体站、仓库、变电站、锅炉房、动力部、行政楼食堂等进水管处进行 2 级水表计量，在冷却塔、CVD、废气洗涤塔等主要用水设备处进行 3 级计量，水表计量满足水平衡测试要求。

市政中水系统在市政中水站设置总水表，厂区内设置景观、生活、生产分项水表进行计量。

9.2.4 节材与材料资源利用

该项目工艺、建筑、结构、设备一体化设计施工，减少材料、人工的浪费。项目造型简约，无装饰性构件；项目大量使用HRB400及以上钢筋，其重量占受力钢筋重量的97.4%；项目大量采用钢、玻璃、石膏板等可在循环利用材料，可在循环利用材料的重量占所有材料总重量的13.74%。

9.2.5 室外环境与污染物控制

（1）工业污染物排放

该项目投产后，废水排入苏州工业园区第一污水处理厂。第一污水处理厂20万m^3/d废水污染物排放总量已获批，现尚有3万m^3余量，可接管该项目废水。该项目废水新增污染物排放指标可直接纳入污水处理厂总量控制指标内，不需新申请总量指标，可仅考核其接管量。

该项目酸性废气和碱性废气采用喷淋系统处理，有毒废气采用PUO+喷淋系统处理，有机废气采用沸石转轮+RTO系统处理。废气处理后的有害气体均可达到国家规定的排放标准。

该项目可利用的固废由专业的废品回收公司签订合同回收，可填埋的固废由环卫部门外运填埋，危险废弃物通过合同分别委托不同的具备单位处理。

（2）噪声污染控制

该项目压缩空气为外购瓶装入场，因此噪声污染较小。噪声污染源主要来自辅助动力设备，如应急发电机、制冷机组、空调机组、通风机等。单台设备的噪声级在80～95dB（A）之间，项目采取了隔声、消声、减震等降噪措施后满足《工业企业厂界噪声排放标准》GB 12348—2008中不高于70dB的规定。

9.2.6 室内环境与职业健康

项目中设有舒适性空调和工艺性空调，空气处理机组风机为变频风机，风速可调。生产厂房洁净室室内设计温度23±（0.5）℃，相对湿度50±（7～10）%，风速小于0.3m/s，办公区夏季室内设计温度26℃，冬季室内设计温度20℃，新风量按30 m^3/（人•h）设计，室内设计的空气温度、湿度、风速均符合《工业企业设计卫生标准》GBZ 1—2010的要求。

该项目属于高技术光电子项目，工艺自动化和机械化程度高，大部分职业危害源均通过工程控制技术措施控制，如阵列工程中设备密闭，设备内自带的废气回收装置抽至屋顶通过POU处理设备燃烧和废气洗涤塔湿式处理后进入废水处理系统。CVD设备内还设有气体防泄漏探测仪，一旦有磷化氢、三氟化氮和氨气泄漏，即能报警而得到及时处理。彩膜、成盒、光刻工序中生产废气通过设置的局部抽风设施净化后外排。曝光设备观察窗及密闭罩采用防紫外线材料和防X射线材料屏蔽。除此外也采取了个人防护措施，如安全帽、防化服、防化围裙、防化手套、电动呼吸防尘面具、防毒面罩、面挡、防护眼镜、防化套袖、防噪声耳塞进行职业防护。项目于2012年6月委托江苏省疾病预防控制进行了职业病危害预评价，同年获得该项目的预评价批复《建设项目职业病危害预评价报告审核意见书》（安健项目预备字［2013］第7号）。

9.2.7　运行管理

（1）管理体系

三星集团有完善的节能、节水、环保管理体系，项目设立了总监、各部门主管、各岗位工程师的三级工务管理体系，每月将逐级向上汇报项目的生产运行情况等。

（2）管理制度

该项目将沿用集团完善的管理制度，其节能管理制度包括公司内部视频系统播放制度，提醒全体员工在办公、空调等方面注意节能。每年将制定能源管理目标，并到年底进行核算。节水管理制度包括每月一次用水量统计工作，动力部门配备流量监控系统对供水系统进行漏水监控，财务部门建立用水记录和统计台账等。

（3）能源管理

项目建立和完善岗位责任制、能源消耗定额管理制度，以提高工厂机械使用效率。发现能耗异常部位或工序，可及时采取措施加以解决。配备准确可靠的能源计量器具，对耗能设备实行严格的计量管理。

项目按江苏省电力部门的要求建立了电力需求侧管理平台，可实现电力系统数字化、可视化、信息化、网络化和自动化管理。平台由电能在线、用电分析、能效管理、需求响应和业务信息互动组成，可进行时段电量、类比时比分析、能效水平分析等。

（4）公用设施管理

项目设有完善的监控系统，主要包含：动力系统、制冷系统、高低压配电系统、纯水系统等。

9.3　实　施　效　果

通过一系列的节能节水措施，该项目耗能耗水指标均优于同类型韩国工厂。该项目单位玻璃基板面积取水量0.15m^3/m^2，低于同类型三星韩国牙山工厂1.2 m^3/m^2，单位玻璃基板面积建筑能耗为2.8kg标煤/m^2，低于同类型韩国工厂25%。

9.4 成本增量分析

该项目应用了变频电机、光伏发电、高效能设备、废水回用等多种绿色建筑技术：通过变频节能技术，提高能源的综合利用率。项目共有37台设备电机安装变频调速装置，总投资约2045.66万元，合计装机总功率为7137.4kW，年消耗电力1544.1万kWh。以平均节电率15%计算，年可节约272.5万kWh。按电价1元/kWh计算，投资回收期约7.5年；因苏州市处于太阳能资源一般区，工厂项目场地较为宽裕，适宜采用太阳能发电技术。该项目在门卫屋顶设置一套光伏发电系统，主要用于门卫供电，总投资58万元，装机容量70kW，预计全年发电14万kWh，按电价1元/kWh计算，投资回收期约5年；空调主机选用高效一级能效YORK冷水机组，性能系数（COP）大于6.1，比标准强制要求5.6提高约10%；因项目工艺用水量大且水质要求高，工艺用水采用多段用水和高质水回收系统水处理系统，初投资约525万元。

该项目各项绿色建筑技术总投资约增加3051.65万元，单位面积增量成本105.66元/m^2，采用上述绿色建筑措施后可节约运行费用1258.65万元/年，投资回报周期约3年，绿色建筑技术经济效益较好。

9.5 总　　结

该项目作为三星级绿色工业建筑，注重在建筑设计中针对工艺生产特点选用适宜的绿色建筑技术。针对TFT-LCD行业高能耗高水耗的特点，该项目的绿色建筑设计主要考虑以下几个方面：

（1）厂区规划中的功能区合理划分。对生活区、生产区、辅助生产区采用前、中、后布置形式，降低材料和流体运输能耗。

（2）建筑平面布局合理。将洁净室布置于中部，不设外窗，加强围护结构保温隔热，降低外界干扰和空调采暖负荷。

（3）空调系统中的参数设置、设备选型、系统划分的进行反复论证。洁净空调和舒适性空调分开设置，洁净空调根据处理要求分为中温和低温水系统，循环水泵和空调风机采用变频技术控制，降低空调能耗。

（4）提高水重复利用率和非传统水源的利用率。给排水系统采用分区分质供水、循环用水、循序用水、串联用水、中水回用等，减少新鲜水用量。

（5）完善的智能化系统，提高系统运行效率。

该项目应用以上技术，为产品制造提供了良好的生产环境，为员工操作营造了良好的工作环境，降低了能源消耗，减少了对周边环境的影响，提高了企业竞争力，将企业经济效益和环境效益相结合，对于本行业其他企业的绿色建筑设计具有借鉴意义。

作者：左星（中国建筑科学研究院上海分院）

10　新首钢绿色生态示范区
10　New Shougang Green Eco-Demonstration Area

10.1　项　目　简　介

10.1.1　特色与意义

随着我国城镇化和工业化进程的快速推进，我国城市经济结构和社会结构正在经历深刻变革，出现了规模性的城市老旧工业区的改造与更新问题。首钢作为北京中心城规模最大的传统工业改造区，拥有百年工业文明的深厚积淀，是北京市历史文脉组成的重要部分，因此如何对首钢老旧工业化建筑进行科学的有机更新，使之既能满足城市发展再生的需要，又能够保护城市工业文明的遗产，延续城市文脉，具有重要的经济、生态和文化意义。

10.1.2　目标定位

新首钢更新改造内容的复杂性为绿色生态发展提出多重要求，包括：转型发展、文化传承、资源保护与利用、场地更新、环境治理等。新首钢绿色生态城区通过空间整合、功能优化、交通完善、品位提升等有机更新策略，探索老工业区经济社会环境全面转型的生态路径、探索传统企业转型区域联动发展模式、探索具有国际示范性的区域生态转型发展模式，引领中国生态城市建设向深层次迈进。

10.1.3　区位条件

新首钢高端产业综合服务区位于长安街的西端，与门头沟新城隔永定河相望，处于西部发展带和东西轴（长安街延长线）的结点位置，是北京西部重要的功能区。绿色生态规划总用地约 8km^2，其中首钢自有用地约 6.53km^2。

10.1.4　自然条件

项目所在地区属暖温带半湿润半干旱季风气候，年平均气温 11～13℃，年平均降水量在500～600mm之间，夏季降水量约占年降水量的3/4。在可再生资源方面，项目所在地区属太阳能资源Ⅰ级可利用区，太阳辐射量全年平均达到4600～5700MJ/m²，年平均日照时数在2000～2800h之间，且太阳能资源稳定程度很好。风资源量相对较小，年平均风功率密度25～50W/m²，属于风能可利用区；风资源具有冬春季丰富，秋季次之，夏季最小的变化特点。

10.2 绿色生态城区内涵

10.2.1 指标体系

新首钢高端产业综合服务区绿色生态指标体系的构建，首先考虑绿色生态示范区的共性，其次体现首钢自身的特性，从宏观区域统筹角度出发，注重双园联动、内外关联，再深入微观，从规划到建设到运营管理，首钢绿色生态示范区指标体系构建覆盖产业转型、文化传承、精明布局、资源节约、环境良好和运行管理等6大总体目标。

产业转型方面要求园区碳排放下降比例30%，人均碳排放低于北京市平均水平；文化传承方面提出保留再利用区域≥20%；精明布局方面强调小尺度街区比例≥93%，内部交通绿色交通出行比例≥95%，绿色建筑改造一星100%、二星≥60%、三星≥40%；资源节约要求可再生能源使用率≥8%，非传统水资源利用率≥35%，主要再生资源回收利用率≥70%；环境良好提出生态廊道绿线宽度≥30m，地表水环境质量达到Ⅲ类水质标准；运行管理提出智能建设管理运营一体覆盖率达到100%。

10.2.2 空间与土地利用重构

(1) 空间系统高效精细

以“培育服务能级，提升居住生活品质，整合拓展产业层级”为导向优化城市空间结构。通过精明增长、重组极化、集约利用的空间整合与重组策略，根据工业场地可利用状况，确定适合发展的用地功能及使用策略，在安排近期功能的同时，为未来发展留有余地，最大限度地体现城市的“精明”发展。

(2) 公共服务设施完善

按照邻里结构对建设区用地功能进行细化，结合首钢工业区内的高强度开发区域、人流量较大的特色功能区和站点周边区域，总共规划11个邻里中心和19处街头公园，实现邻里中心500m半径全覆盖和街头公园300m半径全覆盖，有效提升了基本公共服务的均等化程度。

(3) 街道设计集约复合

综合考虑规划用地功能、工业资源特征、道路类型及现状绿化条件等因素，通过街道与建筑间“空间与功能”的双重契合（图 5-10-1），形成体现商业文化氛围、生态文化氛围、工业文化氛围和公共艺术氛围的四类特色街道。

图 5-10-1 复合化的街道设计图

（4）区域功能混合均衡

注重园区及企业功能的转型与适度混合，保证人们居住工作生活的平衡，使更新后的区域是完善的功能整体，从钢铁生产区转型为工业场地复兴发展区域、可持续发展的城市综合功能区、再现活力的人才聚集高地、后工业文化创意基地及和谐生态示范区。

10.2.3 历史文脉传承

结合首钢厂区的整体发展脉络、现状工业资源的空间导向特征、现状开放空间体系的空间形态特征确定了复合各类工业、生态资源的“L”形开放空间带（图 5-10-2），最大化地保留首钢地区场地特色肌理，以特色文化激发后工业时代的场地活力（图 5-10-3、图 5-10-4）。

10.2.4 交通体系优化

通过完善区内道路交通系统，构建高效生态的复合化公交体系和宜人的人行与自行车交通系统，实现以安全、效率、公平的一体化公交系统为骨干，与环境相匹配的人行与自行车交通系统（图 5-10-5）相结合，多种形式组成的、空间立体分层复合的生态化综合交通体系。

10.2.5 生态景观营造

（1）场地污染综合治理

污染场地的更新改造注重过程的生态化和可持续性。以场地环境调查和场地

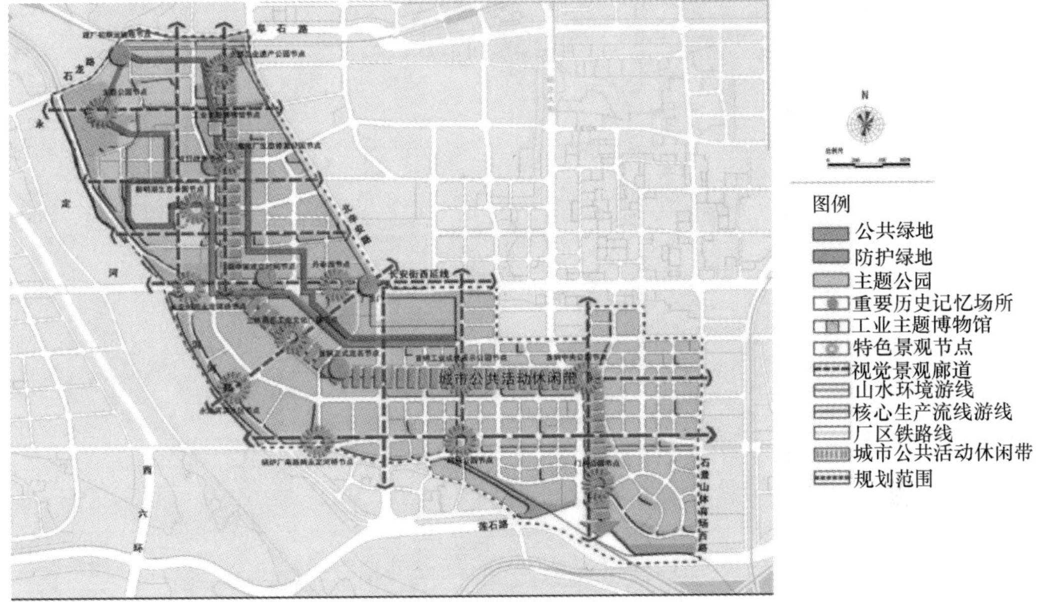

图 5-10-2　传统工业文化保护和传承空间系统规划图

图 5-10-3　观光火车旅游环线改造

图 5-10-4　闪耀北京光影文化季暨首钢灯光

土地开发规划为依据，以“风险管理”理念为核心，针对首钢场地不同区域环境介质、污染物类型、污染程度等主要特征，筛选符合场地修复总体目标的“潜在可行技术”并开展不同层次的修复技术测试，以逐步明确潜在可行技术的有效性、成本、周期和操作性等重要信息，并最终建立场地修复“可选技术”库。根据场地条件与环境管理要求，针对场地土壤、地下水等污染介质，将污染源处理技术、工程控制技术以及制度控制措施有效组合，评估经济、技术、环境和社会效益，选择最优技术组合作为场地修复计划编制的依据。技术选取示例图 5-10-6。

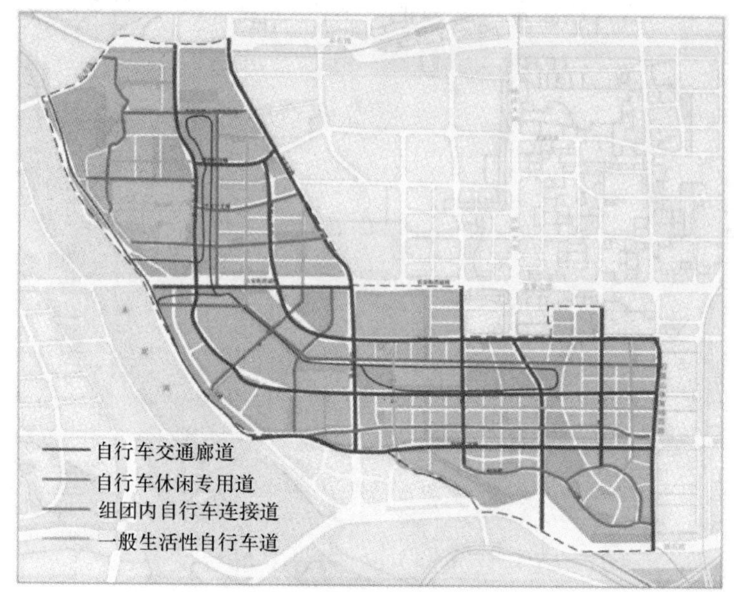

图 5-10-5 自行车道规划布局图

图 5-10-6 环境整治技术：防渗沟渠、地下水隔断与雨水滞留池

（2）生态环境保护延续

以公共空间环境的重塑带动整个地区更新，通过对生态景观环境的整治以点带面地进行更新，起到改善整个区域面貌和提高城市活力的作用（图 5-10-7）。

按照"基质、斑块、廊道"，将场地各功能组团镶嵌于绿地、水系之间，使自然生态环境与建设区域相互渗透，构建和谐的生态网络结构，形成山水和谐的区域生态基础设施。

以新首钢高端产业综合服务区规划建设用地为载体，分情景模式进行碳汇能力提升测算。绿地、医疗卫生、市政公共服务设施等用地进一步提升植林率潜力低，教育科研、文体等用地一般，商业金融用地较高，道路交通设施用地最高。

（3）物理环境舒适宜人

通过设计城市微风通道，引导夏季主导风进入，改善环境空气质量，降低城

图 5-10-7　首钢西十冬奥广场项目景观设计

市热岛效应。

在声环境方面，按照不同的区域的声环境要求进行规划，根据不同噪声特点采取不同措施进行防治，采用合理布局高分贝噪声区域等措施，减少对居住和办公区域的影响，通过设计防护绿带、构筑声屏障、降噪路面等措施减少交通噪声的影响。

10. 2. 6　资源能源利用

（1）水资源综合利用

通过建设海绵城市，有效控制雨水径流，实现自然积存、自然渗透、自然净化，优先利用植草沟、雨水花园、下沉式绿地等“绿色”措施来组织排水，以“慢排缓释”和“源头分散”控制为主要规划设计理念（图 5-10-8）。

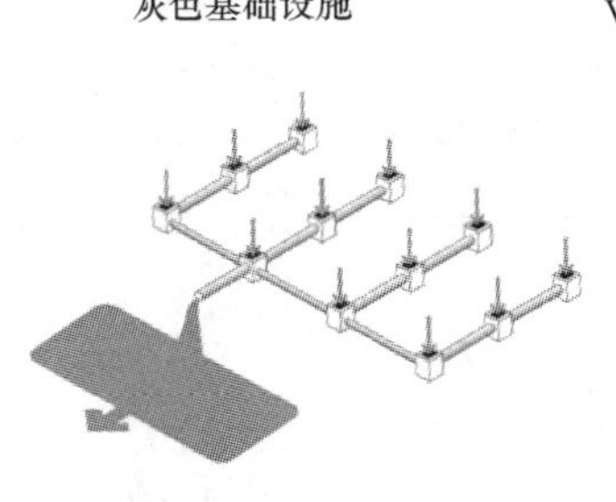

图 5-10-8　海绵城市作用示意图

建立以晾水池以及周边湿地功能为主导的水体自净生态系统，利用物种共生、物质循环利用再生原理，遵循结构与功能协调原则，实现湿地净化功能的同时兼顾湿地景观建设，获得污水处理与资源化的最佳效益。

（2）绿色能源循环利用

可再生能源利用：新首钢高端产业综合服务区因地制宜广泛采用可再生能源系统，主要包括太阳能光热资源、太阳能光电资源、土壤源浅层地热资源、地表水源浅层地热资源等；技术经济条件适宜时，可开发利用污水源浅层地热能资源、生物质能等（图 5-10-9）。

能源中心规划：根据新首钢高端产业综合服务区能源结构和用能特点，遵循“以热定电”的基本原则，分布式能源利用的基本模式主要以楼宇天然气热电冷联供为主，采用分布式冷热电三联供系统。

（3）废弃物资源化利用

通过“源头垃圾减量最大化、可回收垃圾循环利用、可燃垃圾全量焚烧”的垃圾减排、循环、资源化利用，通过垃圾分类收集、垃圾转运体系建设和垃圾资源化利用，以加强综合服务区卫生市政建设，展现生态服务区风貌。

10.3 管理体制与政策法规

10.3.1 管理体制

（1）组织结构

首钢设立了新首钢高端产业综合服务区绿色生态领导小组，下设办公室作为领导小组的办事机构，统领设计建设组、园区规划组、技术支持组和综合运营组，指导考核园区内绿色生态项目建设的管理和实施等工作，确保低碳策略的贯彻和绿色生态规划指标落实。

（2）运营管控

围绕绿色建筑、太阳能光伏等分布式可再生能源、生态渗透、中水回用、绿色交通等绿色项目的实施和运行，结合首钢建设投资有限公司的设置，对绿色生态项目的运营进行专项管理和控制，保证绿色生态技术和措施的有序运行。

（3）监察评估

开展碳排放统计、监测、评价和考核工作，将碳排放纳入监测范围，通过建立温室气体排放数据统计体系和建设项目能效评估体系，建立相关的目标责任制，制定具体的考核方案和评价标准，并为未来碳金融措施奠定基础。

10.3.2 政策体系

由绿色生态领导小组牵头，根据《新首钢高端产业综合服务区绿色生态规

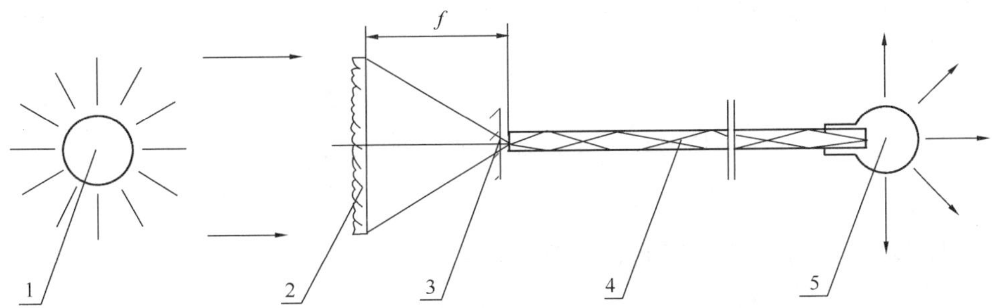

1—太阳，2—菲涅尔透镜，3—滤光片，4—传输光缆，5—外部灯具

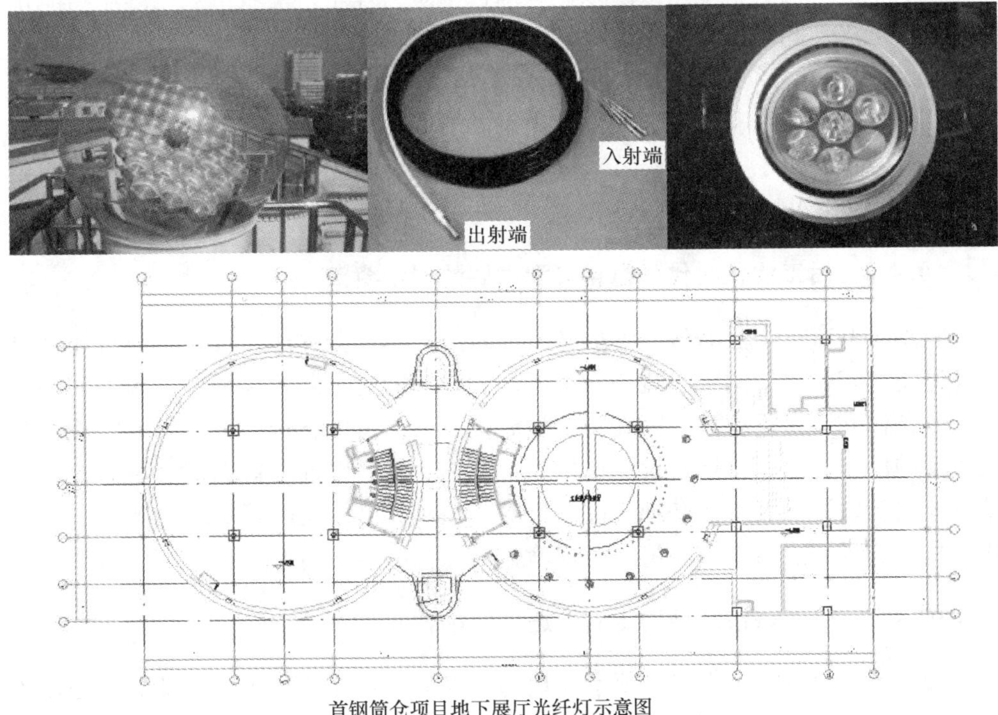

首钢筒仓项目地下展厅光纤灯示意图

图 5-10-9 可再生能源利用技术案例：太阳能光纤照明系统

划》制定开展绿色生态示范区建设相关领域的配套规范性文件，为规划的落实创造良好的管理环境。新首钢针对工业资源保护、集团节能、集团污染治理、人力资源、园区环境保护、园区活动管理六大类别制定了三十余项主要政策措施。

新首钢高端产业综合服务区重点支持绿色生态重点工程、绿色生态新技术推广和绿色生态产品的应用。在招商过程中建立健全园区促进绿色生态发展的企业准入政策、鼓励政策，建立健全绿色生态发展统计、评估和考核体系。与首钢基金公司研究，逐步在园区内建立促进绿色生态项目的投融资机制，探索多元化融资渠道。积极探索 BOT、金融租赁、特许经营、外包等方式，吸引社会力量积极参加绿色生态示范区建设。由绿色生态领导小组带领相关部门共同探索政策的可能性。

10.4 项目经验与示范价值

10.4.1 城市老工业区有机更新的排头兵

老旧工业区有机更新是一个系统工程，在当今“建设生态文明”的宏观背景下，既有工业区的有机更新改造以低碳绿色生态为理念，是城市规划理念与城市转型发展的必然趋势。今后，既有城区的有机更新改造将朝着建立功能完善、品质高端、活力高效、交通便捷、资源节约、环境优美的绿色化方向发展。新首钢高端产业综合服务区有机更新在探索生态发展带动企业成功转型、老工业基地全面复兴等方面做出了有益探索，对既有城区绿色生态化有机更新的规划实践起到了重要的示范作用。

10.4.2 后工业化时代生态化转型发展的展示窗口

首钢是北京市中心城最大的更新改造地区，其社会关注度很高、改造任务艰巨。适逢北京市建设国际一流和谐宜居之都新的历史时期，首钢由于其得天独厚的区位条件和空间资源禀赋，在转变发展模式、建设生态转型发展示范区方面肩负重要的历史使命。首钢建设绿色生态示范区不仅可以推动首钢探索生态发展带动企业成功转型、老工业基地全面复兴的路径，还可以向国际展示中国在后工业化时代有实力和能力走向经济社会环境全面综合的生态转型发展。

10.4.3 生态城市从规划走向实施的引领者

绿色生态示范区建设工作要求实现的不仅是物质环境和产业基础的改变，还要实现自然环境和社会环境的转型，不仅需要生态的规划与建设，更要求持之以恒的绿色运营与管理。首钢以北京示范、全国领先、国际典范为目标建设绿色生态示范区，以转变发展方式为核心、全面探索创新绿色生态城区规划建设运营管理模式，引领中国生态城市向建设实施层面深层次发展。

10.4.4 带动主厂区整体生态发展的正气候样板区

首钢转型发展与绿色生态综合实施战略紧密结合，坚持正气候中长期可持续发展战略，实现单一主体整合“绿色基建+绿色建筑”。通过由注重地块“内部”节能减排转变为带动地块“外部”碳排放抵偿效果，提升区域环境承载能力，创造项目外部效益。依托首钢的区域生态联动战略，在主厂区将实施投资建设运营一体化策略，创建中国C40“正气候”样板区，实现项目自身和周边区域总体排放量降低。

作者：李迅[1]　李冰[2]　吴若昊[2]　石悦[2]（1. 中国城市规划设计研究院；2. 中国生态城市研究院有限公司）

11 洋 湖 生 态 新 城
11 Ecological City of Yanghu

11.1 总 体 情 况

11.1.1 发展概述

2008 年，长沙市决定在河西大片区域建设“两型社会”综合配套改革试验区的先导区——大河西先导区。2009 年，洋湖生态新城作为大河西先导区核心片区启动开发建设。2014 年，洋湖生态新城获得“中国人居环境范例奖”。2015 年，湖南湘江新区正式获批，成为中部地区第一个国家级新区，洋湖生态新城成为湘江新区核心区中的起步区。经过 7 年的开发建设，洋湖生态新城完善了水、电、气、路、讯及学校、医院等综合配套，引进了一批现代商业、总部经济以及金融等产业项目，重点推广运用了低影响开发、智能化交通、装配式建筑技术、水源热泵区域能源站等先进技术，一座绿色生态新城已初显雏形。

11.1.2 区位介绍

洋湖生态新城位于长沙市西南部，大河西先导区的东南部，由长沙市西二环线与南三环线围合，总规划面积 13.38km^2（图 5-11-1、图 5-11-2）。

自然生态区域优势：新城坐拥得天独厚的山、水、洲、城自然美貌。北依岳麓山，东临湘江，靳江河绕城而过，此外，紧邻湘江风光带、象鼻窝森林公园、桃花岭自然保护区、大王山森林公园等。优良的生态本底以及周边丰富的景观资源条件是洋湖生态新城建设生态城区的天赋优势。

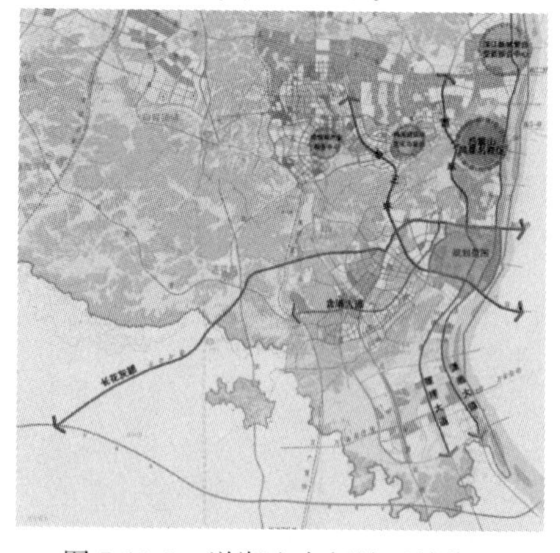

图 5-11-1 洋湖生态新城区域位置

交通区位优势：在空间距离上，新城仅距长沙市中心五一广场 8km，距长沙火车站 12km，距黄花国际机场 27km，由高速公路、快速路及城市主干道围绕，区位交通优势明显。轨道交通地铁三号线、七号线穿越城区而过，在片区内各设有 3 个站点。

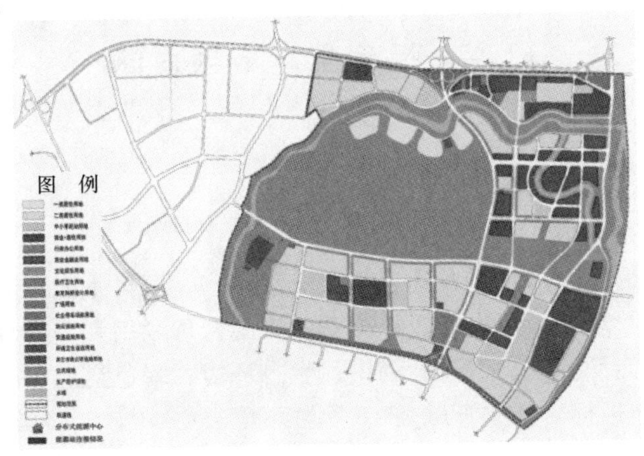

图 5-11-2 洋湖生态新城规划用地图

11.1.3 自然环境

地形地貌：地区整个地势为中间低，四周高。区域内最低点为 27.4m，位于靳江河西岸；最高点为 115m，位于规划区北面白鹤社区内。区域内靳江河以北基本为城市建设用地，用地大部分已平整，目前只保留了白鹤社区和联丰村内的部分山体，地势较为平整。靳江河以南用地为微丘地形，洋湖片区内的农田用地较为平整，标高在 29.1～30.1m 之间。

气候条件：地区属亚热带季风潮湿气候区，气候特征温暖潮湿，春季多雨，秋季干旱，暑热期长，严冬期短，年平均气温 16.7～17.38℃，最高气温 40.6℃，最低气温－9.5℃，年平均降水量 1287.8～1422.0mm，4～6 月降水集中，月平均降水量 184.5～245mm，全年雨日约 158 天，冬季多北风，夏季多南风，日照时数年均 1726h，积温 5400℃，无季风期平均 279.3 天。

11.1.4 发展功能定位

综合宏观背景、区位、自然等优势，根据长沙总规修订及先导区空间发展战略规划，洋湖生态新城以科技研发、文化创意、金融服务、高端商务为主导，以现代服务业为基础，以高端商业、体育休闲、生态旅游、情景居住为补充，功能复合有机发展，打造立足于中部地区的复合都市、活力新城。基本建成绿色生态产业体系，区域生态环境优化提升，绿色生态理念普及，经济发展、区域建设和社会发展进入资源消耗少、能源利用效率高、区域生态承载力强、环境污染少、经济效益好、生活方式低碳、国际交流合作频繁的良性发展轨道，形成经济发展低碳、能源利用低碳、交通体系低碳、建筑建设低碳、生活方式低碳的社会发展格局。

11.2 绿色生态城区内涵

11.2.1 洋湖生态新城指标体系

（1）指标体系构成

洋湖新城指标体系从水系发达、生态资源丰富、可再生能源利用等特点和规划建设易于操作管理角度出发，更加侧重于资源合理利用和生态环境保护，主要涉及土地利用、能源利用、水资源利用、生态环境、绿色交通等 11 个策略路径，共包含 38 项具体指标，其中资源类 18 项，环境类 13 项，经济类 2 项，社会类 5 项。对于每个指标，设定了近期 2020 年及远期 2030 年两套指标值，其中，又针对洋湖生态新城特色选取了 12 个特色指标，以及相对国内其他生态城能够起到领先示范作用的 12 个领先指标。每个指标确立都通过了全面的比较和严谨的论证，并使每个指标具有明确的说明和规定，以确保指标的科学性和可操作性。指标体系的确定为洋湖生态新城的建设提出量化依据，便于评估和引导其发展建设。

（2）指标体系落实

洋湖生态新城对确定的指标从内容、层次、时间、主体、增量成本进行分类及分析，确保内容上定量控制，层次上分类细化、时间上严格落实，主体上分工明确，确保各项指标能够逐步落实到示范区的建设过程中。参照国际上以及我国其他城区绿色生态建设的经验，结合洋湖生态新城的实际确定指标体系的具体内容。指标体系分为控制性指标和引导性指标，绿色生态城区应满足所有控制项的要求，并根据洋湖生态新城实际情况，尽可能实现引导性指标提出的更高标准的要求。

11.2.2 重点领域实践

（1）以水凸显新城特色

洋湖生态新城建设完成配套污水管网 40.5km、中水管网 26.5km，中水回用系统日提供中水 2 万 t，新城内开发项目的浇灌与冲厕及消防用水全部可由中水系统进行补给。新城还完成了洋湖再生水厂、白菜湖水利整治工程、中央大道景观工程、坪塘再生水厂生态治污工程、靳江河南岸防洪整治工程及江河路工程等一批基础设施工程。

洋湖再生水厂为长沙市大河西先导区“两型”社会建设示范工程，采用

“MSBR +人工湿地”污水生态处理工艺（图 5-11-3～图 5-11-5），出水水质达到一级 A 排放标准，出水作为洋湖生态湿地公园的景观用水和片区中水从而实现污水零排放。根据目前再生水厂的建设和运行情况，日前处理量约 4 万 t/d，预计 2016 年可达 8 万 t/d，到 2020 年，日处理量约 12 万 t/d，出水水质达到地表水Ⅲ类标准。采用裁弯取直、生态边坡等方式修整靳江河河道及驳岸 4.4km，采用“活、通、连、扩”等手法，梳理湿地系统原有的水系肌理，拉通水系 7.6km，重新疏通了 2.2km 雅河河道（图 5-11-6～图 5-11-8）。

图 5-11-3　MSBR 池工作状态

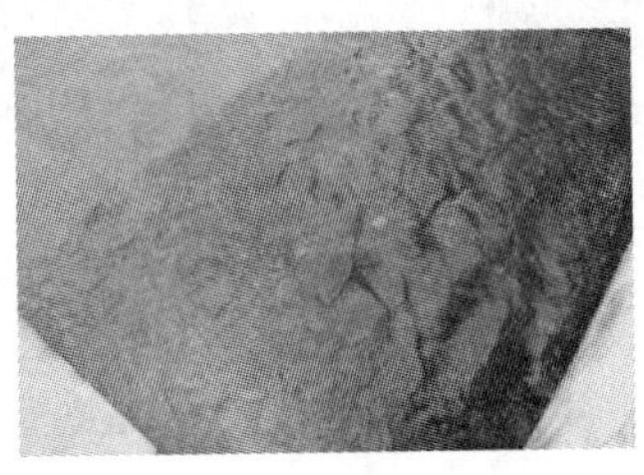

图 5-11-4　出水水质达到地表水Ⅲ类标准

图 5-11-5　人工湿地

图 5-11-6　靳江河整治前

图 5-11-7　靳江河整治中

图 5-11-8　靳江河整治后

（2）以绿提升新城品位

洋湖生态新城利用水系等自然条件，规划形成以洋湖湿地景区为核心、沿岸（路）绿带为主轴、社区绿地为补充、水系为依托、点线面相套嵌的三层次绿化系统，全方位打造“绿色洋湖”。

7000 亩洋湖湿地公园是洋湖片区的核心，以湿地生态修复和保护为主，是一个以湖湘文化为主线，融生态保护、湿地体验和生态治污功能为一体，集休闲、文化、教育、生态等功能于一园的综合性特色旅游目的地（图 5-11-9）。在湿地公园建设过程当中，一方面最大限度地保护洋湖原有的生态湿地环境，水系、植被和原生鸟类，在片区规划阶段就保留两条生态廊道供动物迁徙，建成后将汇聚 3000 余种植物及 450 余种鸟类；另外一方面利用湿地系统所具备的生态净化功能，对片区污水进行净化处理，达到一类水质。

图 5-11-9 洋湖湿地公园

此外，建设完成了湘江风光带绿化 20 万 m^2，靳江河风光带绿化 30 万 m^2，雅河风光带绿化 8.8 万 m^2，城区道路绿化带 51 万 m^2，作为新城景观渗透、视线延展、空间呼吸的主要廊道（图 5-11-10）。在绿地系统的植物配置上，充分考虑四季变迁及视觉的层次感，注重高大乔木、亚乔木、花灌木的空间立体配置和植物色彩的季节变化，如在公园、道路两旁布置香樟、杜英、红叶石楠等终年彩叶的基础上，增加银杏、乌桕、紫薇、梅花、荷花等具有季相变化的品种，实现了新城三季有花、四季常青的景观效果（图 5-11-11）。

图 5-11-10 湘江风光带

图 5-11-11 道路绿化带

（3）以住房条件体现人本理念

洋湖生态新城全面执行《绿色建筑评价标准》中一星级及以上的评价标准，其中二星级及以上的绿色建筑达到 35％以上。通过试点，总结经验，摸索适合新城适宜的绿色建筑技术体系和相关技术导则，根据实际情况，因地制宜，确定了一批绿色建筑和可再生能源建筑应用示范项目，并相应的建立配套政策措施体系，形成政企联合主导、市场推进的机制和模式。

新城积极促进住宅产业化发展，制定住房规划和年度实施计划，合理规划居住用地、实施城市配套，建设了一批规划起点高、配套设施全、物业管理好的小区，施工现场如图 5-11-12 所示。同时，不断健全保障房体系建设，共投入 35 亿元建设资金建造保障房 8400 多套约 100 万 m^2，如洋湖景园、蓝天保障房等高标准保障性住房小区（图 5-11-13、图 5-11-14），安置了新城建设片区内迁移、贫困人口，达到了 100%住房保障率。推广“远大住工”为代表的装配式建筑住宅工业化建设，发展“四节一环保”的绿色住宅，大幅度降低建筑资源消耗。洋湖保障性住房二期公租房、59 万 m^2 的洋湖保障性住房三期、7 万 m^2 的洋湖总部经济服务中心大楼、洋湖小学、连山小学等均采用集中装配式建筑。在建筑设计上引入低碳理念，推广利用太阳能、选用隔热保温的建筑材料、采用预制混凝土装配整体式施工技术、太阳能—空气热源泵系统、雨水收集系统、管道工厂化预制技术等多项绿色技术。率先推进大型公共建筑节能监控和改造，全过程落实了新建建筑节能 50%的监管标准。

图 5-11-12 装配式建筑施工现场

图 5-11-13 生态别院

图 5-11-14 洋湖景园

11.3 管理体制及政策法规

11.3.1 激励机制

洋湖生态新城研究制定鼓励绿色建筑发展的各项优惠政策。明确资金补贴的标准、额度；建立完善的新城建设激励政策，稳步有效地推进各项任务。建立产权单位投资、业主投资、社会资金投资、合同能源管理及财政支持的投资机制。鼓励政策性金融和商业金融机构对绿色建筑重点项目的资金和信贷支持力度，引导企业使用各种新型金融产品；鼓励企业通过开展国际合作，争取国际基金组织的可再生能源发展资金支持；鼓励采用能源管理、能源托管等建设运营模式。

11.3.2 技术标准

为保证实现绿色生态城区建设，完成既定的目标，依据长沙市气候特点，洋湖生态新城组织社会绿色建筑领域专家与相关研发单位，开展绿色建筑全寿命周期技术标准研究，包括：《洋湖生态新城绿色建筑示范项目效果测评技术指南》《洋湖生态新城绿色建筑立项文件绿色专篇编制指南和审查要点》《洋湖生态新城绿色建筑施工图设计审查指南》《洋湖生态新城绿色建筑绿色施工方案编制指南及审查要点》《洋湖生态新城绿色建筑施工监理指引》和《洋湖生态新城绿色建筑运行维护指引》等绿色建筑技术指南，为洋湖生态新城建设提供全寿命周期的技术支持，保障洋湖生态新城建设方案实施。

11.3.3 公众参与

在项目总体规划、策划、修建性详细规划、初步设计、施工图设计过程中召开了近 100 余次专家论证会，对规划成果进行公示，并通过长沙晚报、红网、潇湘晨报等多家媒体广泛征集市民意见，几年来收到社会各界意见、建议上万条，并将合理化的意见、建议在建设过程中予以采纳和实施。

11.4 经 验 借 鉴

我国绿色生态城区发展已进入全面开花、各具特点以及规模化建设的实践阶段。洋湖生态新城作为近年来国内绿色生态城区建设的代表之一，其规划与开发的经验可以为其他城市提供有益的借鉴。

11.4.1 构建完备的规划体系

将高起点规划作为龙头，以此带动实现高标准建设和高效能管理，从而形成规划建设管理一体化的良性机制。采用财务分析、交通规划咨询、综合研究公共设施规划、城市设计与控规同时编制的方式，保证了规划的科学性、合理性、可操作性。

11.4.2 应用适宜的绿色技术体系

在环境监测、生物治污、资源节约、绿化建设中均尽可能应用先进适宜的生态技术，重点推广信息技术、建筑节能技术、住宅产业化技术、新型建筑结构与施工技术、水处理技术、垃圾处理技术、与地下空间技术等。

11.4.3 创新城市运营模式

管理机制上，洋湖生态新城建设坚持“政府引导、企业主导”的模式，以“两型”理念和“以人为本”的原则进行片区开发建设；在企业运营机制上，坚持市场化运营方针和“一体两翼”的发展战略，用科学、正确、有序的开发路径来指导片区的建设运营、形成承载平台；此外，洋湖生态新城积极进行融资思维和工具的金融创新，以融资主体和手段多元化实现体制机制创新、金融创新、产城融合开发建设模式。

作者：李迅[1] 李冰[2] 贾航[2] 石悦[2]（1 中国城市规划设计研究院；2 中国生态城市研究院有限公司）

附录篇

Appendix

附录1　中国绿色建筑委员会简介

Appendix 1　Brief introduction to China Green Building Council

中国城市科学研究会绿色建筑与节能专业委员会（简称：中国绿色建筑委员会，英文名称 China Green Building Council，缩写为 China GBC）于 2008 年 3 月正式成立，是经中国科协批准，民政部登记注册的中国城市科学研究会的分支机构，是研究适合我国国情的绿色建筑与建筑节能的理论与技术集成系统、协助政府推动我国绿色建筑发展的学术团体。

成员来自科研、高校、设计、房地产开发、建筑施工、制造业及行业管理部门等企事业单位中从事绿色建筑和建筑节能研究与实践的专家、学者和专业技术人员。本会的宗旨：坚持科学发展观，促进学术繁荣；面向经济建设，深入研究社会主义市场经济条件下发展绿色建筑与建筑节能的理论与政策，努力创建适应中国国情的绿色建筑与建筑节能的科学体系，提高我国在快速城镇化过程中资源能源利用效率，保障和改善人居环境，积极参与国际学术交流，推动绿色建筑与建筑节能的技术进步，促进绿色建筑科技人才成长，发挥桥梁与纽带作用，为促进我国绿色建筑与建筑节能事业的发展做出贡献。

本会的办会原则：产学研结合、务实创新、服务行业、民主协商。

本会的主要业务范围：从事绿色建筑与节能理论研究，开展学术交流和国际合作，组织专业技术培训，编辑出版专业书刊，开展宣传教育活动，普及绿色建筑的相关知识，为政府主管部门和企业提供咨询服务。

一、中国绿色建筑委员会（以姓氏笔画排序）

主　任　王有为　中国建筑科学研究院顾问总工
副主任　王　俊　中国建筑科学研究院院长
　　　　王建国　中国工程院院士，东南大学建筑学院院长
　　　　王清勤　中国建筑科学研究院副院长
　　　　毛志兵　中国建筑工程总公司总工程师
　　　　叶　青　深圳市建筑科学研究院院长
　　　　江　亿　中国工程院院士，清华大学教授

李百战　重庆大学城市建设与环境工程学院院长
吴志强　同济大学校长副校长
张　桦　上海现代建筑设计（集团）有限公司总裁
张燕平　原上海市建筑科学研究院院长
修　龙　中国建筑设计研究院（集团）院长
徐永模　中国建筑材料联合会副会长
涂逢祥　中国建筑业协会建筑节能专业委员会名誉会长

副秘书长　李　萍　原建设部建筑节能中心副主任
尹　波　中国建筑科学研究院科技处处长
李丛笑　中建科技集团有限公司副总经理
许桃丽　原中国建筑科学研究院科技处副处长

主任助理　戈　亮

通讯地址：北京市三里河路 9 号建设部大院中国城市科学研究会办公楼西小楼 205 室

邮编：100835

电话：010-58934866　88385280　传真 010-88385280

E-mail：Chinagbc2008@chinagbc. org. cn

二、地方绿色建筑委员会

广西建设科技协会绿色建筑分会
会　长　广西建筑科学研究设计院院长　彭红圃
秘书长　广西建筑科学研究设计院副院长　朱惠英
通讯地址：南宁市北大南路 17 号　530011

深圳市绿色建筑协会
会　长　深圳市建筑科学研究院院长　叶青
秘书长　深圳市建筑科学研究院　王向昱
通讯地址：深圳福田区上步中路 1043 号深勘大厦 1008 室　518028

中国绿色建筑委员会江苏委员会（江苏省建筑节能协会）
会　长　江苏省住房和城乡建设厅科技处原处长　陈继东
秘书长　江苏省建筑科学研究院有限公司总经理　刘永刚
通讯地址：南京市北京西路 12 号　210017

新疆土木建筑学会绿色建筑专业委员会
主　任　新疆建筑科技发展中心主任　刘劲
秘书长　新疆建筑勘察设计院研究院副总工　张洪洲

通讯地址：乌鲁木齐市光明路26号建设广场写字楼8层 830002

厦门市绿色建筑委员会

主 任 厦门市建设与管理局副局长 林树枝

秘书长 厦门市建设与管理局副处长 何汉峰

通讯地址：厦门市厦禾路362号建设大厦 361000

福建省土木建筑学会绿色建筑与建筑节能专业委员会

主 任 福建省建筑设计研究院总建筑师 梁章旋

秘书长 福建省建筑科学研究院绿色建筑与建筑节能研究所所长 黄夏冬

通讯地址：福州市通湖路188号 350001

福州市杨桥中路162号 350025

山东省建设科技协会绿色建筑专业委员会

主 任 山东省建筑科学研究院院长 李明海

秘 书 长 山东省建筑科学研究院院长助理 王昭

通讯地址：济南市无影山路29号 250031

辽宁省建筑节能环保协会绿色建筑委员会

主 任 沈阳建筑大学副校长 石铁矛

秘 书 长 辽宁省建筑节能环保协会副秘书长 孙凯

通讯地址：沈阳市和平区太原北街2号综合办公楼C109 110001

天津市城市科学研究会绿色建筑专业委员会

主 任 天津市城市科学研究会会长 王家瑜

常务副主任 天津市城市科学研究会秘书长 王明浩

秘 书 长 天津市城市建设学院副院长 王建廷

通讯地址：天津市河西区南昌路116号 300203

天津市西青区津静公路 300384

河北省城科会绿色建筑与低碳城市委员会

主 任 河北工程大学建筑学院院长 刘立钧

常务副主任 河北省城市科学研究会秘书长 路春艳

秘 书 长 邯郸市城市科学研究会会长 申有顺

通讯地址：石家庄市长丰路4号 050051

邯郸市展览南路1号 056002

中国绿色建筑与节能（香港）委员会

主 任 香港城市大学教授 梁以德

秘 书 长 香港城市大学助理教授 骆晓伟

通讯地址：九龍達之路

重庆市建筑节能协会绿色建筑专业委员会

主　　任　重庆大学城市建设与环境工程学院院长　李百战
副主任兼秘书长　重庆市建筑节能协会秘书长　曹勇
副主任兼常务副秘书长　重庆大学城市建设与环境工程学院教授　丁勇
通讯地址：重庆市沙坪坝　400045
　　　　　重庆市渝北区华怡路 23 号　401147

湖北省土木建筑学会绿色建筑专业委员会
主　　任　湖北省建筑科学研究设计院院长　饶钢
秘 书 长　湖北省建筑科学研究设计院所长　唐小虎
通讯地址：武汉市武昌区中南路 16 号　430071

上海绿色建筑协会
会　　长　甘忠泽
秘 书 长　许解良
通讯地址：上海市宛平南路 75 号　200032

安徽省建筑节能与科技协会
会　　长　安徽省住建厅建筑节能与科技处处长　刘兰
秘 书 长　安徽省住建厅建筑节能与科技处　叶长青
通讯地址：合肥市环城南路 28 号　230001

郑州市城科会绿色建筑专业委员会
主　　任　郑州交运集团原董事长　张遂生
秘 书 长　郑州市沃德空调销售公司经理　曹力锋
通讯地址：郑州市淮河西路 10 号市建委北院市城科会　45000

广东省建筑节能协会绿色建筑专业委员会
主　　任　广东省建筑科学研究院副院长　杨仕超
秘 书 长　广东省建筑科学研究院节能所所长　吴培浩
通讯地址：广州市先烈东路 212 号　510500

海南省建设科技委绿色建筑委员会
主　　任　海南华磊建筑设计咨询有限公司董事长、高级建筑师　于瑞
秘 书 长　中国建筑科学研究院海南分院副院长　胡家僖
通讯地址：海口市海甸岛沿江三东路金谷大厦　570208

内蒙古绿色建筑协会
理 事 长　内蒙古城市规划市政设计研究院院长　杨永胜
秘 书 长　内蒙古城市规划市政设计研究院副院长　王海滨
通讯地址：呼和浩特市如意开发区四纬路西蒙奈伦广场 4 号楼 505　010070

陕西省建筑节能协会
会　　长　陕西省住房和城乡建设厅副巡视员　潘正成

秘 书 长 陕西省住房和城乡建设厅建筑节能与科技处处长 杨庆康

通讯地址：西安新城大院省政府大楼9楼 700004

河南省生态城市与绿色建筑委员会

主 任 河南省城市科学研究会副理事长 高玉楼

通讯地址：郑州市金水路102号 450003

浙江省绿色建筑与建筑节能行业协会

会 长 浙江省建设科技推广中心主任，浙江省标准设计站站长 赵宇宏

秘 书 长 浙江省建筑科学设计研究院有限公司副总经理 林奕

通讯地址：杭州市下城区安吉路20号 310006

中国建筑绿色建筑与节能委员会

会 长 中国建筑工程总公司总经理 官庆

副 会 长 中国建筑工程总公司总工程师 毛志兵

秘 书 长 中国建筑工程总公司科技与设计管理部副总经理 蒋立红

通讯地址：北京市海淀区三里河路15号中建大厦B座8001室 100037

宁波市绿色建筑与建筑节能工作组

组 长 宁波市住建委科技处处长 张顺宝

常务副组长 宁波市城市科学研究会副会长 陈鸣达

通讯地址：宁波市江东区松下街595号 315040

湖南省建设科技与建筑节能协会绿色建筑专业委员会

主 任 湖南省建筑设计院总建筑师 殷昆仑

秘 书 长 长沙绿建节能技术有限公司总经理 王柏俊

通讯地址：长沙市人民中路65号 410011

长沙市韶山中路438号璟泰楼5楼 410007

黑龙江省土木建筑学会绿色建筑专业委员会

主 任 哈尔滨工业大学教授 康健

常务副主任 哈尔滨工业大学建筑学院副院长 金虹

秘 书 长 哈尔滨工业大学建筑学院教师 赵运铎

通讯地址：哈尔滨市南岗区西大直街66号 150006

中国绿色建筑与节能（澳门）协会

会 长 四方发展集团有限公司主席 卓重贤

理 事 长 汇博顾问有限公司理事总经理 李加行

通讯地址：澳門羅理基博士大馬路第一國際商業中心1606室

大连市绿色建筑行业协会

会 长 大连亿达发展有限公司总裁 秦学森

常务副会长兼秘书长 徐梦鸿

通讯地址：大连市沙河口区东北路99号亿达广场4号楼3F　116021

三、绿色建筑青年委员会

主　任　清华大学建筑学院教授　林波荣

副主任　上海市建筑科学研究院新技术事业部所长　杨建荣

江苏省绿色建筑工程技术中心总经理　张赟

哈尔滨工业大学建筑学院教授　孙澄

重庆大学城市建设与环境工程学院副教授　李楠

华东建筑设计研究院有限公司技术中心总师助理　夏麟

中国建筑科学研究院上海分院副院长　张崟

浙江大学城市学院副教授　田轶威

秘书长　浙江大学城市学院副教授　田轶威（兼）

四、绿色建筑专业学组

绿色工业建筑学组

组　长：机械工业第六设计研究院副总经理　李国顺

副组长：中国建筑科学研究院环能院绿色工业及医院建筑研究组组长　袁闪闪

中国电子工程设计院工程院院长　王立

绿色智能组

组　长：同济大学同科学院电子与信息技术系主任　程大章

副组长：延华集团执行总裁　于兵

绿色人文组

组　长：住建部科技和产业化发展中心绿色建筑评价标识管理办公室主任　宋凌

副组长：厦门市建设与管理局副局长　林树枝

绿色建筑规划设计组

组　长：上海现代设计集团有限公司总裁　张桦

副组长：深圳市建筑科学研究院董事长　叶青

浙江省建筑设计研究院总建筑师　许世文

绿色建材组

组　长：中国建筑材料联合会副会长　徐永模

副组长：中国建筑科学研究院建筑材料研究所所长　赵霄龙

上海市建筑科学研究院总工程师　汪维

绿色公共建筑组

组　长：中国建筑科学研究院建筑环境与节能研究院院长　徐伟

副组长：北京市建筑设计研究院副总工　徐宏庆

绿色建筑理论与实践组

组　长：清华大学建筑学院教授　袁镔

副组长：清华大学建筑学院所长　宋晔皓

东南大学建筑学院副院长　张彤

华中科技大学建筑与城市规划学院院长　李保峰

华南理工大学建筑学院教授　王静

华东建筑设计研究院有限公司现代都市总院副院长　戎武杰

绿色产业组

组　长：住房和城乡建设部科技发展促进中心副主任　梁俊强

副组长：深圳市拓日新能源科技股份有限公司董事长　陈五奎

绿色施工组

组　长：中国土木工程学会咨询工作委员会执行会长　孙振声

副组长：天津建工集团总工程师　胡德均

中国建筑工程总公司总工程师　毛志兵

绿色建筑政策法规组

组　长：住房和城乡建设部科技和产业化发展中心副主任　姜中桥

副组长：清华大学工程管理系主任　方东平

绿色校园组

组　长：同济大学副校长　吴志强

副组长：沈阳建筑大学副校长　石铁矛

苏州大学金螳螂建筑与城市环境学院院长　吴永发

绿色建筑工业化组

组　长：万科企业股份有限公司建筑研究中心总经理　王蕴

副组长：中国建筑科学研究院建筑结构研究所所长　王翠坤

绿色建筑检测学组

组　长：国家建筑工程质量监督检测中心总工程师　邸小坛

副组长：广东省建筑科学研究院副院长　杨仕超

绿色房地产组

组　长：中海房地产有限公司总建筑师　罗亮

副组长：上海绿地集团总建筑师　胡京

保利房地产集团股份有限公司副总经理　余英

湿地与立体绿化组

组　长：中国公园协会会长　陈蓁蓁

副组长：世界屋顶绿化协会副会长　张佐双

中国建筑集体技术研究中心研发室主任　王珂

绿色轨道交通建筑组

组　长：北京城建设计发展集体股份有限公司总经理　王汉军

副组长：中建一局（集团）有限公司副总工程师　黄常波

北京城建设计发展集团股份有限公司总工程师　杨秀仁

绿色小城镇组

组　长：清华大学建筑学院副院长　朱颖心

副组长：中国城科会绿色建筑研究中心主任　李丛笑

清华大学建筑学院教授　杨旭东

绿色物业与运营组

组　长：天津城市建设学院副院长　王建廷

副组长：新加坡建设局国际开发署署长　许麟济

天津天房物业有限公司董事长　张伟杰

中国建筑科学研究院环境与节能工程院副院长　路宾

广州粤华物业有限公司董事长、总经理　李健辉

天津市建筑设计院总工程师　刘建华

绿色建筑软件和应用组

组　长：建研科技股份有限公司总工程师　金新阳

副组长：清华大学教授　张智慧

建筑废弃物资源化利用组

组　长：深圳信息职业技术学院校长　邢锋

副组长：中城建恒远新型建材有限公司董事长　邓兴贵

深圳市华威环保建材有限公司研究所主任　李文龙

五、教育委员会

主 任 委 员：吴志强　同济大学副校长

副主任委员：甘忠泽　上海市绿色建筑协会会长

石铁矛　沈阳建筑大学校长

王崇杰　山东建筑大学党委书记

林怀文　中国金茂控股集团有限公司副总经理

李　萍　原建设部建筑节能中心副主任

尹　波　中国建筑科学研究院科技处处长

顾　问：王有为

六、国际合作委员会

主 任 委 员：王清勤　中国建筑科学研究院副院长

副主任委员：毛志兵　中国建筑工程总公司总工

李百战　重庆大学城市建设与环境工程学院院长

田　明　朗诗集团股份有限公司董事长

李丛笑　中建科技集团有限公司副总经理

顾　问：王有为

七、绿色建筑基地

北方地区绿色建筑基地

依托单位：中新（天津）生态城管理委员会

华东地区绿色建筑基地

依托单位：上海市绿色建筑协会

南方地区绿色建筑基地

依托单位：深圳市建筑科学研究院有限公司

西南地区绿色建筑基地

依托单位：重庆市绿色建筑专业委员会

附录 2　中国城市科学研究会绿色建筑研究中心简介

Appendix 2　Brief introduction to CSUS Green Building Research Center

中国城市科学研究会绿色建筑研究中心（CSUS Green Building Research Center，缩写为 CSUS-GBRC）成立于 2009 年，是中国城市科学研究会直属的绿色建筑评价权威官方机构，同时也是面向市场提供绿色建筑相关技术服务的综合性技术服务机构。

绿色建筑研究中心主要业务有：绿色建筑标识评价（包括普通民用建筑、既有建筑、工业建筑等）；健康建筑标识评价；绿色建筑相关标准编制、课题研究、教育培训、行业推广等。

绿色建筑标识评价方面：截至 2016 年底，中心共组织开展 1363 个绿色建筑标识评价（包括 58 个绿色建筑运行标识，1305 个绿色建筑设计标识），其中包括香港地区 15 个、澳门地区 1 个绿色建筑标识评价；44 个绿色工业建筑标识评价（包括 8 个绿色工业建筑运行标识，36 个绿色工业建筑设计标识）；8 个既有建筑绿色改造标识评价。目前中心已开展健康建筑标识评价的项目受理工作。

信息化服务方面：截至 2016 年底，中心自主研发的绿色建筑在线申报系统已累积注册项目 576 个，在线评价项目 482 个，并已在北京、江苏、上海、宁波、贵州等地方评价机构投入使用；建立微信公众号，发布绿色建筑标识评价情况、评价技术问题、评价的信息化手段等内容；完成绿色建筑标识评价 app 软件“中绿标”（Android 和 IOS 两个版本）的开发工作，并逐步完善绿色建筑设计、咨询互动等功能；完成绿色建筑评价桌面工具软件（PC 端评价软件）的开发工作。

标准编制及科研方面：中心主编或参编国家及行业标准《健康建筑评价标准》《绿色建筑评价标准》《绿色工业建筑评价标准》《绿色建筑评价标准（香港版）》《既有建筑绿色改造评价标准》等；主持或参与国家“十二五”“十三五”课题、住建部课题、国际合作项目、中国科学技术协会课题《绿色建筑标准体系与标准规范研发技术》《绿色建筑运行性能提升研究及应用》《绿色建筑效果后评估与调研》《绿色建筑标识认证信息化平台建设》，《绿色建筑评价工作机制与效果分析研究》等。

在国际交流合作方面，中心与美国、英国、加拿大、德国、马来西亚、新加坡等绿色建筑评价机构保持密切联系与合作。

绿色建筑研究中心有效整合资源，充分发挥有关机构、部门的专家队伍优势和技术支撑作用，依照住房和城乡建设部相关文件要求开展绿色建筑评价工作，在确保评价工作的科学性、公正性、公平性的同时，积极探索绿色建筑技术创新，已经成为引领我国绿色建筑行业发展的重要力量。

联系地址：北京市海淀区三里河路9号住建部大院
中国城市科学研究会西办公楼4楼（100835）
电　　话：010-58933142
传　　真：010-58933144
E－mail：gbrc@csus-gbrc.org
网　　址：http：//www.csus-gbrc.org

附录 3　绿色建筑联盟简介
Appendix 3　Brief introduction to Green Building Alliance

1　热带及亚热带地区绿色建筑联盟

为了探讨热带、亚热带地区绿色建筑发展面临的共性问题，推动热带及亚热带地区绿色建筑的快速深入发展，在中国绿色建筑委员会和新加坡绿色建筑协会的倡议下，2010 年 12 月 6～ 7 日，新加坡、马来西亚、印度尼西亚等热带及亚热带地区国家和中国内地及港澳台地区的近 300 名专家、学者汇聚深圳，隆重召开热带及亚热带地区绿色建筑联盟成立大会，并同期举办第一届热带及亚热带地区绿色建筑技术论坛，分享绿色建筑成果和经验。深圳市副市长张文、中国绿色建筑委员会主任王有为、新加坡绿色建筑委员会第一副主席戴礼翔分别致辞，宣告联盟正式成立。国家住房和城乡建设部仇保兴副部长在大会上作专题报告。

第二届热带、亚热带地区绿色建筑联盟大会于 2011 年 9 月 13～16 日在新加坡召开。李百战副主任代表中国绿建委致辞，回顾了热带及亚热带地区绿色建筑委员会联盟成立大会暨第一届绿色建筑技术论坛的精彩时刻，并对本届论坛主办方新加坡绿色建筑委员会表示了感谢。之后与会专家主要围绕热带、亚热带地区绿色建筑设计、遮阳技术、自然通风与湿度控制、立体绿化和建筑碳排放计算等五个主题进行了交流研讨。

第三届热带、亚热带地区绿色建筑联盟大会于 2012 年 7 月 4～6 日在马来西亚首都吉隆坡国际会议中心成功举行。来自马来西亚、中国、新加坡、印度尼西亚绿色建筑委员会和世界绿色建筑委员会的代表，以及这些国家的专家、学者和建筑师、工程师近千人出席大会。本届大会的主题是“自然热带、真正创新”，上午为大会综合论坛，下午分设 5 个分论坛：建筑仿生、热带创新、绿色管理、绿色收益和绿色建筑案例。

第四届热带、亚热带绿色建筑联盟大会暨海峡绿色建筑与建筑节能研讨会于 2013 年 6 月 19～20 日在福州召开。本届大会由中国绿色建筑与节能委员会和新加坡绿色建筑委员会主办，由福建省建筑科学研究院为主承办，亚热带地区各兄弟省市绿建委协办，得到了福建省住房和城乡建设厅的大力支持。来自新加坡、马来西亚、中国香港、中国台湾以及广东、广西、海南、深圳等省市代表近 300 名参加交流会。大会围绕“因地制宜 • 绿色生态”的主题展开 24 场精彩报告。

第五届热带、亚热带绿色建筑联盟大会（即夏热冬暖地区绿色建筑技术论坛）于 2015 年 12 月 3～4 日在南宁举行，来自夏热冬暖地区的建设主管部门负责人、国内绿色建筑领域专家、学者和专业技术人员近 400 人参加会议。大会设“绿色建筑技术与实践”及“绿色生态城区建设与实践”2 场分论坛，邀请了 18 位演讲嘉宾进行交流研讨。

第六届热带、亚热带（夏热冬暖）地区绿色建筑技术论坛于 2016 年 12 月 7 日在广州盛大召开，主题围绕：“绿色建设．生态城镇”。本次活动旨在以国际视野探讨建设全领域全过程的“绿色化”，充分挖掘热带、亚热带城乡建筑的绿色要素，创造适应热带、亚热带特别是岭南地区气候环境和适宜人居的绿色城乡绿色建设。

2 夏热冬冷地区绿色建筑联盟

2011 年 10 月，在中国绿色建筑与节能委员会的积极倡议和各相关地区的共同响应下，在江苏南京联合成立了“夏热冬冷地区绿色建筑委员会联盟”。该联盟已成为研究探讨相同气候区域绿色建筑共性问题及加强国内国际相关机构和组织交流与合作的重要平台，并将对推动夏热冬冷地区绿色建筑与建筑节能工作的健康发展产生深远的影响。

第二届夏热冬冷地区绿色建筑联盟大会于 2012 年 9 月 13～14 日在上海举行。此次大会以“研发适宜技术、推进绿色产业、注重运行实效”为主题，展示作为配合会议的实体呈现，将结合优秀案例与运营效果，健康推进夏热冬冷地区建筑节能技术的发展与实际应用。此次大会吸引 600 余位来自政府主管部门、国际国内绿建专家、国内领先科研机构院校知名学者、建筑领域知名企业代表、主流媒体专业人士参会。

第三届夏热冬冷地区绿色建筑联盟大会于 2013 年 10 月 25 日在重庆召开。大会邀请了包括英国工程院院士、联合国教科文组织副主席、美国总统顾问、国际著名期刊主编在内的，来自美国、英国、芬兰、日本、丹麦、葡萄牙、新西兰、塞尔维亚、埃及、韩国以及中国香港等近 20 个国家和地区的 100 余位（其中境外专家 40 余位）知名专家、建筑领域知名企业代表，共计 400 余名专家、学者代表出席了本次大会。大会共设“可持续建筑环境”“生态环境”“绿色生态城区建设”“既有建筑绿色改造”和“绿色建筑技术”5 个分论坛。第四届夏热冬冷地区绿色建筑联盟大会将于 2014 年在武汉举行，由湖北省绿色建筑专业委员会承办。

第四届夏热冬冷地区绿色建筑联盟大会于 2014 年 11 月 6 日在湖北武汉召开。来自北京、上海、浙江、江苏、湖南、安徽、湖北、新疆等省市的专家和企业代表，以及来自意大利、澳大利亚、日本等国家和地区的 200 余名嘉宾参加了本次会议。本届大会的主题为“以人为本，建设低碳城镇，全面发展绿色建筑”，大会设“综合论坛”和“绿色生态城镇建设”“绿色建材发展应用”“长江流域采暖探讨、绿色建筑设计研究”“既有建筑绿色改造绿色施工技术实践”4个分论坛。会议通过交流夏热冬冷地区绿色建筑与建筑节能的最新科技成果，研究探讨了夏热冬冷地区绿色建筑发展面临的共性问题，推动了夏热冬冷地区绿色建筑与建筑节能工作的快速发展，加强国内外相同气候区的有关单位和组织的交流与合作。

第五届夏热冬冷地区绿色建筑联盟大会于2015年10月23～24日在浙江绍兴召开，有来自19个省市和境外的680余位代表参加。此次大会以“新型建筑工业化促绿色建筑发展”为主题，设置了新型建筑工业化、绿色建筑技术与产品、建筑可再生能源应用、绿色校园、绿色建筑实践5个专业6个分论坛。

第六届夏热冬冷地区绿色建筑联盟大会于2016年9月23日在安徽合肥召开。夏热冬冷地区省、市、县有关住房城乡建设主管部门，从事绿色建筑有关科研院所、房地产、施工、设计等单位约500余人参加了会议。本次活动围绕“践行绿色建筑行动，促进城乡建设绿色发展”的主题开展。

3 严寒和寒冷地区绿色建筑联盟

“严寒和寒冷地区绿色建筑联盟”是我国继“热带及亚热带地区绿色建筑联盟”和“夏热冬冷地区绿色建筑联盟”之后成立的第三个区域型绿色建筑联盟。标志着我国绿色建筑发展从南到北进入了全面区域合作的新阶段。

由中国绿色建筑与节能委员会、天津市城乡建设和交通委员会主办，天津市城市科学研究会绿色建筑专业委员会承办的“严寒和寒冷地区绿色建筑联盟成立大会暨第一届严寒寒冷地区绿色建筑技术论坛”于2012年9月27～28日在天津市隆重举行。来自国内严寒和寒冷地区16个省、市、区和加拿大、英国等国家绿色建筑领域的代表300余人参加了大会，共同见证严寒和寒冷地区绿色建筑联盟的成立。

第二届严寒和寒冷地区绿色建筑联盟大会于2013年9月23日在沈阳建筑大学举行，本届大会由沈阳建筑大学和辽宁省绿色建筑专业委员会承办。来自严寒和寒冷地区的天津、北京、内蒙古、陕西、河南、辽宁等省市绿色建筑委员会（协会）代表、科研机构、高等院校、政府主管部门的百余名学者和专业技术人员及沈阳建筑大学的200余名师生代表参加了活动。芬兰国立技术研究中心（VTT）代表团专家也应邀出席大会。大会设2个分论坛：公共机构绿色建造技术理论与实践；北方绿色建筑青年设计师论坛，有12位国内专业人士和两位芬兰专家在分论坛演讲，研讨内容涉及中国古代绿色建筑观、绿色建筑设计案例、绿色酒店建筑实际运行效果研究、内蒙古和辽宁地区的绿色建筑实践、绿色建筑技术在医院建筑设计中的运用、绿色中小学建设特点、装配式住宅、光伏建筑一体化设计、绿色建筑设计模拟软件应用等。

第三届严寒、寒冷地区绿色建筑联盟大会暨绿色建筑技术论坛于 2014 年 8 月 28～29 日在呼和浩特市成功举行。本届大会由内蒙古绿色建筑协会和内蒙古城市规划市政设计研究院有限公司共同承办。来自严寒、寒冷地区及上海、浙江的绿色建筑和建筑节能专家、学者、专业技术人员以及中国绿色建筑委员会代表共计 150 多人参加大会交流。大会设立“综合论坛”及“绿色建筑设计、运营技术交流”和“地方绿色建筑协会经验交流”2 个分论坛。

第四届严寒、寒冷地区绿色建筑联盟大会暨绿色建筑技术论坛于 2015 年 11 月 24～25 日在天津中新生态城举办。此次大会邀请了中国城市科学研究会、新加坡建设局、德国被动房研究所及北方地区各省市建设主管部门领导，从事绿色建筑和建筑节能的专家、学者到会。此外，吸引了来自绿色建筑行业相关科研机构、大专院校、绿色建筑项目设计和建设单位、房地产开发、勘察设计、施工监理、物业运营等有关企业、相关建材产品和设备生产商等代表共计 300 余人参加大会。此届大会围绕绿色建筑综合技术、被动房及建筑工业化、绿色建筑发展经验交流等主题进行了研讨交流。

第五届严寒、寒冷地区绿色建筑联盟大会暨绿色建筑技术论坛于 2016 年 10 月 27 日在陕西西安召开，活动以“发展绿色建筑，构建宜居城市”为主题开展学术交流活动。来自全国各地的绿色建筑专委会和建筑节能协会、建筑科研机构、大专院校、国内外绿色建筑和建筑节能领域的技术集成单位、绿色建筑相关领域的勘察、设计、房地产开发、监理施工、建筑材料和设备生产等企业的 200 多位代表参加会议。

附录 4　2016 年度绿色建筑先锋奖获奖企业

Appendix 4　Enterprises of 2016 Green Building Pioneer Award

中海地产集团有限公司

中海地产集团有限公司是中国建筑工程总公司房地产业务的旗舰，1979 年成立于香港，1992 年在香港联交所上市。经历 30 余年的发展，成功打造了中国房地产行业领导品牌，形成以港澳地区、长三角、珠三角、环渤海、东北、中西部为重点区域的全国性均衡布局，业务遍布 50 个经济活跃城市，为逾百万客户提供了数十万套中高端精品物业。截至 2014 年底，公司总资产达 3509 亿港元，净资产达 1333 亿港元。2015 年 1～6 月份，实现房地产合约销售额 854.5 亿港元，净利润 163.2 亿港元，经营效益持续领先。连续 6 年获选“恒生可持续发展企业指数”。

近三年主要业绩：

中海地产集团将可持续发展理念作为核心价值观之一，确立了绿色建筑项目开发战略部署，力争所有新开发项目均至少达到绿色建筑一星级认证标准，每个区域每年至少有一个项目达到绿色建筑三星级认证。集团编制了《中海地产绿色建筑技术导则》《绿色建筑推行实施办法》用于指导全国范围的工程项目开发。

2015 年有 10 项取得绿色建筑三星级认证，在数量和品质上都有长足进展。累计已获得绿色建筑认证项目 40 项，建筑面积达 537 万 m^2。有 5 个项目正在申请绿建运营标识，39 个项目正在申请或计划申请绿建设计标识，建筑面积达 900 万 m^2。

集团牵头开展“新版《绿色建筑评价标准》夏热冬冷地区住宅建筑指标优选研究与应用示范”研究，自主开展“保障性住房低碳化技术应用和节能效益分析”、“低碳、健康、智能住宅绿色建筑技术体系的研究与应用”研究，成果通过科学技术鉴定；参与编制《深圳市居住建筑节能设计规范》；“中央空调冷凝热回收系统”获实用新型专利；制定企业标准《住宅精装修定额配置标准》。

五年累计研发费用投入 8.97 亿元，开展研发课题 50 多项。成果有“绿色居住区景观环境营造技术”“预制装配式混凝土结构技术”“预制装配式混凝土结构案例与节能减排效益分析”等。获得中建总公司科技进步二等奖 2 项，三等奖 4 项；国务院发展研究中心企业研究所等机构发布的“中国房地企业产品牌价值第一名（连续 12 年）”；中国房地产研究会发布的“中国房地产品牌价值测评 50 强第一名（2015）”，亚洲卓越奖——最佳投资者关系公司（2015 年《亚洲企业管理》）。

集团积极组织员工进行绿色建筑培训，参加绿色建筑论坛和专题讲座。在社区内倡导绿色、环保、卫生、健康的生活理念，组织“地球熄灯一小时”、禁烟日宣传、生活垃圾分类推广、绿化植树、无车日宣传、环保创意集市等绿色环保公益活动。

大连万达集团股份有限公司

大连万达集团形成商业地产、高级酒店、连锁百货、文化旅游四大产业。截至 2014 年，企业资产 5341 亿元，年收入 2424.8 亿元，已在全国开业 132 座万达广场，82 家酒店（其中 68 家五星级酒店），6600 块电影屏幕，99 家百货店。作为全球最大的不动产企业之一，万达集团拥有 2000 多万 m^2 的持有物业。

近年来，万达集团积极推进绿建标识的认证工作和绿建节能工程实践。截至 2015 年 11 月，累计取得绿色建筑标识 340 余项，保持我国取得绿建标识认证数量最多企业的称号。同时，万达集团在持有物业的节能运营管理和能耗精细化管控、集团办公信息化发展、慧云智能化管理系统与冷站群控系统在万达广场中的全面推广、万达建设的产业化发展、能源管理系统的建设和应用、可再生和低碳能源在万达项目中的应用以及 LED 照明节能改造等方面都进行了辛勤的耕耘。自主创新研发的“慧云智能化管理系统”是拥有自主知识产权的大型商业建筑智能化管理系统；万达能源管理平台，可以使总部随时掌握全国万达广场的运行情况，对万达广场的各项能耗进行有效的监测、分析及管理。截至 2015 年，万达集团获得多项知识产权专利及著作权，填补了集团和行业空白。

近三年主要业绩：

2015 年 11 月，万达集团制定了下一个 5 年绿建节能规划《万达集团绿建节能工作规划纲要（2016—2020 年）》。新版《纲要》结合企业发展方向，进一步明确在行业新形势下万达集团绿建节能工作的战略目标和工作规划。《纲要》要求所有已开业万达广场取得绿建运行标识，所有已开业酒店取得绿色饭店标识。

集团成立专门机构——绿建节能研究所，将绿建节能工作全面纳入集团模块化建设系统和项目设计管理制度。每个项目的成本核算均已包含达到绿色建筑一星所必须的绿建节能措施费用，做到建造经费保障。

万达学院为员工举办各种形式的培训，每年参加人次达 5～6 万。

2015 年全年共计获得 85 项绿色建筑认证，其中设计标识 70 个，运行标识 5 个，绿色饭店标识 10 个。

大力推行能耗的精细化管控，外请专家顾问对运营能耗比较高的万达广场进行节能诊断工作，针对专项问题提出针对性解决方案，例如通过加强围护结构性能，降低采光顶能耗，降低照明能耗等措施，提升建筑的节能性能。

开展科研工作，形成《万达集团“绿色、低碳”战略研究报告》；自主研发的“慧云智能化管理系统”获得国家版权局软件著作权证书，包括《万达广场慧云智能化管理系统软件A版、B版、C版》3项软件著作权、《万达广场慧云智能化管理系统软件V2.0》软件著作权；空调末端设备的分区集中控制装置以及用于商业建筑的电子净化空气处理装置获得“实用新型专利”。

研究编制企业相关标准：《万达广场购物中心节能工作指南》，《万达广场购物中心建造标准》，《万达广场购物中心机电系统技术标准》等。

每年定期发布《万达集团企业社会责任报告》；协助举办“国际绿色建筑与建筑节能大会”“绿色建筑先锋论坛”；组织“万达规划时尚之春——商业规划设计论坛”；参加“地球一小时”全球性环保活动，组织员工参加相关公益活动。

招商局地产控股股份有限公司

招商局地产控股股份有限公司（简称“招商地产”）是央企香港招商局集团三大核心产业的主营上市公司平台之一，是中国最早的房地产公司之一，国家一级房地产综合开发企业，是具备综合开发能力、物业品类丰富、社区管理完善的大型房地产开发集团，总资产达1517亿元，内部员工超过15000人。从2009年起设置绿色地产研发中心，2014年正式成立绿色研发与应用中心，在国内地产行业第一家设首席绿色低碳官，将可持续发展与公司经营紧密结合，持续推动绿色地产向纵深发展。目前已获得绿色建筑认证项目的数量超过50个，认证面积约500万m^2。因倡导“社区综合开发模式”“绿色人居开发理念”，树立“筑造绿色家园、推动社会进步”的企业使命，被誉为中国地产界“城市运营”“可持续发展”最早的实践者和成功典范。

近三年主要业绩：

公司建立完善的绿色技术管理体系，每年对30多个城市公司的绿色能力进行考核排名。实施《员工绿色行为指引》，物业以合同能源管理方式持续推进节能减排。

2014年完成项目获得绿色建筑评价标识达11项，其中获得国家绿色建筑设计三星标识的项目达3项，二星设计标识8项。

公司联合住建部科技促进中心编制《低能耗绿色建筑示范区技术导则》，深圳海上世界片区获得低能耗绿色建筑综合示范区。

招商地产致力于建立具有公司特色的绿色社区指标体系，与清华大学合作开发《华南地区全过程节能技术导则》，参与《绿色建筑评价标准广东省实施细则》

及《广东省绿色建筑设计导则》的部分编制工作，参加《深圳建筑节能施工验收规范》《深圳市绿色社区设计导则》《深圳市太阳能建筑设计导则》等标准编制工作。

公司获得 2013 年度住建部全国绿色建筑创新奖一等奖；2014 年度中国建筑节能协会“建筑节能之星突出贡献单位”；2014 年广东省建筑节能协会“广东省建筑节能领军企业”；广州金山谷项目获联合国人居署人居企业最佳范例奖等多项国内外荣誉。

连续举办中外绿色人居论坛，累计参会人数近万人。论坛与多地市级政府深度合作，目前论坛已成为国内绿色建筑行业盛会之一。积极参与国际环保倡议，与业主一起制定《绿色业主公约》实行垃圾分类，组织绿色植树夏令营，举办旧物交换等活动，共同践行低碳生活方式。

福建省建筑科学研究院

福建省建筑科学研究院以科研开发、检测/检查、技术服务等高技术产业为载体，以“致力于建设更加安全、舒适、绿色的人居环境”为使命，现有员工 1300 余人，其中教授级高工 39 人，硕士、博士 200 多人，国家一级注册工程师百余人。下设福建省建筑工程质量检测中心有限公司等 6 个经济实体，设海南、厦门等 11 个驻外机构；具有建筑工程设计甲级等多项资质。2014 年全院新签合同额超 10 亿元，实现营业额超 8 亿元，利税达 7000 多万元。近年来致力于“绿色建筑”板块的发展，成为福建绿色建筑与建筑节能的技术支撑单位。

近三年主要业绩：

福建省建筑科学研究院专门设置成立了“建筑节能研究中心”；该院经住建部批准成为全国首批“建筑门窗性能标识实验室”（全国仅 11 家）、“国家级民用建筑能效测评机构”；经省建设厅批准为“省级民用建筑能效测评机构”；经省科技厅批准设立“福建省绿色建筑技术重点实验室”；购置 50 亩地建设“绿色产业基地”；建成福建省首个三星级绿色建筑项目“福建省绿色与低能耗建筑综合示范楼”；同时以示范楼为核心，筹建“海西绿色建筑推广示范基地”；成立“绿色建筑与节能研究所”，致力于绿色建筑和节能的科研、咨询和测评等工作；成立院“绿色建筑工作推进小组”，全面推动绿色建筑创新工作。

院先后投资 4000 多万元用于示范楼建设，投入 1000 多万元用于先进节能检测设备购置，投入 900 多万元用于绿色产业基地 1MW 光伏工程建设，投入 800 多万元用于重点实验室建设，投入大量资金筹建绿色建筑与节能所并予以政策倾斜等。

截至 2015 年 11 月，共开展绿色建筑设计与咨询项目 68 项，总建筑面积约 1470 万 m^2，仅咨询技术服务合同额达 2500 万元，位居全省本土企业之最。已取得绿建标识的项目20项，其中取得运营标识3项，设计标识17项；正在实施的项目：一星级45项，二星级18项，三星级1项，绿色保障房1项；实施的绿色施工工程项目13项；作为省4个生态城区的技术支撑单位。

重点开展了30项绿色建筑相关行业、地方标准的编制工作，完善了福建省乃至行业绿色建筑标准体系。其中，主编国家行业标准5项，福建省标准18项，厦门市标准2项；参编国家行业标准4项，协会标准1项；完成或正在承担国家、省部级和地市级绿色建筑科研项目21项，包括省建设领域首个重大专项、国家“十二五”科技支撑项目、863科技攻关项目等，已验收课题10项；取得或正在申请专利19项。其中发明专利3项，正在申请发明专利4项；实用新型专利11项，正在受理1项；开发出8种绿色建筑产品并进行市场推广；牵头完成绿色建筑重点实验室等4个省级绿色建筑创新平台建设并作为依托单位；获得绿色建筑方向省部级（含一级协会）奖项6项。

累计组织参加或举办绿色建筑相关的国际国内学术交流活动40余次；多次面向全省进行绿色建筑知识和标准宣贯，累计受众5000人次以上；并开展了多项绿色建筑公益活动。

广东省建筑科学研究院集团股份有限公司

广东省建筑科学研究院集团股份有限公司主要从事建设工程领域的科学技术研究，提供相关技术服务。专业涵盖地基基础、建筑结构、道路桥梁、轨道交通、建筑材料、建筑物理、建筑设备、建筑节能、建筑物诊治、建筑环境、建筑防火等领域，业务范围包括科研、咨询、检测、鉴定、规划、勘察、设计、监理、专业施工和产品开发等，拥有各类资质涉及房屋、市政、公路、铁路、轨道等工程建设领域。现有职工逾千人，拥有众多专业技术人员，包括享受国务院津贴专家、教授级高工和博士后等。下设10个专业研究所、中心和分院，7个企业单位和一些专业领域实验室。挂靠学协会有：广东省绿色建筑专业委员会、广东省绿色建设发展研究中心等。

近三年主要业绩：

充分利用国家绿色建筑质量监督检验中心为绿色建筑质量监督检验平台，广东省绿色建设发展研究中心为绿色建设发展核心智库，广东省绿色建筑专业委员会技术支撑单位为绿色建筑评价、推广、宣传平台，院检测实验大楼为绿色建筑示范与产品工程应用展示点，院实验研发基地为绿色建筑材料与设备性能展示点。

公司激励员工参与践行可持续发展理念，开展岗位技能、绿色建筑专业软件、绿色建筑用测试仪器等培训。连续6年设立了公司微创新活动和青年科技创新基金课题项目，积极为员工提供创新的平台和培养可持续发展理念。

开展绿色低碳规划、设计、咨询、施工、改造工作，截至2015年底，完成和承接省级、城市和城区角度绿色节能专项规划20多项，绿色建筑评价标识项目50项、绿色建筑示范工程25项，绿色改造示范项目10多项，累计建筑面积3660万m^2。

公司积极承担和参与国家、广东省及地市的“十二五”绿色建筑和建筑节能科技支撑计划课题，累计投入配套绿色建筑研究和发展经费超过1亿元。绿色节能技术研发成果获得实用新型专利18项。

主编国家、行业标准《夏热冬暖地区居住建筑节能设计标准》《建筑门窗玻璃幕墙热工计算规程》，参编国标《绿色商场建筑评价标准》，协会标准《绿色建筑检测技术标准》（CSUS/GBC 05—2014）；主编《广东省绿色建筑评价标准》《广东省绿色住区评价标准》《广东省绿色建筑设计标准》《广东省绿色建筑检验标准》。

根据广东省住房和城乡建设厅提出的“做好绿色建筑培训和宣传工作”的要求，2013～2015年期间，认真组织专家在东莞、佛山、广州、惠州、江门、梅州、韶关、湛江、肇庆、清远等多个地市开展绿色建筑评价标识的免费培训，受到建设、设计、施工、监理等相关单位从业人员的欢迎。

山东省建筑科学研究院

山东省建筑科学研究是山东省建设行业研究门类齐全、科技实力雄厚、技术装备先进的综合性科研机构。现有科技人员389人，其中研究员37人，高级工程师81人；硕士研究生及以上学历人员99人，其中博士生18人；“新世纪百千万人才工程”国家级人选1人、山东省有突出贡献的中青年专家5人、享受国务院政府特殊津贴专家5人。设有十几个研究所和实验室，主要从事绿色建筑、建筑节能、建筑结构、地基基础、建工材料、化学建材、建设机械、市政工程等领域的科研开发及检测技术服务业务。建有省级科研重点实验室和省级科研中试基地，为全省建设行业服务的山东省建筑工程质量监督检验测试中心、山东省建设机械质量监督检测中心、山东省建筑节能发展促进中心、山东省建筑工程司法鉴定中心等机构。在建筑节能与绿色建筑、高性能混凝土与外加剂、建筑结构诊断评估与加固处理领域形成特色和优势。建院以来共取得科研成果260余项、专利40余项、获得省、部级奖励150余项。

近三年主要业绩：

制订了可持续发展战略目标，成立了绿色建筑分院，充实中坚技术力量40多人的专业研发团队，投入近2300万元的仪器设备和软件设施。

参与完成了162个绿色建筑项目的技术咨询服务、数字模拟及运行标识项目的现场检测工作。其中，设计标识160项，运行标识2项；住宅建筑116项，公共建46项；总建筑面积达到2403万m^2。

开展绿色、低碳生态城区和被动式超低能耗绿色建筑的研究和技术咨询服务。2014、2015年先后为枣庄、潍坊、聊城临沂、泰安、泗水6个省级绿色生态城区示范项目提供技术咨询与服务。为济南市、威海市、泰安市等14个省级示范项目提供了被动式超低能耗绿色建筑设计与咨询服务。山东省住房和城乡建设厅组建成立“山东省被动式超低能耗绿色建筑技术研究中心”，挂靠院内。

作为山东省第一批可再生能源能效测评机构，共完成359个可再生能源项目的现场测试工作。其中太阳能光热系统共计1678万m^2，热泵系统1175万m^2。

开展绿色建筑科研工作，已完成绿色建筑领域科研项目9项，在研项目22项；取得发明专利1项、实用新型2项。投资1000余万元建成“山东建科特种建筑工程技术中心节能材料厂”，累计完成各类外墙保温工程应用500余万m^2。成功研发了可再生能源建筑应用工程的数据采集器和城市（楼宇）可再生能源建筑应用监测与评估系统软件；搭建了省/市级可再生能源建筑应用数据监测平台，并在10个项目中得到了成功应用。

获华夏建设科技进步奖二等奖1项，三等奖2项；获山东省政府颁发科技进步奖二等2项、三等奖1项，优秀成果奖2项；获山东省科协自然科学创新奖。

编制完成《山东省绿色建筑设计规范》、《山东省居住建筑节能设计标准》（节能率75%）等绿色建筑相关标准、图集共14项，在编9项。

积极履行社会责任。作为山东省绿色建筑专业委员会的挂靠单位，多次组织会员参与行业学术研讨交流，组织全省各地20多期绿色建筑、建筑节能、建筑产业现代化技术培训。

承担山东省绿色建筑评价标识办公室工作，组织评审一、二星级绿色建筑评价标识项目314项，总建筑面积4686万m^2。

配合省住房和城乡建设厅、省建筑节能协会组织举办“山东省绿色建筑与建筑节能高层论坛暨新技术与产品博览会”“节能宣传周宣传活动”等。

天津生态城绿色建筑研究院有限公司

天津生态城绿色建筑研究院是全国首家以全过程绿色建筑评价、研究、咨询为核心的专业机构。目前有员工30余人，团队涵盖规划与建筑、结构、暖通、给排水、电气、建材等各个专业。其中硕士及以上学历人员19人，归国留学人员2人，中国绿建委委员1人，中国绿建委青年委员5人。承担国际合作、国家科技支撑项目、地方科技项目等12项，总科研经费达到509万元。

近三年主要业绩：

天津生态城绿色建筑研究院有限公司致力于成为绿色建筑全过程评价管理的探路者、绿色建筑技术转化与材料产业化发展的引擎、绿色建筑教育培训与国际合作的中枢、国际上具有较高知名度的绿色建筑评价和咨询机构。

截止到 2015 年底，共完成 160 余项目绿色建筑的评价与咨询，建筑面积 800 余万 m^2。其中获得国家绿色建筑设计标识项目 44 个（三星项目 24 个、二星项目 16 个、一星 4 个），总建筑面积 231.52 万 m^2。获得运营标识的项目 1 个（三星）。4 个项目获得“全国绿色建筑创新奖”（1 个一等奖、2 个二等奖、1 个三等奖）。

在绿色建筑运营优化提升实践方面，与生态城管委会、中新天津生态城投资开发有限公司等单位合作，协助业主单位制定《运营指南及运行维护手册》，对物业公司及设备操作人员进行培训，协助甲方进行能源监测并制定节能方案等。目前，已经完成十余个项目的绿色运营优化工作。

2014 年获得批准作为“北方地区绿色建筑基地”的依托单位。

协助天津生态城编制《中新天津生态城绿色建筑评价技术规程》《中新天津生态城绿色建筑设计标准》《中新天津生态城绿色施工技术管理规程》和《中新天津生态城绿色建筑运营导则》等技术标准；参与编制《天津生态城能耗基准线试行标准》《中新天津生态城太阳能热水系统建筑一体化安装图集》《中新天津生态城太阳能热水系统建筑一体化设计导则》《中新天津生态城太阳能热水系统建筑应用暂行管理办法》等；以及参与天津市绿色建筑相关标准 2 个和国家级绿色建筑相关标准 4 个有关工作。

科研工作：参与/承担国家“十二五”科技支撑计划课题 3 项，国际合作课题 2 项，地方课题 4 项，其他 3 项；院技术人员发表论文 18 篇，专著 2 部，软件著作权 7 项；申请实用新型专利 1 项。

在宣传推广工作：组织绿色建筑相关培训 3 场和绿色建筑技术系列沙龙 1 场；积极承担和协助北方地区绿色建筑基地工作任务，承办“第四届严寒、寒冷地区绿色建筑联盟大会”和《绿色建筑评价标准》宣贯会。参与组织节水、节能宣传周公益活动，开展生态城绿色行为调研。

中国建筑设计院有限公司

中国建筑设计院有限公司隶属于国资委所辖的大型骨干科技型中央企业中国建设科技集团股份有限公司。现有职工近 2000 人。其中包括工程院院士 2 人，全国工程勘察设计大师 5 人，国家“百千万人才工程”人选 3 人；经国务院批准享受政府津贴的专家 59 人，国家级有突出贡献中青年专家 10 余人；各类国家职业注册人员 400 余人，高级设计、研究人员近 500 人，专业技术人员占企业总人数 90%以上。

主营业务涵盖建筑的前期咨询、规划、设计、工程管理、工程监理、专业工程承包、环境与节能评价等固定资产投资活动的全过程服务。具体包括建筑工程设计与咨询；建筑智能化系统工程咨询、设计与施工；城市与小城镇规划；古建、园林与景观规划；历史文化遗产保护规划与申遗；国家建筑设计标准研究；建筑与住宅产业技术研究；建筑材料及设备研发等项。基本形成了以建筑设计、城市建设规划、建筑标准、建设信息、工程咨询、室内设计、园林绿化、住宅产业化研发、BIM三维设计技术研发、建筑技术科研等于一体的集团化产业构架。

中国院秉承优良传统，始终致力于推进国内勘察设计产业的革新发展，将成就客户、专业诚信、协作创新作为企业发展的核心价值观，是国内建筑设计行业中影响力较大、技术能力较强、人才汇聚较多、市场占有率较高的领军型设计企业。自1986年至今累计获得包括国家优质工程设计金奖在内的各类国际、国家及省部级设计奖项300余项，包括国家科技进步奖在内的省部级以上各类科研奖160余项，编制国家标准规范70余项。

截至2015年11月底，公司资产总额达到13.3亿元，实现营业收入11.2亿元，利润总额约10.2亿元。

近三年主要业绩：

制订了《中国建筑设计总院科技发展规划（2014—2017年）》，明确将绿色建筑作为重点研发领域，提出到2017年底，建成国家顶级的绿色建筑研发、咨询、设计"三位一体"的服务商。成立专门机构——绿色设计研究中心，从事绿色建筑、绿色生态城区的研发、咨询和设计。建立科技人才教育培训制度和人才评价激励机制。

完成绿色建筑设计与咨询一体化项目10项，其中绿建三星级项目7项、二星级项目3项。包括自用办公建筑科研创新示范中心项目获得三星级绿建设计标识。

2013年参与的17个项目获得中国建筑设计奖：其中金奖7项（建筑创作类和建筑电气类）、银奖10项（建筑创作类、建筑结构类、建筑电气类、建筑景观类和室内设计类）；7个项目获得北京市规委授予的北京市第十七届优秀工程设计奖；获得其他行业奖项10项。2014年1个项目获得土木工程詹天佑奖。2015年获得国家及省部级各类奖项33项，国际级1项。

承担绿色建筑研究项目：科技部专项课题5个；北京市科委组织课题1个；院自立课题6个。获得发明专利5项；实用新型专利11项。参与编制国家标准1项，行业标准1项，工程建设协会标准3项。

举办海峡两岸绿色建筑技术论坛、第41届CIBW062国际建筑给水排水论坛、市级建筑节能与可再生能源利用高级研修班等宣传推广活动。

华东建筑集团股份有限公司

华东建筑集团股份有限公司原为上海现代建筑设计（集团）有限公司，集团共有职工 6851 人，其中中国工程院院士 2 名，国家设计大师 6 名，国家突出贡献中青年专家 6 名，教授级高级职称 129 人。旗下拥有华东建筑设计研究总院等 20 余家专业公司和机构，集团技术中心成立于 2003 年 8 月，于 2014 年 12 月被国家发改委认定为国家级企业技术中心。主营业务包括工程设计、工程勘察、工程管理服务、工程总承包等。2014 年集团总收入 45.7 亿元，净利润约 2.5 亿元。华东建筑集团股份有限公司是绿色建筑领域的先行者，承担了中国绿色建筑与节能委员会、中国建筑节能协会、中国勘察设计协会、上海绿色建筑协会、华东地区国家绿色建筑示范推广基地等众多工作，对于推动设计行业的绿色建筑设计理念和技术的普及运用发挥了积极的作用。在 2011 年成立了集团层面的“绿色建筑推进委员会”，旨在加强集团在绿色建筑方面的拓展和整合，加大绿色节能工作的推进力度，切实做到技术、生产、业务建设先行和进步。研究制定了“十三五”期间集团绿色建筑发展的总体目标。

近三年主要业绩：

华东建筑集团股份有限公司完成绿色建筑评价标识项目达 71 项，其中：三星级设计标识 35 项，二星级设计标识 26 项；一星级设计标识 5 项，运行标识 2 项；获得全国绿色建筑创新奖的项目 5 项，其中一等奖 2 项，二等奖 2 项，三等奖 1 项。

自主开发的申都大厦改造项目陆续获得了 2012 年三星级绿色建筑设计标识，2012 年度上海市立体绿化示范项目，2013 年度上海市优秀工程设计一等奖，2013 年第五届上海市建筑学会建筑创作奖优秀奖、2013 年度黄浦区建筑节能示范项目，2014 年度清华大学建筑节能研究中心颁发“公共建筑节能最佳实践案例奖，2014 年度上海市绿色建筑贡献奖，2014 年住建部绿色建筑运行标识三星级等十余项荣誉称号，2015 年又获得全国绿色建筑创新奖一等奖第一名。接待团体参观学习达 100 次以上，在中国建设报、解放日报等媒体报道。

获得国家科学技术科技进步奖一等奖 1 项，二等奖 1 项；上海市、住建部、水利部及行业协会各类奖项 30 多项。

主编、参编各类相关标准 20 余项，包括国家标准：《绿色医院建筑评价标准》《绿色商店建筑评价标准》《既有建筑改造绿色评价标准》《绿色生态城区评价标准》；行业标准：《既有社区绿色化改造技术规程》《既有住宅建筑功能改造技术规范》；地方标准：上海市《住宅建筑绿色设计标准》、上海市《公共建筑绿色设计标准》、上海市《绿色建筑工程定额》、上海市《地源热泵系统工程技术规程》、上海市《公共建筑节能设计标准》、上海市《绿色建筑评价标准》、上海市《太阳能热水系统应用技术规程》等。

新立项的绿色建筑、建筑节能和可再生能源方面的课题达 27 项，其中国家级课题 7 项，上海市级课题 11 项，自行研究课题 9 项，总经费超过 5000 万元。

参与编制了全国首套绿色校园与绿色建筑知识普及性教材——《绿色校园与未来》小学和初中分册的编写工作。

2012～2015 年期间，连续四年参展北京全国绿色建筑与建筑节能大会；2013～2015 年连续三年参展上海绿色建筑与节能国际大会展览。2014 年集团总裁代表中国绿色建筑与建筑节能委员会参加加拿大绿色建筑大会。集团作为中国绿色建筑与节能委员会绿色建筑规划设计学组组长单位连续三年承办了中国绿色建筑与节能委员会绿色建筑规划设计学组的年度技术技术交流。

江苏省绿色建筑工程技术研究中心有限公司

江苏省绿色建筑工程技术研究中心有限公司是由江苏省南京工业大学与江苏省建设厅科技发展中心、南京丰盛能源环境科技发展有限公司合作成立“江苏省绿色建筑工程技术研究中心”，这是江苏省首家也是唯一一家绿色建筑工程核心技术的研发平台。现有研发人员 90 余名，其中公安局职称人员、外籍专家 38 名，博士、硕士 50 余名。试验检测面积 1000 余 m^2，设备价值达 600 余万元。

公司主要从事区域规划技术支撑、绿色建筑项目标识申报咨询服务、相关专项设计服务、检测及工程监理等。截至目前提供绿建标识技术服务项目 264 项，占全省项目的 38%，由中心提供技术服务的运营标识项目 15 项，占全省 60%；参与省建筑节能和绿色生态城区创建，提供全过程技术服务的示范城区达 11 个；总产值达 5400 余万元。

近三年主要业绩：

中心制定可持续发展战略目标，三年内建设成为国家级工程技术研究中心，国内一流、国际知名、专门从事绿色建筑应用技术研究和人才培养基地，研发一批拥有自主知识产权和良好市场前景、处于国内领先水平的重大科技成果，培养一支拥有国内一流水平的研发和技术基础能力的人才队伍。投入研发资金 3000 余万元，定期组织员工进行专业技术培训，参加各种研讨交流活动。

2015 年完成 45 项绿色建筑标识项目的咨询，其中获得二星级绿建设计标识 22 项，一星级 23 项。参与 15 个建筑节能和绿色建筑示范区的规划设计，提供技术咨询服务。指导花桥再生水系统的设计建造，参与南京浦口新城医疗中心分布式能源站建设和江北新区的区域能源站（江水源热泵）建设。

承担国家级科技计划项目 9 项，省部级科技计划项目 19 项。获得实用新型专利 20 项，发明专利 7 项。参与 3 项国家标准的编制，主编或参与编制 13 个地方标准。发表论文 100 多篇。

获得国家绿色建筑创新奖二等奖 3 项、三等奖 2 项，江苏省绿色建筑创新奖一等奖 2 项、二等奖 4 项、三等奖 1 项；省部级科技进步奖二等奖 1 项、三等奖 2 项。

牵头组建江苏省绿色建筑技术服务联盟，为行业发展服务，组织联盟参与国内国际技术交流活动，承办专业技术沙龙；积极参与承办“江苏省绿色建筑国际论坛”，协助花桥国际商务城组织开展绿色建筑推广宣传活动，组织南京市可再生能源建筑应用城市示范技术培训；参加第二十五届江苏省科普宣传周活动，参与承办“全国青年绿色建筑夏令营”，承办“全国青少年绿色科普教育巡回课堂——江苏站”活动；荣登“中国绿色建筑影响力企业榜”首席服务商。

附录5 2016年批准列入住房城乡建设部装配式建筑科技示范项目

Appendix 5 Demonstration projects of prefabricated buildings approved by MOHURD

装配式混凝土结构

序号	项目名称	承担单位
1	青浦新城63A-03A地块普通商品房项目	上海宝悦房地产开发有限公司
2	安亭镇前炬路以南、奎屯路以西地块北块住宅项目	上海城建市政工程（集团）有限公司
3	南通市政务中心车库综合楼建筑产业现代化项目	南通国盛城镇建设发展有限公司、南京长江都市建筑设计股份有限公司、龙信建设集团有限公司
4	济南港新园公租房项目	山东万斯达建筑科技股份有限公司
5	中纺CBD商业中心工程	浙江宝业建设集团有限公司
6	通州马驹桥物流B东地块公租房项目	北京市保障性住房建设投资中心、北京六建集团有限责任公司
7	双青新家园荣悦园	天津华富置业有限公司
8	中建·深港新城一期项目	中建三局第一建设工程有限责任公司、中建科技武汉有限公司
9	中建海峡（闽清）绿色建筑科技产业园（启动）一综合楼工程	中建科技（福州）有限公司
10	海淀区温泉C03公租房项目	北京市保障性住房建设投资中心
11	长安区万科城燕园项目	西安万科中泽置业有限公司
12	郭公庄一期公租房项目	北京市保障性住房建设投资中心、北京城建建设工程有限公司
13	北京市昌平区回龙观019地块住宅及商业金融项目2号住宅楼	北京住总第三开发建设有限公司
14	年产30万m^3混凝土预制构件项目配套综合楼	安徽海龙建筑工业有限公司
15	鲁能领秀城P-2地块房地产开发项目	山东鲁能亘富开发有限公司
16	佘北大型居住社区39A-02A地块	上海诚建建设实业有限公司
17	周康航拓展基地C-04-01地块	上海建工汇福置业发展有限公司

续表

序号	项目名称	承担单位
18	铂金美寓（耿车安置小区）二期	江苏金柏年房地产开发有限责任公司
19	金域中央花园二期（1～8栋）	深圳市鹏城建筑集团有限公司
20	上海杨浦区96街坊办公楼项目	绿地控股集团有限公司、上海中森建筑与工程设计顾问有限公司
21	苏州太湖论坛城7号地块	苏州市花万里房地产开发有限公司
22	江苏海门龙馨家园老年宾馆项目	江苏运杰置业有限公司、江苏建筑职业技术学院
23	海门龙信广场5号楼项目	龙信建设集团有限公司
24	中信国安河南置业有限公司中信国安城建设项目	中信国安河南置业有限公司
25	武汉名流世家K2项目	美好置业集团股份有限公司
26	南京中花岗B地块5号楼、9号楼	江苏筑森建筑设计有限公司
27	上海江湾镇384街坊A03B-11地块项目	绿地控股集团有限公司、上海中森建筑与工程设计顾问有限公司
28	青岛棘洪滩街道办事处韩洼社区村民经济适用房项目	青岛新世纪预制构件有限公司
29	中民筑友长沙产业园办公楼、成品库房、宿舍楼、主厂房建设项目	中民筑友有限公司
30	金茂雅苑（东区）	方兴置业（上海）有限公司
31	金辉·南桥馨苑	上海融辉房地产有限公司、上海中森建筑与工程设计顾问有限公司
32	装配式环筋扣合锚接混凝土剪力墙结构体系示范工程建设	中国建筑第七工程局有限公司
33	江苏省绿色建筑博览园建筑产业现代化示范（12幢）	常州市武进绿色建筑产业集聚示范区管理委员会
34	大兴区旧宫DX-07-0201-0040等地块居住、托幼用地项目	中铁建设集团有限公司
35	滨湖润园二包段住宅产业化工程	安徽宝业建工集团有限公司
36	装配整体式后张预应力框架剪力墙结构体系项目	正方利民工业化建筑科技股份有限公司
37	济南市建筑产业化示范区示范楼	济南长兴建设集团有限公司
38	金域中心房地产开发项目（商业商务）	济南天泰置业有限公司
39	滨河新居公共租赁住房工程	济南市小清河开发建设投资有限公司
40	黑龙江省闫家岗旅游小镇住宅区二期项目	哈尔滨达城绿色建筑技术开发股份有限公司、哈尔滨工业大学
41	天津市北辰区“盛庭花园—盛庭名景”	天津市房地产发展（集团）股份有限公司

钢结构

序号	项目名称	承担单位
1	杭州钱江世纪城人才专项用房一期二标段	浙江东南网架股份有限公司
2	万郡大都城住宅小区（三期）工程	浙江杭萧钢构股份有限公司
3	钱江世纪城人才专项用房一期一组团一标段工程	浙江杭萧钢构股份有限公司
4	济宁市嘉祥县嘉宁小区公共租赁住房建设项目	山东诚祥建安集团有限公司、嘉祥城市建设集团有限公司
5	沧州市福康家园公共租赁住房项目	大元建业集团股份有限公司
6	东亚·翰林世家 G1、G4 号楼	沈阳中辰钢结构工程有限公司
7	云南建工新城建筑产业现代化项目	云南建工钢结构有限公司、云南建工集团有限公司、云南省房地产开发经营（集团）有限公司、云南省建筑工程设计院
8	济南市西客站片区安置三区 B3 地块 小学产业化试点工程	济南西城投资开发集团有限公司
9	梅山江商务楼 A 区、B 区工程	浙江精工钢结构集团有限公司、绍兴市镜湖建设开发有限公司
10	唐山湾国际旅游岛金沙岛假日酒店项目金沙岛低层装配式钢结构工程	住房和城乡建设部住宅产业化促进中心、唐山冀东发展集成房屋有限公司
11	现代·森林国际城五层轻钢住宅楼	湖北现代城市建设工程有限公司、华新顿现代钢结构制造有限公司
12	沈阳大学 1 号学生公寓楼新建工程	沈阳中辰钢结构工程有限公司
13	莒县人民医院新院区病房大楼	莒县人民医院、山东省建筑设计研究院、山东莱钢建设有限公司
14	虎岭科技财富广场	济源市泉涌置业有限公司
15	新疆德坤建材有限责任公司二钢区域棚户区改造工程（天山区二期）	新疆德坤实业集团有限公司
16	深圳地铁科技大厦 BT 项目	江苏新蓝天钢结构有限公司
17	济南市东城花苑二期 C 区	济南东城建设置业有限公司
18	丰台区成寿寺 B5 地块定向安置房项目	北京建谊投资发展（集团）有限公司
19	武汉波纹腹板钢结构生产基地 22 号倒班楼	湖北弘顺钢结构制造有限公司

木　结　构

序号	项目名称	承担单位
1	九华山禅修旅游综合开发项目—万福	北京天地都市建筑设计有限公司
2	房屋地基工业化生产项目	宜住房屋制造（运城）有限公司
3	山东龙腾实业集团有限公司部品生产项目	山东龙腾实业集团有限公司
4	浙江亚厦产业园部品生产项目	浙江亚厦产业园发展有限公司

部品部件生产类

序号	项目名称	承担单位
1	山东万斯达预制通用部品生产项目	山东万斯达建筑科技股份有限公司
2	山东万斯达钢结构通用部品生产项目	山东万斯达集团有限公司
3	浙江精工绿筑集成建筑科技产业园（一期）	浙江精工钢结构集团有限公司
4	AESI装配式预制构件生产项目	潍坊绿城低碳建筑科技有限公司
5	天津住宅集团预制装配式混凝土构件生产项目	天津工业化建筑有限公司
6	济南汇富建筑产业化研发生产项目	济南汇富住宅工业有限公司
7	EVE装配式混凝土剪力墙建筑体系配套产品生产项目	北京珠穆朗玛绿色建筑科技有限公司、中国建筑设计院有限公司
8	长沙远大住工建筑产业现代化项目	长沙远大住宅工业集团股份有限公司
9	上海城建物资临港装配式建筑部品生产项目	上海城建物资有限公司
10	三新房屋制造股份有限公司（金霞）生产项目	三新房屋制造股份有限公司
11	云浮贝融装配式蒸压加气混凝土板材项目	云浮市贝融建材有限责任公司、江西省建筑材料工业科学研究设计院
12	中建六局市政工程新型建筑工业化产品生产项目	中国建筑第六工程局有限公司
13	平湖万家兴建筑工业有限公司部品生产项目	平湖万家兴建筑工业有限公司
14	宁夏凤凰城高强钢筋专业加工配送成套技术	宁夏凤凰城智能制造有限公司
15	江苏元大装配式建筑部品化构件生产项目	江苏元大建筑科技有限公司
16	中建海峡（闽清）绿色建筑科技产业园生产项目	中建科技（福州）有限公司

续表

序号	项目名称	承担单位
17	海南澄迈预制构件生产项目	海南省建筑产业化股份有限公司
18	宝业集团建筑产业现代化项目	绍兴宝业西伟德混凝土预制件有限公司
19	北京燕通装配式预制构件流水线智能化升级改造项目	北京市燕通建筑构件有限公司
20	徐州中煤百甲重钢装配式钢结构住宅部品部件加工项目	徐州中煤百甲重钢科技股份有限公司
21	常州绿建板业有限公司太空板生产项目	常州绿建板业有限公司
22	龙信集团装配式建筑混凝土构件生产项目	龙信集团江苏建筑产业有限公司
23	山东平安建筑产业化预制装配式部品生产项目	山东平安建设集团有限公司
24	绿色装配式农房集成化部品研发生产项目	北京大工简筑科技有限公司
25	乐居众普（北京）轻质隔墙板生产项目	乐居众普（北京）新型墙体材料有限公司
26	远大住工溧阳工厂	长沙远大住宅工业（江苏）有限公司
27	绿色新型建材清洁生产示范项目	临汾华基混凝土有限公司
28	湖南东方红湘西住宅产业化园区	湖南东方红住宅工业有限公司
29	ZDB 预应力混凝土叠合板	山东乾元泽孚科技股份有限公司
30	EPS 模块低能耗抗灾房屋建造技术及部品研发	哈尔滨鸿盛建筑材料制造股份有限公司
31	年产 120 万平方米集成房屋轻质墙板生产项目	河南国隆实业有限公司
32	山东德丰重工有限公司房屋部品部件生产项目	山东德丰重工有限公司
33	江苏华江祥瑞部品生产项目	江苏华江祥瑞现代建筑发展有限公司
34	山东中通装配式钢结构住宅结构体系通用梁柱部件	山东中通钢构建筑股份有限公司
35	河南万道捷建装配式建筑构件生产线	河南万道捷建股份有限公司、同济大学
36	宝业住工青浦预制构件生产项目	上海宝岳住宅工业有限公司
37	中建·深港新城建筑产业现代化项目	中建科技武汉有限公司
38	山东明达预制部品构件	山东明达建筑科技有限公司
39	山东福思特部品集成全装修产业化项目	山东福思特建筑装饰有限公司
40	年产 1500 万平方米 3D 定制板墙式绿色建筑材料项目	河北科众新型建材科技有限公司
41	结构、保温、遮阳、通风和隔声一体化预制装配式外墙板	江苏省建筑科学研究院有限公司

续表

序号	项目名称	承担单位
42	远大住宅工业（天津）预制混凝土构件通用部品生产项目	远大住宅工业（天津）有限公司
43	现代建筑工业化装配式住宅部品部件生产项目	昌吉州大华龙建筑工业化发展有限公司
44	山东博创重工预制构件生产项目	山东博创重工有限公司
45	青岛新世纪预制构件生产项目	青岛新世纪预制构件有限公司
46	住宅产业化（三明）生产项目	福建三明杭萧钢构有限公司
47	木丝水泥板生产项目	无锡泛亚环保科技有限公司
48	高强高性能预应力混凝土板制作技术	建华建材（江西）有限公司
49	金华中天建筑工业生产项目	金华中天建筑工业有限公司
50	中国铁建十四局集团建筑产业化生产项目	中铁十四局集团建筑科技有限公司
51	江苏绿野建筑发展有限公司预制构件生产项目	江苏绿野建筑发展有限公司
52	威海丰荟建筑工业科技有限公司部品部件生产项目	威海丰荟建筑工业科技有限公司
53	山东齐兴住宅工业有限公司预制构件生产项目	山东齐兴住宅工业有限公司
54	安徽海创新型节能建筑材料生产项目	安徽海创新型节能建筑材料有限责任公司

装配式建筑设备类

序号	项目名称	承担单位
1	建筑部品运输专用装备	中国重型汽车集团有限公司

附录 6　中国绿色建筑大事记
Appendix 6　Milestones of China green building development

2015 年 12 月 3 日，住房和城乡建设部发布国家标准《既有建筑绿色改造评价标准》GB/T 51141—2015，自 2016 年 8 月 1 日起实施。

2015 年 12 月 3 日，住房和城乡建设部发布国家标准《绿色医院建筑评价标准》GB/T 51153—2015，自 2016 年 8 月 1 日起实施。

2016 年 1 月 15 日，全国首期绿色工业建筑培训班在江苏南京举办。

2016 年 2 月 4 日，国家发展改革委、住房和城乡建设部印发《城市适应气候变化行动方案》。

2016 年 2 月 6 日，中共中央、国务院印发《关于进一步加强城市规划建设管理工作的若干意见》。

2016 年 2 月 29 日，住房和城乡建设部印发《关于成立城市设计专家委员会的通知》，公布专家委员会名单。

2016 年 3 月 4 日～6 月 20 日，中国绿色建筑委员会绿色校园学组会同存志中学、同济大学和同济绿色建筑学会联合组织“绿色科技与低碳生活”系列讲座，以学期选修课的形式针对上海市存志中学的六年级学生开展科普活动。

2016 年 3 月 30～31 日，“第十二届国际绿色建筑与建筑节能大会暨新技术与产品博览会”在北京顺利召开，主题为“绿色化发展背景下的绿色建筑再创新”，同期召开分论坛 23 个。

2016 年 3 月 30 日，住房和城乡建设部印发《关于增补绿色施工专家委员会专家的通知》（建科〔2016〕61 号），公布了增补的 30 名住房城乡建设部绿色施工专家委员会成员名单。

2016 年 3 月 30 日，中国绿色建筑委员会第九次全体委员会议在国家会议中心顺利召开，在会上向获得“2016 年度绿色建筑先锋奖”的 10 家企业颁发证牌。

2016 年 3 月 30 日，中国绿建委与美国劳伦斯伯克利国家实验室在中国绿建委第九次全体委员会上签署合作备忘录。

2016 年 3 月 31 日，中国绿色建筑委员会（CHINAGBC）与世界绿建委（WGBC）在国家会议中心举行会谈，双方就进一步合作展开讨论。

2016 年 4 月 11 日，住房和城乡建设部办公厅印发《省级公共建筑能耗监测平台验收和运行管理暂行办法》。

2016 年 4 月 15 日，住房和城乡建设部发布国家标准《民用建筑能耗标准》GB/T 51161—2016，自 2016 年 12 月 1 日起实施。

2016 年 4 月 15 日，住房和城乡建设部发布国家标准《绿色饭店建筑评价标准》GB/T 51165—2016，字 2016 年 12 月 1 日起实施。

2016 年 5 月 27 日，住房和城乡建设部、工业和信息化部召开绿色建材评价标识工作座谈会，发布第一批三星级绿色建材评价机构和第一批获得三星级绿色建材评价标识的 32 家企业、45 个产品。

2016 年 6 月 4 日，中国绿色建筑委员会在无锡新城组织召开了“教育委员会”和“国际合作委员会”两个专门机构的成立会。

2016 年 6 月 16 日，中国绿色建筑委员会与教育部学校规划建设发展中心签署战略合作协议。

2016 年 6 月 20 日，住房和城乡建设部发布国家标准《绿色博览建筑评价标准》GB/T 51148—2016，自 2017 年 2 月 1 日起实施。

2016 年 6 月 22 日，中国 21 世纪议程管理中心公示国家重点研发计划“绿色建筑及建筑工业化”重点专项 2016 年度项目，共计 21 项，中央财政经费 5.6 亿元。

2016 年 6 月 29 日，“全国青少年绿色科普教育巡回课堂——走进绿色建筑”科普报告会在天津城建大学成功举办。

2016 年 7 月 8 日，中国绿色建筑委员会在宁波召开“计划单列市和港澳地区绿色建筑联盟成立会”。

2016 年 8 月 1 日，面向全国青年学生的绿色建筑网络知识竞赛成功举办。

2016 年 8 月 2 日，国家发展改革委、住房和城乡建设部印发《关于开展气候适应型城市建设试点的通知》，启动该项试点工作。

2016 年 8 月 8 日，国务院印发关于《“十三五”国家科技创新规划的通知》(国发〔2016〕43 号)，提出要发展新型城镇化技术，加强绿色建筑规划设计方法与模式、近零能耗建筑、建筑新型高效供暖解决方案研究，建立绿色建筑基础数据系统，研发室内环境保障和既有建筑高性能改造技术。

2016 年 8 月 10 日，住房和城乡建设部办公厅印发《关于开展全国装配式建筑发展情况调查的通知》。

2016 年 8 月 11～17 日，由中国绿色建筑委员会主办的第二届全国青年绿色建筑夏令营在沈阳建筑大学成功举办。

2016 年 9 月 20 日，由中国绿色建筑委员会绿色智能学组主办的“2016 上海绿色建筑智慧运营研讨会”在上海市召开。

2016年9月23日，第六届夏热冬冷地区绿色建筑联盟大会暨绿色建筑技术论坛在安徽省合肥召开，论坛主题为“践行绿色建筑行动，促进城乡建设绿色发展”。

2016年9月30日，国务院办公厅发布《关于大力发展装配式建筑的指导意见》（国发办〔2016〕71号），对推动装配式建筑的发展提出了总体要求和重点任务。

2016年10月21日，大连市绿色建筑行业协响应中国绿色建筑委员会的号召，在大连金家街第二小学开展“绿色校园”公益课堂活动。

2016年10月26日，由中国城市科学研究会会同20家单位共同编制的工程建设国家标准《绿色校园评价标准》的送审稿审查会议在北京召开。

2016年10月27～28日，第五届严寒寒冷地区绿色建筑联盟大会暨绿色建筑技术论坛在陕西省西安市召开，活动主题为“发展绿色建筑，构建宜居城市”。

2016年11月4日，应对全球性气候变化的新协议——《巴黎协定》正式生效。

2016年12月2日，住房和城乡建设部印发《公共建筑能源审计导则》（建办科〔2016〕65号）。

2016年12月3日，国务院印发《关于中国落实2030年可持续发展议程创新示范区建设方案的通知》（国发〔2016〕69号），提出在“十三五”期间，创建10个左右具有示范带动效应的国家级可持续发展议程创新示范区的目标。

2016年12月6～8日，夏热冬暖地区绿色建筑技术论坛（即第六届热带、亚热带地区绿色建筑技术论坛）在广东广州顺利召开，主题为“绿色建设，生态城镇”。

2016年12月7日，国务院办公厅印发《关于建立统一的绿色产品标准、认证、标识体系的意见》，该《意见》将为绿色建材发展以及体系建设提供指导。

2016年12月9日，中国21世纪议程管理中心公告绿色建筑及建筑工业化等9个重点专项2017年度项目预申报形式审查工作结束。

2016年12月19日，由教育部学校规划建设发展中心与中国绿色建筑与节能专业委员会联合主办的，以“规划绿色校园，创建未来大学”为主题的中国绿色校园设计联盟成立大会暨首届中国绿色校园发展研讨会在深圳顺利召开。